光盘导航

光盘界面

案例欣赏

计算机硬件欣赏

视频文件

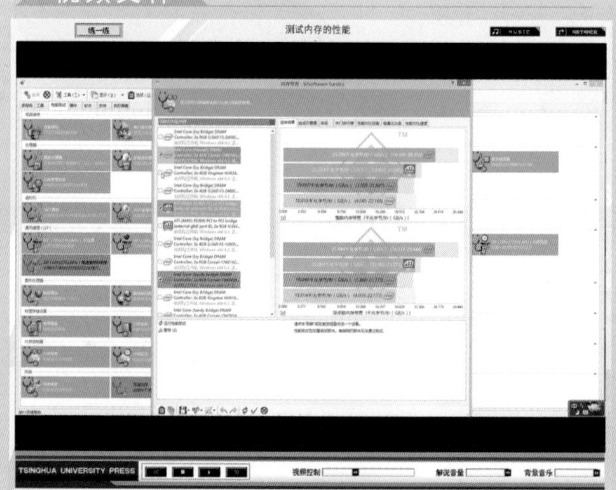

素材下载

1.avi 2.avi 3.avi 4.avi 5.avi 6.avi 7.avi 8.avi 9.avi 10.avi 11.avi 12.avi

计算机外部设备

键盘和鼠标

扫描仪

音箱

投影仪

无线路由器

视频采集卡

数位板

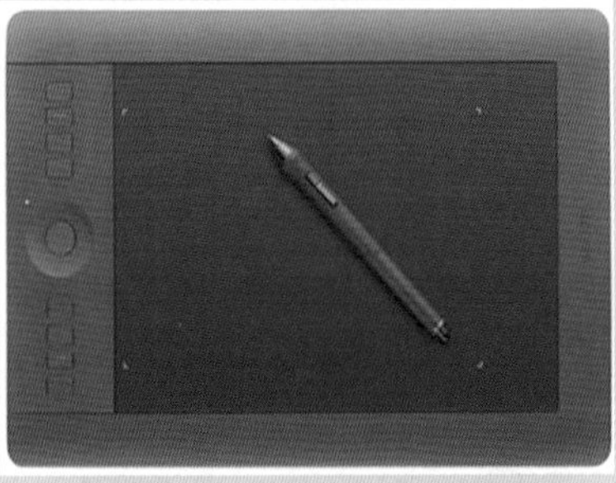

显示器

摄像头

移动硬盘

U盘

打印机

蓝牙适配器

计算机配件

硬盘

电源

CPU

光驱

机箱

显卡

内存条

声卡

CPU散热器

计算机主板

CPU_FAN
CPU_OPT
Q_CODE
ON
1
2
3
4
START
RESET
MODE
EXTREME
ASUS
DIMM_A1
DIMM_A2
DIMM_B1
DIMM_B2
REPUBLIC OF
GAMERS
Important:
主板附件

计算机组装与维护

标准教程（2015-2018版）

■ 杨继萍　夏丽华　等编著

清华大学出版社
北　京

内容简介

本书以精练的语言和丰富的内容为基础，从零开始，系统全面地讲述了组装和维护计算机的基础知识。全书分为 14 章，内容涉及初识计算机、中央处理器——CPU、物理存储设备——硬盘、神经中枢——主板、数据处理——内存、色彩显示——显卡和显示器、声音设备——声卡和音箱、主机部件——电源和机箱、外部设备——输入设备、DIY 实践——组装计算机、启动与检测设置——BIOS 设置、系统操作——安装和备份操作系统、沟通法宝——计算机网络、保障措施——系统维护及故障排除等知识。书中每章均有课堂练习及思考与练习，配书光盘提供了本书实例中的完整素材文件和全程配音教学视频文件。本书适合作为普通高校和高职高专院校的教材，也可作为专业计算机组装与维修人员、企事业单位计算机组装与维修人员的培训书和参考资料。

图书在版编目（CIP）数据

计算机组装与维护标准教程（2015—2018 版）/杨继萍等编著. —北京：清华大学出版社，2015（2024.8重印）

（清华电脑学堂）

ISBN 978-7-302-38270-6

Ⅰ. ①计… Ⅱ. ①杨… Ⅲ. ①电子计算机-组装-教材 ②电子计算机-维修-教材 Ⅳ. ①TP30

中国版本图书馆 CIP 数据核字（2014）第 235111 号

责任编辑： 冯志强
封面设计： 吕单单
责任校对： 胡伟民
责任印制： 刘海龙

出版发行： 清华大学出版社
网 址：https://www.tup.com.cn，https://www.wqxuetang.com
地 址：北京清华大学学研大厦 A 座 邮 编：100084
社 总 机：010-83470000 邮 购：010-62786544
投稿与读者服务：010-62776969，c-service@tup.tsinghua.edu.cn
质 量 反 馈：010-62772015，zhiliang@tup.tsinghua.edu.cn
印 装 者： 三河市人民印务有限公司
经 销： 全国新华书店
开 本： 185mm×260mm **印 张：** 19.5 **插 页：** 2 **字 数：** 490 千字
（附光盘）
版 次： 2015 年 1 月第 1 版 **印 次：** 2024 年 8 月第 14 次印刷
定 价： 39.80 元

产品编号：062078-01

前 言

随着计算机应用领域的不断扩展，使用者对计算机维护和维修基础知识的需求也越来越大。本书由资深计算机组装人员和计算机维修工程师精心编写，详细介绍了计算机内主板、CPU、内存、显卡、硬盘等各种硬件设备的工作原理、性能指标、技术参数等基础知识，以及计算机硬件的选购、组装、维护保养和 BIOS 设置、系统性能优化的方法。同时，本书还对计算机网络方面的相关知识，以及计算机故障诊断和排除方法进行讲解，使用户能够及时、准确地掌握计算机的维护和维修知识。

本书内容丰富翔实、涵盖面广，每一章都配合了丰富的插图说明，生动具体、浅显易懂，使用户能够迅速上手，轻松掌握和了解各种计算机硬件设备。

1. 本书内容介绍

全书系统全面地介绍计算机组装与维护的应用知识，每章都提供了课堂练习，用来巩固所学知识。本书共分为 14 章，内容概括如下：

第 1 章：全面介绍了初识计算机，包括计算机发展简介、计算机硬件系统、计算机软件系统、计算机的分类和发展、计算机的性能和单位等基础知识；第 2 章：全面介绍了中央处理器——CPU，包括 CPU 的发展历史、CPU 的组成结构、CPU 的工作原理、CPU 的性能参数、CPU 选购指南等基础知识。

第 3 章：全面介绍了物理存储设备——硬盘，包括硬盘简介、硬盘的内部结构、硬盘的外部结构、硬盘的规格参数、硬盘分区与格式化、维护、维修和选购硬盘等基础知识；第 4 章：全面介绍了神经中枢——主板，包括主板的组成结构、主板的分类、主板的技术原理、主板的故障与维修、主板选购指南等基础知识。

第 5 章：全面介绍了数据处理——内存，包括内存概述、内存的性能指标、内存技术、内存故障与选购等基础知识；第 6 章：全面介绍了色彩显示——显卡和显示器，包括显卡的工作原理、显卡的分类、独立显卡类型、显卡的结构、显卡的性能指标、多卡互联技术、显示器的类型、选购显卡和显示器等基础知识。

第 7 章：全面介绍了声音设备——声卡和音箱，包括声卡的类型、声卡的组成结构、声卡的工作原理、声卡的技术参数、音箱设备、选购声卡和音箱等基础知识；第 8 章：全面介绍了主机部件——机箱和电源，包括机箱的功能、判断机箱的质量、电源的组成结构、电源的性能指标、选购电源和机箱等基础知识。

第 9 章：全面介绍了外部设备——输入设备，包括键盘、鼠标、麦克风、摄像头等基础知识；第 10 章：全面介绍了 DIY 实践——组装计算机，包括装机准备工作、组装机箱内配件、连接主机与外部设备等基础知识。

第 11 章：全面介绍了启动与检测设置——BIOS 设置，包括 BIOS 概述、BIOS 分类和常识、BIOS 参数介绍、升级 BIOS 等基础知识；第 12 章：全面介绍了系统操作——安装和备份操作系统，包括安装 Windows 8 操作系统、安装驱动程序、备份和还原操作系统、备份和还原数据文件等基础知识。

第 13 章：全面介绍了沟通法宝——计算机网络，包括网络基础知识、网卡、网络传输介质、有线网络设备、无线网络设备等基础知识；第 14 章：全面介绍了保障措施——系统维护及故障排除，包括计算机对环境的要求、安全操作注意事项、优化操作系统、Windows 注册表、软件故障检测与排除、硬件故障检测与排除等基础知识。

2. 本书主要特色

- ❑ **系统全面** 本书提供了 20 多个应用案例，通过实例分析、设计过程讲解计算机组装与维护的应用知识，涵盖了计算机组装与维护中的各个硬件和参数。
- ❑ **课堂练习** 本书各章都安排了课堂练习，全部围绕实例讲解相关内容，灵活生动地展示了计算机组装与维护的各个功能。课堂练习体现本书实例的丰富性，方便读者组织学习。每章后面还提供了思考与练习，用来测试读者对本章内容的掌握程度。
- ❑ **全程图解** 各章内容全部采用图解方式，图像均做了大量的裁切、拼合、加工，信息丰富，效果精美，阅读体验轻松，上手容易。
- ❑ **随书光盘** 本书制作了多媒体光盘，提供了本书实例完整素材文件和全程配音教学视频文件，便于读者自学和跟踪练习图书内容。

3. 本书使用对象

本书从计算机组装与维护的基础知识入手，全面介绍了计算机组装与维护面向应用的知识体系。本书制作了多媒体光盘，图文并茂，能有效吸引读者学习。本书适合作为高职高专院校学生学习使用，也可作为计算机办公应用用户深入学习计算机组装与维护的培训和参考资料。

参与本书编写的人员除了封面署名人员之外，还有王翠敏、吕咏、常征、杨光文、冉洪艳、刘红娟、谢华、刘凌霞、王海峰、张瑞萍、吴东伟、王健、倪宝童、温玲娟、石玉慧、李志国、唐有明、王咏梅、杨光霞、李乃文、陶丽、王黎、连彩霞、毕小君、王兰兰、牛红惠等人。由于时间仓促，水平有限，疏漏之处在所难免，敬请读者朋友批评指正。

编　者

目　录

第1章 初识计算机

随着科技的发展，计算机已被广泛应用于科学计算、工程设计、经营管理、过程控制以及人工智能等领域。即使是在人们的日常生活、学习和娱乐及工作中，计算机也担当着极其重要的角色。可以说，学好计算机、用好计算机已经成为每个人都应当掌握的社会技能之一。

在本章中，我们将对计算机的硬件组成和性能指标等内容进行讲解，并通过熟悉计算机的构成和查看计算机硬件信息等实例，使用户能够尽快熟悉计算机，以便为更好地学习和使用计算机打下基础。

本章学习内容：

- 计算机发展简介
- 计算机硬件系统
- 计算机的软件系统
- 计算机的分类
- 计算机性能指标
- 计算机常用单位

1.1 计算机概述

计算机又被称为电脑，是一种可以按照设计程序运行、自动且高速处理海量数据的现代化智能电子计算设备。它是 20 世纪最先进的科学技术发明之一，其发明者为约翰·冯·诺依曼，目前已被广泛应用到各行各业，是社会信息中必不可少的电子设备。在掌握计算机的组装与维护之前，需要先了解计算机的发展历程和分类。

1.1.1 计算机发展简介

计算机的发展经历了从简单到复杂、从低级到高级的不同阶段，其不同阶段的计算机都有其独特的作用和设计思路。从 1889 年美国科学家赫尔曼·何乐礼研发的用于存储计算资料的电储机，到 1930 年美国科学家范内瓦·布什制作的首台模拟电子计算机，再到 1946 年美国军方定制的世界上第一台“电子数字积分计算机”，计算机开始了其高速、惊人的发展，至今大体经历了下面 4 个发展阶段。

1. 第 1 代电子管数字机（1946～1958 年）

第 1 代计算机的逻辑元件采用了真空电子管，而主存储器则采用了汞延迟线、阴极射线示波管静电存储器、磁鼓、磁芯；其外存储器则采用了磁带。对于第 1 代计算机的软件方面，则采用了计算机语言、汇编语言。

如图 1-1 所示的第 1 代计算机具有体积大、功耗高、速度慢和价格昂贵等特点，主要被用于军事和科学计算中，为以后计算机的快速发展奠定了基础。第 1 代典型计算机的具体说明，如表 1-1 所述。

图 1-1 第 1 代计算机

表 1-1 第 1 代典型计算机

时　期	名　称	功　能
1946 年	ENIAC	第一台电子计算机是由美国宾夕法尼亚大学研制的，该计算机使用了 18000 个电子管，占地 170 平方米，耗电 150 千瓦，造价 48 万美元，每秒可执行 5000 次加法或 400 次乘法运算
1950 年	EDVAC	该计算机为第一台并行计算机，实现了计算机之父冯·诺依曼的采用二进制和存储程序的两个设想

2. 第 2 代晶体管数字机（1958～1964 年）

第 2 代计算机的逻辑元件采用了晶体管，开始使用高级计算机语言和编译程序，计算机系统初步成型，磁鼓和磁盘开始作为主要辅助存储器。

第 2 代计算机具有体积缩小、能耗降低、可靠性提高、运算速度提高等特点。其运行速度比第 1 代计算机提高了近百倍（一般为 10 万次/秒，甚至可高达 300 万次/秒），被广泛应用于科学计算和事务处理中，并开始进入到工业控制领域中。第 2 代典型计算机的具体说明，如表 1-2 所述。

表 1-2 第 2 代典型计算机

时　期	名　称	功　能
1954 年	TRADIC	该计算机为 IBM 公司制造的第一台使用晶体管的计算机，通过增加的浮点运算提高了计算机的计算能力
1958 年	IBM 1401	该计算机为第 2 代计算机中的代表，普通用户可以通过租用的方法来尝试使用计算机

3．第 3 代集成电路数字机（1964～1970 年）

第 3 代计算机的逻辑元件采用了中、小规模的集成电路（MSI、SSI），主存储器仍采用磁芯。在软件方面，则出现了分时操作系统以及结构化、规模化程序设计方法。相对于前两代计算机，第 3 代的计算机体积更小、功耗更低、可靠性更高，而价格则进一步下降，目标偏向通用化、系统化和标准化等方向。

第 3 代计算机形成了一定规模的软件子系统，操作系统也日益完善，磁盘逐渐成为了不可或缺的辅助存储器，其应用领域开始进入文字处理和图形图像处理领域。

4．第 4 代大规模集成电路机（1970 年至今）

第 4 代计算机的逻辑元件采用了大规模和超大规模集成电路（LSI 和 VLSI），运算速度显著提高（一般为上千万次/秒，甚至可高达十万亿次/秒），同时具有微型化、功耗小和高可靠性的特点，开创了微型计算机的新时代。

微型计算机又称为微电脑或 PC 机，是集成技术和半导体芯片集成高速发展的产物，它是由微处理器和大规模、超大规模集成电路组装而成。微型计算机具有体积小、价格便宜、使用方便、运算速度大幅提高等特点。同时，这一时期还产生了新一代的程序设计语言以及数据库管理系统和网络软件等。

随着计算机中的物理元器件的变化，计算机的外部设备也在不断地变革。例如，计算机中的外存储器，由最初的阴极射线显示管发展到磁芯、磁鼓，直至通用的磁盘，现今又出现了体积更小、容量更大、速度更快的只读光盘。

随着时代的不断发展，计算机会继续朝着微型化、网络化、人工智能化方向的第 5 代发展。第 4 代典型计算机的具体说明，如表 1-3 所示。

表 1-3　第 4 代典型计算机

时　期	名　　称	功　　能
1970 年	IBM S/370	该计算机采用了大规模集成电路代替磁芯存储，小规模集成电路作为逻辑元件，并使用虚拟存储器技术，分离硬件和软件
1975 年	Altair 8800	该计算机带有 1KB 存储器，是世界上第一台微型计算机，由 MITS 制造
1977 年	Apple II	该计算机是计算机史上第一个带有彩色图形的个人计算机，具备 NMOS6500 1MHz 的 CPU，4KB RAM 16KB ROM
1983 年	Apple Lisa	该计算机为第一台使用了鼠标和图形用户界面的电脑
1986 年	Compaq Desktop PC	该计算机是计算机历史上第一台 386 计算机，采用了 Intel 80386 16MHz CPU，640KB 内存，20MB 硬盘，1.2M 软驱
1996 年		该时段的计算机基本配置了奔腾或者奔腾 MMX 的 CPU；32M EDO 或者 SDRAM 内存，2.1G 硬盘，14 寸球面显示器为当时的标准配置
1997 年		该时段的计算机开始向赛扬处理器过渡，部分计算机开始使用 PentiumII CPU，同时内存也由早期的 EDO 过渡到 SDRAM，而 4.3G 左右的硬盘开始成为标准配置
2001 年至今	苹果 iMac G5 (M9248CH/A)	该计算机为一体机类型，其主机部件被全部安放在显示器内，主要使用了 PowerPC G5 处理器，主频 1600MHz 以上，内存容量为 256MB，硬盘容量 80GB，显示器为 17 寸液晶

1.1.2 计算机的硬件系统

计算机是由硬件系统和软件系统两部分组合而成的，传统计算机的硬件系统一般可分为输入单元、输出单元、算术逻辑单元、控制单元和记忆单元，而算术逻辑单元和控制单元合称为中央处理器（CPU）。

1. CPU

CPU 即中央处理器（微处理器），由运算器、控制器、寄存器、高速缓存和实现各个组件之间联系的总线构成，是计算机的运算核心和控制核心，其功能是处理和运算计算机内部的所有数据，并控制计算机内的其他配件协调运作，类似于人体的大脑。CPU 是整个系统中最高的执行单元，是判断计算机档次的重要依据。目前，CPU 的型号和规格很多，通常所说的“酷睿”“奔腾”“速龙”等，指的便是 CPU，如图 1-2 所示。

图 1-2 CPU

提 示

目前全球主要有两大 CPU 生产供应商，一个是 Intel（英特尔）公司，另一个则是 AMD（超微）公司。

2. 主板

主板是计算机中各个组件工作的平台，也是主机内部最大的一块集成电路板，由 CPU 插座、扩展槽、芯片组和各种设备接口组成，如图 1-3 所示。主板的主要功能是将电脑中的各个部件紧密地连接在一起，并将数据传输给各个部件。由于计算机中一些重要的“交通枢纽”都分布在主板上，所以主板工作的稳定性直接影响到整个计算机的稳定性。

图 1-3 主板

3. 内存

内存又称为内部存储器或随机存储器（RAM），是计算机硬件系统中的重要组成部分，它由电路板和芯片组成。内存的作用是为 CPU 提供所要运算的各种数据，并临时存放 CPU 运算后的数据结果，一般具有体积小、速度快、有电可存和无电清空的特点，如图 1-4 所示。

图 1-4 内存

4. 硬盘

硬盘属于计算机的外部存储设备，也是计算机中不可或缺的设备之一，如图 1-5 所示。与临时存放数据的内存所不同，机械硬盘由金属磁片制成，而硬盘中的磁片具有记忆功能，因此存储到磁片中的数据，不论是否处于开机或关机状态中，都不会丢失。

硬盘容量很大，目前市场中的硬盘已达到 TB 级的容量，其尺寸的大小不等，有 3.5、2.5、1.8、1.0 等英寸，而硬盘接口则有 IDE、SATA、SCSI 等类型，其中 SATA 接口为目前最普遍的接口类型。

图 1-5 硬盘

5. 光驱

光驱的全称为光盘驱动器，属于光存储设备的范畴，其功能是读取保存在光盘上的各种数据，也是台式机和笔记本便携式电脑的标准配置之一，如图 1-6 所示。目前，光驱的类型可划分为 CD-ROM、DVD-ROM、COMBO 和 DVD-RAM 等。光驱的读写能力和速度随着多媒体应用的需求也日益提升，由原来的 4X 逐渐提升到 16X、32X、40X 或 48X。

图 1-6 光驱

6. 显示器

显示器是计算机将内部数据转化为可视化信息后，向人们展示计算机运行状态和运算结果的设备。显示器属于输出设备，分为 CRT、LCD、LED 3 大类，其接口分为 VGA 和 DVI 类。显示器品种比较繁多，大小不一，如图 1-7 所示为一款 LCD 显示器。

图 1-7 显示器

7. 显卡

显卡是计算机中的重要显示组件，它可以与显示器配合输出色彩绚丽的图形和文字，是人机对话的重要设备之一，如图 1-8 所示。显卡的作用是将所要显示的内容转化为显示器可识别的数据，以便显示器将内容正确地显示出来。

图 1-8 显卡

提 示

显卡决定了计算机中的哪些内容将被显示，而显示器只是被动的将显卡输出的内容显示出来而已。

8. 音箱

音箱属于计算机中的输出设备，它是通过音频线连接到功率放大器，再通过晶体管将声音放大，并输出到喇叭中，从而使喇叭输出电脑中的声音，如图 1-9 所示。

图 1-9 音箱

9. 声卡

声卡是多媒体计算机的必备设备之一，如图 1-10 所示，其作用是采集和输出声音，它可以将电脑中的声音数字信号转换成模拟信号输出到音箱中发出声音。在声卡上有音箱、耳机和麦克风的插口，可以连接音箱、耳机和麦克风。

图 1-10 声卡

10. 鼠标与键盘

鼠标与键盘，如图 1-11 所示，是计算机中最主要的输入设备，分为无线和有线两类。其中，键盘是计算机的主要输入设备，用于将文字、数字或其他一些信息输入到计算机中，以及对计算机进行一些常规控制。

鼠标主要用于操作计算机中的一些软件或系统，当用户移动鼠标时，在显示器上将显示一个箭头指针随着鼠标一起移动，并可以准确地操作计算机中的一些软件。目前，市场中的硬件鼠标主要分为光电和无线等类型，而传统的机械鼠标已被光电鼠标所代替，如图 1-11 所示。

图 1-11 键盘和鼠标

11. 机箱与电源

电源是计算机中不可缺少的供电设备，其工作的稳定性直接影响到整个计算机的稳定性，笔记本电脑可以在自带锂电池的情况下，为计算机提供一定时效的有效电源。机箱是主机的保护壳，也是计算机中的辅助散热设备，目前市场中部分机箱已携带相应的风扇，辅助硬件进行散热。如图 1-12 所示为机箱和电源。

12．网卡

网卡是计算机连接局域网和因特网不可缺少的设备，作用是与其他计算机交换数据、共享资源，如图 1-13 所示。

图 1-12 机箱和电源

图 1-13 网卡

提 示

通常情况下，网卡是需要安装在主板扩展槽中的一块板卡，不过现在的很多主板也都集成了网卡。

13．其他外部设备

前面简要介绍了组成一台多媒体计算机的硬件设备，随着计算机用途的不断扩大，它还可以连接一些其他的外部设备，如扫描仪、电视卡、打印机以及摄像头等，用于满足不同用户的需要，如图 1-14 所示。

图 1-14 打印机

1.1.3 计算机的软件系统

计算机的软件系统是计算机运行各类程序及其相关文档的集合，分为系统软件和应用软件两大类。计算机中的系统软件（System software）是由一组控制计算机系统并管理资源的开发程序组合而成，主要用于启动计算机、排序文件、检索文件，以及存储、加载和执行应用程序等。系统软件是连接用户和计算机的桥梁，一般包括操作系统、语言处理系统、服务程序和数据库管理系统等。

1．操作系统

操作系统又称为计算机程序，是系统软件的核心，主要用于管理、控制和监督计算机软、硬件资源的协调运行，它由一系列具有不同控制和管理功能的程序组合而成。

操作系统是计算机发展中的必然产物，它不仅是用户和计算机的接口，协助用户对计算机进行各类操作，而且还是计算机系统资源的管理中心，合理组织计算机的工作流程，以便可以充分发挥计算机的效能。一般情况下，操作系统包括以下 5 个模块。

- **处理器管理** 处理器管理主要用于解决多个程序同时运行时处理器（CPU）的时间分配问题。
- **作业管理** 作业管理是完成某个独立任务的程序及其所需要的数据组合而成的，主要用于协作用户通过计算机界面运行自己的作业，并对系统作业进行调控，以便可以高效地利用整个系统的资源。
- **存储器管理** 存储器管理主要用于分配各个程序及其使用数据的存储空间，并保证各个程序之间互不干扰。
- **设备管理** 设备管理主要用于设备分配方面，它是根据用户提出的请求对设备进行有效分配，并同时接受设备的请求（中断）。
- **文件管理** 文件管理主要负责计算机文件的存储、检索、共享和保护。

操作系统的种类繁多，根据其性能可以划分为批处理、分时和实时操作系统，根据用户数量可以划分为单用户和多用户操作系统等。而 Microsoft 公司开发的 Windows 操作系统是最普遍使用的操作系统，它从单一用户单一任务系统的 DOS 系统开始，经历了 Windows 3.1、Windows 2000、Windows XP、Windows Visa、Windows 7 和 Windows 8 等。

除了 Microsoft 公司开发的 Windows 操作系统之外，市场中还存在苹果操作系统和 Linux 操作系统。苹果操作系统是专门应用于苹果电脑的操作系统，属于全球领先的操作系统；而 Linux 操作系统是一个源码公开的系统，可以满足程序员对系统进行随意调整和更改的需求，目前已成为 Windows 操作系统强有力的竞争对手。

2．语言处理系统

语言处理系统是人和计算机交流的重要桥梁，统称为计算机语言或程序设计语言，分为机器语言、汇编语言和高级语言三类。另外，计算机中的高级语言程序还需要配备语言翻译程序，语言翻译程序本身也属于一组程序，包括“解释”和“编译”两种翻译方法。

对源程序进行“解释”和“编译”任务的程序，称为编译程序和解释程序。例如 FORTRAN、COBOL、PASCAL 和 C 等高级语言，使用时需有相应的编译程序；而 BASIC、LISP 等高级语言，使用时需有相应的解释程序。

3．服务程序

计算机中的服务程序主要提供了一些经常使用的服务性功能，以协助用户使用计算机和开发某些程序，例如用户操作电脑时经常使用的诊断程序、调试程序和编辑程序等。

4．数据库管理系统

数据库是按照数据结构来组织、存储和管理数据的仓库，而数据库管理系统（Data Base Management System，DBMS）则是一套可以对数据进行加工和管理的系统软件，它具有建立、消除、维护数据库及操作数据库数据等功能，主要由数据库（DB）、数据库管理系统（DBMS）以及相应的应用程序组合而成。数据库系统不仅可以存放大量的共享数据，而且还可以迅速、自动地对数据进行检索、修改、统计、排序和合并等操作，以帮助计算机获取所需的数据信息。

1.2 计算机的分类和发展

通过前面的章节，用户已大概了解了计算机的软、硬件系统和发展历程，在本小节中将详细介绍计算机的分类和发展趋势，以帮助用户更加详细地了解和掌握计算机的理论知识。

1.2.1 计算机的分类

在实际应用中，计算机一般可分为超级计算机、工业控制计算机、网络计算机、个人计算机和嵌入式计算机5类，较先进的计算机又分为生物计算机、光子计算机和量子计算机等。

1. 超级计算机

超级计算机（Supercomputers）通常指由数百或数千个以上处理器组成的，可以计算普通PC机和服务器无法完成的大型复杂课题的计算机，如图1-15所示。

图1-15 超级计算机

超级计算机采用了集群系统，更注重浮点运算性能，是计算机中功能最强、运算速度最快、存储容量最大，以及并行计算能力最强的一类计算机，主要用于科学计算方面，是国家科技发展水平和综合国力的重要标志。

2. 网络计算机

网络计算机并非只包含计算机，一般情况下它包括服务器、工作站、集线器、交换机和路由器等组件。

1）服务器

服务器不同于普通计算机，它是一种为客户端计算机提供各种服务的高性能计算机，可通过网络对外提供某种类型的服务，一般分为网络服务器（DNS、DHCP）、打印服务器、终端服务器、磁盘服务器、邮件服务器、文件服务器等类型，如图1-16所示。

图1-16 服务器

服务器相当于网络中的一个节点，存储和处理网路中80%以上的数据和信息，在网络中具有非常重要的作用。虽然服务器的构成与普通电脑类似，但因为它是针对具体的网络应用特别制定的，所以其处理能力、稳定性、可靠性、安全性、可扩展性、可管理性等方面与普通电脑存在较大差异。

2）工作站

工作站主要面向一些专业的应用领域，是一种以个人计算机和分布式网络计算机为基础的高性能计算机。该类型的计算机具有强大的数据运算与图形、图像处理能力，在图形图像领域特别是计算机辅助设计领域得到了迅速地应用和发展。例如，美国 Sun 公司的 Sun 系列工作站便是工作站中的典型产品。

无盘工作站是一种无软盘、无硬盘、无光驱连入局域网的计算机，具有节省费用、安全性高、易管理和易维护等优点。无盘工作站通常是由网卡的启动芯片以一定的形式向服务器发送启动请求，服务器接收到启动请求后，根据不同的机制向工作站发送启动数据，等待工作站下载启动数据之后，便由 Boot ROM 将系统控制权转移到内存中的某些特定区域，并引导操作系统。

无盘工作站的启动机制分为 RPL（Remote initial Program Load）和 PXE（Preboot eXecution Environment）两种机制，RPL 机制是静态路由，常用于 Windows 95 中；而 PXE 机制是 RPL 机制的升级品，常用于 Windows 98、Windows NT、Windows 2000、Windows XP 中。

3）集线器

集线器又称为 Hub，是一种共享介质的网络设备，采用 CSMA/CD（一种检测协议）介质访问控制机制，属于纯硬件网络底层设备，如图 1-17 所示。集线器的主要功能是对接受到的信号进行再生整形放大，用来扩大网络的传输距离，同时将所有节点集中在以它自身为中心的节点上。

图 1-17　集线器

集线器本身无法识别目的地址，一般采用广播的形式传输数据，容易造成网络堵塞，降低网络数据的传输效率。另外，由于集线器所发送的数据包每个节点都可以侦听到，所以使用集线器容易为网络带来不安全的隐患。

4）交换机

交换机是一种用于电信号转发的网络设备，主要用于完成网络中的信息交换，是集线器的升级换代产品，如图 1-18 所示。在实际应用中，最常见的交换机是以太网交换机，其他常用的交换机包括电话语音交换机和光纤交换机等。

图 1-18　交换机

交换机具有多个端口，每个端口均有独享的信道带宽，可以连接一个局域网或一台高性能的服务器或工作站，由于交换机为用户提供的是独享的、点对点的网络连接，所以在数据量比较大的情况下，不容易造成网络堵塞，从而可以在确保数据传输安全的前提下，提高网络数据的传输效率。

5）路由器

路由器（Router）又称为网关设备（Gateway），是一种连接因特网中各局域网、广域网的网络设备，如图 1-19 所示，它可以根据网络信道的具体情况自动选择和设定路由，从多条路径中寻找最佳路径提供给用户通信。路由器是互联网络的枢纽，主要用于连接多个逻辑上分开的网络，并具有判断网络地址和选择 IP 路径的功能。

图 1-19　路由器

路由器可以在多网络互联环境中建立灵活的连接，只接受源站或其他路由器的信息，属于网络层中的一种互连设备。相对于交换机来讲，路由器克服了交换机不能向路由转发数据包的不足。

3．工业控制计算机

工业控制计算机又称为过程计算机，是一种采用总线结构，对生产过程及其机电设备、工艺装备进行检测与控制的计算机系统的总称，包括计算机和输入/输出通道（I/O）两大部分，主要用于工业过程控制和管理领域。

工业控制计算机具有重要的计算机属性和特征，通常是由主机、输入输出设备和外部磁盘机、磁带机等设备组合而成；其主要类别可分为 IPC（PC 总线工业电脑）、PLC（可编程控制系统）、DCS（分散型控制系统）、FCS（现场总线系统）及 CNC（数控系统）5 种。

- **IPC（PC 总线工业电脑）** IPC 是基于 PC 总线的工业电脑，主要由工业机箱、无源底板和可插入的各种板卡组成，具有可靠性、实时性、扩充性和兼容性等特性。IPC 通常采用全钢机壳、机卡压条过滤网和双正压风扇等设计及 EMC(Electro Magnetic Compatibility) 技术，来解决工业现场的电磁干扰、震动、灰尘和高/低温等环境问题。
- **PLC（可编程控制系统）** PLC 是由计算机技术和自动化控制技术相结合而开发的一种适用于工业环境下的数字运算操作电子系统，它采用一种可编程的存储器，通过数字式或模拟式的输入输出来控制各类机械设备或生产过程，具有数据处理、通信、网络等功能。
- **DCS（分散型控制系统）** DCS 是一种高性能、高质量、低成本、配置灵活的分散控制系统中的一种系列产品，包括各种独立的控制系统、分散控制系统 DCS、监控和数据采集系统（SCADA），被广泛应用于大、中、小型电站的分散型控制、发电厂自动化系统的改造，以及钢铁、石化、造纸、水泥等工业生产过程的控制。
- **FCS（现场总线系统）** FCS 是一种全数字串行、双向通信系统，既具有过程控制和应用智能仪表局域网的功能，又具有网络上分布控制应用的内嵌功能。
- **CNC（数控系统）** CNC 是采用微处理器或专用微机的数控系统，该数控系统是由存储器内的系统程序（软件）来实现逻辑控制、部分或全部数控功能，并通过接口与外围设备进行连接；目前已应用于机械制造技术、信息处理技术、信息传输技术、自动控制技术和传感器技术等领域。

4. 个人计算机

个人计算机广义上讲是用户日常办公或娱乐所使用的计算机，包括台式机、电脑一体机、笔记本电脑、掌上电脑和平板电脑等类型。

1）台式机

台式机又称为桌面机，如图 1-20 所示是主机和显示器相对独立的一种计算机，也是目前使用最流行的微型计算机之一。台式机相对于笔记本来讲，具有散热性、扩展性、保护性和明确性等特点；但是台式机的便携性差，不如笔记本方便。

图 1-20　台式机

2）电脑一体机

电脑一体机是继台式机之后开创的一种微型计算机，它将芯片、主板和显示器集成在一起，其显示器便是一台完整的电脑，用户只需连接键盘和鼠标便可以使用，解决了一直让用户头疼的台式机多线缆的问题。

3）笔记本电脑

笔记本电脑又称为手提电脑，属于一种小型、便于携带的微电脑。笔记本电脑中除了为用户提供常用的键盘之外，还提供了用于定位和输入的触控板或触控点。一般情况下，笔记本电脑可分为商务型、时尚型、多媒体应用、上网型、学习型和特殊用途等类型，如图 1-21 所示。

图 1-21　笔记本电脑

4）掌上电脑

掌上电脑是一种运行在嵌入式操作系统和内嵌式应用软件上的一种小巧、轻便、易携带、实用且价廉的手持式计算设备，它除了可以用来管理个人信息、浏览网页和收发 Email 之外，还可以当做手机进行使用，如图 1-22 所示。

5）平板电脑

平板电脑与笔记本基本相同，唯一不同的是平板电脑无需翻盖，没有键盘，需要使用触摸对其进行操作，如图 1-23 所示。另外，平板电脑还支持手写输入或语音输入，而形状更加小巧，其移动性和便携性更胜一筹。

图 1-22　掌上电脑

5. 嵌入式计算机

嵌入式计算机是一种以应用为中心、以微处理器为基础、适应应用系统对功能、可靠性、成本、体积和功耗等综合性严格要求的专用计算机系统，它的软硬件可进行单独地裁剪，一般由嵌入式微处理器、嵌入式操作系统、外围硬件设备和应用程序等组成。嵌入式计算机的形态多种多样，包括掌上电脑、计算器、电视机顶盒、手机、数字电视、消费电子设备、工业自动化仪表等设备。

图 1-23　平板电脑

1.2.2　计算机的发展趋势

计算机从诞生至今，经历了机器语言、程序语言、简单操作系统和 Linux、Macos、BSD、Windows 等 4 代操作系统，其运行速度也逐渐提升，第 4 代计算机的运算速度已经达到几十亿次/每秒。随着科技的进步，计算机的发展已经进入了一个快速而又崭新的微小、多功能和资源网络化时代，而未来计算机性能应向着微型化、网络化、智能化和巨型化的方向发展。

1. 巨型化

计算机的巨型化发展也可理解为超级计算机的发展，是为了适应尖端科学技术的需求而发展的，主要体现在高速度、大存储容量、功能强大和多元化方面，主要应用于军事和科研教育方面。

2. 微型化

计算机的微型化发展是在计算机中使用微型处理器，从而缩小计算机的体积，降低计算机的成本。另外，软件行业的飞速发展，以及计算机理论和技术中的不断完善也促使了微型计算机的向前发展。计算机发展史中的四十年中，计算机的体积在不断地缩小，从台式机到笔记本电脑，又从笔记本电脑到平板电脑、掌上电脑等，其体积是逐步微型化，从而可以预计未来的计算机仍然会趋于微型化，其体积会不断地缩小，再缩小。

3. 网络化

计算机的不断发展促使了互联网的飞速发展，计算机网络化彻底改变了人类的世界，扩展了用户的眼界。目前，用户可以通过互联网进行沟通、购物、资源共享等网络活动，而无线网络的出现，则极大地提高了网络使用的便捷性，其未来计算机将会进一步向着网络化方向发展。

4. 人工智能化

计算机人工智能化是未来发展的必然趋势，在不久的将来智能化计算机将取代部分人类的工作。目前，人类在不断地探索计算机与人类思维的结合和融合，促使计算机能够具有人类的逻辑判断和思维能力，希望可以抛弃以往依靠编码程序来运行计算机的方法，可以直接对计算机发出相应的指令。

5. 多媒体化

当前计算机所处理的信息是以字符和数字为主，这一点违背了人类所习惯使用的图片、文字、声音、图像等多媒体信息。随着多媒体技术的发展，未来计算机可以将图形、图像、音频、视频和文字整合为一体，从而使信息处理的对象和内容更加接近真实世界。

1.3 计算机的性能和单位

计算机具有运算速度快、运算精确度高、逻辑运算能力强和存储容量大等特点，而计算机的上述特点主要是依靠软、硬件的支持。那么，平时用户在使用计算机时，该如何评测和查看计算机的性能呢？在本小节中，将详细介绍一下计算机的性能指标和常用单位，帮助用户详细地评测和查看计算机的性能。

1.3.1 计算机的性能指标

一台计算机的性能是否强劲，不是由某一项指标所决定，而是由各种配件的综合性能来评判。一般情况下，用户可以从以下 4 项指标来简单了解计算机的性能。

1. 运算速度

该项目是衡量计算机性能的一项重要指标，通常指的是计算机每秒钟所能执行的指令数量，一般用“百万条指令/秒”（mips，Million Instruction Per Second）来描述。不过，由于计算机在执行不同运算时的时间可能不同，所以通常人们都采用 CPU 的主频来描述运算速度。一般来说，主频越高，运算速度就越快。

提 示

主频是 CPU 的一项重要性能指标，其具体内容我们将在后面的章节中进行介绍。

2. 字长

一般说来，计算机在同一时间所能处理的一组二进制数称为一个计算机“字”，而这组二进制数的位数便称为“字长”。在其他指标相同的情况下，字长越大则计算机处理数据的速度就越快。早期计算机的字长一般是 8 位和 16 位，目前大多数计算机的字长都是 32 位，而字长为 64 位的计算机也已经开始普及。

提 示

计算机的字长由 CPU 所决定，字长为 32 位的 CPU 被称为 32 位 CPU，而 64 位 CPU 指的便是相应字长的 CPU 产品。

3. 内部存储器的容量

之前我们曾经介绍过，内存是 CPU 可以直接访问的存储器，计算机中所有需要执行的程序与需要处理的数据都要先存放在内存中。因此，内存容量的大小反映了计算机即时存放信息的能力，同时也影响着计算机处理的信息量，内存容量越大，计算机的性能也就越好。

提 示

受到 CPU 及其他硬件和软件的限制，计算机所能识别的内存容量总是有限的。因此当内存容量达到一定程度时，便无法通过扩充内存的方式来提升计算机性能。

4. 外部存储器的容量

外存储器容量通常是指硬盘容量，该部分的存储容量越大，可存储的信息就越多，可安装的应用软件也就越丰富。

1.3.2 计算机的常用单位

作为一种复杂的电子设备，计算机内不同配件所使用的标识单位也不尽相同，下面将对其中的几种常用单位进行简单介绍。

1. bit 与 Byte

计算机采用二进制作为信息的表现形式，其特点是“逢二进一”。也就是说，在单一数位上的数值最大为 1，最小为 0，而当数值大于或等于 2 时便会进位。

目前，计算机内用于表示数据长度的单位主要有以下几种：

- **位（bit）** 二进制数中的一个数据位，是计算机中最小的数据单位，简写为 b。
- **字节（Byte）** 8 位二进制数称为一个字节，用于表示存储空间大小的容量单位，简写为 B。
- **字（Word）** 是计算机进行数据处理和数据存储的一组二进制数据，由若干个字节组成。
- **其他单位** 在表示数据长度或存储容量时，除了会用到位或字节外，常见的单位还有千字节（KB）、兆字节（MB）、吉字节（GB）和太字节（TB），其换算方式如下所示：

1Byte=8bit

1KB=1024B=2^{10}B

1MB=1024KB=2^{10}KB

1GB=1024MB=2^{10}MB

1TB=1024GB=2^{10}GB

2. 频率单位与时间单位

工作速度是衡量计算机性能的一项重要指标，常使用频率单位和时间单位两种表示方法。

其中，频率用于表示计算机在单位时间内执行某项操作的次数，用赫兹（Hz）表示；

纳秒（ns）和毫秒（ms）则是标识计算机某配件工作速度的常用时间单位。

3. Mops

Mops是标识计算机运算性能的单位，其含义为百万亿次计算/秒（Million operations per second）。

1.4 课堂练习：查看计算机的内部结构

目前，大多数家庭使用的计算机仍然为台式机，它具有散热好、屏幕大和操作方便等特点。在台式机中，除了显示器等外接设备之外，其他组件都被集中在机箱中，而主机则担负着数据的运作和存储任务，是计算机的重要组成部分。在本练习中，将详细介绍台式机机箱的内部结构，来帮助用户了解机箱的组成和构造。

操作步骤

1 关闭计算机，为确保安全，还需要断开一切与计算机相连的电源，并将电源插座上的电源接头拔下。

2 为了方便拆卸机箱，还需要将机箱后面的可以拔出的连接线依次拔出，断开主机与外围设备的连接，如图1-24所示。

图1-24 拔出外围设备连接线

3 显示器的连接线两端有两个螺丝固定，用户需要先将螺丝拧下，然后再拔出连接线，如图1-25所示。

4 现在，搬出机箱，拧下固定机箱面板的螺丝钉后，卸下机箱右侧面板，即可打开主机，如图1-26所示。

图1-25 拆开显示器连接线

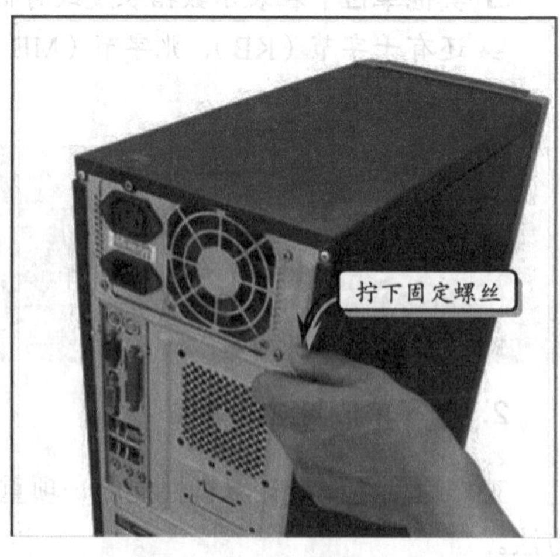

图1-26 拆开侧面板

5 此时，呈现在用户面前的是整个机箱内部结构，各个配件紧密连接在主板和机箱中，如图 1-27 所示。

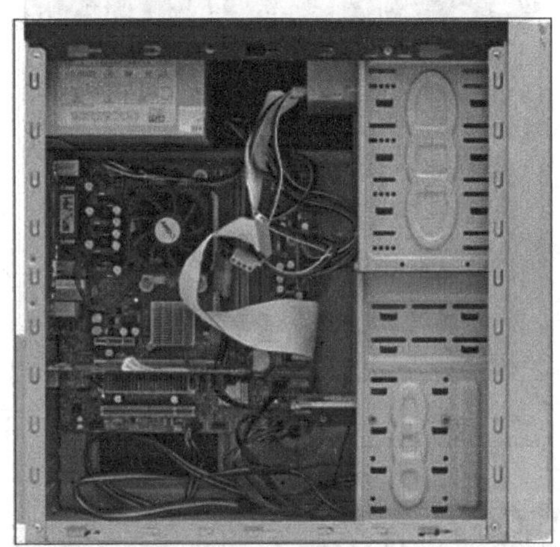

图 1-27 查看内部组件

6 内存通常位于 CPU 风扇的右侧，在掰开两侧的卡扣后，垂直向上拔出内存条，如图 1-28 所示。

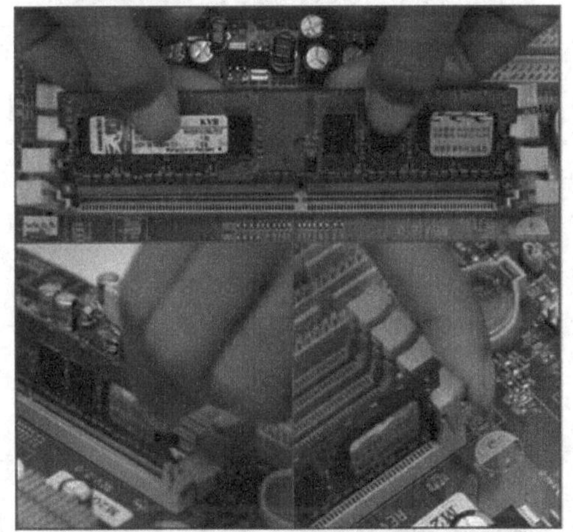

图 1-28 拔出内存条

注 意

在拆卸内存时，应垂直向上拔取，切记不可左右摇晃，以免损伤内存。

7 解开 CPU 风扇上的扣具后，卸下 CPU 风扇。然后，拉起 CPU 插座上的压力杆，即可取出 CPU，如图 1-29 所示。

图 1-29 拆除 CPU

注 意

不同 CPU 所用的 CPU 风扇不完全相同，其拆卸方法也不一样。因此，用户应根据具体情况参照说明书进行操作，以免损伤 CPU。

8 拆除 CPU 之后，在主板上将显示 CPU 与主板之间的连接处，如图 1-30 所示。

图 1-30 CPU 连接处

9 接下来，可以依次拆除机箱内的硬盘、光驱、显卡和其他组件，如图 1-31 所示。

10 最后，拧开主板上的多个螺丝钉后，从主机箱内取出主板，即完成整个主机的拆卸工作，如图 1-32 所示。

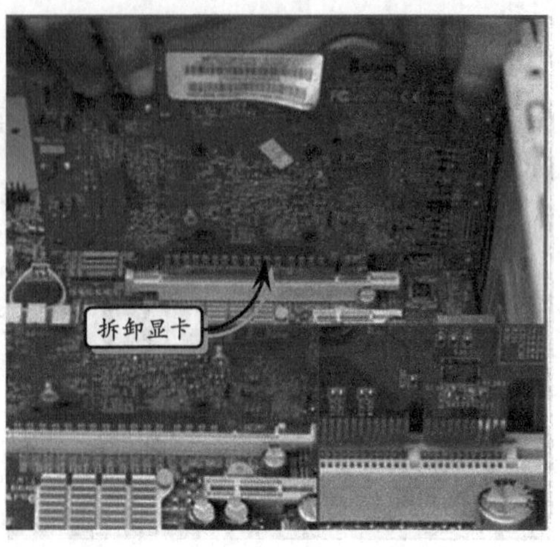

图 1-31 拆除其他内部组件

图 1-32 拆卸主板

1.5 课堂练习：测试计算机的整体性能

当用户购买计算机之后，往往希望可以对计算机的性能进行一次全面而科学的评估，以确定所购买的计算机是否属于最优机型。在本练习中，将通过第三方软件，详细介绍对计算机性能进行全面检测的操作方法。

操作步骤

1 安装并启动计算机性能测试软件 PerformanceTest 后，执行【编辑】|【选项】命令，如图 1-33 所示。

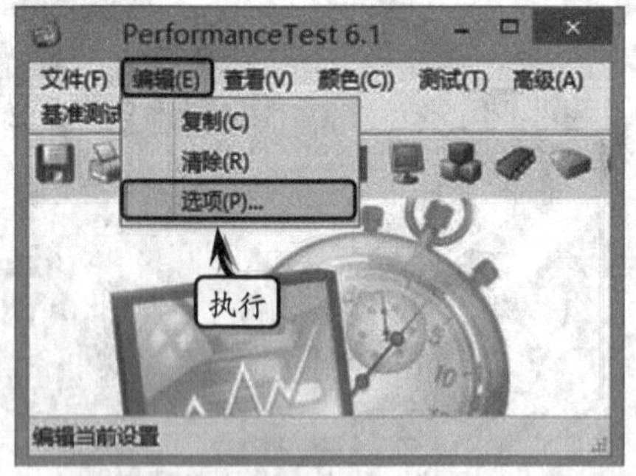

图 1-33 执行编辑命令

2 在弹出的【编辑参数】对话框中设置待测磁盘设备、计算机名称等内容。用户也可以保持当前参数设置，使用默认参数，如图 1-34 所示。

3 编辑参数设置完之后，单击【确定】按钮，返回到主界面中，并执行【基准测试】|【选择基准测试】命令，如图 1-35 所示。

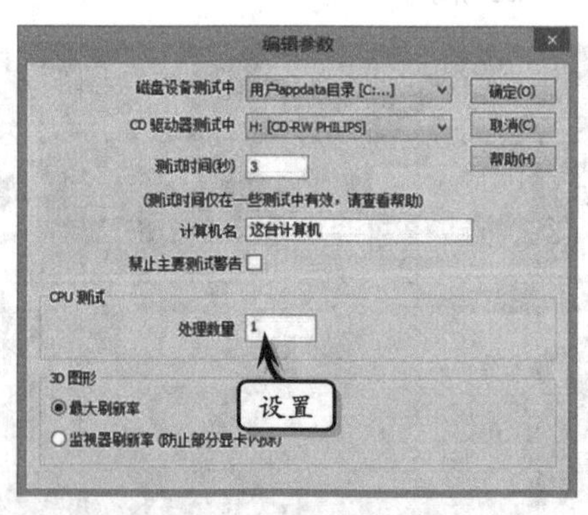

图 1-34 设置编辑参数

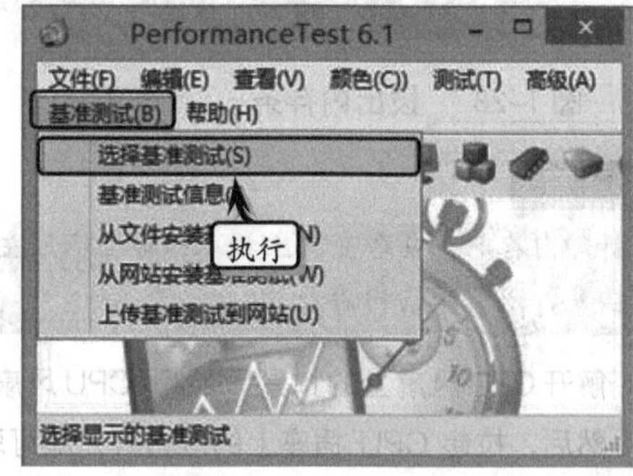

图 1-35 开始基准测试

4 选择【所有可用基准测试】列表框中相应的选项，单击【添加】按钮，将其添加到【显示基准测试】列表框中，并单击【确定】按钮，如图 1-36 所示。

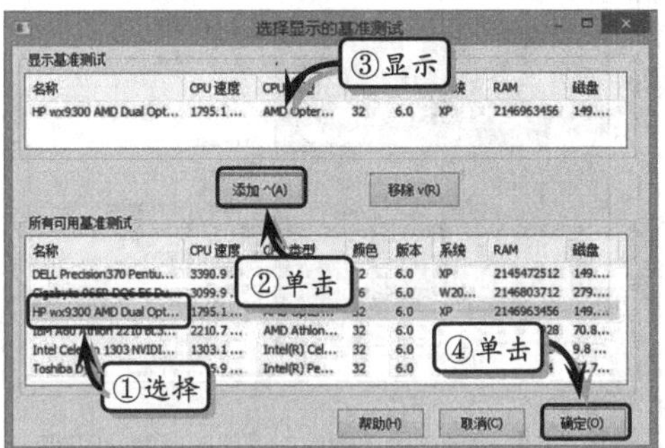

图 1-36 选择测试目标

5 在主界面中，将显示大概的基准测试信息。此时，为了查看详细信息，还需要执行【基准测试】|【基准测试信息】命令，如图 1-37 所示。

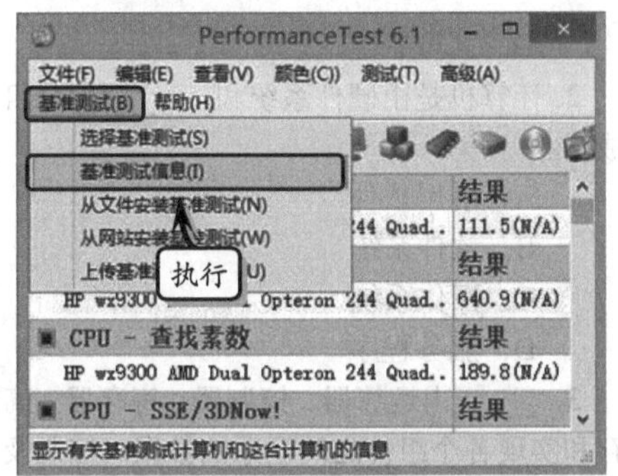

图 1-37 准备查看基准测试信息

6 在弹出的【基准测试信息】对话框中，查看到当前计算机与测试基准计算机的配置情况，如图 1-38 所示。

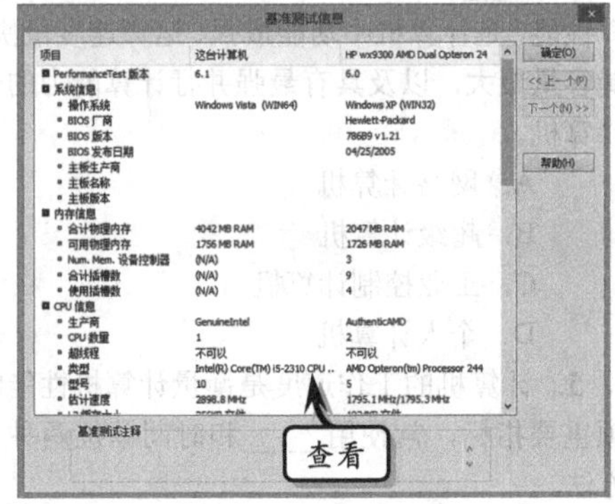

图 1-38 查看基准测试信息

7 单击【确定】按钮，返回到主界面中。单击【继续运行所有测试】按钮后，PerformanceTest 便会对当前计算机的 CPU 运算能力、内存读取、3D 图形等多个项目进行检测，如图 1-39 所示。

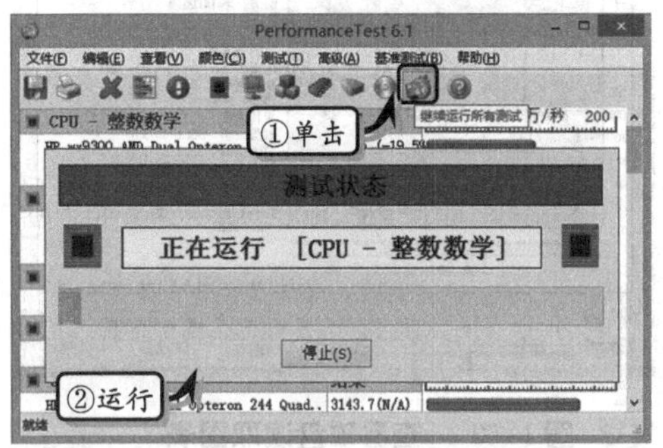

图 1-39 继续运行所有测试

8 测试完成后，PerformanceTest 将在弹出的对话框内给出性能评分，如图 1-40 所示。

图 1-40 显示测试结果

9 单击评分对话框中的【确定】按钮后，即可在 PerformanceTest 主界面内查看当前计算机与测试基准计算机的评分对比情况，如图 1-41 所示。

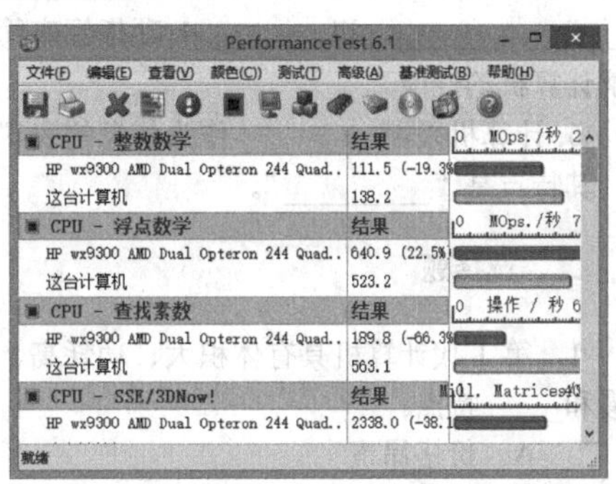

图 1-41 显示评分对比情况

10 执行【查看】|【磁盘读取图表】命令后，查看磁盘读取数据的性能，如图 1-42 所示。

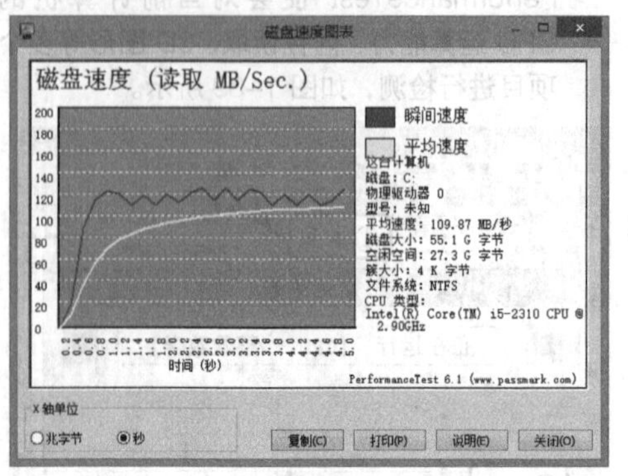

图 1-42 查看磁盘读取图表

11 在主界面内执行【查看】|【磁盘写入图表】命令，查看磁盘写入数据的性能，如图 1-43 所示。

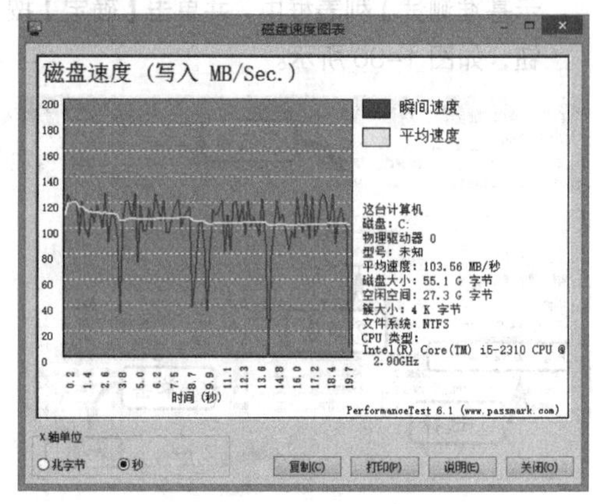

图 1-43 查看磁盘写入图表

1.6 思考与练习

一、填空题

1. 计算机又被称为________，是一种可以按照________运行、自动且高速处理海量数据的现代化智能电子计算设备。

2. 计算机发展大体经历了________、________、________和________4 个发展阶段。

3. 计算机一般可分为超级计算机、________、________、________和________5 类。

4. 随着科技的进步，计算机的发展已经进入了一个快速而又崭新的微小、多功能和资源网络化时代，而未来计算机性能应向着________、________、________和________的方向发展。

5. 一般情况下，用户可以从________、________、________和________4 项指标来简单了解计算机的性能。

6. 计算机采用________作为信息的表现形式，其特点是“________”。

二、选择题

1. 第 1 代计算机具有体积大、功耗高、速度慢和______特点。

A．价格昂贵

B．高智能

C．网络化

D．高可靠性

2. 计算机是由硬件系统和______两部分组合而成的。

A．应用软件

B．软件系统

C．操作系统

D．服务程序

3. ______由运算器、控制器、寄存器、高速缓存和实现各个组件之间联系的数据、控制及状态的总线构成，是计算机的运算核心和控制核心。

A．主板

B．内存

C．CPU

D．硬盘

4. ______机采用了集群系统，更注重浮点运算性能，是计算机中功能最强、运算速度最快、存储容量最大，以及具有最强并行计算能力的一类计算机。

A．网络计算机

B．超级计算机

C．工业控制计算机

D．个人计算机

5. 计算机的工作速度是衡量计算机性能的一项重要指标，常使用______和时间单位两种表示方法。

A．字节

B．存储量

C．频率单位

D．Mops

6．计算机具有运算速度快、运算精确度高、______和存储容量大等特点。

A．网络智能化

B．逻辑运算能力强

C．人工智能化

D．体积小

三、问答题

1．计算机的系统软件是连接用户和计算机的桥梁，一般包括哪几种系统软件？

2．简述计算机的发展趋势。

3．如何评测一个计算机的性能？

四、上机练习

1．测试计算机内存性能

在本实例中，将运用 PerformanceTest 软件，来测试计算机中内存性能。首先，启动 PerformanceTest 软件，执行【测试】|【内存】|【全部】命令，测试全部内存形状。此时，系统会自动测试计算机中内存的所有性能，并在界面中显示测试结果，如图 1-44 所示。

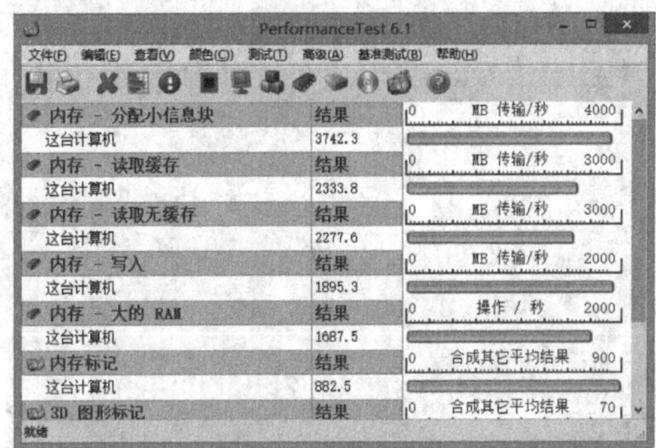

图 1-44 测试内存性能

2．制作计算机配置清单

通过本章的基础知识，用户已初步掌握了计算机的相应组件。对于部分用户来讲，一些现在已经开始动手拆除或组装个人计算机了。在本练习中，将通过表格的形式，来详细介绍完整计算机所需要配置的各个组件，其具体配件如表 1-4 所示。

表 1-4 计算机配置清单

硬件名称	描 述
显示器	能够将计算机内部的各种信息显示在屏幕中，当前流行显示器为液晶显示器
CPU	CPU 相当于人体的大脑，是计算机的核心部件，当前流行 4 核心 CPU
主板	主板用于组织计算机内的所有配件，当前流行的最好主板为华硕主板
内存	相当于“数据中转站”，负责 CPU 和外部数据的读写操作，当前流行金士顿内存
硬盘	硬盘属于外部存储器，用来存储海量数据，当前流行 1TB 以上容量的硬盘
显卡	显卡是计算机与显示器的接口，负责将视频信号传输到显示器中，当前流行七彩虹双芯显卡
声卡	声卡可以将计算机内的数字信号转换为模拟信号，并将其传输到音箱中，当前大部分台式机使用集成声卡，即将声卡集成在主板中
网卡	网卡是计算机接入网络时的必备设备，当前大部分台式机使用集成声卡，即将声卡集成在主板中
光驱	光驱是读取光盘信息的设备，当前流行带刻录功能的 DVD 光驱
机箱	机箱是计算机的保护壳，用于保护主机内部的各个硬件，当前部分机箱中携带电源和散热风扇
电源	电源是计算机供电设备，DIY 兼容机的机箱电源可以随意搭配，品牌台式机一般机箱和电源是一体的
键盘	计算机中的输入设备，用于文字输入和快捷键操作
鼠标	计算机中的输入设备，用户选择电脑中的相应命令和选项
音箱	输出音频信息的设备，用于播放音乐
外部设备	外部设备包括很多，例如摄像头，用户可根据自身需求随意搭配

第 2 章

中央处理器——CPU

CPU 又称为中央处理器，是一块超大规模的集成电路，它处于计算机的“大脑”中枢地位，负责整个系统的指令执行、运算，以及输入/输出系统的控制等工作。CPU 与内部存储器和输入/输出设备合成为计算机的三大核心部件，在整个计算机的运作过程中，起着非常重要的作用。

在本章中，将详细地了解 CPU 的发展历程、分类、组成结构、性能参数，以及目前最为流行的多核 CPU 技术等一些 CPU 的相关知识，为用户组装和维修电脑打下良好的硬件基础。

本章学习内容：

- CPU 的发展历程
- CPU 的分类
- CPU 的功能
- CPU 的组成结构
- CPU 的性能参数
- 多核 CPU 计算
- CPU 选购指南

2.1 CPU 的发展历程

作为电脑之“芯”的 CPU 从世界上第一款处理器的诞生到现在，一直以惊人的速度在不断发展着。而每一款 CPU 的出现，则会带动计算机其他部件的相应发展，例如带动存储器存取容量的增大、存取速度的提高，以及外围设备的不断改进等。下面，将以 CUP 发展的不同阶段为主导思路，简单介绍 CUP 的发展过程，便于用户更好地了解和认识 CPU。

2.1.1 X86时代

X86 时代是 Intel 公司 X86 系列的 CPU 产品，包括典型的 Intel4004、Intel8008、Intel8088、Intel80486 等产品。

1. Intel4004/8008 阶段

Intel4004 和 8008 是 CPU 中第一代最典型的产品，其中 Intel4004 于 1971 年推出的第一款微处理器，采用 PMOS 工艺的 4 位结构，含有 2300 个晶体管，时钟频率为 108KHz，每秒可执行 6 万条指令，相对于今天的 CPU 来讲其功能比较弱，如图 2-1 所示。

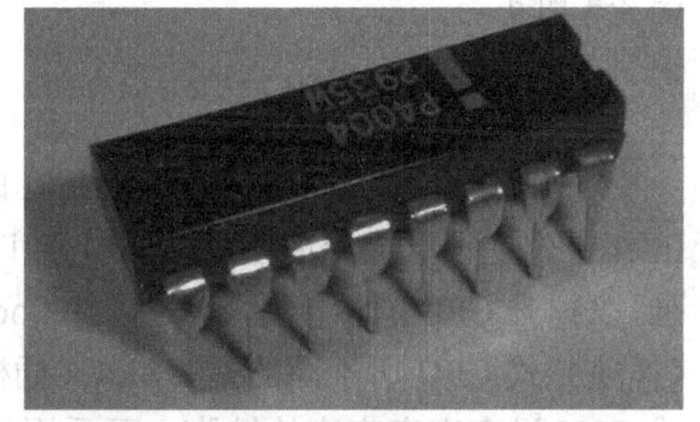

图 2-1 Intel4004

2. Intel8086/8088 阶段

Intel 公司于 1978 年推出了 16 位的 8086 微处理器，如图 2-2 所示。其主频为 4.77MHz，采用了 16 位寄存器、16 位数据总线和 29000 个 3 微米技术的晶体管，但是，由于 8086 的售价比较高，大部分人没有购买能力，所以 Intel 于 1 年后推出了 8086 的简化版 8088。8088 也是一款 16 位微处理器，但支持 8 位数据总线，可访问 1MB 内存地址。

图 2-2 Intel8086

3. Intel80386/80486 阶段

80386 是 Intel 公司的首款 32 位 CPU，于 1985 年推出，内含 27.5 万个晶体管，时钟频率为 12.5MHz，后提高到 20MHz、25MHz、33MHz，如图 2-3 所示。随后，Intel 公司于 1989 推出了 80486，该产品首次突破了 100 万晶体管的限制，其内部含有的晶体管数量达到了 120 万个。与此同时，80486 的时钟频率从 25MHz 逐步提高到 33MHz、50MHz，性能也大幅提升，可以达到 80386 的 4 倍左右。

图 2-3 Intel80386

2.1.2 奔腾时代

奔腾时代是 Intel 公司在 X86 系列产品的基础上，所推出的新一代高性能的处理器，属于 CPU 的第 5 代产品，包括 Pentium MMX、Pentium 4 等产品。

1. Pentium MMX

1993 年，Intel 公司推出了 Pentium（奔腾）CPU，其内部含有的晶体管数量高达 310

万个，时钟频率由最初推出的 60MIIz 和 66MHz 提高到 200MHz。

1996 年底，Intel 推出了名为 Pentium MMX（多能奔腾）的奔腾系列改进版，主要特点是增加了 MMX 指令，提高了 CPU 在音像、图形和通信应用等方面的性能，如图 2-4 所示。

图 2-4 Pentium MMX

2. Pentium Ⅱ/Ⅲ

当 Intel 于 1997 年推出 Pentium II 时，Intel 首先在该产品上应用了 Solt 1 接口标准，以提升 CPU 的性能指标。与以往 Socket（插座）式 CPU 所不同的是，Slot（插槽）式 CPU 没有密密麻麻的针脚，而采用了板卡式的外形设计。同时，Pentium Ⅱ还采用了 Single Edge Contact（S.E.C）匣型封装，内建了高速快取记忆体。

在随后的 1999 年，Intel 推出了 Pentium Ⅲ，该处理器加入了 70 个新指令，并加入国际网络串流 SIMD 延伸集，可以大幅提升 3D、串流音乐、语音辨别等应用性能。在该型号的 CPU 中，Intel 首次导入了 0.25 微米技术，其晶体管数达到了 950 万颗。

3. Pentium 4

Intel 公司于 2000 年发布了第 4 代 Pentium 级 CPU——Pentium 4，该处理器集成了 4200 万颗晶体管，并开始采用 0.18 微米进行制造，初始速度达到了 1.5GHz。另外，该处理器陆续出现过 Willamette 和 Northwood 两种不同核心的版本。其中，采用 Northwood 核心的 Pentium 4 随后成为当时最受欢迎的中高端处理器。在低端市场，Intel 公司则发布了采用第三代 Celeron 核心 Tualatin 的 CPU 产品，如图 2-5 所示。

图 2-5 Pentium 4

4. Pentium D

2005年，Intel公司发布了全球首款Pentium D系列桌面双核处理器产品，包括Pentium D830 处理器和 Pentium D840 处理器。由于采用了 Prescott 内核，该处理器也适用于 EM64T 技术和 XD bit 安全技术。

至于 AMD 公司则紧随其后，发布了 Athlon 64 X2 系列双核桌面处理器，包括 Athlon 64 X2 4200+、Athlon 64 X2 4400+、Athlon 64 X2 4600+等多款产品。

2.1.3 酷睿时代

酷睿 CPU 时代也称为 CPU 中的第 6 代产品，使用了一款领先节能的新型微架构，而早期的酷睿主要用于笔记本处理器，典型的产品包括 Core 2、Core i5、Core i3 等。

1. 酷睿一代

Intel 公司于 2006 年推出新一代基于 Core 微架构的 Core 2，该产品是一个跨平台的构架体系，包括服务器版、桌面版和移动版 3 大领域。Core 2 显著的变化在于设计者对各个关键部分进行了强化，采用了共享式二级缓存设计，两个核心可以共享 4MB 的二级缓存。

随后，Intel 推出了基于 LGA1366 接口 45nm Bloomfield 核心的酷睿 i7 四核处理器，该产品是基于 45 纳米制程及原生四核心进行设计的，内建 8-12MB 三级缓存。紧接着，Intel 推出了基于 Nehalem 架构的四核处理器 Core i5，该产品采用了整合内存控制器，并具有三级缓存模式，其总线采用了成熟的 DMI（Direct Media Interface），并且只支持双通道的 DDR3 内存。

2. 酷睿二代

2010 年 6 月 Intel 公司发布了第二代 Core i3/i5/i7，该系列的产品是基于全新的 32nm 的 Sandy Bridge 微架构，具有功耗低、性能强的特点。另外，第二代酷睿 CPU 内置了高性能的核心显卡（GPU），具有更强的视频编码和图形性能。

第二代酷睿产品中的 Sandy Bridge 微架构是 Intel 公司 2011 年初发布的新一代微架构，它与处理器“无缝融合”的核芯显卡终结了集成显卡的时代。除此之外，Sandy Bridge 微架构还采用了全新的 LGA1155 接口设计，该接口设计无法兼容 LGA1156。

对于第二代酷睿 CPU 来讲，不仅可以应用于普通计算机，而且还可以应用于苹果笔记本和台式机中。自从苹果公司与 IBM 分道扬镳之后，便采用了 Intel 公司中的 Core i3/i5/i7 系列的 CPU，从而使苹果电脑在硬件中与普通电脑拉近了距离。当然，苹果系列中的平板电脑 ipad 则采用了苹果公司自己研发的 A 系列的 CPU，例如 ipad 2 便使用了 A5 双核 CPU。

3. 酷睿三代

Intel 公司于 2012 年推出了 ivy bridge（IVB）处理器，相对于上一代 Sandy Bridge，Ivy bridge 结合了 22 纳米与 3D 晶体管技术，大幅度提高晶体管密度，而且核芯显卡等部分的性能提升了一倍以上。另外，新加入的 XHC USB 3.0 控制器共享了其中 4 条通道，可以提供最多 4 个 USB 3.0，如图 2-6 所示。

4. 酷睿四代

2013 年 Intel 公司推出了四代 Haswell，它延续了 Ivy Bridge 平台的 22nm 制程技术与 3D 晶体管技术，但是封装设计则是从 LGA1155 改为 LGA1150，因此将无法直接兼容先前 7 系列主机板。另外，Haswell 在同一指令中可以同时执行加法和乘法运算，可以提高浮点计算速度和数字的精确度，并将会用于笔记本和台式机。

图 2-6 Ivy Bridge 处理器

2.2 CPU 的组成结构

CPU 为一块超大规模的集成电路，是计算机的运算核心和控制核心。主要包括运算器和控制器两大部件。此外，还包括若干个寄存器和高速缓冲存储器及实现它们之间联系的数据、控制及状态的总线，如图 2-7 所示。

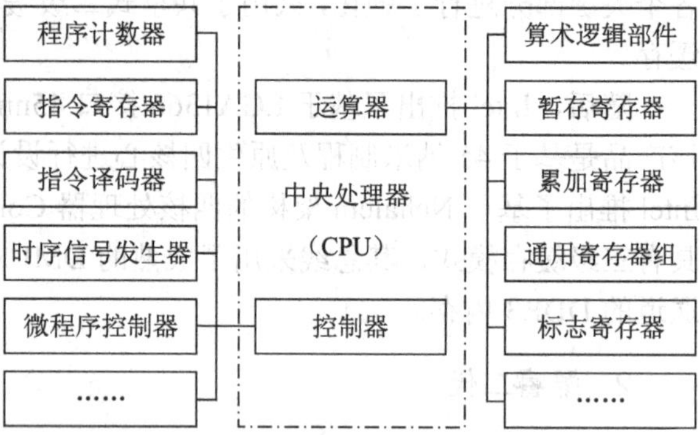

程序计数器
指令寄存器
指令译码器
时序信号发生器
微程序控制器
……
运算器
中央处理器
（CPU）
控制器
算术逻辑部件
暂存寄存器
累加寄存器
通用寄存器组
标志寄存器
……

图 2-7 CPU 的逻辑结构

2.2.1 运算器

运算器（Arithmetic Unit）的功能是执行定点或浮点算术和逻辑运算操作，包括四则运算（加、减、乘、除）、逻辑操作（与、或、非、异或等操作），以及移位、比较和传送等操作，因此也称算术逻辑部件（ALU）。

1．运算器的结构

运算器的结构决定了整个计算机的设计思路和要求，不同的运算方法会导致不同的运算器结构;但由于各个类型的运算器具有相同的基本功能，其运算方法也大体相同，所以各个类型的运算器也都是大同小异，没太大区别，如图 2-8 所示。

图 2-8 运算器

一般情况下，运算器主要由算术逻辑部件、通用寄存器组和状态寄存器组成：

- **算术逻辑部件** 算术逻辑部件（ALU）是运算器的核心部件，它是一种功能较强的组合逻辑电路，用于完成对二进制信息的定点算术运算、逻辑运算和各种移位操作。其中，算术运算包括定点加、减、乘和除运算；逻辑运算包括逻辑与、逻辑或、逻辑异或和逻辑非操作；移位操作包括逻辑左移和右移、算术左移和右移及其他一些移位操作。
- **通用寄存器组** 通用寄存器组主要用来保存参加运算的操作数和运算结果，寄存器中的累加器，具有非常快的数据存取功能，可达到十几个毫微秒（μs）。另外，通用寄存器可以兼做专用寄存器，包括用于计算操作数的地址。
- **状态寄存器** 状态寄存器又称为条件码寄存器，主要用来记录算术、逻辑或测试操作的结果状态，通常用作条件转移指令的判断条件，包括零标志位（Z）、负标志位（N）、溢出标志位（V）和进位或借位标志（C）4 种设置状态。

2．运算器的数据

运算器的处理对象是数据，其数据的长度和计算机数据的表示方法，决定了运算器的性能。大多数通用计算机是以 16、32、64 位作为运算器处理数据的长度，一般情况下运算器只处理一种长度的数据，但个别类别的运算器也能处理半字长运算、双倍字长运算、四倍字长运算、变字长运算等多种不同长度的数据。

按照数据的不同表示方法，运算器可以分为二进制运算器、十进制运算器、十六进制运算器、定点整数运算器、定点小数运算器、浮点数运算器等。而按照数据的性质划分，其运算器可以分为地址运算器和字符运算器等。除此之外，按照运算器对数据的处理方法，可以分为对一个数据的所有位同时进行处理的并行运算器、一次只能处理一位的串行运算器，以及一次可以处理几位（6 或 8 位）或将一个完整数据分成若干段进行计算的串/并行运算器。

3. 运算器的性能指标

运算器的性能指标是由机器字长和运算速度来决定的，其中：

- **机器字长** 机器字长是指参与运算的数据的基本位数，标志着计算精度，并决定了寄存器、运算器和数据总线的位数。当前的计算机受精度和造价等方面的要求，允许半字长、全字长、双倍字长等一些变字长计算，其字长从 4 位、8 位、16 位、32 位到 64 位不等。另外，由于运算器中的字长与指令码长度存在对应关系，所以字长直接影响到指令系统功能的强弱。
- **运算速度** 运算速度是计算机的主要指标之一，计算机在执行不同运算和操作时对运算速度存在不同的计算方法，一般分为平均速度和加权平均法两种计算机方法。其中，平均速度是指在单位时间内平均所执行的指令条数，而加权平均法是指每种指令执行时间以及该指令占全部操作的百分比。

2.2.2 寄存器

寄存器（Register）又称为“架构寄存器”，是一种存储容量有限的高速存储部件，能够用于暂存指令、数据和地址信息，它是内存阶层中的最顶端，亦是系统获得操作资料的最快速途径。

1. 寄存器的容量

寄存器通常是由自身可保存的位元数量来估量，例如通常所说的“8 位元寄存器”或“32 位元寄存器”。而一个 86 指令集定义八个 32 位元寄存器的集合，但一个实际 x86 指令集的 CPU 可以包含比 8 个更多的寄存器。

2. 寄存器的分类

寄存器是 CPU 内部的元件，包括通用寄存器、专用寄存器和控制寄存器。

- **通用寄存器** 通用寄存器是 CPU 的重要组成部分，可分为定点数和浮点数两种类型，主要用来保存指令执行过程中临时存放的寄存器操作数和最终操作结果。
- **专用寄存器** 专用寄存器是为了执行一些特殊操作而存在的一种寄存器。
- **控制寄存器** 控制寄存器主要用来控制和确定 CPU 的操作模式以及当前所执行任务的特性。

3. 寄存器的特点

寄存器的功能十分重要，CPU 在对存储器中的数据进行处理时，需要先把数据取到内部寄存器中，而后再作处理。寄存器根据其性质划分，又分为外部寄存器和内部寄存器，内部寄存器是一些小的存储单元，而外部寄存器是计算机中其他一些部件用于暂存数据的寄存器。相对于存储器来讲，寄存器具有下列 3 个特点：

- **数量少** 寄存器位于 CPU 内部，数量仅有 14 个。
- **多种存储数据** 存储器除了可以存储 8 位数据之外，还可以存储 16 位数据，而对于 386/486 处理器中的一些寄存器则能存储 32 位数据。
- **具有独特的名字** CPU 中的每个内部寄存器都具有一个名字，而不像存储器那样使用地址编号。

2.2.3 控制器

控制器（Controller）负责决定执行程序的顺序，给出执行指令时计算机各部件所需要的操作控制命令，是向计算机发布命令的神经中枢，一般由指令寄存器 IR（Instruction Register）、程序计数器 PC（Program Counter）和操作控制器 OC（Operation Controller）三个部件组成。

1. 指令寄存器

指令寄存器是一种用于保存当前所执行的或即将执行的指令的寄存器，指令寄存器的长度受计算机种类的限制，而指令中所包含的是一些确定操作类型的操作码和指出操作数来源或趋向的地址。

计算机中的所有操作都是通过分析存放在指令寄存器中的指令继而开始执行的，存储器中的指令直接指向指令寄存器的输入端；而操作码部分则从指令寄存器的输出端被输出到译码电路进行分析，地址部分也从指令寄存器的输出端被输出到地址加法器声称有效地址后再被送到存储器中，作为取数或存数的地址。

提 示

指令寄存器中操作码字段的输出其实就是指令译码器的输入，操作码一经译码后，便可以向操作控制器发出具体操作的特定信号。

2. 程序计数器

程序计数器又称指令计数器，是指明程序中下一次需要执行的指令地址的一种计数器，是中央处理器中不可或缺的一个控制部件。程序计数器具有指令地址寄存器和计数器的双层功能，其指令地址寄存器的功能是指当一条指令执行完毕时，程序计数器会作为指令地址寄存器，此时程序计数器中的内容已经改变为下一条指令的地址，以保证程序得以持续运行。

3. 操作控制器

CPU 中除了具有各种寄存器之外，还具有一种用于传送数字部件之间信息的通路，该通路被称为“数据通路”，而建立各寄存器之间数据通路的任务，则是由“操作控制器”部件来完成的。操作控制器的功能是根据指令操作码和时序信息，来产生各种操作控制信号，以便可以正确地建立数据通路，以用来控制各种取指令和执行指令。

2.2.4 总线

总线（Bus）是指将数据从一个或多个源部件传送到其他部件的一组传输线，是计算机内部信息的传输通道，用来连接各个功能部件。

1．总线的特性

总线是一种内部结构，是CPU、内存、输入和输出设备传递信息的共用通道，用于连接主机的各个部件，而外部设备则通过相应的接口电路与总线相连接，从而形成了计算机硬件系统。一般情况下，总线具有下列4种特性。

- **物理特性** 物理特性又称为机械特性，是指总线上的部件在物理连接状态下所表现出的一些特性，例如引脚个数、排列顺序、形状等。
- **功能特性** 功能特性信号线的功能，例如用来表述地址码的地址总线，用来表述传输数据的数据总线，以及用来表述总线上操作的命令、状体的控制总线等。
- **电气特性** 电气特性是指信号线上信号的方向及表述信号有效的电平范围，一般情况下，数据信号和地址信号定义高电平为逻辑1、低电平为逻辑0，而控制信号则没有俗成的约定。不同总线高电平、低电平的电平范围也无统一的规定。
- **时间特性** 时间特性又称为逻辑特性，是指在总线操作过程中信号线上信号的有效时段，以及通过这种信号有效的时序关系约定，确保了总线操作的正确进行。

2．总线的分类

根据总线功能间的差异，CPU内部的总线分为数据总线（DB）、地址总线（AB）和控制总线（CB）3种类型。

- **数据总线（Data Bus）** 用于传送数据信息，即可以将CPU中的数据传送到存储器或I/O接口等其他部件中，也可以将其他部件中的数据传送到CPU，属于双向三态形式的总线。常见的数据总线分为ISA、EISA、VESA、PCI等。
- **地址总线（Address Bus）** 用于传送地址，可以将CPU中的地址传送到外部存储器或I/O端口，属于单向三态的总线。地址总线的位数决定了CPU直接寻址的内存空间的大小，若地址总线为n位，则可寻址空间为2^n字节，例如8位微机的地址总线为16位，最大可寻址空间为2^{16}=64KB。
- **控制总线（Control Bus）** 用来传输控制信号和时序信号，它传送方向一般是双向的，是由具体的控制信号来决定的。CPU决定了控制总线的具体情况，而系统的实际控制则决定了控制总线的位数。

3．总线的技术指标

总线的技术指标一般包括带宽、位宽和工作频率，其具体情况如下所述：

- **带宽** 带宽是指单位时间内总线上传送的数据量，也就是每钞钟传送MB的最大稳态数据的传输率。带宽与总线的其他技术指标之间的关系表现为“总线的带宽=总线的工作频率*总线的位宽/8”或者“总线的带宽=（总线的位宽/8）/总线周期”。
- **位宽** 位宽是指总线能同时传送的二进制数据的位数，或数据总线的位数，总线的位宽越宽，每秒钟数据传输率也就越大，总线的带宽也就越宽。
- **工作频率** 总线的工作频率是以MHZ为单位，其工作频率越高，总线的工作速度就越快，总线的带宽也就越宽。

2.3 CPU的工作原理

了解了CPU的发展历程之后，还需要先了解一下CPU的工作过程，以及CPU的指令集和主要功能，以方便用户根据组装计算机的要求，选择合适的CPU。

2.3.1 CPU的工作过程

计算机的所有操作都受CPU控制，它直接从存储器或高速缓冲存储器中获取指令，放入指令寄存器并对指令进行译码。一般情况下，CPU的工作过程可分为提取、解码、执行和写回。

1. 提取

提取是CPU工作过程中的第一阶段，是CPU从存储器或高速缓冲存储器中检索指令的过程。在该过程中，由程序计数器（Program Counter）指定存储器的位置。其中，程序计数器记录了CPU在目前程序中的踪迹，提取指令之后，程序计数器则根据指令的长度来增加存储单元。

2. 解码

解码是CPU工作的第二个阶段，在该阶段中，CPU将存储器中提取的指令拆解为有意义的片段，并根据CPU中的指令集架构（ISA）定义将数值片段解释为指令。解释后的指令数值被分为两部分，一部分表现为运算码（Opcode），用于指示需要进行的运算；而另一部分供给指令所必要的信息。

3. 执行

当CPU提取和解码指令之后，便可以进入到执行阶段。在该阶段中，主要用于连接各种可以进行所需运算的CPU部件。例如，当前需要进行一个加法运算，此时算数逻辑单元（ALU，Arithmetic Logic Unit）将会自动连接到一组输入和一组输出；其中输入提供了需要进行相加的数值，而输出则提供了含有总和的结果。但是，当在加法运算中产生了一个相对于CPU处理而言过大的结果时，则在标志暂存器里，将会被设置为运算溢出（Arithmetic Overflow）标志。

4．写回

写回是CPU工作过程中的最终阶段，主要是以一定的格式将执行阶段的结果进行简单的写回。其运算结果则被写入CPU内部的暂存器中，以供随后的指令进行快速存取。在写回阶段，会出现“跳转”（Jumps）现象，该现象是由于某些类型的指令会不直接产生结果，而是操作程序计数器所导致的。其中，“跳转”现象会在程式中带来循环行为、条件性执行（透过条件跳转）和函式。

2.3.2 CPU的指令集

CPU依靠其内部存储的指令集，来指导和优化硬程序，以及计算和控制系统。CPU指令集是提高微处理器效率的有效工具之一，也是判断CPU好坏的重要指标。CPU在设计时，便已经根据相配合的硬件系统规定了相应的指令集，例如Intel公司的x86、MMX、SSE、SSE2、SSE3、SSE4.1、SSE4.2和针对64位桌面处理器的EM-64T等指令集，以及AMD公司的3D-Now!指令集。

根据目前主流系统结构来划分，指令集可分为复杂和精简指令集两部分，如果从具体运用来划分，那么上述所阐述的Intel公司和AMD公司所使用的指令集则属于CPU的扩展指令集，它们分别增强了CPU的多媒体、图形图像和CPU的处理能力。

1．复杂指令集（CISC）

复杂指令集又称为CISC指令集（Complex Instruction Set Computer），它的各条指令和指令中的各个操作都是按照顺序串行来执行的。其中，顺序执行具有控制简单的优点，但同时也具有执行速度慢和计算机各部分利用率低的缺点。

复杂指令集是Intel公司生产的x86系列（IA-32架构）CPU及其兼容CPU，例如AMD、VIA等。即使在当前，Intel公司所生产的CPU仍然继续使用x86指令集，因此Intel公司的CPU仍然属于x86系列。该系列的CPU保证了电脑可以继续运行以往开发的各类应用程序，从而保护和继承了以前所开发的丰富的软件资源。

2．精简指令集（RISC）

精简指令集又称为RISC（Reduced Instruction Set Computing），相对于复杂指令集来讲，该指令集不仅精简了指令系统，而且还采用了“超标量和超流水线结构”，大大增加了CPU的并行处理能力。

精简指令集开始是由John Cocke（约翰·科克）提出的，并于1975年研发了IBM370 CISC（Complex Instruction Set Computing，复杂指令集计算）系统。但新研发的指令系统增加了微处理器的复杂性，从而延长了处理器的研制时间，具有高成本、操作复杂和运行速度慢等缺点。基于上述缺点，20世纪80年代研发了RISC型CPU，解决了老版本指令集的缺点，并通过“超标量和超流水线结构”增加了CPU的并行处理能力。

精简指令集相对于复杂指令集来讲，具有格式统一、种类偏少、选址方式少、处理速度高等特点，是高性能CPU的发展方向。目前，一些中高档服务器中普遍采用了具有精简指令集的 CPU，而且该指令集更加适合高档服务器中的 Windows 7 和 Linux 等操作系统。例如，PowerPC 处理器、SPARC 处理器、PA-RISC 处理器、MIPS 处理器、Alpha 处理器等。

提 示

包含精简指令集类型的 CPU 与 Intel 及 AMD 的 CPU，在软件和硬件上都不兼容。

3. 精简并行指令集（EPIC）

精确并行指令又称为 EPIC（Explicitly Parallel Instruction Computer），被 Intel 公司应用到安腾 Itanium 服务器 CPU 中，它是 86 位处理器，也是 EPIC 指令集的 IA-64(x92)架构系列中的首款计算机。同时，为适应 IA-64(x92)架构系列，Intel 公司同步开发了 Win64 的操作系统，从而促使软件方面更加支持该系统。

IA-64(x92)架构突破了传统的 IA32 架构中存在的许多限制，不仅摆脱了容量巨大的 x86 架构和引用了功能强大的指令集，而且在数据处理能力、系统稳定性、系统安全性、系统可用性等方面获得了突破性的提升。在具有多种骄傲突破的同时，IA-64 微处理器也同样存在一些无法忍受的缺陷；其中最大的缺陷是无法与 x86 兼容，虽然 Intel 公司在 IA-64 中引入了 x86-to-IA-64 的解码器，以便可以将 x86 指令翻译为 IA-64 指令，但是仍然无法更有效地运行 x86 代码。IA-64 兼容性无法彻底解决导致了 Itanium 和 Itanium2 无法发挥 x86 中的应用程序的最大性能，因此促使了 x86-64 的快速产生。

2.3.3 CPU 的主要功能

CPU 具有处理指令、执行操作、控制时间和处理数据等强大的功能，其具体功能如下所述。

1. 处理指令

CPU 的首要功能是处理计算机中的一些指令，而处理指令（Processing Instructions）功能是 CPU 控制计算机程序中所有指令的执行顺序。一般情况下，程序中各指令需要按照严格的顺序进行执行，否则将无法保证计算机系统运行的正确性。

2. 执行操作

执行操作（Perform an action）是 CPU 根据指令的功能产生相应的操作信号，并将操作信号发给相应的组件，从而完成控制部件按照指令要求进行运转的任务。

3. 控制时间

控制时间（Control time）是指 CPU 所控制的各类操作的实施时间。在每条指令的操作中，CPU 严格控制每个时间段所要执行的操作，以保证计算机有条不紊地工作。

4. 处理数据

处理数据是对数据进行算术和逻辑运算，以及进行其他的信息处理，主要用于解释计算机指令以及处理计算机软件中的数据。

2.4 CPU 的性能参数

CPU 作为计算机的重要组成部件，拥有多种性能指标。根据这些性能指标，不仅可以对不同 CPU 进行评价及比较，还可为选购 CPU 提供参考数据。在本小节中，将详细介绍 CPU 中最常用的几种性能参数。

2.4.1 工作频率

CPU 的工作频率包括主频、外频、倍频和前端总线频率等一些性能参数，通过查看和分析 CPU 的工作频率参数，可以初步判断 CPU 的工作性能。

1. 主频

主频（CPU Clock Speed）也叫做时钟频率，表示 CPU 的运算和处理数据的速度，其单位是兆赫（MHz）或千兆赫（GHz）。通常主频越高，CPU 在一个时钟周期里所能完成的指令数也就越多，其运算速度也就越快。CPU 主频的高低与 CPU 的外频和倍频系数有关，其计算公式为主频=外频×倍频系数。其实，由于主频表示 CPU 内部的数字脉冲信号震荡速度（CPU 运算时的工作频率），所以 CPU 的主频和实际运算速度并非为一个简单的线性关系。

在计算机桌面中，右击“我的电脑”或“这台电脑”图标，执行【属性】命令，即可在弹出的【系统】对话框中，查看 CPU 的型号和主频值，如图 2-9 所示。

提 示

由于 CPU 内部架构的不同，所以会造成相同主频 CPU 的性能也不一样。即使如此，CPU 主频也是购买 CPU 时的重要参考指标。

图 2-9 查看主频

2. 外频

外频是 CPU 的基准频率，单位是 MHz。外频也是 CPU 与主板之间同步运行的速度，而且在目前绝大部分的计算机中，外频也是其他设备与主板之间同步运行的速度。因此，外频速度越快，计算机的整体运行速度也就越快，性能自然也就越好。

计算机系统中大多数频率都是基于外频的基础上通过乘以一定的倍数来实现的，该倍数可以大于 1，也可以小于 1。早期 CPU 的外频多为 100MHz、133MHz，随着 CPU 速度的发展，目前 Intel 部分四核 CPU 的外频已经达到了 400MHz，如图 2-10 所示。

图 2-10 CPU 界面

3．前端总线频率

前端总线称为 FSB（Front Side Bus），是 CPU 与内存之间交换数据的工作时钟。因此，前端总线频率所指的其实是数据传输率，即数据带宽（也称传输带宽）。在实际应用中，数据传输带宽取决于同时传输的数据宽度和总线频率，其计算公式为数据带宽=（FSB×数据宽度）÷8。

4．倍频

倍频是 CPU 时钟频率与外频之间的倍数。通过之前所介绍的主频计算公式可以得知，在相同外频的情况下，倍频越高，CPU 主频也越高。然而在外频相同时，高倍频的 CPU 本身意义并不大，因为一味追求高倍频而得到高主频，CPU 往往由于外频相对较低，而使计算机出现明显的“瓶颈效应”。

提 示

在计算机中，由于其他设备的工作频率相对较低（通常与外频保持一致），所以无法完全发挥高倍频 CPU 的能力，从而形成系统瓶颈。

2.4.2 CPU 缓存

缓存的大小也是 CPU 的重要指标之一，其结构和大小严重影响了 CPU 的工作效率。而 CPU 缓存是位于 CPU 和内存之间的一个称为 Cache 的存储区，主要用于解决 CPU 运算速度和内存读写速度不匹配的矛盾。目前，CPU 的缓存主要有一级缓存（L1 Cache）、二级缓存（L2 Cache）和三级缓存（L3 Cache），下面将对其分别进行介绍。

1．一级缓存（L1 Cache）

一级缓存（L1 Cache）封装在 CPU 内部，位于内核旁边，其存取速度与 CPU 主频相同，容量单位一般为 KB，是所有缓存中容量最小的。

根据一级缓存所保存信息的不同，可分为一级数据缓存（Data Cache）和一级指令缓存（Instruction Cache），二者分别用来存放数据和执行这些数据的指令，由于减少了争用 Cache 所造成的冲突，所以提高了处理器效能，如图 2-11 所示。

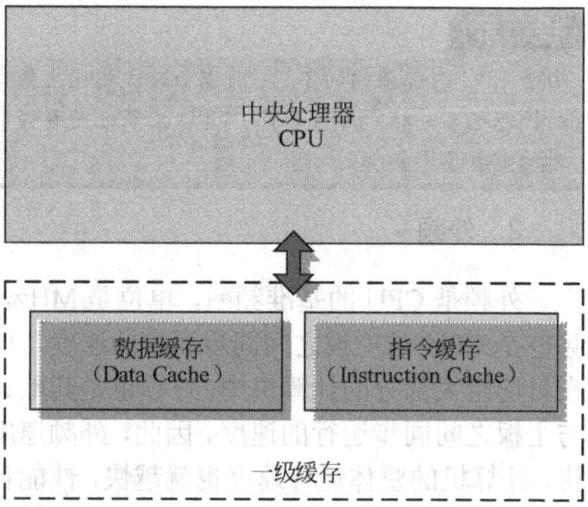

中央处理器
CPU
数据缓存
（Data Cache）
指令缓存
（Instruction Cache）
一级缓存

图 2-11　一级缓存

2．二级缓存（L2 Cache）

二级缓存（L2 Cache）是 CPU 的第二层高级缓存，分为内部和外部两种芯片，内部芯片的运行速度与主频相同，而外部芯片则只有主频的一半。Intel 从奔腾 II 开始在 CPU 外部添加二级缓存（L2 Cache），以弥补一级缓存（L1 Cache）容量不足的问题。二级缓存（L2 Cache）的容量随着 CPU 的发展也在不断增加，一般家庭用计算机的 CPU 二级缓存（L2 Cache）容量达到了最大 4MB。

从逻辑位置上来看，二级缓存（L2 Cache）位于一级缓存（L1 Cache）和内存之间，主要对软件的运行速度有较大影响。

3. 三级缓存（L3 Cache）

三级缓存（L3 Cache）主要用于读取二级缓存（L2 Cache）后未命名中的数据，并通过从内存中读取 5%的数据，通过降低内存延迟和提升大数据计算机能力而增加 CPU 的工作效率。三级缓存（L3 Cache）分为内置和外置两种模式，截止到 2012 年之前的为内置三级缓存（L3 Cache），2012 年之后为外置三级缓存（L3 Cache）。

早期的三级缓存（L3 Cache）被应用于 AMD 的 K6-III处理器中，后来三级缓存（L3 Cache）被应用于 Intel 推出的服务器版 Itanium 处理器中，接着被应用于 P4EE 和至强 MP 中。

2.4.3 多核 CPU

多核 CPU 技术的出现，是应用需求驱动技术变革的又一成功案例，并最终成为一种广泛普及的 CPU 性能提升模式。

1. 多核 CPU 概述

多核 CPU 是一块 CPU 上存在多个核心，例如双核 CPU 就是存在两个核心（内核）。多核 CPU 分为原生多核和封装多核两种类型，原生多核是真正意义上的多核 CPU，它每个核心之间都是相互独立的，每个核心拥有相应的前端总线，因此核心之间不存在所谓的冲突。原生核心最早是由 AMD 提出的，具有抗压力强等优点。

而封装多核心是将多个核心直接封装在一起，形成多核心 CPU。最典型的封装多核心 CPU 是 Intel 公司早期推出的 PD 双核系列，两个核心共同使用一条前端总线，当两个核心高速运转时，会因为满载而相互抢夺前端总线，从而导致 CPU 的性能大幅度下降，造成高频低能的现象。在其性能上，封装多核 CPU 远远低于原生多核 CPU，但原生多核心会受研发时间长和成本高等缺点的限制。

2. 双核 CPU

目前，Intel 的双核 CPU 主要有 Pentium D、Pentium EE 和酷睿 2 等。其中，Pentium D 和 Pentium EE 采用了每个核心独立缓存的设计。在处理器内部，两个核心之间互相隔绝，但共享前端总线，并通过前端总线在两个核心之间传输缓存同步数据，如图 2-12 所示。从架构上来看，这种类型是基于独立缓

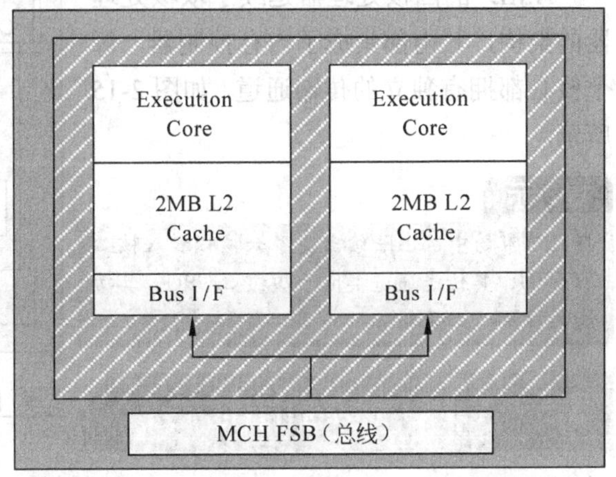

图 2-12 封装双核 CPU

存的松散型双核心处理器耦合方案，其优点是技术简单，只需要将两个相同的处理器内核封装在同一块基板上即可；缺点是数据延迟问题比较严重，性能降低。

AMD 推出的双核心处理器分别是双核心的 Opteron（皓龙）系列和 Athlon（速龙）64 X2 系列处理器等。其中 Athlon 64 X2 是用以抗衡 Pentium D 和 Pentium EE 的桌面双核心处理器系列。Athlon 64 X2 是由两个 Athlon 64 处理器上采用的 Venice 核心组合而成，每个核心拥有独立的 512KB 二级缓存及执行单元，如图 2-13 所示。

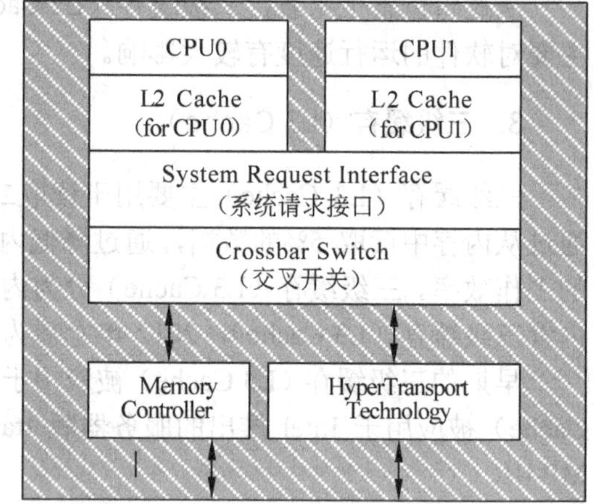

图 2-13 原生双核 CPU

与 Intel 双核技术不同的是，Athlon 64 X2 的两个内核可以直接进行数据交换，由于减少了外部的交换流程，所以效率要优于 Intel 的双核处理器。

3. Intel 四核

从双核 CPU 到四核 CPU，AMD 与 Intel 之间的竞争不断升级，技术更新频率也不断加快。Intel 最早推出的四核 CPU 采用的是 Kentsfield 架构，其结构与 Pentium D 相同，只不过这次是在一块 CPU 基板上封装了两个双核 CPU 而已。由于该架构内的 4 颗核心只是两两互通，所以无法完全发挥 4 颗核心的真正性能，如图 2-14 所示。

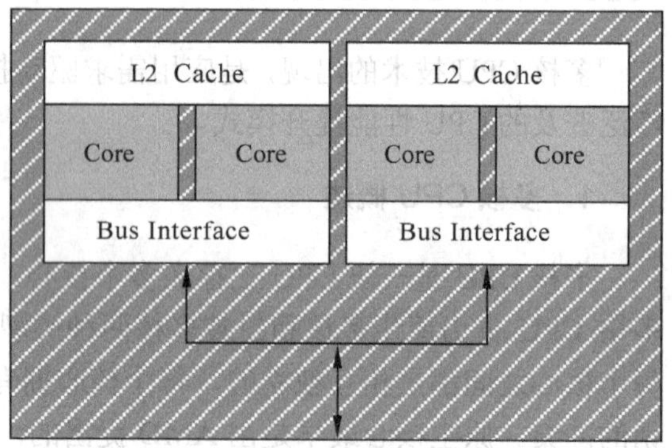

图 2-14 封装四核 CPU

AMD 的四核处理器延续了双核处理器的架构，其内部集成了内存控制器，每个核心都拥有独立的传输通道，如图 2-15 所示。

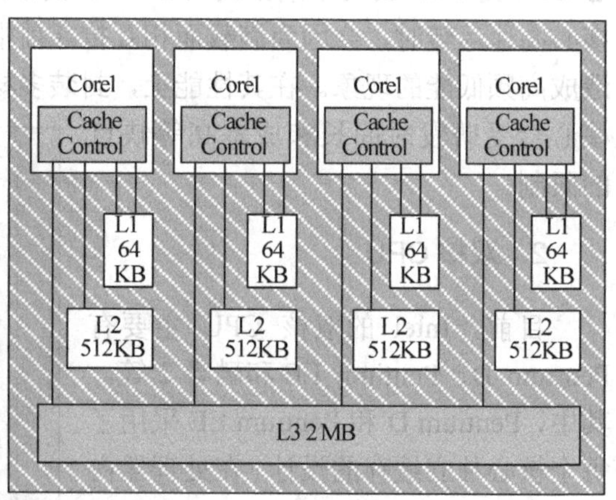

图 2-15 原生四核 CPU

提 示

在目前市场中，已陆续出现了六核心和八核心的 CPU，其传送通道类似于四核心 CPU，其功能比四核心更强大。

2.5 CPU 选购指南

在选购电脑时，不管是品牌台式机、DIY 计算机还是笔记本电脑，其 CPU 的性能参数是决定电脑购买的前提条件。一般情况下，用户往往根据电脑的具体使用情况，来选购 CPU。但也有一部分用户只顾及电脑的总价，而忽视 CPU 的重要性能，导致所购买的电脑不尽人意。那么，该如何挑选一款适合自己的 CPU，是很多用户在购买计算机时常常思考的问题。在本小节中，将详细介绍选购 CPU 的一些注意事项，及不同类型电脑所需配备的 CPU 和一些主流 CPU 的详细性能。

2.5.1 选购 CPU 型号

用户在购买品牌台式机或 DIY 台式机时，首选参考参数便是 CPU 的性能参数。目前市场中 CPU 的选择范围比较大，最热门的 CPU 分别是 Intel 酷睿 i5、Intel 酷睿 i3、Intel 酷睿 i7，以及 AMD 系列等。用户在购买 CPU 时，不要盲目地追求主频，首先需要确定计算机的实际用途，是为家庭常用、学生使用，还是为了专门制作 3D 图形或玩大型游戏而用。

1. 至尊型 CPU

至尊型 CPU，是 CPU 中比较高端的，也是用户经常使用电脑进行一些大型 3D 游戏试玩，或者制作一些 3D 建模制作所必备的 CPU。但配备该类型的 CPU，还需要配备一些高性能的主板和显卡（主板和显卡功能将在后续章节中介绍），因此整机的配备相对来讲比较昂贵。

目前市场中，性能比较高的 CPU 为 Intel 酷睿 i7 4960X 盒装 CPU，它是一款 6 核心高性能高价位的 CPU，适合资金比较丰富且对计算机性能要求比较高的用户，属于至尊版类型的 CPU，其具体性能参数，如表 2-1 所示。

表 2-1　Intel 酷睿 i7 4960x 型 CPU 参数

参数名称	参数类型	参数类型介绍	参数数据
基本参数	适用类型	表示处理器所使用的类型	台式机
	CPU 系列	通过系列类型来判断 CPU 的性能	酷睿 i7 4960
CPU 频率	CPU 主频	表示单位时间内所产生的脉冲个数，不代表 CPU 的速度，但提高主频可提高 CPU 的速度	3.6GHz
	最大睿频	表示 CPU 自动超频/降频，以提升或降低主频的速度	4GHz
CPU 插槽	插槽类型	表示 CPU 的接口	LGA 2011
CPU 内核	核心代号	表示 CPU 内核的开发代号	Ivy Bridge-F
	核心数量	表示 CPU 的内核数量	六核心
	线程数	表示超线程技术，最多是核心的两倍	十二线程
	制作工艺	指 CPU 加工制作中各种电路和电子元件	22 纳米
	热设计功耗（TDP）	表示最大可能的发热量	130
CPU 缓存	三级缓存	用于填补二级缓存，意义不是很大	15MB

续表

参数名称	参数类型	参数类型介绍	参数数据
技术参数	内存控制器	决定了计算机系统的内存性能，重要参数	四通道 DDR3 1866
	超线程技术	用于兼容多线程操作系统和软件，提高 CPU 的运行效率	支持
	虚拟化技术	表示可以单 CPU 模拟多 CPU 并行，运行一个平台同时运行多个操作系统	Intel VT
	64 位处理器	表示处理器一次可以运行 64bit 数据，比 32 位高端	是
	Turbo Boost 技术	表示加速技术，用于提高核心的工作频率	支持

通过表 2-1 中的参数，用户会发现该型号的 CPU 采用了 22 纳米技术，具有六核心十二线程、主频大、支持四通道、支持外频调节、功耗低和 4GHZ 超频能力等优点。虽然该类型的 CPU 具有高性能，但高性能带来了高价格，性价比偏低是该 CPU 的最大缺点；其次该类型的 CPU 只支持 LGA 2011 插槽，老用户不太容易升级固件。

2. 高端实用型 CPU

除了上述至尊版的 CPU 型号之外，对于资金预算比较少且又要求高性能 CPU 的用户来讲，可以参考选购 AMD FX-8350 盒装 CPU，它是一款 6 核心高性能低价位的 CPU。其具体性能参数，如表 2-2 所示。

表 2-2 AMD FX-8350 型 CPU 参数

参数名称	参数类型	参数类型介绍	参数数据
基本参数	适用类型	表示处理器所使用的类型	台式机
	CPU 系列	通过系列类型来判断 CPU 的性能	FX
CPU 频率	CPU 主频	表示单位时间内所产生的脉冲个数，不代表 CPU 的速度，但提高主频可提高 CPU 的速度	4GHz
	动态超频最高频率	表示 CPU 自动超频/降频，以提升或降低主频的速度	4.2GHz
CPU 插槽	插槽类型	表示 CPU 的接口	Socket AM3+
CPU 内核	核心代号	表示 CPU 内核的开发代号	Vishera
	核心数量	表示 CPU 的内核数量	八核心
	线程数	表示超线程技术，最多是核心的两倍	八线程
	制作工艺	指 CPU 加工制作中各种电路和电子元件	32 纳米
	热设计功耗（TDP）	表示最大可能的发热量	125W
CPU 缓存	一级缓存	直接与 CPU 相连，传输速度接近于 CPU 处理速度，值越大表示 CPU 运行速率越高	128KB
	二级缓存	进一步过渡一级缓存和内存直接的传输速度差	8MB
	三级缓存	用于填补二级缓存，意义不是很大	8MB
技术参数	内存控制器	决定了计算机系统的内存性能，重要参数	双通道 DDR3 1866
	64 位处理器	表示处理器一次可以运行 64bit 数据，比 32 位高端	是

通过表 2-2 中的参数，用户会发现该型号的 CPU 采用了 32 纳米技术，具有八核心八线程、4GHz 高主频和价格便宜等优点。但同时也具有发热量高等缺点。

3. 主流型 CPU

由于高性能的 CPU 所搭载的主板和显卡也都是高端的，从而造成整机电脑配备的高价格；所以对于一些日常办公使用类型的用户来讲，至尊型和高端实用型 CPU 都显得有点奢侈。此时，用户可以考虑目前市场中主流 CPU。该类型的 CPU 一般 Intel 的产品具有双核心和四核心，价格一般徘徊在 1000 元左右，而 AMD 产品的 CPU 则具有四核心和六核心，其价格则更低一点。

在主流 CPU 类型中，推荐 Intel 酷睿 i5 2300 盒装 CPU，它具有四核心四线程和集成显卡，其具体参数，如表 2-3 所示。

表 2-3 Intel 酷睿 i5 2300 型 CPU 参数

参数名称	参数类型	参数类型介绍	参数数据
基本参数	适用类型	表示处理器所使用的类型	台式机
	CPU 系列	通过系列类型来判断 CPU 的性能	酷睿 i5 2300
CPU 频率	CPU 主频	表示单位时间内所产生的脉冲个数，不代表 CPU 的速度，但提高主频可提高 CPU 的速度	2.8GHz
	最大睿频	表示 CPU 自动超频/降频，以提升或降低主频的速度	3.1GHz
	外频	表示 CPU 到芯片组之间的总线速度	100MHz
	倍频	表示基频以外的其他振动能级跃迁产生的红外吸收频率	28 倍
CPU 插槽	插槽类型	表示 CPU 的接口	LGA 1155
CPU 内核	核心代号	表示 CPU 内核的开发代号	Sandy Bridge
	核心数量	表示 CPU 的内核数量	四核心
	线程数	表示超线程技术，最多是核心的两倍	四线程
	制作工艺	指 CPU 加工制作中各种电路和电子元件	32 纳米
	热设计功耗（TDP）	表示最大可能的发热量	95
CPU 缓存	一级缓存	直接与 CPU 相连，传输速度接近于 CPU 处理速度，值越大表示 CPU 运行速率越高	4×64KB
	二级缓存	进一步过渡一级缓存和内存直接的传输速度差	4×256KB
	三级缓存	用于填补二级缓存，意义不是很大	6MB
技术参数	内存控制器	决定了计算机系统的内存性能，重要参数	双通道 DDR3 1066/1333
	超线程技术	用于兼容多线程操作系统和软件，提高 CPU 的运行效率	不支持
	虚拟化技术	表示可以单 CPU 模拟多 CPU 并行，运行一个平台同时运行多个操作系统	Intel VT
	64 位处理器	表示处理器一次可以运行 64bit 数据，比 32 位高端	是
	病毒防护技术	是一种硬件防病毒技术，与操作技术配合可以防范大部分针对缓冲区溢出漏洞的攻击	支持
显卡参数	集成显卡	表示在 CPU 上集成了 GPU 显卡，又成为核心显卡	是
	显卡基本频率	表示默认频率	850MHz
	显卡最大动态频率	表示显卡工作的最高频率	1.1GHz

通过表 2-3 中的参数，用户会发现该型号的 CPU 采用了 32 纳米技术，具有四核心四线程、功耗低、集成显卡、不锁倍频和价格便宜等优点。但同时也具有一二级缓存小、不支持超线频技术、不能超频等缺点。

提 示

笔记本电脑的 CPU 和台式机的 CPU 不尽相同，但大体的选购参数基本相同，在购买时参考台式机笔记本的选购参数即可，在此不再做详细介绍了。

2.5.2 选购注意事项

CPU 作为电脑的核心配件，具有先进的制作技术，因此一般情况下 CPU 很难造假。但也有销售商为获取暴利，将散装 CPU 混进盒装 CPU 中，从而抬高 CPU 的售价。此时，为了防止奸商欺骗，用户还需要先了解一下 CPU 的类别，并根据不同类型的 CPU 来识别防假技术。一般情况下 CPU 可以分为原包、深包、散片和 ES 版 4 类，其具体情况如下所述。

1. 原包 CPU

原包 CPU 即正品盒装 CPU（正规行货），一般质保时间为 3 年，也是 CPU 类型中质保时间最长的。在选购原包 CPU 时，应该注意以下两点：

- **观察外观** 在选购原包 CPU 时，需要仔细查看 CPU 的外包装盒，查看包装是否存在拆开痕迹，是否破损，CPU 表面是否存在散热的痕迹等。
- **核对条形码** 核对包装盒、说明书和 CPU 顶盖上的编码是否一致，也就是常说的三码合一。如果三个编码不一致，则表示不是原包 CPU，而是深包 CPU 了。
- **查看风扇** 该方法注意针对 Intel 类 CPU，该类型原包 CPU 的风扇正中央会有一个防伪标签，正品 CPU 的防伪标签为立体式防伪，除了底层图案存在变化之外，还会出现立体的“Intel”标志。

提 示

当购买 Intel 类 CPU 时，其散热器上也会存在一个编码，用于保修时所用，所以用户应该保留原装散热器。

2. 散片

散片也就是通常所说的水货或拆机货等一系列的非行货的统称。散片和盒装 CPU 没有本质的区别，都具有相同的性能参数和质量。两者唯一的差别在于质保时间的长短以及 CPU 是否携带散热器。一般情况下，盒装（原包）CPU 会附带着一个质量比较好的散热风扇，而散片则不会携带散热风扇，通常只有一年的质保时间。除此之外，散片的超频幅度大大低于原包 CPU。

3. 深包

深包是指二次封装的 CPU，它与散片一样，与原包 CPU 的差别不大，唯一可区别的也是携带散热风扇的质量不如原包的好，其质保也是一年。另外，深包和原包的辨别，也主要在三码合一处，当三码不同时则表示是深包。

4. ES 版

ES 版是指测试版 CPU，这种版本的 CPU 在市场中不多见。ES 版的 CPU 类似于散片，但价格相对低廉。由于 ES 版属于测试版，所以会存在多多少少的大小问题。另外，ES 版 CPU 上有标明"ES"字母，而且没有标明 CPU 型号。

2.6 课堂练习：检测 CPU 性能

用户在选购 CPU 时，虽然可以通过 CPU 的宣传资料和说明书来了解 CPU 的性能指标，但却无法判断实际 CPU 的具体性能参数，以及无法了解所购买的 CPU 与其他 CPU 性能参数之间的具体差距。此时，用户可以通过专业的硬件检测程序，来检测 CPU 的具体性能，以便确认所购买的 CPU 与所宣传的资料是相同的。

操作步骤

1 启动 EVEREST Ultimate Edition 硬件检测程序，选择右侧窗格中的【主板】图标，如图 2-16 所示。

图 2-16 选择测试类型

2 在展开的页面中，选择【中央处理器(CPU)】图标，如图 2-17 所示。

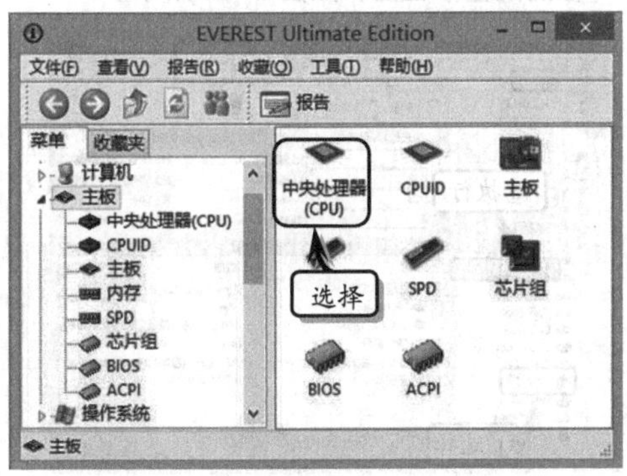

图 2-17 选择具体类型

3 此时，用户可在右侧窗格中查看当前 CPU 的技术参数和物理信息，如图 2-18 所示。

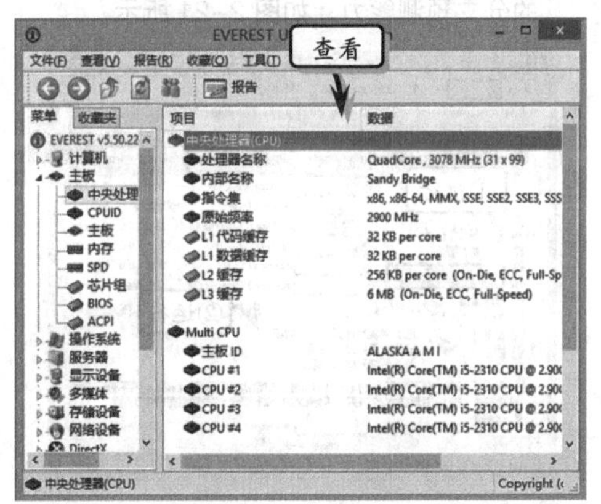

图 2-18 查看 CPU 信息

4 在左窗格的【菜单】选项卡中，选择【性能测试】选项，同时选择 CPU Queen 选项，如图 2-19 所示。

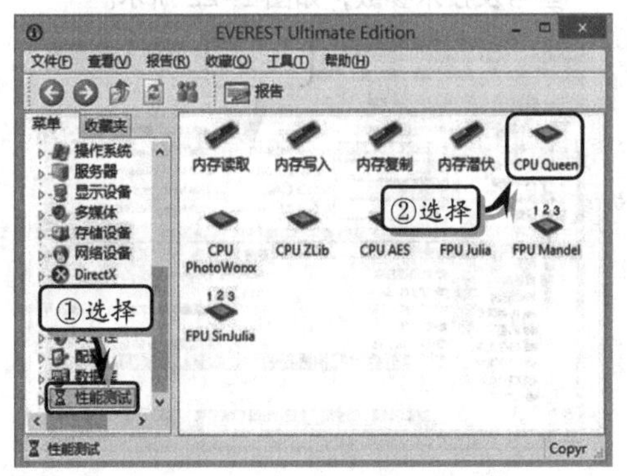

图 2-19 选择菜单选项

5 此时，用户可在右侧窗格中查看多个不同型号 CPU 在该检测项目中的测试结果，如图 2-20 所示。

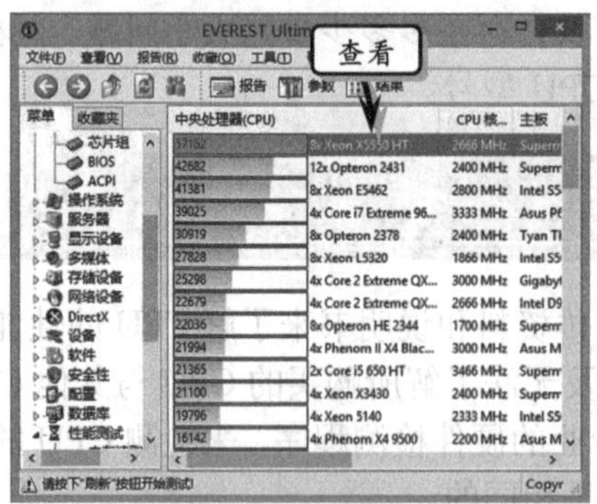

图 2-20 查看不同型号的 CPU 信息

6 执行【查看】|【刷新】命令，开始测试 CPU 的分支预测能力，如图 2-21 所示。

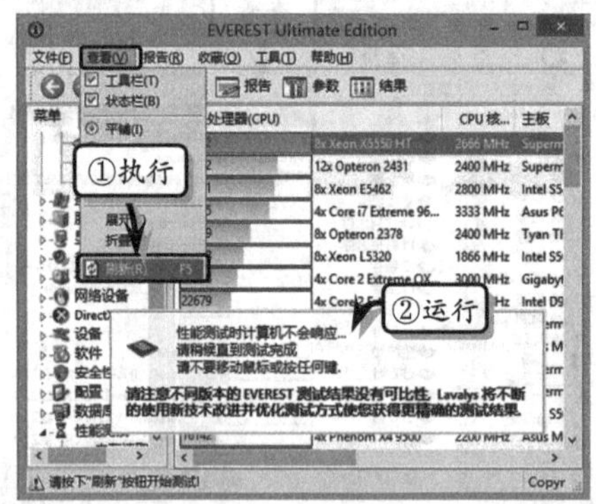

图 2-21 检测 CPU 的分支预测能力

7 完成测试后，右侧的窗格被拆分成上下两部分。上半部分的窗格中高亮显示了测试结果，下半部分的窗格则显示了当前 CPU 的型号及技术参数，如图 2-22 所示。

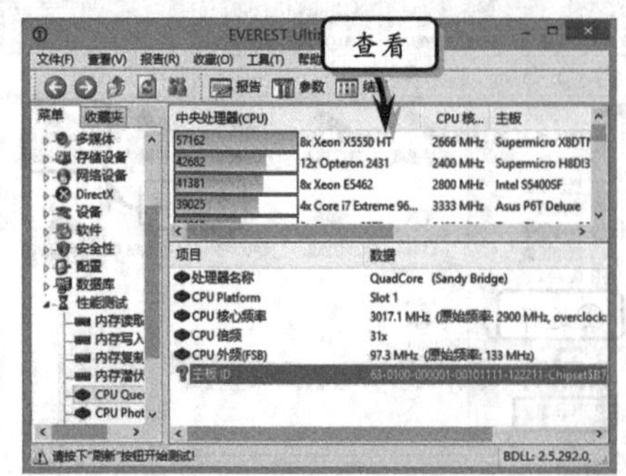

图 2-22 显示测试结果

8 在【性能测试】树状目录中选择 CPU Photo Worxx 选项后，执行【查看】|【刷新】命令，测试 CPU 的整数运算能力，如图 2-23 所示。

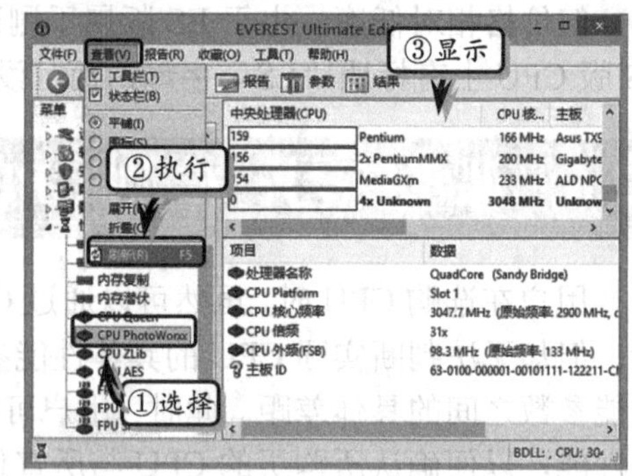

图 2-23 测试整数运算能力

9 在【性能测试】树状目录中选择 CPU ZLib 选项，执行【查看】|【刷新】命令，执行另一项针对 CPU 整数运算的测试，如图 2-24 所示。

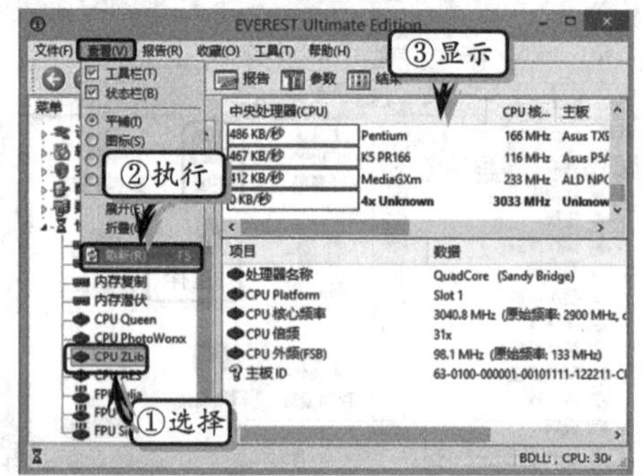

图 2-24 测试另一项整数运算

10 在【性能测试】目录中选择“CPU AES”选项，执行【查看】|【刷新】命令，测试 CPU 性能的基准性能，如图 2-25 所示。

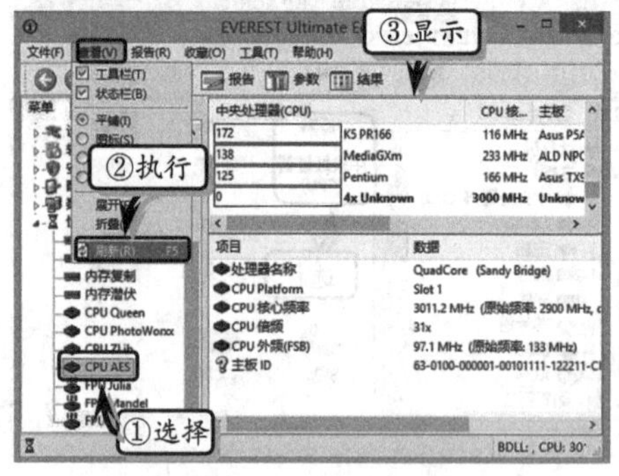

图 2-25 测试基准性能

2.7 课堂练习：CPU 降温

目前市场中一些高端和主流型的 CPU，都具有功耗高的特性。其功耗高表示 CPU 的发热量也高，针对高发热量的现象，单纯依靠 CPU 自带的散热器将无法进行有效降温。此时，除了使用日常中常见的风冷和水冷等物理降温措施之外，还可以借助专业的工具软件，通过降低 CPU 工作频率的方法来达到为 CPU 降温的目的。在本练习中，将详细介绍使用专业工具软件，介绍对 CPU 进行降温的操作方法和步骤。

操作步骤

1 运行 CPU 工具 CPU Cool，执行 Settings|Language Choice 命令，并在弹出的面板中选中【CHS (Chinese)】选项，单击 OK 按钮，将软件设置为中文版，如图 2-26 所示。

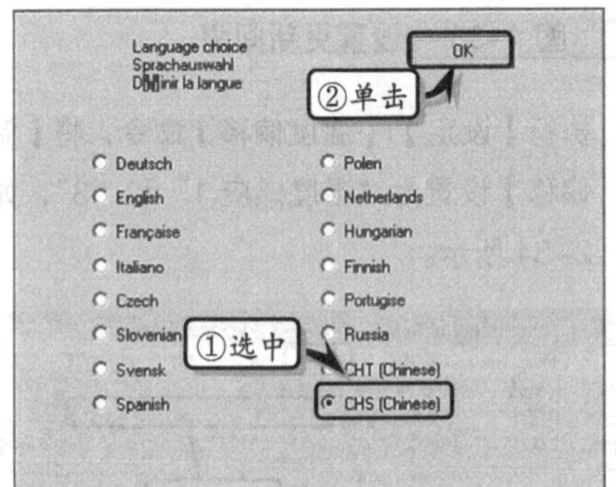

图 2-26 显示运行数据

2 此时，在软件界面中，系统会自动显示 CPU 当前的运行数据，如图 2-27 所示。

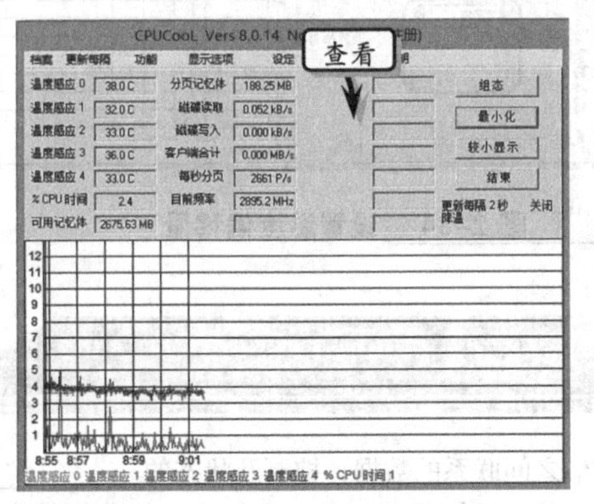

图 2-27 设置中文语言

3 执行【功能】|【降温模式/温度关联切换】命令，选中【启用降温模式】选项，并设置其他选项，如图 2-28 所示。

4 激活【减低 FSB】选项卡，启用【开启温度关联的 FSB 设定】复选框，并设置相应的选项，如图 2-29 所示。

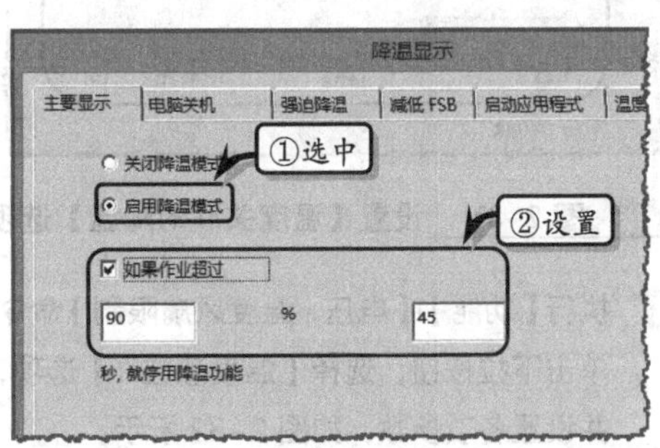

图 2-28 设置降温选项

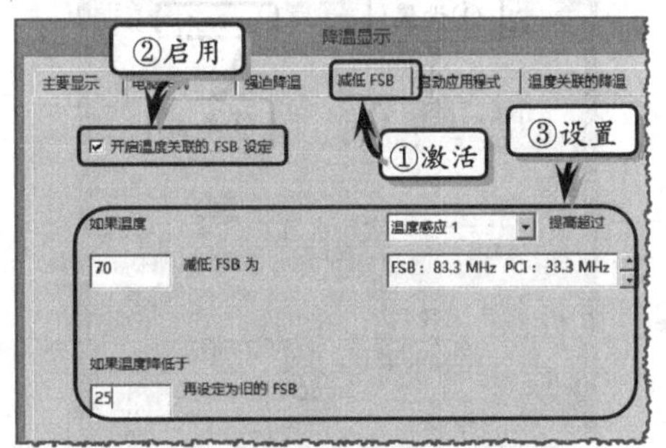

图 2-29 设置【减低 FSB】选项

5 激活【强迫降温】选项卡，启用【开启温度关联的强迫降温】复选框，并设置相应的选项，如图 2-30 所示。

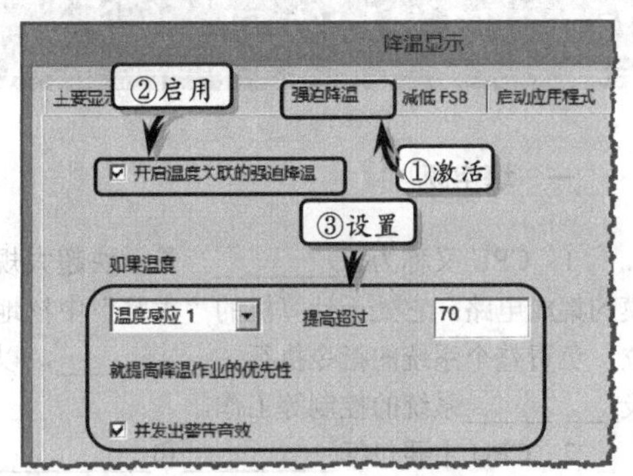

图 2-30 设置【强迫降温】选项

6 激活【温度关联的降温】选项卡，启用【温度关联的降温超过限制】和【温度关联的降温低于限制】复选框，并设置相应的选项，如图 2-31 所示。

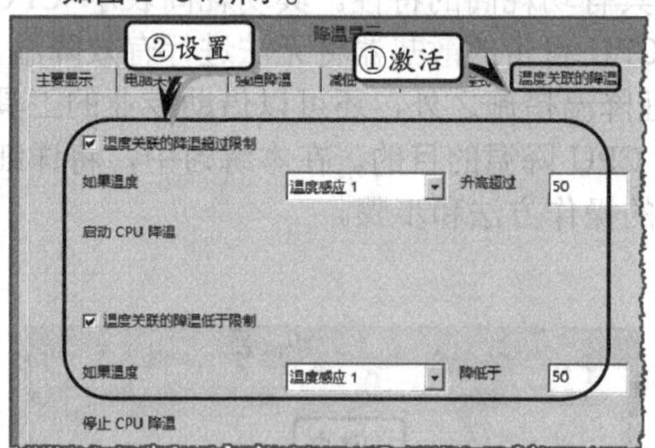

图 2-31 设置【温度关联的降温】选项

7 执行【功能】|【电压、温度风扇限制】命令，单击下拉按钮，选择【温度感应 1】选项，并设置各项参数，如图 2-32 所示。

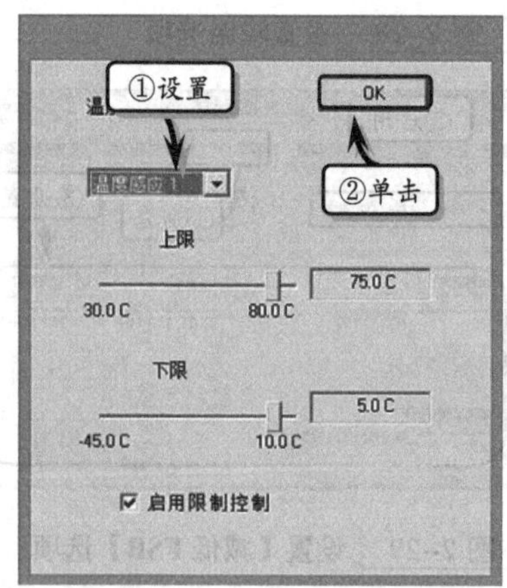

图 2-32 设置温度设置

8 执行【更新每隔】|【5 秒】命令，将软件设定为每 5 秒更新一次，如图 2-33 所示。

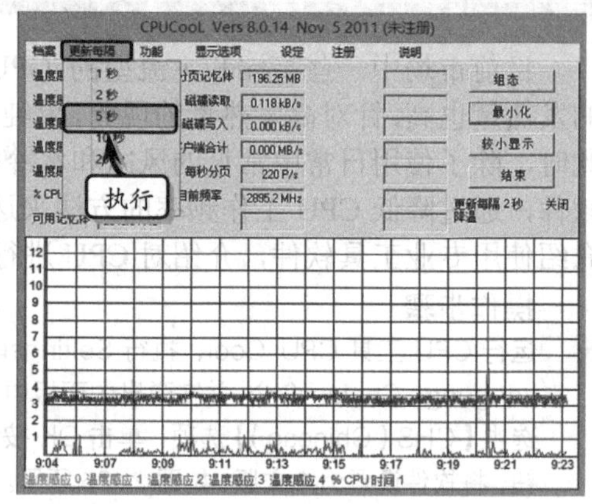

图 2-33 设置更新间隔

9 执行【设定】|【温度偏移】命令，将【温度偏移】设置为“温度感应 1”和“3”，如图 2-34 所示。

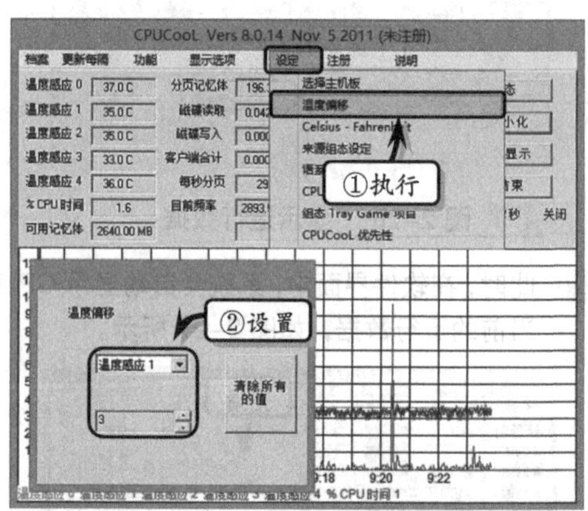

图 2-34 设置温度偏移量

2.8 思考与练习

一、填空题

1．CPU 又称为__________，是一块超大规模的集成电路，它处于计算机的“大脑”中枢地位，负责整个系统的指令执行、__________，以及__________系统的控制等工作。

2．CPU 主要包括__________和__________两大部件，以及若干个寄存器和__________及实现它们之间联系的数据、控制及状态的__________。

3．运算器（arithmetic unit）的功能是执行__________或__________算术和逻辑运算操作，包括四则运算（加、减、乘、除）、逻辑操作（与、或、非、异等操作），以及移位、比较和传送等操作，因此也称__________。

4．一般情况下，CPU 的工作过程可分为__________、解码、__________行和__________。

5．根据目前主流系统结构来划分，指令集

可分为__________和__________指令集两部分。

6. CPU 的工作频率包括主频、__________、__________和__________等一些性能参数，通过查看和分析 CPU 的工作频率参数，可以初步判断 CPU 的工作性能。

二、选择题

1. 奔腾时代是 Intel 公司在 x86 系列产品的基础上，所推出的新一代高性能的处理器，属于 CPU 的第_____代产品，包括 Pentium MMX、Pentium 4 等产品。

A. 2　　B. 3
C. 4　　D. 5

2. 一般情况下，运算器主要由算术逻辑部件、_____和状态寄存器组成的。

A. 寄存器　　B. 通用寄存器
C. 通用寄存器组　　D. 控制器

3. 运算器的性能指标是由机器字长和_____来决定的。

A. 字节　　B. 倍频
C. 运算速度　　D. 外频

4. 控制器一般由指令寄存器、_____和操作控制器三个部件组成。

A. 程序寄存器　　B. 程序计数器
C. 指令寄存器　　D. 操作寄存器

5. 主频（CPU Clock Speed）也叫做_____，表示 CPU 的运算和处理数据的速度，其单位是兆赫（MHz）或千兆赫（GHz）。

A. 主要频率　　B. 中心频率
C. 时钟频率　　D. CPU 频率

6. CPU 缓存是位于 CPU 和_____的一个称为 Cache 的存储区，主要用于解决 CPU 运算速度和内存读写速度不匹配的矛盾。

A. 内存之间　　B. 硬盘之间
C. 主板之间　　D. 显卡之间

三、问答题

1. 简述 CPU 的组成结构。
2. 简述 CPU 的工作过程。
3. 什么是 CPU 的缓存？

四、上机练习

1. 识别 Intel CPU 标识

在本练习中，将介绍一下 Intel CPU 表面标识的参数意义，如图 2-35 所示。在 CPU 标识中的第 2 行中，开始字母为 INTEL 表示生产厂商为 Intel，CORE 表示酷睿系列，后面的 i3-3220 表示型号，意思为 Intel 酷睿 i3-3220 型号的 CPU，而中间的 TM 是英文 trademark 的缩写，表示美国商标符号。第 3 行表示处理器的主频，3.30GHz 表示该 CPU 的默认主频，而前面的 SRORG 表示 S-Spec 编码，通过该编码可以通过网络查询 CPU 的主频、缓存和前端总线等信息。另外，该编码可以核对盒装表面的标识编码。第 4 行中的 MALAY 表示封装产地来自马来西亚。最后一行中的编号表示 CPU 的生产编号，也是 CPU 的身份证号码。

图 2-35　Intel 酷睿型号的 CPU

2. 识别 AMD CPU 标识

在本练习中，将介绍一下 AMD CPU 表面标识的参数意义，如图 2-36 所示。在 CPU 标识中的第 1 行中，显示了 CPU 的产品系列，代表了 AMD A8-5600 系列。第 2 行中的代码表示了 CPU 的名称和规格信息，数字串中的 560K 表示 CPU 的型号是 A8-5600K，A 表示产品系列的首字母，倒数第 4 个数字表示核心数，该产品表示为 4 核心 CPU。第 3 行编码表示生产周期，该产品 1203PGT 表示在 2012 年第 3 周生产的。第 4 行中的编码表示 CPU 的生产编码，多在保修时使用。

图 2-36　AMD 型号的 CPU

第3章 物理存储设备——硬盘

硬盘（Hard Disk）是目前计算机中最为主要的物理存储设备，也是现阶段计算机不可或缺的组成部件之一。硬盘具有容量大、速度快等优点，不仅可以存储着计算机中的所有数据，而且还可以随时供用户调取和使用硬盘内的数据，是计算机具备“记忆”能力的原因所在。

本章将对计算机所用到的各种物理存储设备进行介绍，从而使用户能够更清楚地认识和使用计算机。

本章学习内容：

- 硬盘简介
- 硬盘的物理结构
- 硬盘的逻辑结构
- 硬盘的技术参数
- 硬盘的接口类型
- 数据保护技术
- 笔记本硬盘
- 移动物理设备
- 操作硬盘
- 维护硬盘
- 选购硬盘

3.1 初始硬盘

硬盘（港台称之为硬碟，英文名：Hard Disk Drive，简称HDD，全名：温彻斯特式硬盘）是目前最为主要的存储媒介之一，也是现阶段计算机不可或缺的组成部件之一。

为了让用户更好地熟悉硬盘，下面将从硬盘简介、硬盘的外部结构和内部结构等方法，对硬盘进行初步的介绍。

3.1.1 硬盘简介

硬盘是电脑上使用坚硬的旋转盘片为基础的非易失性（non-volatile）存储设备，它起源于 1956 年，是由一个或者多个覆盖有贴磁性材料的铝制或者玻璃制的碟片组成。由于硬盘具有体积小、容量大、速度快和使用方便等特性，现已称为计算机的标准配置。在本小节中，将通过硬盘的发展历史、硬盘的工作原理、技术和尺寸等方面，详细地介绍硬盘的基础知识。

1. 发展简史

目前，大多数计算机上所安装的硬盘，都是采用温切斯特（winchester)技术而被称之为“温切斯特硬盘”，或简称“温盘”。而“温切斯特硬盘”是由 IBM 公司位于美国加州坎贝尔市温切斯特大街的研究所研制的一种技术类型，于 1973 年首先应用于 IBM3340 硬磁盘存储器中，如图 3-1 所示。

图 3-1 IBM3340 硬磁盘存储器

从第一块硬盘RAMAC的产生到现在单碟容量高达几 TB 的硬盘，硬盘也经历了其发展的不同阶段，硬盘的具体发展简史，如表 3-1 所示。

表 3-1 硬盘的发展简史

时期	描述
1956 年	IBM 公司研制了 IBM 350 RAMAC 型号的硬盘，它是现代硬盘的雏形，其大小相当于两个冰箱的体积，其存储容量只有 5MB
1973 年	IBM 3340 硬盘问世，它是第一款“温彻斯特”型硬盘，拥有两个 30MB 的存储单元，奠定了硬盘的基本架构
1980 年	前 IBM 公司员工开发了用于希捷（SEAGATE）台式机的 5.25 英寸规格的 5MB 硬盘，是首款面向台式机的硬盘
80 年代末	IBM 公司推出了 MR（Magneto Resistive 磁阻）技术，该技术大幅度提升了硬盘磁头的灵敏度，从而使盘片的存储密度相对之前的 20Mbpsi（bit/每平方英寸）提高了数十倍
1991 年	IBM 公司推出了首款 MR 磁头的 3.5 英寸的硬盘，该硬盘的存储容量达到了 1GB，从而使硬盘的存储容量进入了 GB 数量等级
1995 年	昆腾（Quantum）与 Intel 携手发布 UDMA 33 接口——EIDE 标准将原来接口数据传输率从 16.6MB/s 提升到了 33MB/s；同时希捷开发出液态轴承（FDB，Fluid Dynamic Bearing）马达，降低了硬盘的噪音和发热量
1997 年	IBM 公司推出了 GMR（Giant Magneto Resistive，巨磁阻）技术，该技术进一步提升了硬盘磁头的灵敏度，进而提高了硬盘的存储密度
1999 年	Maxtor 发布了首款单碟容量达到 10.2GB 的 ATA 硬盘，是硬盘容量提升的一个新的里程碑

续表

时　期	描　　述
2000 年	IBM 推出了 Deskstar 75GXP 及 Deskstar 40GV 硬盘，使用玻璃取代传统的铝作为盘片资料，从而为硬盘带来了更好的平滑性和更高的坚固性，而 75GXP 以最高的 75GB 的存储能力成为当时容量最大的硬盘，其 40GV 则在数据存储密度方面创造了新的世纪记录；同年希捷发布了转速高达 15000RPM 的 Cheetah X15 系列硬盘，是当前世界上最快和转速最高的硬盘
2002 年	AFC Media（Anti-Ferromagnetism-coupled Media，抗铁磁性耦合介质）技术的应用为硬盘产业的发展带来了一次伟大的技术革命，该技术可以大幅度的提升硬盘容量，从而使硬盘的生产成本得以进一步地降低
2005 年	日立环储和希捷同时宣布了将开始在硬盘中大量采用磁盘垂直写入技术（perpendicular recording），该技术可以将平行于盘片的磁场方向改变为垂直（90 度）方向，从而可以更充分地利用存储空间
2007 年	日立环球存储科技公司宣布发售全球首只 1Terabyte 的硬盘，该硬盘的售价为 399 美元，相当于每美分可以购买 27.5MB 的硬盘空间
2010 年	日立环球存储科技公司宣布，将推出 3TB、2TB 和 1.5TB Deskstar 7K3000 硬盘系列，从而使硬盘的主流容量达到了 TB 推广级别

到目前为止，为了适应消费者对数目资料存储需求的不断提升，硬盘厂商的存储容量的竞赛并未停歇；但是除了容量越来越大、价格越来越低、尺寸越来越小之外，硬盘在其他方面并没有太大的变化。

2．硬盘种类

目前市场中绝大多数的硬盘都是被永久性地封闭固定在硬盘驱动器中的固定硬盘，随着硬盘的普及，其种类也越来越多。一般情况下，硬盘可分为如下 3 种类型。

- **固态硬盘（SSD）** 该类型的硬盘属于新式硬盘，采用闪存颗粒进行存储。
- **机械硬盘（HDD）** 该类型的硬盘属于传统硬盘，采用磁性碟片来存储。
- **混合硬盘（HHD）** 该类型的硬盘是将磁性硬盘和闪存集成在一起的一种硬盘，属于一种传统机械硬盘诞生出来的新型硬盘。

3．硬盘的工作原理

硬盘是采用磁性介质记录（存储）和读取（输出）数据的设备。当硬盘工作时，硬盘内的盘片会在主轴电机的带动下进行高速旋转，而磁头也会随着传动部件在盘片上不断移动。在上述过程中，磁头通过不断感应和改变盘片上磁性介质的磁极方向，完成读取和记录 0、1 信号的工作，从而实现输出和存储数据的目的。

4．硬盘尺寸

作为计算机中的重要组成部件，硬盘在几十年的发展过程中始终向着体积越来越小，容量却越来越大的方向发展着。目前，市场上常见的硬盘产品分为 3.5 英寸、2.5 英寸、1.8 英寸和 1 英寸（及更小）4 种规格。其中，3.5 英寸的硬盘便是我们常见的台式机硬盘，特点是容量大、价格低，且较为普及，如图 3-2 所示。

图 3-2　3.5 英寸硬盘

2.5英寸和1.8英寸的硬盘产品大都应用于笔记本中，因此又称为笔记本硬盘。与3.5英寸的硬盘相比，笔记本硬盘的特点是轻、薄，耗电量小，非常适合内部空间小、电池能量有限的笔记本计算机，如图3-3所示。

图3-3 2.5英寸硬盘

随着数码类产品对大容量和小体积存储介质的需求，尺寸小于1英寸的微型硬盘也成为新的硬盘发展方向，如图3-4所示。

图3-4 小于1英寸硬盘

目前，日立、东芝、南方汇通等公司已经陆续推出了4GB甚至更大容量的微型硬盘，其内部却与前两种硬盘没有什么不同，如图3-5所示。

图3-5 微型硬盘

3.1.2 硬盘的外部结构

硬盘属于机械与电子技术相结合的设备，其产品构造也大致分为外部和内部两大部分。从外观上来看，硬盘是一个全密封的金属盒，由电源接口、数据接口、控制电路和固定基板等部分所组成，如图3-6所示。

1. 电源接口

电源接口和数据接口位于同一侧，并且其样式会根据硬盘类型的不同而有所差别，如图3-7所示。例如，早期的IDE硬盘采用的都是柱状电源接头和针型的PATA数据接头，此类硬盘的优点是价格低廉、兼容性好，但性能却已无法满足日益增长的用户需求。

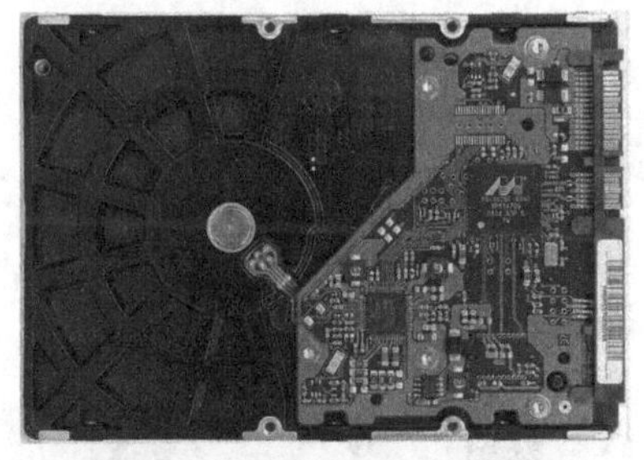

图3-6 硬盘的外部结构

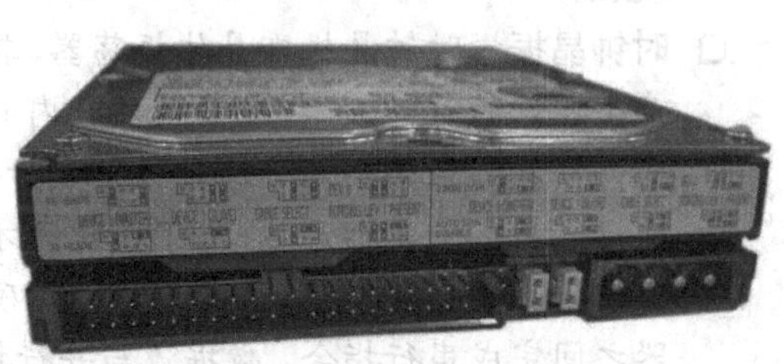

图3-7 电源接口

2. 数据接口

如今的硬盘大都采用扁平状设计的SATA（Serial Advanced Technology Attachment，串行ATA）数据接口，其优点是传输速度快、安装方便、抗干扰能力强，以及支持热插拔等，如图 3-8 所示。

此外，市场上还有一种采用 SCSI（Small Computer System Interface）接口的硬盘产品，如图 3-9 所示。SCSI 硬盘不仅具有传输速度快、稳定性好、支持热插拔等优点，还具有 CPU 占用率低、多任务并发操作效率高、连接设备多、连接距离长等 SATA 硬盘无法比拟的优点，因此被广泛应用于高端工作站与服务器等领域。

图 3-8 SATA 数据接口

图 3-9 SCSI 接口

提　示

硬盘的数据接口除了 SATA 和 SCSI 接口之外，还包括 ATA、IDE、RAID、SAS 和光前通道等类型。

3. 控制电路

硬盘的控制电路类似于硬盘的大脑，主要由主控芯片、电机控制芯片、时钟晶振和缓存组成。此外，在非原生类的 SATA 硬盘中，其控制电路板上往往还包括一个桥接芯片，如图 3-10 所示。

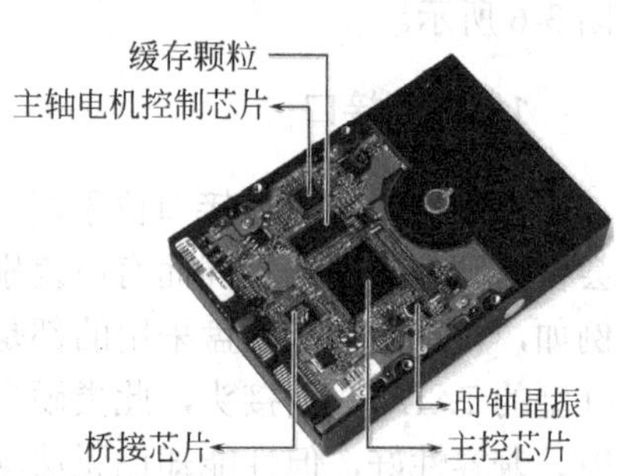

图 3-10 控制电路

在控制电路中，各个部件的功能如下：

- **主控芯片**　主控芯片控制着整个硬盘的协调运作，是硬盘的大脑，作用类似于主机中的 CPU。
- **主轴电机控制芯片**　它是操控硬盘内的主轴电机及其他相关部件，以便硬盘能够读取到指定位置的数据。
- **缓存颗粒**　它的作用是在速度较低的硬盘和速度较高的内存之间建立一个数据缓冲区域，从而缩小高速设备与低速设备之间的数据传输瓶颈，其作用类似于 CPU 与内存之间的 Cache。
- **时钟晶振**　时钟晶振即晶体振荡器，其作用是产生原始的时钟频率，从而使硬盘内的各个电子部件能够在整齐划一的步伐下进行工作。
- **桥接芯片**　它是非原生 SATA 硬盘才有的部件，其功能是在 SATA 接口和 PATA 硬盘控制器之间完成串行指令、数据流与并行指令、数据流间的相互转换。

4. 固定基板

硬盘的固定基板（硬盘外壳），主要用于提供硬盘的产品名称、型号、产地、产品序号，以及关于该硬盘的其他产品信息和技术参数等内容，如图 3-11 所示。

图 3-11 硬盘外壳

3.1.3 硬盘的内部结构

硬盘的内部结构又称为物理组成结构，主要由盘片、磁头、传动部件、主轴、电路板和各种接口所组成，除电路板和接口裸露在硬盘外部能够被人们看到外，其他部件都被密封在硬盘内部，如图 3-12 所示。

图 3-12 硬盘的内部结构

1. 盘片

盘片是硬盘存储数据的载体，大都采用铝制合金或玻璃制作，其表面覆有一层薄薄的磁性介质，因而可以将信息记录在盘片上。目前的硬盘内大都装有两个以上的盘片，这些盘片被安装在硬盘内的主轴电机上，当电机旋转时所有的盘片会同步旋转，如图 3-13 所示。

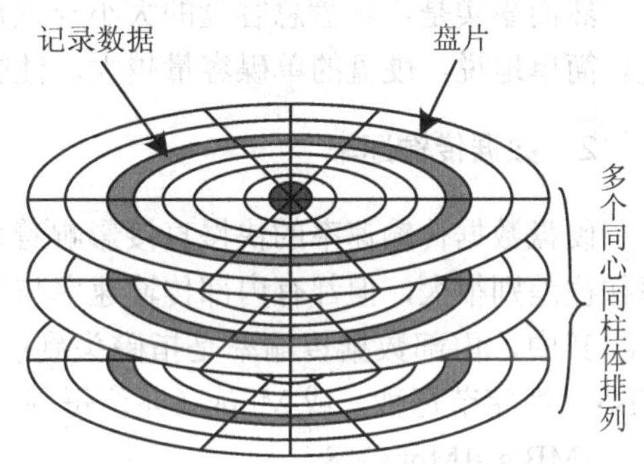

图 3-13 盘片

作为盘片旋转动力的主轴电机，由轴瓦和驱动电机等部件组成，其转速的高低也在一定程度上影响着硬盘的性能。

2. 磁头

相比之下，磁头则是硬盘技术中最重要和最关键的一环。早期的磁头采用读写合一的电磁感应式磁头设计。由于硬盘在读取和写入数据时的操作特性并不相同，所以这种磁头的综合性能较差，现在已经被采用读、写分开操作的 GMR 磁头所取代。

图 3-14 磁头等各结构

硬盘磁头在进行读写操作时，其运动与否都要由传动部件所决定。当硬盘需要读取和写入数据时，传动臂便会在传动轴的驱动做径向运动，以便磁头能够读取到盘片上任何位置的数据，如图 3-14 所示。

3.2 硬盘的规格参数

了解了硬盘的简介、外部结构和内部结构之后，便可以进一步了解硬盘的技术参数、接口类型及数据保护技术等规格参数，以方便用户对硬盘进行选购和维护。

3.2.1 硬盘的技术参数

评定硬盘性能的标准有很多，但大都是综合评估容量、平均寻道时间、转速、最大外部数据传输率等技术参数后得出的结论。为此，我们将对影响硬盘性能的常用技术指标及其含义进行讲解，使用户能够通过技术参数了解到硬盘的实际性能。

1. 容量

容量是硬盘最直观也是最重要的性能指标，容量越大，所能存储的信息量也就越大。目前，主流硬盘的容量已经达到 1TB，其海量的存储能力足以满足目前绝大多数用户的日常需求。

然而事实是，硬盘总容量的大小与硬盘的性能无关，真正影响硬盘性能的是单碟容量。简单地说，硬盘的单碟容量越大，性能相对越好，反之则会稍差。

2. 数据传输速率

硬盘数据传输速率的快慢直接影响着系统的运行速度。不同类型的硬盘，其传输速率往往差别很大，但都有内部传输速率与外部传输速率之分。

其中，内部数据传输率是指磁头到硬盘高速缓存之间的数据传输速度，通常使用 MB/s（兆字节每秒）或 Mbps（兆位每秒）为单位，其换算方式如下所示：

1MB/s=1Mbps×8

外部传输速率是指硬盘高速缓存与硬盘接口之间的数据传输速度，由于该参数与硬盘的接口类型有着直接关系，所以通常使用数据接口的速率来代替，单位为 MB/s。

目前，市场上不同接口的硬盘外部传输速率，如表 3-2 所示。

表 3-2　不同接口的硬盘外部传输速率

数据接口类型	外部传输速率	数据接口类型	外部传输速率
Ultra-ATA133	133MB/s	SATA 2	300MB/s
SATA 1	150MB/s	Ultra 160 SCSI（16bit）	320MB/s

提　示

表 3-2 中所给出的是每种接口的理论最大传输速率，由于在实际应用中会受到多种因素的影响，所以会稍小于表内给出的数据。

3. 平均寻道时间

平均寻道时间（Average Seek Time）是指硬盘在接到系统指令后，磁头从开始移动到移动至数据所在磁道所花费时间的平均值，其单位为毫秒（ms）。在一定程度上，平均寻道时间体现了硬盘读取数据的能力，也是影响硬盘内部数据传输率的重要因素。

4. 缓存

缓存（Cache Memory）是硬盘控制器上的一块内存芯片，具有极快的存取速度，在硬盘和内存间起到一个数据缓冲的作用，以解决低速设备在与高速设备进行数据传输时的瓶颈问题。在实际应用中，缓存的大小直接关系到硬盘的性能，其作用主要体现在预读取、预存储和存储最近访问的数据这 3 个方面。

3.2.2 数据保护技术

硬盘真正的价值是体现在所存储的有效数据，特别是对于商业用户而言，一次普通的硬盘故障便足以造成灾难性的后果。为此，各硬盘厂商不断地寻求一种能够对故障进行预测的安全监测机制，以便将用户的损失降至最低。

1. S.M.A.R.T 技术

S.M.A.R.T.技术（Self-Monitoring, Analysis and Reporting Technology，自监测、分析及报告技术）在 ATA-3 标准中被正式确立，其功能是监测包括磁头、磁盘、马达、电路等部件在内的硬盘运行信息，并将检测到的数值与预设的安全值进行比较和分析。这样一来，当硬盘发现自动的运行状态出现问题时，便能够向用户发出警告，并通过执行降低硬盘运行速度、向其他安全区域或硬盘备份重要文件等方式来保护数据，提高数据的安全性。

2. Data Lifeguard 技术

Data Lifeguard（数据卫士）是西部数据公司为 Ultra DMA 66 硬盘所提供的一项数据保护技术，其功能利用硬盘没有操作的空闲时间，每隔 8 个小时自动检测一次硬盘上的数据，以便在数据出现问题之前修正错误。此外，Data Lifeguard 技术还能够自动检测并修复因过度使用而出现故障的硬盘区域。

与其他的数据安全技术相比，该技术最大的特点在于完全自动，无需用户干预，且不需要安装驱动程序。

3. SPS 和 DPS 技术

当硬盘发生碰撞时，很容易便会出现因磁头摩擦盘片而引起的数据错误或数据丢失。为了解决这一问题，昆腾公司研发了一种被称为 SPS（Shock Protection System，震动保护系统）的新型技术，以便硬盘能够在受到撞击时，保持磁头不受震动，而是由硬盘的其他部分吸收冲击能量。该技术的应用，有效地提高了硬盘的抗震性能，使硬盘能够在运输、使用及安装过程中最大限度地避免因震动带来的产品损坏。

DPS（Data Protection System，数据保护系统）技术是昆腾公司继 SPS 技术后开发的又一项硬盘数据保护技术，其原理是通过检测和备份重要数据，达到保障数据安全的目的。

4. ShockBlock 和 MaxSafe 技术

ShockBlock 技术是迈拓公司在其金钻二代硬盘上使用的防震技术，其设计思想与昆腾公司的 SPS 技术相似。通过先进的设计与制造工艺，ShockBlock 技术能够在意外碰撞发生时尽可能避免磁头和磁盘表面发生撞击，从而减少因此而引起的数据丢失和磁盘损坏。

MaxSafe 同样也是金钻二代所拥有的一种数据保护技术，其功能是自动侦测、诊断和修正硬盘发生的问题，从而为用户提供更高的数据完整性和可靠度。Maxsafe 技术的核心是 ECC（ErrorCorrectionCode 错误纠正代码）功能，这是一种特殊的编码算法，能够在传输过程中为数据添加 ECC 检验码，当数据被重新读取或写入时，便可以通过解码操作将结果与原数据进行对照，从而确认数据的完整性。

5. Seashield 和 DST 技术

Seashield 是希捷公司推出的新型防震保护技术，通过由减震弹性材料制成保护软罩，以及磁头臂及盘片间的加强防震设计，能够为硬盘提供更好的抗震能力。

DriveSelfTest（DST，驱动器自我测试）是一种内建在希捷硬盘固件中的数据保护技术，能够为用户提供数据的自我检测和诊断功能，从而避免数据的意外丢失。

6. DFT 技术

DFT（Drive Fitness Test，驱动器健康检测）技术是由 IBM 公司开发的硬盘数据保护技术，原理是通过 DFT 程序访问硬盘内的 DFT 微代码对硬盘进行检测，从而达到监测硬盘运转状况的目的。

按照 DFT 技术的要求，DFT 微代码可以自动对错误事件进行登记，并将登记数据保存到硬盘上的保留区域中。此外，DFT 微代码还可以对硬盘进行实时的物理分析，例如通过读取伺服位置的错误信号来计算出盘片交换、伺服稳定性、重复移动等参数，并给出图形供用户或技术人员参考。同时，与 DFT 技术相匹配的 DFT 软件也是一个独立、且不依赖操作系统的软件，以便用户能够在其他软件失效的情况下也能了解到硬盘的运行状况。

提 示

笔记本硬盘和台式机硬盘并不存在本质的区别，一般情况下笔记本具有体积小巧、功耗低和坚固性良好等优点，但是相对于台式机硬盘来讲，笔记本硬盘则具有转速低的缺点。

3.3 移动物理设备

虽然硬盘是存储数据的最佳物理设备，但却不能随意跟随用户移动。此时，出现了一种可以随着用户移动的存储设备，该存储设备具有存储容量大和便于携带等特点。目前，市场上的移动存储设备类型众多，但总体来说可以分为移动硬盘、U 盘和存储卡 3 种类型。

3.3.1 U 盘

U 盘的特点是体积小巧、使用方便，并且以其低廉的价格而成为目前最为普及的移动存储设备，如图 3-15 所示。从构造上来看，U 盘是一种采用闪存（Flash Memory）作为存储介质，使用 USB 接口与计算机进行连接的小型存储设备，而其名称只是人们惯用的一种称呼。目前，市场上的 U 盘种类繁多，不同产品的性

图 3-15 U 盘

能、造型、颜色和功能都不相同。如果在此基础上进行细分，则可以根据不同U盘的功能，将其分为启动型U盘、加密型U盘、杀毒U盘、多媒体U盘等不同类型。

1. 启动型U盘

此类U盘最大的特点是既能够作为大容量存储设备使用，又能够以USB外接软驱、硬盘或光驱的形式启动计算机。通常来说，启动型U盘的左侧是状态开关，可以在"软盘状态""硬盘状态"或"光盘状态"间进行切换；右侧是写保护开关，可以在无须更改数据内容时限制用户只能读取U盘上的数据，从而防止文件被意外删除或被病毒感染，达到保护数据安全的作用。

提 示

在切换状态写保护开关之时，务必先将U盘从USB接口拔下，而不能在与计算机的连接状态中直接进行切换。

2. 加密型U盘

加密型U盘主要通过两种方式为用户所存储的数据提供安全保密服务，一种是利用密码（U盘锁），另一种是利用内部数据加密机制（目录锁）。在加密功能方面，即有能够对单一文件进行软加密的产品，也有能够对所有文件进行硬加密的产品。

3. 杀毒型U盘

杀毒U盘的特点是U盘内置有杀毒软件，用户无需在计算机上安装杀毒软件即可享受查杀病毒、木马、间谍软件等安全防护措施，并且可以通过任何一台联入互联网的计算机来完成病毒库的更新。

4. 多媒体U盘

这是一种将多媒体技术与U盘技术相结合的产物，是U盘在功能拓展方面的又一个全新突破。以蓝科火钻推出的"蓝精灵"视频型U盘为例，用户在将该产品连接在计算机上后，即可以使用优盘存储数据，又可以在视频聊天时将U盘作为摄像头使用。此外，Octave公司还推出了一款集拍照、录音、录像、数据存储和网络摄影五大功能于一体的U盘产品，其体积却只有口香糖大小，如图3-16所示。

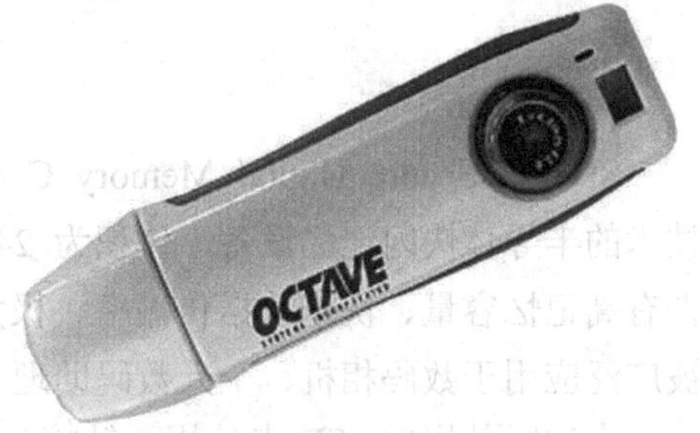

图 3-16 多媒体U盘

3.3.2 存储卡

存储卡是用于手机、数码相机、笔记本计算机、MP3和其他数码产品上的独立存储介质，由于通常以卡片的形态出现，故统称为"存储卡"。与其他类型的存储设备相比，存储卡具有体积小巧、携带方便、使用简单等优点。目前，市场上常见的存储卡主要分为CF卡、MMC卡、SD卡、MS记忆棒、XD卡，以及SM卡多种类型或系列。

1. CF 卡（Compact Flash）

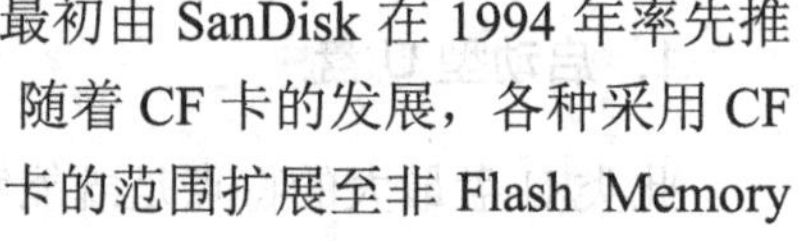

CF 卡是如今市场上历史最为悠久的存储卡之一，最初由 SanDisk 在 1994 年率先推出，采用了闪存技术，分为 I 型 II 型两种规格。不过，随着 CF 卡的发展，各种采用 CF 卡规格的非 Flash Memory 卡也开始出现，这使得 CF 卡的范围扩展至非 Flash Memory 领域，包括其他 I/O 设备和磁盘存储器。例如，由 IBM 推出的微型硬盘驱动器（MD）便是一种采用 CF II 标准的机械式 CF 存储设备。相比之下，这些微型硬盘在运行时需要消耗比闪存更多的能源，并且对震动的变化要比闪存更加敏感，如图 3-17 所示。

图 3-17 CF 卡

2. MMC 卡（MultiMedia Card）

传统 CF 卡的体积较大，为此西门子公司和 SanDisk 公司在 1997 年共同推出了一种基于东芝 NAND 快闪记忆技术的存储卡产品 MultiMedia Card 卡（简称 MMC 卡）。MMC 卡的尺寸为 32mm×24mm×1.4mm，采用 7 针接口，没有读写保护开关，具有体积小巧、重量轻、耐冲击和适用性强等优点。

根据 MMC 卡的设计规范，其控制器和存储单元被制造在了一起，因此兼容性和灵活性较好，被广泛应用于移动电话、数字音频播放机、数码相机和 PDA 等数码产品中，如图 3-18 所示。

图 3-18 MMC 卡

提 示

MMC 存储卡分为 MMC 和 SPI 两种工作模式，前者为标准模式，拥有 MMC 卡的全部特性，而后者为简化模式，其性能要稍逊于前者。

3. SD 卡

SD 卡（Secure Digital Memory Card，中文译为“安全数码卡”）是一种基于 MMC 技术的半导体快闪记忆设备，体积为 24mm×32mm×2.1mm。SD 卡的重量较轻，但却拥有高记忆容量、快速数据传输率、极大的移动灵活性和很好的安全性等特点，目前已被广泛应用于数码相机、个人数码助理（PDA）和多媒体播放器等便携式电子产品。

在实际使用中，SD 卡使用 9 针接口与设备进行连接，无需额外电源来保持内部所记录的信息。重要的是，SD 卡完全兼容 MMC 卡，目前的任何 MMC 卡都能够被较新的 SD 设备读取（兼容性取决于应用软件），这使得 SD 卡很快便取代 MMC 卡，并逐渐成为市场上的主流存储卡类型。

随着 SD 卡存储技术的发展，存储设备生产厂商陆续在 SD 卡的基础上发展出多种不同类型的 SD 卡系列产品。其中的 Mini SD 卡由松下和 SanDisk 公司共同开发，特点是只有 SD 卡 37%的大小，但却拥有与 SD 存储卡一样的读写效能和大容量。使用时，只需利用 SD 转接卡便可以将其作为一般的 SD 卡使用，如图 3-19 所示。

图 3-19 SD 卡

4．MS 记忆棒（Memory Stick）

记忆棒（Memory Stick）又称 MS 卡，是一种可擦除快闪记忆卡格式的存储设备，由索尼公司制造，并于 1998 年 10 月推出市场。除了外型小巧、稳定性高，以及具备版权保护功能等特点外，记忆棒的优势还在于能够广泛应用于索尼公司利用该技术推出的大量产品中，如图 3-20 所示。

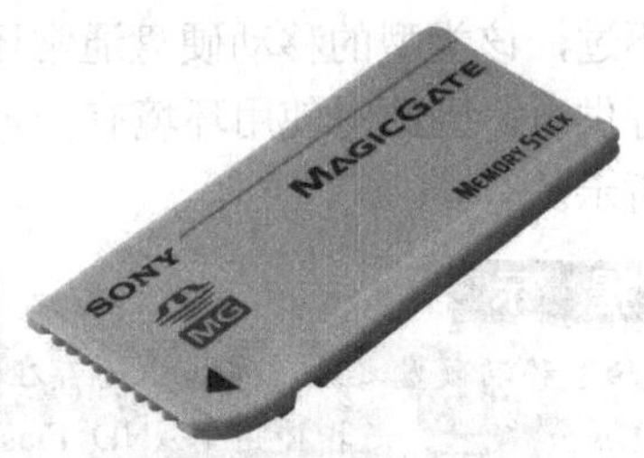

图 3-20 MS 记忆棒

提 示

> 标准记忆棒的尺寸为 50mm×21.5mm×2.8mm，约重 4 克，最高读/写速度分别为 2.5MB/s 和 1.8MB/s，并具有写保护开关。

随着其他存储卡的不断发展，索尼公司也陆续推出了不同种类，不同版本的记忆棒产品。例如，容量和速度较标准记忆棒有较大提升的 Memory Stick Pro（MS Pro），但该产品的缺点在于价格过高。此后，Sony 又开发了名为 Memory Stick Duo 的小型记忆棒，其尺寸为 31mm×20mm×1.6mm，主要用于卡片数码相机，以及 PSP 等产品。

至于 Memory Stick Micro（M2），则是由索尼与 SanDisk 的合资公司共同推出的一种记忆棒产品，尺寸仅为 15mm×12.5mm×1.2mm，理论上支持 32GB 的容量，最高传输速度为 160MB/s，如图 3-21 所示。

图 3-21 Memory Stick Micro（M2）

5．xD 图像卡（xD Picture Card）

xD 卡是由日本奥林巴斯株式会社和富士有限公司联合推出的一种新型存储卡，尺寸为 20mm×25mm×1.7mm，重量仅为 2 克，理论存储容量最高可达 8GB，如图 3-22 所示。

图 3-22 xD 图像卡

提 示

> 目前市场上的 xD 卡分为标准卡、M 型卡和 H 型卡 3 种类型，其外形尺寸完全相同，差别仅在于数据传输速率的不同。其中，M 型为低速卡，读写速度分别为 4MB/s 和 2.5MB/s，H 型为高速卡，其速度大约是标准卡的两倍左右、M 型卡的 3 倍左右。

3.3.3 移动硬盘

移动硬盘是一种以硬盘为存储介质，强调便携性的存储产品。例如，当前市场上绝大多数的移动硬盘都是在标准 2.5 英寸硬盘的基础上，利用 USB 接口来增强便携性的产品，如图 3-23 所示。

市场上的移动硬盘主要有 1.8 英寸、2.5 英寸和 3.5 英寸 3 种规格。其中 2.5 英寸的移动硬盘属于主流产品，而 1.8 英寸的移动硬盘也因具有更小的体积而受到众多用户的青睐。相比之下，3.5 英寸的移动硬盘体积较大，便携性差，但性能往往较为优秀。不过，该类型的移动硬盘通常还需要额外的电源进行供电，因此对使用环境有一定的要求，如图 3-24 所示。

图 3-23 USB 接口移动硬盘

图 3-24 3.5 英寸移动硬盘

提 示

除了移动硬盘之外，市场中还存在一种 SSD（Solid State Disk）硬盘，泛指使用 NAND Flash 组成的固态硬盘，其特别之处在于没有传统硬盘的机械结构，并且具有低耗电、抗震性好、稳定性高、耐低温等优点。

3.4 硬盘分区与格式化

一块全新的硬盘必须经过分区之后才能正常使用，分区从实质上说就是对硬盘的一种格式化，即经过低级格式化、分区和高级格式化这 3 个处理步骤后，才能被计算机用来存储数据。一般情况下，硬件在出厂时只进行了低级格式化处理，因此在安装操作系统之前，还需要对硬盘进行“分区”和“格式化”处理。

3.4.1 硬盘分区

将一块硬盘（指硬盘实物）划分为“本地磁盘 C”“本地磁盘 D”等多个逻辑盘的过程即称为分区。对于计算机来说，逻辑盘是操作系统为控制和管理物理硬盘而建立的操作对象，也是用户分门别类的管理各种数据的重要工具，如图 3-25 所示。

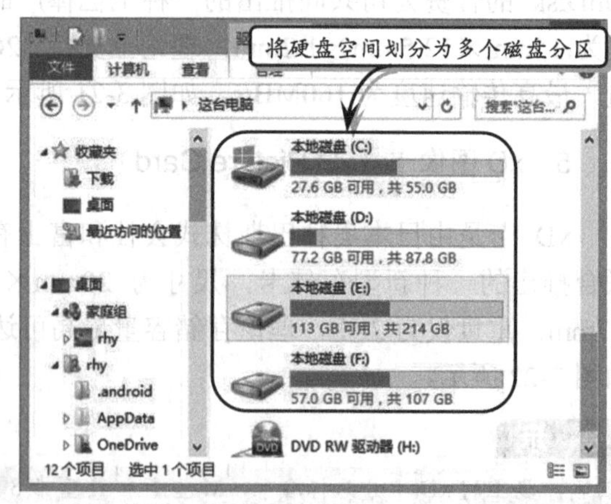

图 3-25 硬盘分区

1. 分区类型

目前，计算机内的分区分为两种类型，一种是主分区，另一种是扩展分区。主分区与扩展分区的差别在于前者能够引导操作系统，并且可以直接存储数据；后者不但无法引导操作系统，而且必须在将其划分为逻辑驱动器后，才能以逻辑驱动器的形式存储数据，如图 3-26 所示。

2. 分区方法和格式

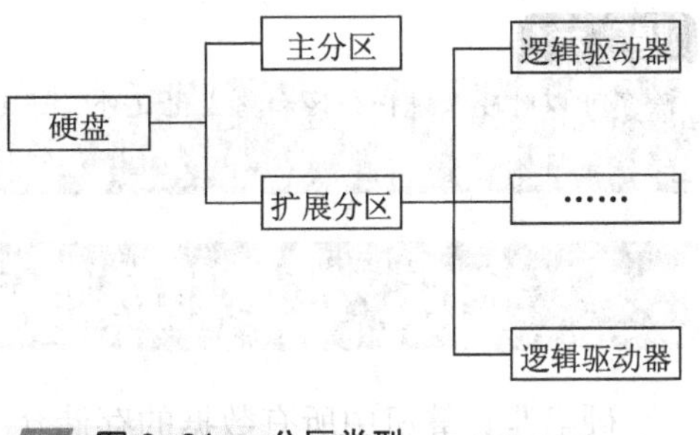

图 3-26 分区类型

硬盘分区其实就是对硬盘进行格式化，所以用户需要在新配置的计算机中，或在安装系统前需要对硬盘进行分区。一旦安装操作系统之后，无法再对硬盘进行全新的分区操作，否则将会丢失硬盘中的所有数据，包括操作系统。

一般情况下，用户可以使用 Windows 系统安装盘或专门的硬盘分区工具（fdisk、PQmagic 等），对硬盘进行随意分区。对硬盘进行分区之后，还需要对硬盘进行格式化，以保证硬盘的正常运行。（对于 PQmagic 等工具软件，格式化操作可以在分区的时候一起进行，比较方便）。

3.4.2 格式化硬盘

格式化（高级格式化）是对磁盘分区的初始化过程，其目的是按照文件系统的需求，在目标磁盘分区上创建文件分配表（FAT）并划分数据区域，以便操作系统存储数据。

一般情况下，用户只需使用系统安装软件，在开始安装操作系统时便对硬盘进行格式化操作了。在对硬盘进行格式化操作时，往往需要对其进行两级格式化，即低级和高级格式化。其中，低级格式又称为物理格式化，是在每个磁盘上划分出一个个的同心圆磁道。当前市场中的硬盘在出厂前便已对硬盘进行了低级格式化操作，无需用户再次执行；而用户在安装操作系统所进行的格式化，则称为高级格式化。

相对于高级格式化来讲，低级格式化会彻底清除硬盘里的内容，包括硬盘中的病毒；但低级格式化次数多了会对硬盘造成一定的损害，所以用户应谨慎使用低级格式化。另外，低级格式化需要特殊的软件对其进行操作，而某部分主板中的 BIOS 中也包含这种程序。

在对硬盘进行分区时，用户还需要根据数据资料类型来选择硬盘的格式类型。目前，Windows 操作系统主要使用 FAT32 和 NTFS 两种文件格式。一般系统盘的文件格式为 NTFS，而非系统盘格式为 FAT32。

- **FAT32 文件格式** 属于 FAT 系列的文件格式，由于采用了 32 位的文件分配表，所以得名 FAT32 文件格式。FAT32 文件系统的优点在于适用范围较广，而且磁盘空间利用率较之前的 FAT16 要高。该文件格式除了运行速度较 FAT16 文件系统要慢之外，还具有不支持体积大于 4GB 的文件的缺点，无法满足海量数据及大体积文件的存储需求。Linux 的部分版本也对该文件格式提供了有限支持（但 Linux 无法从 FAT32 分区进行启动）。
- **NTFS 文件格式** NTFS 是微软公司为 Windows NT 操作系统所创建的一种新型文件系统，不仅能够最大支持 64GB 的单个文件，并使用时不易产生文件碎片，而且还具有出色的安全性和稳定性。但是，由于 NTFS 文件系统的兼容性较差，所以使用范围较 FAT32 要小，目前仅限于 Windows 系列的操作系统。

提 示

除了可以对硬盘进行分区和格式化之外，还可以使用 Ghost 等专业软件，对硬盘进行克隆（备份还原）。

3.5 维护、维修和选购硬盘

硬盘是计算机中所有数据的存储仓库，是计算机运行的主要载体。如果硬盘坏掉，将会直接导致操作系统无法执行，或者导致硬盘中的部分宝贵数据丢失。在本小节中，将详细介绍选购硬盘的一些基本知识，以及平时使用硬盘时所需注意的一些事项、使用常识和维修技巧。

3.5.1 维护硬盘

硬盘在使用过程中，无需太大的维护，只要平时注意一些细微动作便可以。一般正品硬盘，具有很长的使用寿命，不过为确保硬盘中的数据完好无损，还需要了解和掌握一些硬盘的使用常识和注意事项。

1. 硬盘使用常识

在实际操作中，最常使用的维护常识是磁盘整理操作。除此之外，还需要掌握硬盘容量和 BT 下载等一些基本常识。

- **磁盘整理** 磁盘整理是整理磁盘碎片（文件碎片），它是由于文件在保存时被分散在整个磁盘的不同地方，而不是连续地保存在磁盘连续的簇中形成的。而当应用程序所需要的物理内存不足时，操作系统会产生一种临时交换文件，并占用用品空间的虚拟内存；而虚拟内存管理程序则会对硬盘进行频繁读写，从而产生大量的磁盘碎片。此时，便需要对硬盘进行磁盘整理操作了。一般情况下，文件碎片不会引起系统问题，但过多的文件碎片会引起系统性能下降，严重的则会缩短硬盘寿命和导致存储文件的丢失。
- **BT 下载** BitTorrent（简称 BT）是现在最流行的 P2P 程序之一，具有下载速度快、资源广泛等特点。但是，越来越多的用户认为 BT 下载会对硬盘具有很大的损耗，因此在某些程度上会导致硬盘的寿命提前结束。
- **硬盘容量** 在实际使用过程中，用户会发现自己计算机中的硬盘容量与购买时宣传的容量存在差入。例如， 80GB 硬盘实际使用只有 75GB，而 120GB 硬盘实际使用则只有 114GB。该问题是由于厂商和操作系统对容量计算方法不同而造成的，其计算机中采用二进制，容量的单位是以 1024 为一进制，而硬盘厂商则采用 1000 为一进制进行计算，从而造成硬盘容量的“缩水”现象。另外，在对硬盘进行分区和格式化时，系统会在硬盘中占用一些空间，以便可以提供给系统文件使用，所以在操作系统中显示的硬盘容量和标称容量也会存在差异。

2. 使用注意事项

在使用计算机操作时，用户也需要注意以下事项，从而保证硬盘的使用寿命。

- ❑ **读写忌断电** 硬盘在读写时处于高速旋转状态，最高可达到15000转，如果此时突然断电，会使磁头与盘片产生猛烈的摩擦，从而导致硬盘出现坏道甚至损坏，也会导致部分数据流丢失，因此需要特别注意在关机时硬盘指示灯是否熄灭，以及切忌强制关机。
- ❑ **保持良好的环境** 硬盘对环境的要求相对来讲比较高，严重集尘或空气湿度过大，都会造成电子元件短路或接口氧化，从而引起硬盘性能的不稳定甚至损坏。
- ❑ **防止震动硬盘** 硬盘属于精密型的存储设备，在硬盘进行读写操作时，其磁头距离盘片的浮动高度只有几微米。此时，一旦发生较大的震动，将会造成盘片资料区损坏或刮伤，从而丢失硬盘中的数据资料。
- ❑ **减少频繁操作** 当用户长期运行一个程序、系统或使用BT等下载软件时，硬盘的磁头会长时间频繁地读写硬盘中的同一个位置（扇区），从而容易促使硬盘产生坏道。此时，用户需要注意运行某个程序的时间不要过长，除此之外最好安装两个以上的操作系统，以便交替使用，避免对硬盘某个扇区的长期读写操作。
- ❑ **定期整理碎片** 当硬盘进行频繁的读写操作，或者程序的增加、删除操作时会产生大量的磁盘碎片，从而会影响到硬盘的读写效能。因此，建议频繁增删或更换软件的用户，间隔一定的时间（例如一个月）便运行 Windows 系统自带的磁盘碎片整理工具，进行磁盘碎片和不连续空间的重组工作，将硬盘的性能发挥至最佳状态。而对于Linux系统用户（Ext文件系统）或MAC OS 用户，由于Linux的文件写入方式与Windows不同，所以基本不需要整理磁盘碎片。
- ❑ **电源稳定** 由于机箱电源的供电不纯或功率不足时，会造成硬盘的资料丢失，严重了则会直接损坏硬盘；所以在购买计算机时，用户应该选择性能比较稳定的电源。

3.5.2 维修硬盘

作为物理存储的主要设备，硬盘起着极其重要的作用。但是，由于硬盘属于磁介质，所以会出现各种各样的问题。在本小节中，将详细介绍硬盘出现故障时的一些一般征兆，以及坏道检测和数据恢复方法。

1．硬盘故障的一般征兆

在硬盘出现某种故障之前，一般会显示出来一些征兆。此时，用户应及早发现并采取正确的措施，预防硬盘出现严重故障，从而造成硬盘数据的丢失。一般情况下，硬盘在出现故障前会显示以下几种征兆。

- ❑ **S.M.A.R.T 故障提示** S.M.A.R.T 故障提示是硬盘厂家本身内置在硬盘里的一种自动检测功能，出现这种提示说明硬盘存在潜在的物理故障，短时间内硬盘有可能会出现无法正常运行的情况。
- ❑ **Windows 初始化时死机** 出现这种情况，首先应排除其他部件的问题，例如内存问题、风扇停转导致系统过热、病毒破坏等情况；然后再确定是否是硬盘故障。如果是硬盘故障，则需要尽快进行排查。
- ❑ **运行程序出错** 当计算机可以进入 Windows 系统，但是运行程序时会出错，同时运行磁盘扫描时也会出现问题，甚至在扫描时候缓慢停滞甚至死机。一旦出现这种现象，则极大可能的是硬盘的问题。此时，首先需要排除 Windows 系统的软故障，然后才可以确定是硬盘存在物理故障。

- ❑ **发现坏道** 当计算机可以进入 Windows 系统，但在运行磁盘扫描程序时会出现错误提示甚至出现坏道，此时 Windows 系统中的检查程序会详细地报告硬盘情况。
- ❑ **无法识别硬盘** 开机无法运行系统，进入到 BIOS 中，会发现无法识别硬盘或者可以识别硬盘但无法运用操作系统找到硬盘，这种现象表示硬盘出现了严重的故障。

2. 坏道检测和修复

坏道类似于宇宙中的“黑洞”，潜伏于硬盘中，数据不慎误入其中，便会“灰飞烟灭”。为了保护硬盘中的数据，还需要运用某些软件或渠道来检测硬盘中的坏道，并试图绕过“黑洞”读写数据。

硬盘中的坏道类似于硬盘的结构，分为逻辑坏道和物理坏道两类，其中：

- ❑ **逻辑坏道** 逻辑坏道往往是由于用户非正常关机或硬盘格式化时出现错误而造成的，可以通过各种有效方法加以解决。
- ❑ **物理坏道** 物理坏道是由于硬盘磁道上所产生的物理损伤而造成的，对于包含坏道的扇区，将无法写入数据。物理坏道通过一般方法是无法修复的，但可以通过某些软件来绕过包含坏道的扇区，以存储数据。

3. 硬盘数据的恢复方法

当硬盘损坏、误格式化或用户无意删除一些重要数据时，可通过下列方法，来恢复硬盘中的数据。

- ❑ **恢复被格式化的数据** 当用户在 DOS 下使用 Format 命令误格式化某个分区的话，可以使用 UnFormat 工具进行恢复。但是，相对于目前计算机的高配置，则可以使用 easyrecovery 和 Finaldata 等恢复软件来恢复。
- ❑ **恢复零磁道损坏的数据** 硬盘的主引导记录区（MBR）位于硬盘中的 0 磁道 0 柱面 1 扇区中，主要存放着硬盘主引导程序和硬盘分区表。当零磁道受损时，将会导致硬盘无法引导。此时，可以通过 PCTOOLS 的 DE 磁盘编辑器(或者 diskman)使 0 磁道偏转一个扇区，从而使用 1 磁道作为 0 磁道来使用；而数据则可以通过 Easyrecovery 软件按照簇进行数据恢复，但是无法保证数据的完全恢复。

提　示

零磁道损坏判断：可以通过系统自检，但启动后会发现分区丢失或 C 盘目录丢失，硬盘则出现有规律的“咯吱……咯吱”的寻道声。此时，运行 SCANDISK 扫描 C 盘，在第一簇将会出现一个红色的“B”，或者 Fdisk 找不到硬盘、DM 死在 0 磁道上，此种情况即为零磁道损坏！

- ❑ **恢复分区表损坏的数据** 分区表的损坏是由于分区数据被破坏从而使记录被破坏，这种现象可以使用诺磁盘医生 NDD 和中文磁盘工具 DiskMan 来恢复。出现问题之后，使用启动盘启动，选择 Diagnose 进行诊断，NDD 会对硬盘进行扫描，并提示错误以帮助用户修复数据。而使用 DiskMan 则可以通过未被破坏的分区引导记录信息来重新建立分区表，并使用菜单工具栏中的“重建分表”来搜索并重新建立分区。

- **恢复误删除的数据** 当用户误删除硬盘中的数据后，首要任务是不要再向该硬盘分区中写入任何数据，以保证数据恢复的最大可能性。此时，如果操作系统可以正常运行的话，则可以使用 Windows 版 EasyRecovery 软件，来恢复误删除的数据。

3.5.3 选购硬盘

硬盘是计算机中的重要物理存储设备，保存着用户所有的数据资料。但是，硬盘使用时间长了，便会出现各种各样的问题。所以，在一开始选购硬盘之前，便需要先评估一下用户对硬盘的使用需求，然后再确定购买什么样的硬盘。例如，应该考虑硬盘的大小、硬盘的接口等问题。下面，将详细介绍一下选购硬盘的注意事项，以及硬盘的选购方法。

1. 选购注意事项

对于普通用户来讲，选购硬盘的首选注意事项是硬盘的容量，然后是硬盘的价格。但是，用户却忽略了硬盘的容价比和碟装方法。一般情况下，用户需要注意下列 3 条选购事项。

- **容价比** 在选购硬盘时，应该注意硬盘 GB 容量的性价比。一般情况下，建议用户购买 2TB 的硬盘，总价不贵，但 GB 的性价比很高。对于入门级用户来讲，则可以购买 1TB 的硬盘，在总价不高的情况下，便可以满足用户的一般需求。
- **单碟容量** 单碟容量是指一张碟片所能装下的数据容量，单碟容量不仅价值高，而且碟片数量越少，其硬盘的磁头数据就会减少，其发热量与稳定性就越高。目前容量在“1TB~3TB”之间的硬盘基本已实现单碟 1TB 的技术，而持续读写速度则介于 150~220MB/秒。
- **碟装方法** 目前市场中一些 2TB 的硬盘采用了 3 碟装的设计，3 碟装的硬盘在读写速度、稳定性与发热量方面比两碟装产品逊色许多。因此，在购买时，应该注意两碟装和 3 碟装硬盘的区分。一般，3 碟装硬盘比两碟装重一些，另外还需要购买生产日期接近的产品，例如 2013 年后的硬盘基本上都是两碟装的。

提 示

同等容量下盘片越少平均读写速度越高，响应速度也越快。两碟装 2T 硬盘是两个 1T 硬盘，单碟数据密度更高，读写速度更快。3 碟装是 3 个 667G 硬盘，单碟数据密度低，读写速度相对于两碟装的要慢一些。

2. 选购硬盘

在选购硬盘时，如果购买 SATA 接口的硬盘，则需要查看接口是否有跳线，如果没有跳线则表示该硬盘为旧一代的产品。除了查看 SATA 接口跳线之外，在相同容量下和相同容价比之下，应选择大缓存容量的硬盘。硬盘的缓存越大，性能就越强。下面使用表格形式列出两种不同型号的硬盘，供用户购买参考。其具体参数，如表 3-3 所示。

表 3-3 硬盘参数对比

基本参数	希捷 Desktop 1TB 7200 转 8GB 混合硬盘(ST1000DX001)	东芝 2TB 7200 转 64MB（DT01ACA200）	西部数据 500GB 7200 转 16MB STAT 蓝盘（WD5000AAKK）
适用类型	台式机	台式机	台式机
硬盘尺寸	3.5 英寸	3.5 英寸	3.5 英寸
硬盘容量	1000GB	2000GB	500GB
缓存	64MB	64MB	16MB
转速	7200rpm	7200rpm	7200rpm
接口类型	SATA 3.0	SATA 3.0	SATA 3.0
接口速率	6GB/s	6GB/s	6GB/s

通过表 3-3 中的数据，用户已大概了解了 3 个硬盘的基本参数。3 个硬盘是目前市场中评价最高的硬盘之一。其中，容量最大的是东芝牌硬盘，而缓存最小的则是西部数据牌的硬盘。唯一不同的是希捷硬盘使用了混合硬盘，具有加载程序快、声音小、稳定性强等优点。但该款硬盘的价格有点贵。相对于东芝 2TB 的硬盘来讲，希捷 1TB 混合硬盘的价格要高一点。其具体购买和使用情况，用户还需要根据自身对硬盘的需求进行选购。

3.6 课堂练习：使用 FDISK 创建磁盘分区

FDISK 是一款运行于 DOS 操作系统环境下的磁盘分区软件，由微软公司出品，其特点是程序体积小巧、运行速度快，且广泛存在于 DOS 启动光盘内。下面便将以 FDISK 为例，介绍对磁盘进行分区的操作方法。

操作步骤

1 使用 DOS 启动光盘启动计算机后，在命令提示符下输入 fdisk，按【回车】键后即可启动FDISK磁盘分区程序，如图3-27所示。

图 3-27 启动 FDISK 磁盘分区程序

2 在 FDISK 提示信息界面中，按 Y 键并按【回车】键，即可进入 FDISK 程序主界面，如图 3-28 所示。

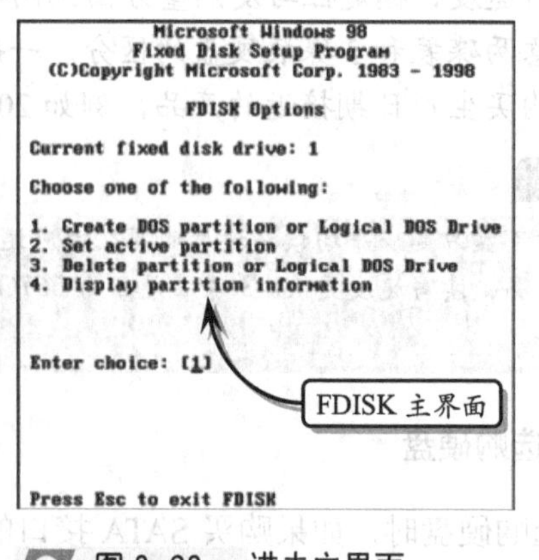

图 3-28 进去主界面

3 按数字键 1 选择第一个菜单项后，进入“创建DOS分区或逻辑DOS驱动器”选项界面，如图 3-29 所示。

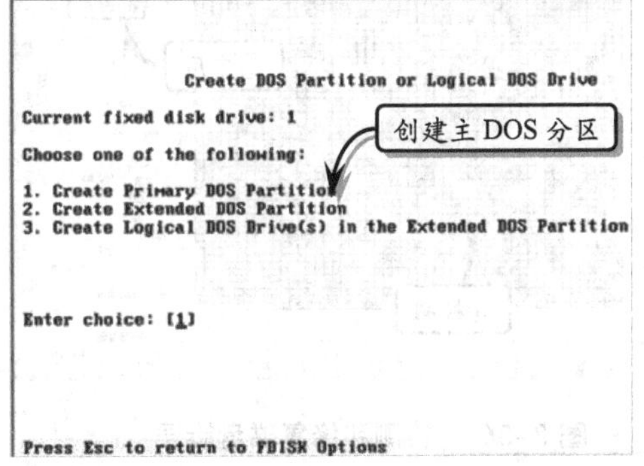

图 3-29 进入选项界面

4 按数字键 1 选择“创建主 DOS 分区”选项后，按【回车】键确认。此时，FDISK 将检查磁盘，完成后向用户发出“是否希望将整个硬盘空间作为主分区并激活？”的提示信息，如图 3-30 所示。

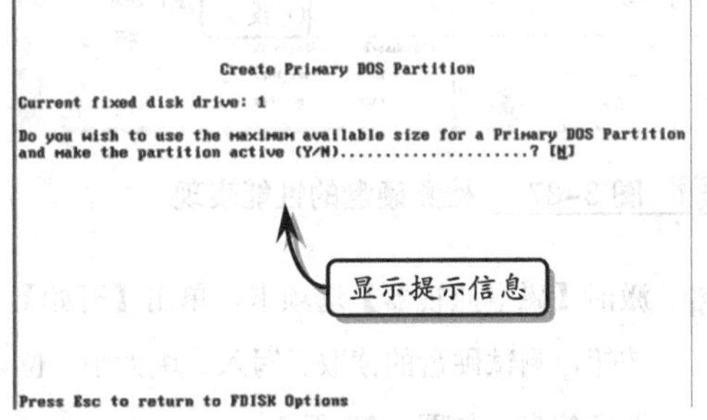

图 3-30 检测磁盘

5 输入 N 后按【回车】键，FDISK 将重新检查磁盘。完成后，即可在“创建主 DOS 分区”界面内输入主分区的容量数值，如图 3-31 所示。

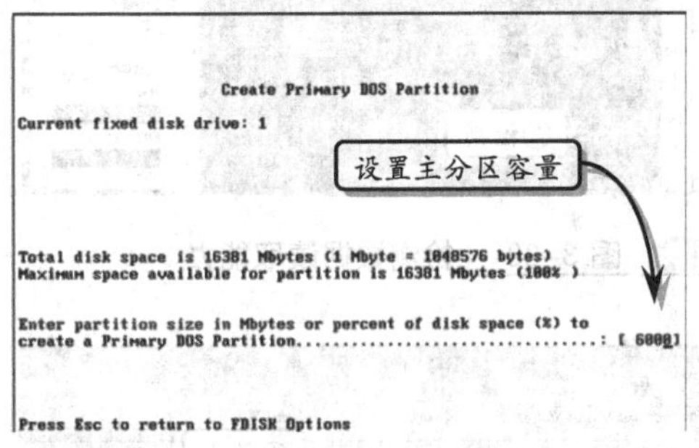

图 3-31 输入主分区容量数值

6 按【回车】键确认后，FDISK 便会显示所创建 DOS 主分区的盘符、容量等各项信息，如图 3-32 所示。使用同样的方法，创建扩展分区和逻辑分区。

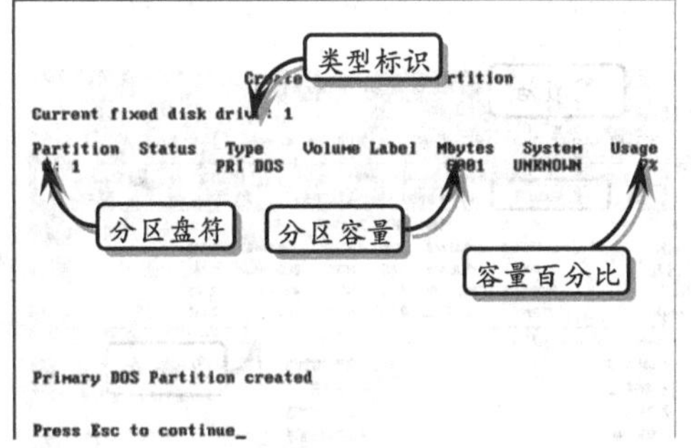

图 3-32 显示创建信息

3.7 课堂练习：检测硬盘性能

硬盘性能的优劣，直接影响着计算机存储和读取数据的能力。接下来，将利用一款名为 HD Tune 的硬盘检测软件来查看硬盘的基本信息与健康情况，并对数据的写入/读取速度、数据存取时间、CPU 占用率及其他影响硬盘性能的项目进行检测。

操作步骤

1 启动 HD Tune 专业版 5.50 软件，单击【开始】按钮，检测硬盘的数据读取能力，如图 3-33 所示。

2 选择【写入】选项，单击【开始】按钮，检测所选硬盘的数据写入能力，如图 3-34 所示。

3 激活【信息】选项卡，查看硬盘的容量、分区方式和支持特性等硬件信息，如图 3-35 所示。

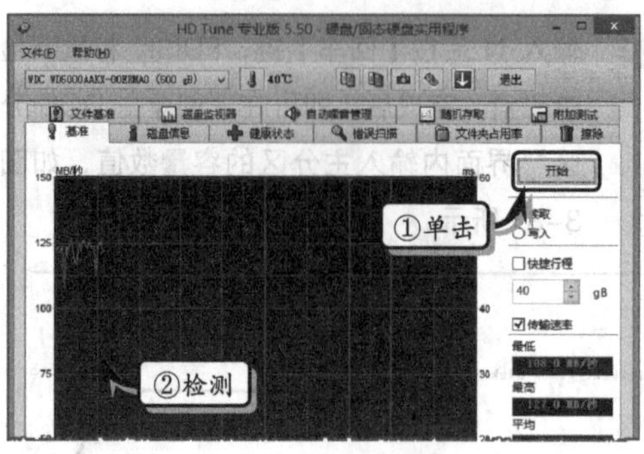

图 3-33 检测数据读取能力

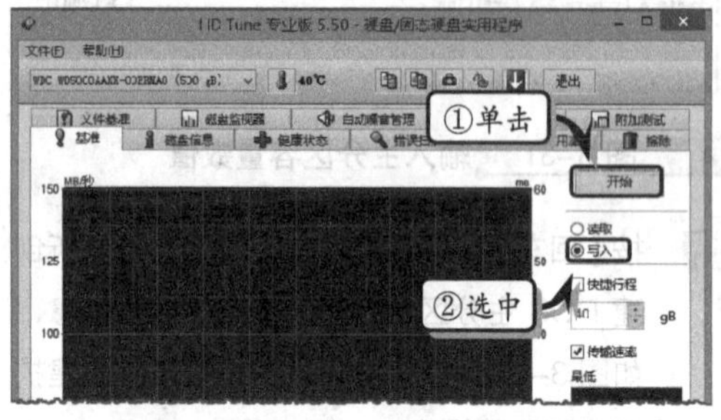

图 3-34 检测数据的写入能力

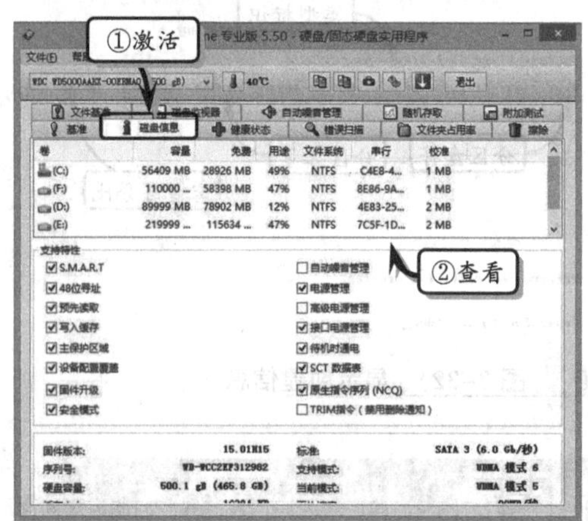

图 3-35 查看硬盘信息

4 激活【错误扫描】选项卡，启用【快速扫描】复选框，并单击【开始】按钮，检测和修复磁盘错误，如图 3-36 所示。

5 激活【文件基准】选项卡，设置【驱动器】和【文件长度】选项，单击【开始】按钮，测试硬盘在相同文件分块中的性能表现，如图 3-37 所示。

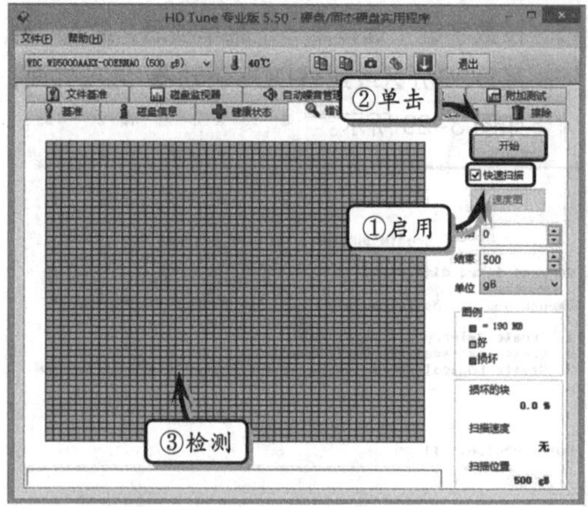

图 3-36 检测和修复磁盘错误

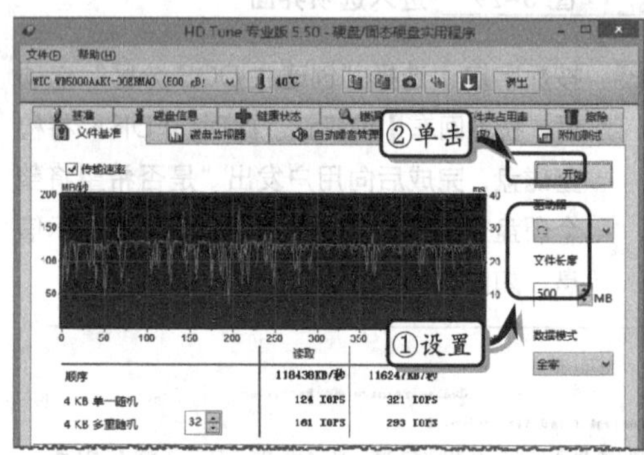

图 3-37 检测硬盘的性能表现

6 激活【磁盘监视器】选项卡，单击【开始】按钮，测试硬盘的读取、写入、块大小、位置等信息，如图 3-38 所示。

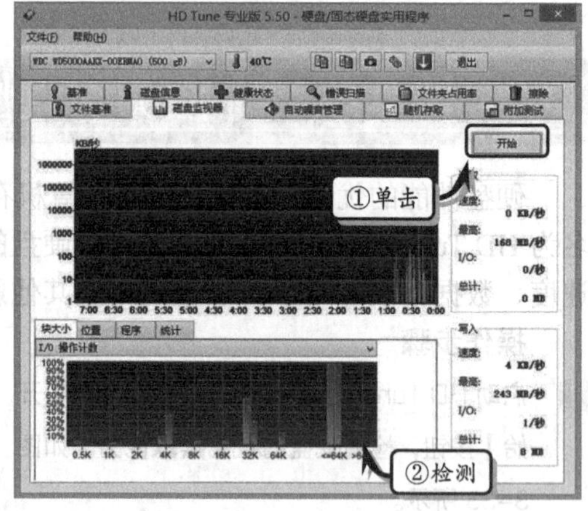

图 3-38 监视磁盘信息

3.8 思考与练习

一、填空题

1. 硬盘（港台称之为硬碟，英文名：Hard Disk Drive，简称________全名：温彻斯特式硬盘）是目前最为主要的_________之一，也是现阶段计算机不可或缺的组成部件之一。

2. 硬盘是电脑上使用坚硬的旋转盘片为基础的__________（non-volatile）存储设备，它起源于1956年，是由一个或者多个覆盖有__________的铝制或者玻璃制的碟片组成。

3. 评定硬盘性能的标准有很多，但大都是综合评估__________、__________、__________、最大外部数据传输率等技术参数后得出的结论。

4. __________是一种以硬盘为存储介质，强调便携性的存储产品。

5. __________的特点是体积小巧、使用方便，并且以其低廉的价格而成为目前最为普及的移动存储设备。

6. 目前，计算机内的分区分为两种类型，一种是__________，另一种是__________。

7. 目前，Windows操作系统主要使用__________和__________两种文件格式。

8. 除了可以对硬盘进行分区和格式化之外，还可以使用__________等专业软件，对硬盘进行__________（备份还原）。

二、选择题

1. 一般情况下，硬盘可分为固态硬盘（SSD）、_____、混合硬盘（HHD）3种类型。

   A. 容量硬盘（HSD）
   B. 机械硬盘（HDD）
   C. 缓存硬盘（ADD）
   D. 液态硬盘（AED）

2. 从外观上来看，硬盘是一个全密封的金属盒，由电源接口、数据接口、_____和固定基板等部分所组成。

   A. 针脚
   B. 跳线
   C. 控制电路
   D. 电路板

3. 硬盘的内部结构中，除_____和接口裸露在硬盘外部能够被人们看到外，其他部件都被密封在硬盘内部。

   A. 控制电路　　B. 电路板
   C. 盘头　　D. 主轴

4. 硬盘总容量的大小与硬盘的性能无关，真正影响硬盘性能的是_____。

   A. 碟片　　B. 缓存
   C. 单碟容量　　D. 磁头

5. 在多种硬盘数据接口类型中，外部传输速率最快的数据接口类型为_____。

   A. SATA 1
   B. Ultra 160 SCSI（16bit）
   C. SATA 2
   D. Ultra-ATA133

6. 硬盘真正的价值是体现在所存储的有效数据，一般包括S.M.A.R.T技术、Data Lifeguard技术、SPS和DPS技术、ShockBlock和MaxSafe技术、Seashield和DST技术和_____。

   A. DFT技术　　B. SDD技术
   C. HDD技术　　D. STAT技术

三、问答题

1. 简述硬盘的内部和外部结构。
2. 硬盘中都使用了哪些保护技术？
3. 如何维护硬盘？
4. 如何对硬盘进行分区和格式化？

四、上机练习

1. 整理磁盘碎片

在本练习中，将运用Windows 8自带的磁盘整理工具，对某个盘符进行磁盘碎片整理操作，如图3-39所示。首先，打开计算机，选择某个盘符（例如选择D盘），右击执行【属性】命令，在弹出的对话框中激活【工具】选项卡，单击【优化】按钮。然后，在弹出的【优化驱动器】对话框中，选择需要优化的盘符，单击【优化】按钮即可。

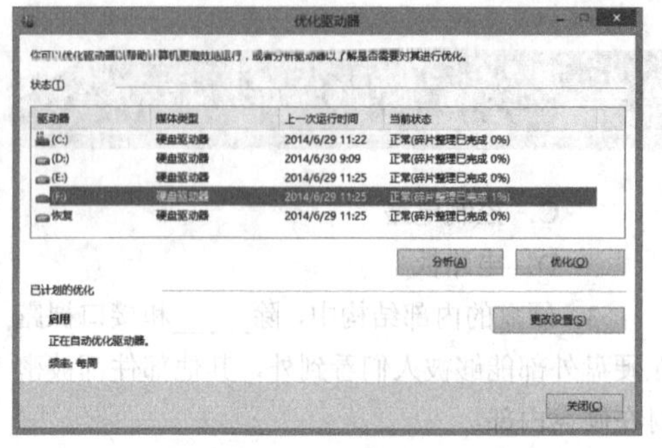

图 3-39　整理磁盘碎片

2．格式化磁盘分区

在本实例中，将以 DOS 下的格式化程序 Format.com 为例，介绍利用该程序格式化磁盘的方法，如图 3-40 所示。首先，使用含有 Format.com 程序的光盘启动计算机后，在 DOS 提示符下输入 format /?并按【回车】键，查看 Format.com 程序的帮助信息。然后，在提示符下输入 format c:，按【回车】键后执行格式化命令。此时，Format 格式化程序将会发出警告信息，输入 Y 后按【回车】键，即可开始格式化 C 盘。待 C 盘格式化完成后，输入卷标信息。最后，在命令提示符下输入 DOS 命令 dir c:后按【回车】键，查看格式化后的 C 盘状况。使用相同方法，完成其他分区的格式化操作。

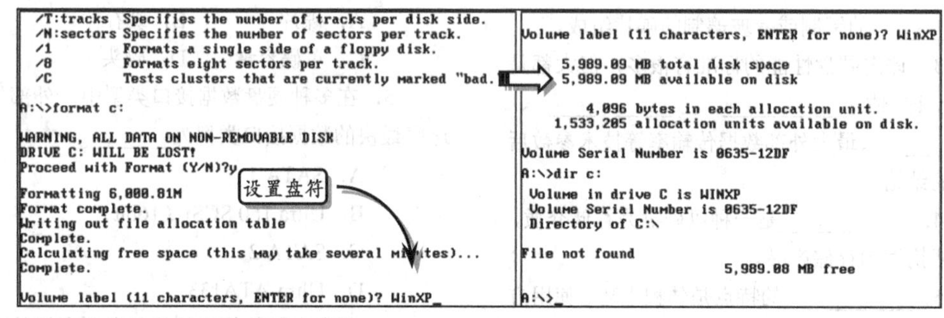

图 3-40　格式化磁盘分区

第 4 章

神经中枢——主板

在计算机硬件系统中，主板是最基本的也是最重要的部件之一。它作为其他硬件运行的平台，相当于计算机的神经中枢，为电脑的运行发挥着联通和纽带的作用，所有的其他计算机硬件都需要与主板连接才能够正常工作。在本章中，将详细介绍主板的结构、性能指标等基础知识，以便用户可以更好地了解和认识主板。

本章学习内容：

- 主板的组成结构
- 主板的分类
- 主板的工作原理
- 主板的技术参数
- 主板的故障与维修
- 主板的选购指南

4.1 主板的组成结构

主板（Mainboard，简称 Mobo），又称主机板、系统板、逻辑板、母板、底板等，是一块构成复杂的矩形电路板，上面安装了组成计算机的主要电路系统，包括 BIOS 芯片、I/O 控制芯片、键盘鼠标接口、各种扩充插槽、电源供电插槽以及 CPU 插槽等，如图 4-1 所示。

人们根据主板上各元器件的布局方式、尺寸大小和形状样式，以及所使用的电源规格等制定出了主板结构标准，该标准是所有主板厂商都必须遵循的。下面将根据图 4-1 中的标识，按类别详细介绍主板的组成结构。

4.1.1 主板的插槽组

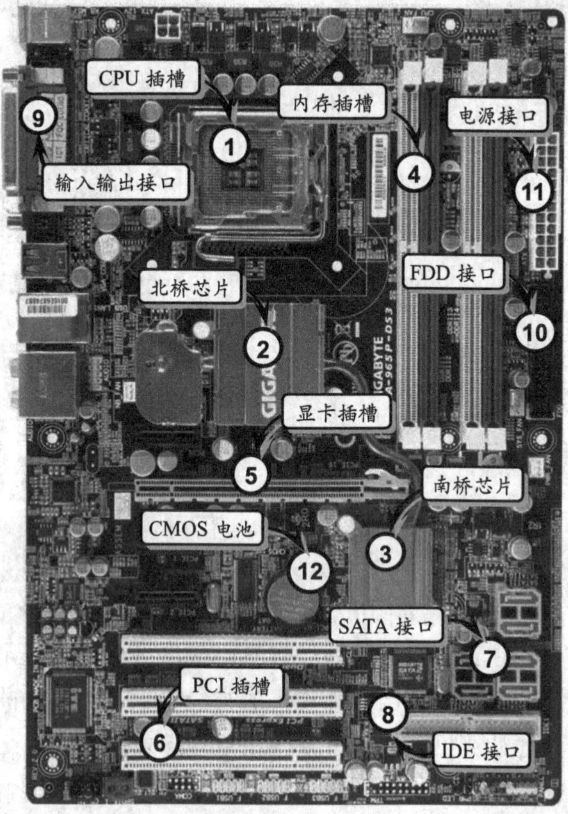

图 4-1 主板全貌

主板的插槽组一般包括 CPU 插槽、内存插槽、显卡插槽和 PCI 插槽 4 种类型，在本小节中，将分别介绍这 4 类插槽。

1. CPU 插槽

CPU 需要通过某个接口与主板连接后才能进行工作，而主板中的 CPU 插槽则是直接连接 CPU 的重要槽口。CPU 经过多年的发展，采用的接口方式有引脚式、卡式、触点式、针脚式等。目前主板为 CPU 所提供的接口主要分为 LGA 触点式基座和 AM2 针脚式插座两种形式。

LGA 触点式基座是由 Intel 公司所开发的 CPU 接口形式，专用于 Intel 公司所推出的 CPU。LGA 触点式基座的表面由众多的弹片所组成，这些弹片的数量和位置分别与相应 CPU 上的触点所对应，如图 4-2 所示。

图 4-2 LGA 触点式基座

提 示

LGA 基座上的触点数量是随着 CPU 型号的改变而改变的，并不是一成不变的。例如，与酷睿 2 E7200 所对应的是 LGA 775 基座，而与酷睿 i7 对应的则是 LGA 1366 基座。

而 AM2 针脚式插座是 AMD 公司 CPU 所采用的接口类型，其表面布满了插孔，如图 4-3 所示。目前，根据插孔数量的不同，AM2 针脚式插座主要分为 AM2 939 和 AM2 940 两种类型，分别对应相应针脚数的 CPU。

2. 内存插槽

内存插槽是指主板上用来插暂存硬件内存条的插槽，是内存与主板进行连接的唯一方式，而主板所支持的内存种类和容量一般是由内存插槽来决定的。目前常见的主板大都提供两条或 4 条内存插槽，其数量和类型决定了主板所支持内存的数量与类型，如图 4-4 所示。

图 4-3 AM2 针脚式插座

图 4-4 内存插槽

3. 显卡插槽

顾名思义，该插槽是主板专门为安装显卡而提供的数据接口，其作用是专门负责图形数据的高速传输。目前，常见主板上提供的大都是 PCI Express 显卡插槽，如图 4-5 所示。早期显卡大都通过 AGP 插槽与主板进行图形数据的传输，但随着图形数据传输量的增加，AGP 接口的显卡逐渐被 PCI Express 显卡所取代。

图 4-5 显卡插槽

4. PCI 插槽

PCI 插槽是基于 PCI 局部总线设计的一种扩展插槽，颜色一般为乳白色，可插接显卡、声卡、网卡、内置 Modem、内置 ADSL Modem、USB2.0 卡、IEEE1394 卡、IDE 接口卡、RAID 卡、电视卡、视频采集卡以及其他种类繁多的扩展卡。PCI 插槽的工作频率为 33MHz，最大数传输速率为 133MB/s（32 位）和 266MB/s（64 位），属于早期的 I/O 总线类型，如图 4-6 所示。

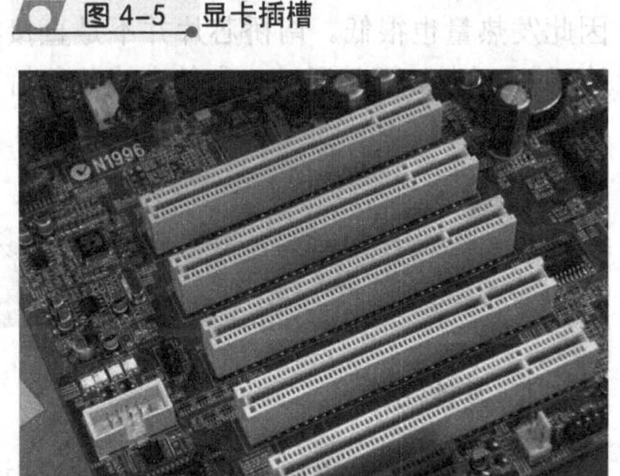

图 4-6 PCI 插槽

4.1.2 主板的芯片组

主板的芯片组是主板的核心组成部分，是主板的灵魂，其性能的优劣直接决定了主板功能的高低。一般情况下，主板的芯片组包括南桥芯片、北桥芯片等芯片。

1. 北桥芯片

北桥芯片（North Bridge）靠近 CPU 插槽，是主板上距离 CPU 最近的芯片，主要负责 CPU、内存、显卡三者之间的数据交换，在与南桥芯片所组成的芯片组中起主导作用，因此又称主桥（Host Bridge），如图 4-7 所示。

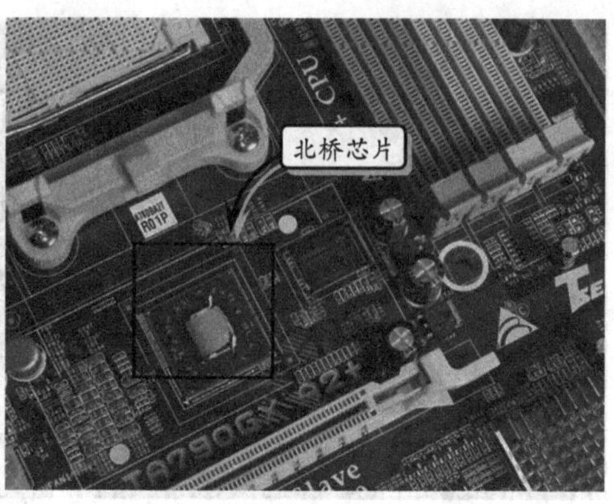

图 4-7 北桥芯片

提 示

为了提升 CPU 与北桥芯片之间的数据传输效率，北桥芯片往往被设计在 CPU 插槽旁边，成为主板上距离 CPU 插槽最近的芯片。

随着计算机数据处理能力的不断提升，如今北桥芯片所要处理的数据量越来越大，发热量也在逐年增加。因此，目前我们所看到的北桥芯片上都覆盖着厚厚的散热片，部分北桥芯片甚至还配上风扇进行散热。

2. 南桥芯片

南桥芯片（South Bridge）是组成主板芯片组的另一重要组成部分，一般距离 CPU 插槽较远，位于 PCI 插槽的附近，主要负责硬盘等存储设备和 I/O 总线及其他设备之间的数据交换，如 PCI 总线、PCI Express 总线等，如图 4-8 所示。

南桥芯片连接的I/O总线较多，距离CPU比较远，主要是有利于主板布线。相对于北桥芯片来讲，南桥芯片的数据处理量不算大，因此发热量也很低。南桥芯片并不是直接相连于 CPU 的，而是通过一定的方式与北桥芯片相连。

图 4-8 南桥芯片

提 示

南桥芯片通常远离 CPU 而靠近总线插槽，这样不但利于布线，而且能够减少总线与南桥芯片间的数据传输距离。

3. 其他芯片

主板上除了南桥和北桥芯片外，往往还拥有多种其他的芯片，这些芯片为主板增添各种各样的功能。例如在华硕 Striker II Extreme 主板中，各主要芯片的功能如下：

- **VIA VT6308P 芯片** 该芯片属于 IEEE 1394 控制芯片，采用 TSMC0.13 微米工艺制造，兼容 IEEE 1394~1995 1.0 版和 IEEE 1394a P2000 版界面，最多可扩展出两个 IEEE 1394 接口。
- **JMB363 芯片** 磁盘控制芯片，能够为主板额外提供一组 IDE 接口和一组 SATA II

接口。

- ❑ **88E1116-NNC1 芯片** 使用两颗 Marvell 88E1116-NNC1 芯片（网络控制芯片），可提供双千兆网络连接，能够实现 DualNet 等一系列先进的功能，如图 4-9 所示。
- ❑ **ITE IT8718F-S 芯片** ITE IT8718F-S 芯片是台湾联阳最新款式的超级 I/O 硬件监控芯片。该芯片可实时监控系统运作情况，包括处理器内部温度、电压、风扇转速等多方面的情况。

图 4-9 **88E1116-NNC1 芯片**

4.1.3 主板的接口组

在主板中，除了芯片和插槽之外，还包括众多的接口，用于链接各类数据。一般情况下，包括 SATA 接口、IDE 接口、FDD 接口、输入输出接口等接口类型。

1. SATA 接口

SATA 是 Serial ATA 的缩写，即串口 ATA。该接口采用串行方式进行连接，使用嵌入式时钟信号，具备很强的纠错能力，而且由于能够对传输指令进行检查，所以提高了数据传输的可靠性。此外，SATA 接口还具有结构简单、支持热插拔等优点，得到广泛的运用，成为目前主流的硬盘和光驱接口，如图 4-10 所示。

图 4-10 **SATA 接口**

2. IDE 接口/FDD 接口

IDE（Integrated Drive Electronics）即电子集成驱动器，是早起硬盘与光驱的接口类型，采用并行方式进行数据传输，具有价格低廉、兼容性强和性价比高等特点，同时也具有数据传输速度慢、线缆长度过短和连接设备少等缺点。目前，IDE 接口已被淘汰，但由于目前市场上仍然存在使用该接口的硬盘或光驱，所以多数主板上还是会保留 IDE 接口。

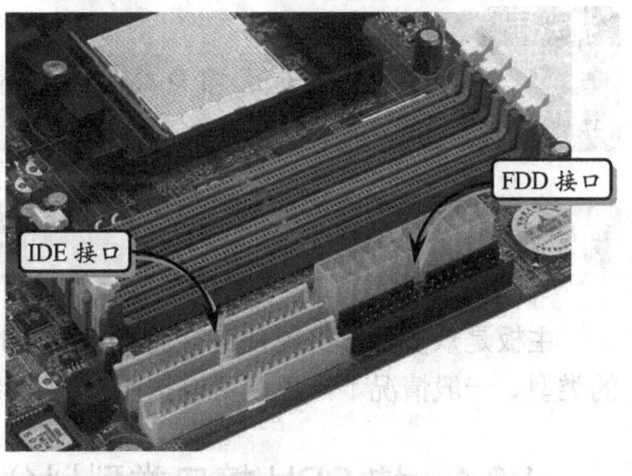

图 4-11 **IDE 接口和 FDD 接口**

而 FDD 接口是软驱专用接口，多数主板已不再提供该接口，但也有少量主板保留此接口，如图 4-11 所示。

3. 输入输出接口

输入输出接口是CPU与外部设备之间交换信息的连接电路，它们通过总线与CPU相连，简称I/O接口，如图4-12所示。

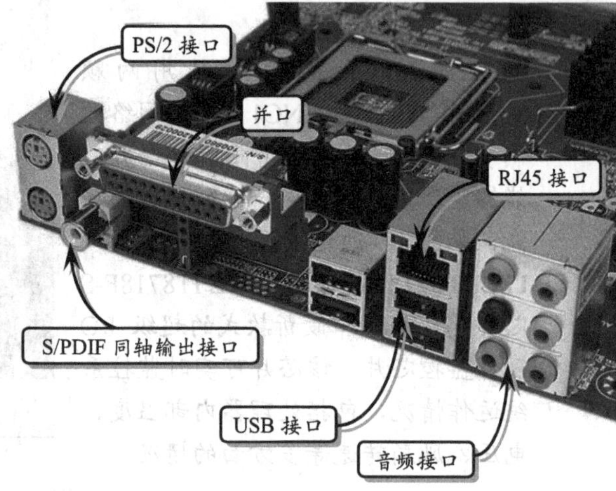

图 4-12 输入输出接口

- **PS/2 接口** 该类型接口分别用于连接键盘和鼠标。按照PC 99规范的要求，鼠标用PS/2接口应使用绿色进行标识，而蓝色的PS/2接口则用于连接键盘。
- **并口** 即并行接口，又称LPT接口，采用25针D型设计，数据以并行方式进行传输，主要用于连接早期的打印机与扫描仪。
- **RJ45 接口** 该接口便是我们通常所讲的网卡接口，根据传输速度的不同，分为10Mbps接口、100Mbps接口和1000Mbps接口等多种类型。目前，绝大多数的主板都带有RJ45接口，其速率也大都在100Mbps以上。
- **USB 接口** 又叫通用串行总线（Universal Serial Bus），是新一代的多媒体计算机外设接口。该接口允许用户在不重新启动计算机的情况下为计算机添加和使用新设备，因此迅速得到了普及。目前，常见的USB接口共分为USB 2.0和USB 3.0两个版本，两者的数据传输速度分别为60MB/s和5.0GB/s。
- **音频接口** 该组接口用于连接音箱、麦克风等音频设备。按照PC 99颜色规范，其中的蓝色接口为Speaker接口，红色为麦克风接口，而绿色为Line-in音频输入接口。
- **S/PDIF 同轴输出接口** 该接口用于连接那些使用同轴S/PDIF信号线的外接式音频输出设备。

提 示

当主板上集成有显卡时，还会带有D型的VGA（Video Graphics Array）接口，以便与显示器进行连接。

4.2 主板的分类

主板是众多计算机硬件进行通讯和连接的平台，因此其类型也影响着其他硬件设备的类型。一般情况下，主板可以按照CPU的接口、I/O总线类型和主板结构进行分类。

4.2.1 按 CPU 接口类型划分

由于不同CPU在接口和电气特性等方面的差别，不同主板所支持的CPU也有一定的差别。按照 CPU 接口类型进行划分，常见的主板类型包括 LGA775 主板、LGA1366 主板、AM2 主板和 AM3 主板。其每种主板类型的具体说明，如表 4-1 所示。

表 4-1 CPU 接口类不同类型的主板

LGA775 主板	LGA 1366 主板
LGA775 主板所提供的是 LGA775 类型的 CPU 接口，所适用的 CPU 主要为酷睿 2 Q/E 系列、奔腾/赛扬双核 E 系列等目前绝大多数的 Intel CPU	目前，Intel 公司发布的酷睿 i7 系列 CPU 全部采用了新型的 LGA 1366 封装工艺，因此相应主板上的 CPU 接口也升级为 LGA 1366 触点式基座

目前，市面上大多数 AMD 公司 CPU 采用的都是 AM2 940 接口，而提供相应 CPU 插槽的主板便称为 AM2 主板	采用 AM3 接口的主板称为 AM3 主板。与 AM2 接口相同的是，AM3 接口仍然采用了 940 pin 的设计，并且能够完善地支持目前所有采用 AM2 接口的双核、三核及四核 CPU。此外，AM3 还支持新的 DDR3 内存标准，是 AMD 公司 CPU 的接口发展方向

4.2.2 按 I/O 总线类型划分

随着计算机技术的不断发展，主板所提供的 I/O 总线也发生了很大的变化，陆续出现过多种类型。按照 I/O 总线类型划分，比较常见的主板类型主要有 ISA 总线主板、EISA 总线主板、PCI 总线主板、PCI Express 主板等。

1. ISA 总线主板

最早的计算机总线基于 8 位的 8088 处理器，当时出现在 IBM 公司于 1981 年推出的 PC/XT 型计算机上。随后，该总线逐渐被行业所认可，并以此为基础确立了 ISA（Industry Standard Architecture）总线。

ISA 是 8/16bit 计算机的系统总线，最大传输速率仅为 8MB/s，但允许多个 CPU 共享系统资源。由于兼容性好，成为 20 世纪 80 年代应用最为广泛的系统总线，如图 4-13 所示。

图 4–13 ISA 总线类主板

2. EISA 总线主板

EISA（Extension Industry Standard Architecture，扩展标准体系结构总线）是在 ISA 基础上发展起来的总线类型，曾经是 ISA 总线刚被淘汰时的主流总线类型，现在也已经被其他更为先进的总线所取代。

3. PCI 总线主板

PCI（Peripheral Component Interconnect，外围部件互连局部总线）从奔腾级主板开始出现，由于支持即插即用技术，所以一直延用至今，如图 4-14 所示。

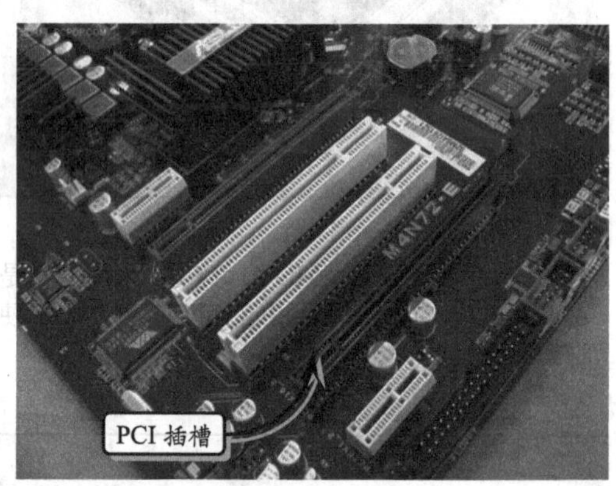

图 4–14 PCI 总线类主板

最早的 PCI 总线工作在 33MHz 频率之下，传输带宽能够达到 133MB/s，基本上满足了当时处理器的发展需要。随后，人们又对 PCI 总线进行了技术升级，如工作频率从 33MHz 变为 66MHz，数据宽度也从 32bit 升级为 64bit。

4. PCI Express 主板

这是在 PCI 总线基础上发展而来的新型总线，被广泛应用于目前所有的主板，如图 4-15 所示。PCI Express 总线的特点是采用了新型的双单工连接方式，即一个 PCI Express 通道由两个独立的单工连接组成，因此较之前的 PCI 总线能够提供更为快捷的数据传输速率。

图 4–15 PCI Express 类主板

提 示

根据数据宽度的不同，PCI Express 总线共分为 X1、X2、X4、X8、X16 等多个不同的版本。

4.2.3 按主板结构划分

按照主板的设计结构来划分，如今的主板产品主要有 LPX 主板、ATX 主板、Micro ATX 主板、NLK 主板和 BTX 主板 5 种类型。

1. LPX 主板

LPX 主板结构采用一体化主板结构规范（All-In-One）进行设计，使用被称为 Riser 的插槽来将扩展槽的方向转向并与主板平行。也就是说，主板上不直接插扩展卡，而是先将 Riser 卡插到主板上，然后再把各种扩展卡插在 Riser 上。由于使用这种方式可极大地缩小计算机体积，所以被广泛应用于 OEM 厂商的一体化产品。

图 4-16 ATX 主板

2. ATX 主板

ATX（AT Extend）结构是 Intel 公司于 1995 年提出的新型主板结构，能够更好地支持电源管理，由 Baby AT 和 LPX 两种结构改进而来，如图 4-16 所示。ATX 结构的特点主要是：全面改善了硬件的安装、拆卸和使用；支持现有各种多媒体卡和未来的新型设备；全面降低了系统整体造价；改善了系统通风设计；降低了电磁干扰，机内空间更加简洁。

图 4-17 Micro ATX 主板

3. Micro ATX 主板

Micro ATX 是依据 ATX 规格所改进而成的一种新标准，特点是更小的主板尺寸、更低的功耗以及更低的成本。Micro ATX 主板上可以使用的 I/O 扩展槽数减少了，最多只支持 4 个扩充槽，如图 4-17 所示。

4. NLX 主板

NLX（New Low Profile Extension，新型小尺寸扩展结构）主板通过重置机箱内的各种接口，将扩展槽从主板上分割开，并把竖卡移到主板边上，从而为处理器留下了更多的空间，使机箱内的通风散热更加良好，系统扩展、升级和维护也更方便。

在许多情况下，所有的线缆（包括电源线）都被连在竖卡上，主板则通过 NLX 指定的接口连到竖卡上。因此，可以在不拆电缆、电源的情况下拆卸配件。另外，与 LPX 结构的主板相同，NLK 结构的主板也都应用于品牌机。

5. BTX 主板

BTX 结构的主板支持窄板设计，系统结构更加紧凑。该结构主板根据散热和气流运动特点，对主板线路布局进行了优化设计，其安装更加简单，机械性能更好。

4.3 主板的技术原理

通过前面的小节，用户了解了主板的组成结构和不同分类，对主板已经有了一个初步的认识。但是，对于主板的工作原理和最新技术，还未曾了解和熟悉。在本小节中，将详细介绍主板的工作原理和新技术，以帮助用户更深入地了解主板。

4.3.1 主板的工作原理

主板其实就是一大块电路板，由 4 层电路布线组成，它的最上面则是用户所见到的有序分布的各个插槽、接口、芯片、电阻和电容等部件。当用户启动计算机时，电流会瞬间通过 CPU、南桥芯片、北桥芯片、内存插槽、AGP 插槽、PCI 插槽、IDE 接口以及主板边缘的一些串口、并口和 PS/2 接口等。电流通过各个部件和线路之后，主板则会根据 BIOS（基本输入输出系统）识别各个硬件，并进入操作系统，完成相应的工作。

4.3.2 主板新技术

主板不仅是整个硬件系统的载体，还担负着硬件系统中各种信息的传输，起着让计算机稳定发挥系统性能的作用。可以说，主板的性能在很大程度上影响着计算机的性能，其技术上的先进性极其重要，本节介绍几项提升主板性能的新技术。

1. 注重供电效率

Intel 在新一代的 Haswell 处理器上集成了 VRM（Voltage Regulator Module）电压调节模块，它可以变换调节供应电压，可以在同一个主板中换装使用不同电压的处理器。集成的电源调节模式改进了处理器供电的精细度，不仅降低了供电部分设计的复杂性，还降低了主板的功耗。

2. 超频性能

目前，新处理器的超频性能是用户关注的重点。在超频性能上，Intel 首次将 RCR（Reference Clock Ratio）外频超频技术延伸到了普通桌面级平台上，从而使 Haswell 处理器的外频可以达到 1.0X，1.25X 以及 1.67X 倍三档，即 100MHz，125MHz 及 167MHz。在实现 CPU 外频超频的同时，Intel 芯片组也实现了超频的 Bug，一些 B85 H87 甚至是 H81 主板也能通过破解进行超频。

在获得超频性能的意外惊喜之下，用户还需要注意以下两点：

- **支持超频的主板** 虽然 CPU 可以破解超频，但非 Z87 芯片组主板的内存部分不支持超频。

- **供电规格** 超频技术是基于精准的供电规格至上的，如果主板的供电规格不够充分，那么主板超频将会存在稳定性的问题。

3. Hi-Fi 音频

随着消费者对电脑音频品质的不断追求，主板音频部分的重要性逐渐被厂商所重视。在音频部分的发展过程中，映泰首先将 PC Hi-Fi 作为视频部分的新卖点，其 Hi-Fi 已经成为映泰主板的一个标志，如图 4-18 所示。

图 4-18 映泰的 Hi-Fi 系列

除了映泰之外，华硕的 SupremeFX、技嘉的魔音、微星的 Audio Boost、华擎的 Purity Sound 等，也都创新了主板的音频部分，为主板应用了 Realtek 的高规格音效芯片，并应用了创新的音响级别的声卡芯片。

除了高规格的音效芯片和创新的声卡芯片之外，技嘉还推出了拥有独立供电的数字音频输出接口 USB DAC，通过该接口可以将纯净的数字信号输出到专业的音频设备上，从而真正实现了 PC Hi-Fi 的理念。

4.4 主板的故障与维修

主板是计算机的神经中枢，具有极其重要的功能。主板中任何一个小小的问题，都会导致计算机无法正常启动。用户可根据所出现的故障现象，判断主板故障类型并采取适当的维修方法。除此之外，了解并熟悉一些主板日常使用的注意事项有利于防止故障的发生。

4.4.1 使用注意事项

主板属于计算机中的 5 大部件之一，在使用之前除了正确安装之外，还需要为其安装厂商提供的主板驱动，以便最大程度地发挥主板的性能。在启动计算机遇到一些小的主板故障时，可以通过主板电池放电的方法来解决，以保证主板的正常运行。

1. 主板驱动

主板驱动是厂商所提供的，用于计算机识别硬件的一种驱动程序。一般情况下，在安装操作系统时，会连带一起安装主板驱动。但是，对于一些集成声卡和显卡的主板，则需要单独安装主板驱动，有利发挥声卡和显卡的最大性能。

主板是电脑的核心，其驱动程序主要包括芯片组驱动、集成显卡驱动、集成网卡驱动、集成声卡驱动、USB 驱动等程序。用户在购买电脑时，其配件中便有一张主板驱动光盘，将光盘放入光驱中，根据提示进行安装即可。

2. 电池放电

主板使用一段时间之后，会保存一些CMOS设置，包括密码设置、CPU超频设置、启动顺序、PC时间等，这些设置可通过电池放电对其进行清空，使主板恢复到出厂设置。一般情况下，当电脑出现无法启动或频繁死机的现象时，则可能是主板静电过多而导致的，此时可通过电池放电的方法，来消除主板中的静电，解决上述小故障。

一般情况下，用户可通过使用放电跳线、取出电池和短接电池插座的正负极等方法，来对主板中的电池进行放电。

- **CMOS放电跳线** 该方法是最常用的电池放电方法。CMOS放电跳线一般为三针，位于CMOS电池插座附近。放电时，首先用镊子或其他工具将跳线帽从“1”和“2”的针脚上拔出，然后再套在标识为“2”和“3”的针脚上，经过短暂接触后，便可以恢复到出厂默认设置了。放电完毕之后，还需要将跳线帽恢复到最初的“1”和“2”的针脚上。
- **取出CMOS电池** 在主板中，将连接插座上用来卡住CMOS电池的卡扣压向一侧，CMOS电池则会自动弹出。此时，启动电脑，系统提示BIOS中的数据已被清除，表示已成功对CMOS放电。
- **短接电池插座的正负极** 当取出CMOS电池而没有达到放电效果，且主板中找不到CMOS放电跳线时，则可以先将主板上的CMOS电池取出，然后使用具有导电性能的物品（螺丝刀、镊子等），短接电池插座上的正负极，便可以造成短路，从而达到为CMOS放电的目的。

4.4.2 主板鸣叫原因

在启动电脑时，仔细聆听，会听到主板“嘀”的鸣叫声。这些不同长短的鸣叫声，是用于显示主板的运行状态的，用户可根据不同的鸣叫声，来判断主板的一些小故障。下面表4-2介绍了不同类型BIOS主板鸣叫声的具体含义。

表4-2 不同类型BIOS主板的鸣叫含义

Award BIOS		Phoenix BIOS	
1短	表示机器正常	1短	表示机器正常
2短	表示系统错误	1短1短1短	系统初始化失败
1长1短	内存或主板出错	1短1短2短	主板错误
1长2短	显示器或显示卡出错	1短1短3短	CMOS或电池失效
1长3短	键盘控制器错误	1短1短4短	ROM BIOS校验错误
1长9短	主板Flash RAM或EPROM错误，BIOS损坏	1短2短1短	系统时钟错误
不断地长声响	内存条未插紧或损坏	1短2短2短	DMA初始化失败
不停地报警	电源、显示器未和显卡连接好	1短2短3短	DMA页寄存器错误
重复短声报警	表示电源有问题	1短3短1短	RAM刷新错误
无报警无显示	表示电源有问题	1短3短2短	基本内存错误
AMI BIOS		1短3短3短	基本内存错误
1短	内存刷新失败	1短4短1短	基本内存地址线错误

续表

Award BIOS		Phoenix BIOS	
2 短	内存 ECC 校验错误	1 短 4 短 2 短	基本内存校验错误
3 短	系统基本内存检查失败	3 短 2 短 4 短	键盘控制器错误
4 短	系统时钟出错	3 短 3 短 4 短	显示内存错误
5 短	CPU 出错	3 短 4 短 3 短	时钟错误
6 短	键盘控制器错误	4 短 2 短 2 短	关机错误
7 短	系统实模式错误，不能切换到保护模式	4 短 3 短 1 短	内存错误
8 短	内存错误	4 短 2 短 4 短	保护模式中断错误
9 短	BIOS 芯片检验和错误	4 短 4 短 1 短	串行口错误
1 长 3 短	内存损坏	4 短 4 短 2 短	并行口错误
1 长 8 短	显示器数据线或显示卡没插好	4 短 4 短 3 短	数字协处理器错误

4.4.3 常见主板故障

当电脑出现系统启动失败、屏幕无法显示、重复启动等现象时，则表示有可能主板出现了故障。一般情况下，用户可通过观察主板故障现象、听主板鸣叫声、闻主板是否存在异味和摸主板是否发烫等基本方法，来判断主板的故障类型。在本小节中，将介绍一些常见主板故障和维修方法，以帮助用户解决突然出现的主板问题。

1. 开机无显示

由于 BIOS 比较脆弱，且存储着非常重要的硬件数据，所以 BIOS 一旦感染病毒，则会丢失所有的硬件数据。当出现开机无显示时，用户需要进入 BIOS 里，通过检测硬件数据来判断 BIOS 是否被损坏，如果硬件数据完好无损，那么则有可能是下面 3 个原因引起的无显示故障。

- **主板扩展槽或扩展卡** 有可能是由于主板中的扩展槽或扩展卡在插入相应硬件之后，导致主板没有响应从而导致开机无显示故障。
- **CMOS 设置 CPU 频率问题** 当免跳线主板在 CMOS 中所设的 CPU 频率不对时，也会引起开机无显示故障。此时，清除 CMOS 设置（CMOS 电池放电），即可解决该问题。
- **内存问题** 当主板无法识别内存、内存损坏或内存不匹配时，也会引起开机无显示故障。另外，为扩充内存而插入不同品牌和类型的内存条，也可能会引起该故障。

提 示

对于主板 BIOS 被破坏所引起的故障，则可以插入 ISA 显卡查看是否有显示，如没有开机画面，则需要用户重新刷新 BIOS，如果仍然无法解决故障，则需要用热插拔法进行解决。

2. 无法保存 CMOS 设置

当用户遇到 CMOS 设置无法保存的故障时，则表示可能主板电池电压不足，用户只需更换电池即可解决该故障。但是，当更改主板电池后，仍然出现该故障，则表示有可能主板的电路出现了问题，此时需要去专业维修处进行维修了。

除主板电路问题之外，引起该故障的原因也有可能是CMOS跳线问题，此时用户需检查CMOS跳线是否设置成清除状态或设置成外接电池状态。

3. 电脑频繁死机

当电脑频繁死机时，一般为主板或CPU故障。出现该故障时，一般通过CMOS设置Cache为禁止状态进行处理。除此之外，用户还需要检查CPU风扇是否出现故障，当CPU风扇出现故障时，会造成CPU过热而导致死机现象。如果上述方法仍然无法解决电脑频繁死机故障，则需要更换主板或CPU。

4.5 主板选购指南

作为计算机各配件的神经中枢，主板的质量一方面关系着各配件能否正常工作，另一方面还影响着计算机的稳定运行。因此，在购买电脑时，用户在考虑购买CPU的同时也应该着重考虑主板的类型，既要能合适地搭配CPU，又要能极大地发挥主板的最高性能。

4.5.1 选购注意事项

在选购主板时，应该根据实际需求，选择工作稳定、兼容性好、扩充力强、功能完善、性价比高的主板。除了上述注意事项之外，用户还需要着重关注以下5点选购事项。

1. 注意品牌

主板是一种高科技、高工艺融为一体的集成产品，因此对用户来讲应该首先考虑品牌主板。知名品牌的主板无论是质量、做工还是售后服务都具有良好的口碑，其产品无论是在设计阶段，还是在原料筛选、工艺控制、包装运输阶段都经过严格把关。这样的主板必然能为计算机的稳定运行提供可靠支持。

目前，市场中的一线品牌主板包括华硕（ASUS）、微星（MSI）、技嘉（GIGABYTE）和华擎（ASRock）等，而二线品牌主板则包括映泰（BIOSTAR）、升技（ABIT）、磐正（SUPoX）、富士康（FOXCONN）、英特尔（Intel）和精英（ECS）等。

2. 确定主板平台

依照支持CPU类型的不同，主板产品有AMD和Intel平台之分，不同的平台决定了主板不同用途。相对来讲，AMD平台有着很高的性价比，且平台游戏性能比较强劲，是目前游戏用户比较好的选择；而Intel平台则以稳定著称，但在价格上会相对昂贵一些。

3. 观察做工

主板做工的精细程度往往会直接影响到主板的稳定性，因此在选购主板时，可通过观察主板的做工情况，来判断主板的质量和稳定性。

在观察做工时，首先需要观察主板的印刷电路板的厚度，普通主板大都采用四层

PCB，部分优质产品则使用电器性能更好的六层或八层板。然后，需要观察主板上各个焊点是否饱满有光泽，排列是否整齐。此时，还可以尝试按压扩展插槽内的弹片，了解弹片的弹性是否适中。最后，需要查看 PCB 板走线布局是否合理，因为不合理的走线会导致邻线间相互干扰，从而降低系统的稳定性。

4．注意细节

在选购主板时，还需要注意主板中的一些细节。此时，首先需要检查 CPU 插槽在主板上的位置是否合理。当 CPU 插槽距离主板边缘较近时，很有可能会影响 CPU 散热片的安装；当 CPU 插槽周围的电容太近时，同样可能会影响到 CPU 散热片的安装。

其次，需要检查主板上各个扩展插槽的位置。当内存插槽的位置过于靠右时，便会影响光驱的安装，或者在勉强安装光驱的情况下影响维护。

然后，需要检查主板跳线的位置，以免跳线被卡影响日后使用。

最后，需要检查电源接口的位置。当电源接口出现在 CPU 和扩展插槽之间时，则很有可能会出现电源连线过短的问题，并且还会影响到 CPU 热量的散发。

5．注意增值服务

由于主板的技术含量和价格都比较高，所以在选购主板时还需要注意主板的售后服务。例如，是否可以提供 3 年质保服务，以及维修周期的长短（通常应在一周之内，但不同地区距离维修点的距离长短会影响该时间）等。此外，还应该检查销售商能否为主板提供完整的附件，例如主板说明书、外包装、保修卡和驱动光盘等。

4.5.2 选购主板

在选购主板时，除了了解选购注意事项之外，还需要了解并掌握主板的一些重要参数，以帮助用户根据自身需求合理地选购主板。下面，将通过华硕 B85-PLUS 主板，来详细介绍所需了解的一些主板参数，其具体情况，如表 4-3 所示。

表 4-3 华硕 B85-PLUS 主板详细参数

基本参数	详细参数		参数说明
主板芯片	集成芯片	声卡/网卡	表示主板中集成了声卡和网卡
	芯片厂商	Intel	
	主芯片组	Intel B85	表示主板中的北桥芯片
	芯片组描述	采用 Intel B85 芯片组	是主板核心的组成部分，决定了主板的性能
	显示芯片	CPU 内置显示芯片（需要 CPU 支持）	表示主板中板载了显示芯片，无需独立显卡便可以实现显示功能
	音频芯片	集成 Realtek ALC 887 八声道音效芯片	表示主板中所整合的声卡芯片型号和类型
	网卡芯片	板载 Realtek RTL8111G 千兆网卡	表示主板中所整合的声卡芯片型号和类型
处理器规格	CPU 平台	Intel	表示所支持的 CPU 类型

续表

基本参数		详细参数	参数说明
	CPU 类型	Core i7/ Core i5/ Core i3/Pentium/Celeron	表示所支持的 CPU 型号
	CPU 插槽	LGA 1150	表示所支持 CPU 的针脚型号
	CPU 描述	支持 Intel 22nm 处理器	
	支持 CPU 数量	1 颗	表示所支持 CPU 的数量
内存规格	内存类型	DDR3	表示用于支持内存的种类和容量
	内存插槽	4×DDR3 DIMM	表示所支持内存的最大个数
	最大内存容量	32GB	表示所支持内存最大容量
	内存描述	支持双通道 DDR3 1600/1333/1066MHz 内存	表示对所支持内存的规格和型号
扩展插槽	显卡插槽	PCI-E 3.0 标准	表示所支持显卡的插槽标准类型
	PCI-E 插槽	2×PCI-E X16 显卡插槽 2×PCI-E X1 插槽	表示 PCI-E 插槽的数量
	PCI 插槽	3×PCI 插槽	表示 PIC 插槽的数量
	SATA 接口	2×SATA II 接口 4×SATA III 接口	表示 SATA 接口的数量
I/O 接口	USB 接口	8×USB2.0 接口（4 内置+4 背板） 4×USB3.0 接口（2 内置+2 背板）	表示 USB 接口的类型和数量
	外接端口	1×DVI 接口 1×VGA 接口	表示外端接口的类型和数量
	PS/2 接口	PS/2 鼠标 PS/2 键盘接口	表示鼠标接口的类型和数量
	其它接口	1×RJ45 网络接口 音频接口	表示声音和调制解调器插卡接口的数量和规范
板型	主板板型	ATX 板型	
	外形尺寸	30.5cm×20.8cm	
软件管理	BIOS 性能	128Mb Flash ROM，UEFI AMI BIOS，PnP，DMI2.0，WfM2.0，SM BIOS 2.7，ACPI 4.0a，多国语言 BIOS，ASUS EZ Flash 2，ASUS CrashFree BIOS 3，收藏夹，快捷便签，历史记录，F12 截屏，F3 快捷键功能及 ASUS DRAM SPD（Serial Presence Detect）内存信息	
其他参数	多显卡技术	支持 AMD Quad-GPU CrossFireX 双卡四芯交火技术	
	音频特效	不支持 HIFI	
	电源插口	一个 8 针，一个 24 针电源接口	
	供电模式	3+1 相	
主板附件	包装清单	华硕主板 X1 使用手册 X1 I/O 挡板 X1 SATA 6.0Gb/s 数据线 X2	

4.6 课堂练习：检测主板信息

用户购买主板并组装计算机之后，为防止不良商家做手脚，还需要再次确认安装后的主板类型与购买的主板类型是否一致。此时，可以使用专业检测工具鲁大师来检测主板信息，并安装或更新主板驱动。

操作步骤

1 下载并安装鲁大师软件，启动该软件，在展开的窗口中将显示电脑的整体信息，如图 4-19 所示。

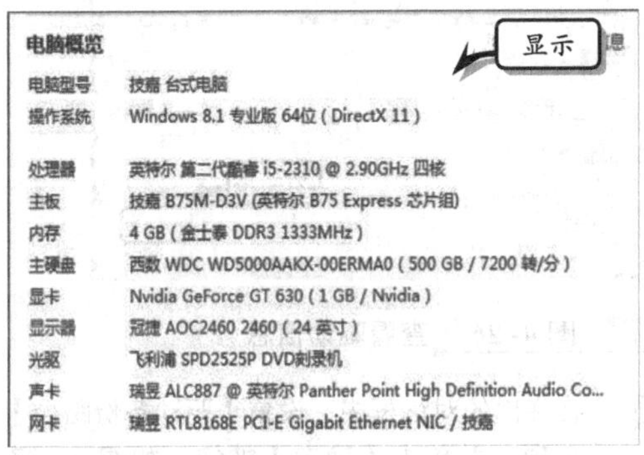

图 4-19 查看整体信息

2 然后，选择左侧的【主板信息】选项，查看主板的详细信息，如图 4-20 所示。

图 4-20 查看主板信息

3 选择左侧的【功耗估算】选项，查看主板的功耗状态，如图 4-21 所示。

4 激活【驱动降温】选项卡，在弹出的对话框中查看主板的驱动是否为最新驱动，如图 4-22 所示。

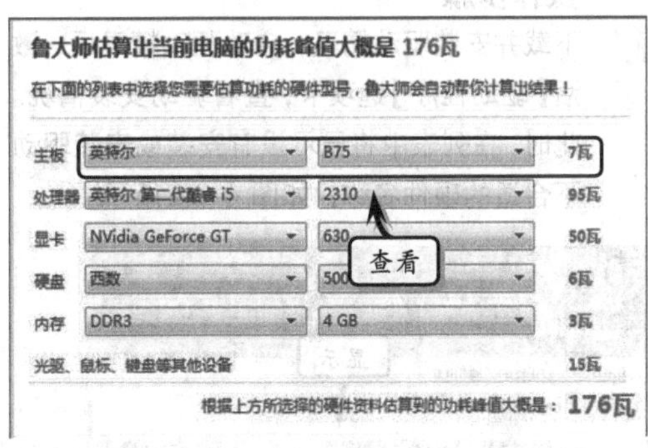

图 4-21 查看功耗状态

图 4-22 查看主板驱动

5 单击主板名称后面的【更新】按钮，弹出提示对话框，提示用户是否安装兼容驱动，如图 4-23 所示。

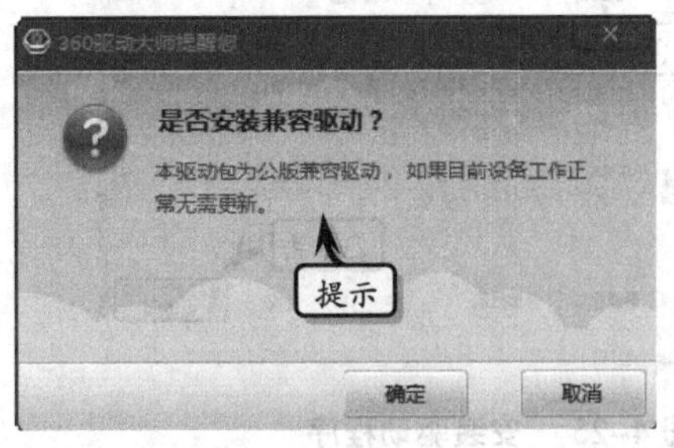

图 4-23 提示信息

6 单击【确定】按钮后，软件开始自动下载，并安装主板兼容驱动。

4.7 课堂练习：备份驱动程序

为了保证计算机的正常工作，一定要做好平时的维护工作，而备份驱动程序便是其中的一项重要内容。下面，我们将以驱动精灵2014为例，介绍使用工具备份显卡驱动程序的方法。

操作步骤

1 下载并安装驱动精灵，启动驱动精灵后，激活【驱动程序】选项卡，查看驱动安装情况。此时，在列表中将显示没有安装或安装驱动不合适的硬件名称，如图4-24所示。

图4-24 查看驱动安装情况

2 启用【部分驱动有新版升级】复选框，并单击【一键安装】按钮，安装所显示的驱动程序，如图4-25所示。

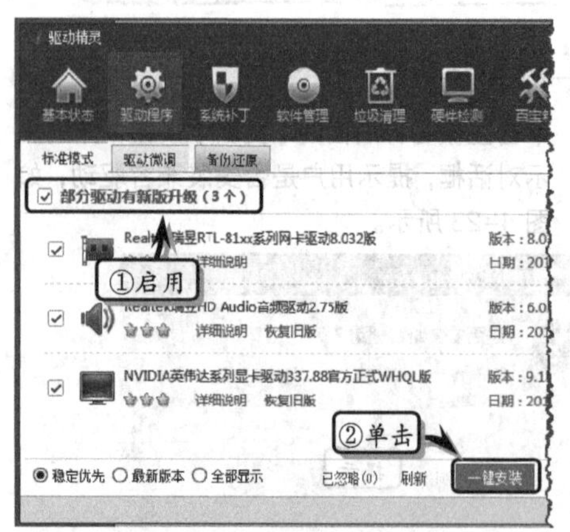

图4-25 安装驱动程序

3 选择【驱动程序】选项卡中的【备份还原】选项组，查看需要备份的驱动信息，并单击【路径设置】按钮，如图4-26所示。

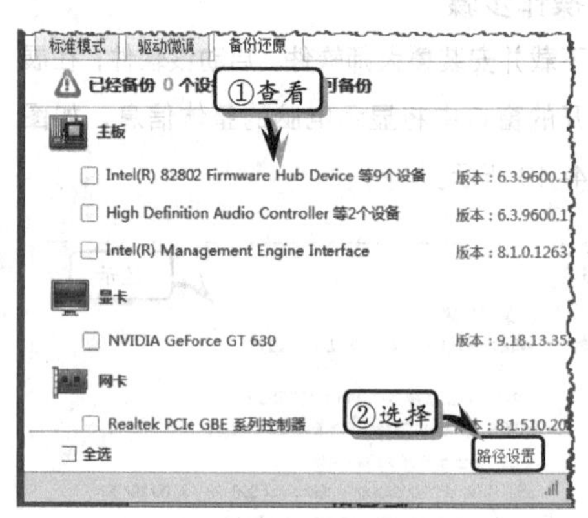

图4-26 查看驱动信息

4 在弹出的对话框中，设置【驱动备份路径】选项，并单击【确定】按钮，如图4-27所示。

图4-27 设置备份路径

5 然后，在【备份还原】选项组中，选中【全选】复选框，并单击【一键备份】按钮，备份驱动程序，如图4-28所示。

图4-28 备份驱动程序

4.8 思考与练习

一、填空题

1．主板上面安装了组成计算机的主要电路系统，包括 BIOS 芯片、________、键盘鼠标接口、________、电源供电插槽以及________等。

2．主板的插槽组一般包括________、________、________和________4 种插槽类型。

3．主板的芯片组是主板的核心组成部分，是主板的灵魂，包括________、________等芯片。

4．在主板中，除了芯片和插槽之外，还包括众多的接口，如________、________、________、输入输出接口等接口。

5．Award BIOS 主板中 1 长 1 短鸣叫声表示________________。

6．依照支持 CPU 类型的不同，主板产品有________和________平台之分。

二、选择题

1．CPU 经过多年的发展，采用的接口方式有引脚式、卡式、触点式、_____等。

A．芯片式　　B．卡扣式

C．针脚式　　D．散热式

2．按照 I/O 总线类型划分，比较常见的主板类型主要有 ISA 总线主板、EISA 总线主板、_____、PCI Express 主板等。

A．PC 总线主板　B．PCI 总线主板

C．PCG 总线主板 D．PCE 总线主板

3．一般情况下，当电脑出现无法启动或频繁死机的现象时，可通过 CMOS 放电跳线、取出 CMOS 电池和_____方法，对主板中的电池进行放电。

A．安装主板驱动

B．更改内存条

C．短接电池插座的正负极

D．更换 CPU 风扇

4．下列选项中，对 Phoenix BIOS 主板鸣叫声描述错误的一项为_____。

A．1 短 1 短 1 短鸣叫表示系统初始化失败

B. 1 短 2 短 1 短鸣叫表示系统时钟错误

C. 1 短 3 短 2 短鸣叫表示基本内存错误

D．4 短 2 短 4 短鸣叫表示内存错误

5．按照主板的设计结构来划分，如今的主板产品主要分为 LPX 主板、ATX 主板、Micro ATX 主板、NLK 主板和_____5 种类型。

A．BTX 主板　　B．BT 主板

C．AT 主板　　D．ATX 主板

三、问答题

1．主板的芯片组都包括哪些芯片？

2．主板是如何进行工作的？

3．主板的插槽组都包含哪些重要插槽？

4．主板可以按照哪些类型进行划分？

四、上机练习

上机练习：区分 AGP 插槽和 PCI Express 插槽

在本练习中，将详细介绍 AGP 插槽与 PCI Express 插槽之间的区别，如图 4-29 所示。AGP（Accelerate Graphical Port，加速图形接口）是早期显卡所采用的接口类型，通常都是棕色的。另外，AGP 插槽不与 PCI、ISA 插槽处于同一水平位置，而是内进一些。随着显卡速度的提高，AGP 插槽已经不能满足显卡传输数据的速度，目前已被 PCI Express 插槽取而代之。

图 4-29　AGP 显卡插槽

第 5 章

数据处理——内存

内存是计算机组成结构中的重要部件之一，是 CPU 调用运算数据和存储运算结果的仓库，计算机中的所有程序的运行都是依靠内存来进行的，因此内存的性能直接影响着计算机的整体性能。为了能够让用户更好地了解和认识内存，本章将对内存的性能指标和主流技术等内容进行介绍。

本章学习内容：

- 内存简介
- 内存分类
- 内存封装工艺
- 内存的传输类型
- 内存的传输标准
- 内存的性能指标
- 内存技术
- 内存故障与选购

5.1 内存概述

内存(Memory)又被称为内存储器，主要用于暂时存放 CPU 运算数据和外部存储器交互数据，其稳定性和功能性直接决定了计算机运行的整体性能，是计算机重要的组成部件之一。因此，用户需要像了解 CPU 和主板那样，熟悉并掌握内存的基本理论和发展过程。

5.1.1 内存简介

存储器的种类繁多，按用途划分可分为主存储器和辅助存储器，其中主存储器又称为内存存储器（内存），而辅助存储器又称为外存储器（外存）。外存储器为通常所说的光盘、硬盘、移动硬盘等外接存储器，而内存储器则是指主板中的存储部件，是一种CPU直接与之沟通并存储数据的部件，一般存储一些临时的且量少的数据，一旦关闭计算机或突然断电，其内存数据便会丢失。

内存又称为主存，由内存芯片、电路板、金手指等部分组成，是CPU能直接寻址的存储空间，具有存取速率快的特点。内存一般采用半导体存储单元，包括随机存储器（RAM），只读存储器（ROM），以及高速缓存（Cache）。

1. 随机存储器（RAM）

随机存储器（Random Access Memory）简称RAM，该存储器中的内部信息不仅可以随意修改，而且还可以读取或写入新数据。由于RAM内的信息会随着计算机关闭或突然断电而自动消失，所以只能用于存放临时数据。

根据计算机所使用RAM工作方式的不同，可以将其分为静态SRAM和动态DRAM两种类型。两者间的差别在于，DRAM需要不断地刷新电路，否则便会丢失其内部的数据，因此速度稍慢；SRAM无需刷新电路即可持续保存内部存储的数据，因此速度相对较快。事实上，SRAM便是高速缓冲存储器（Cache）的主要构成部分，而DRAM则是主存（通常我们所说的内存便是指主存，其物理部件俗称为“内存条”）的主要构成部分。

2. 只读存储器（ROM）

只读存储器（Read Only Memory）简称ROM，该存储器在制造时其信息便已经被存入并永久保存，这些信息只能读取，而不能改写。由于关闭计算机或突然断电，被存入的数据也不会丢失，所以其内部存储的都是系统引导程序、自检程序，以及输入/输出驱动程序等重要程序。

3. 高速缓存（Cache）

高速缓存（Cache）通常指一级缓存(L1 Cache）、二级缓存(L2 Cache）和三级缓存(L3 Cache）等，一般位于CPU和内存之间，其读写速度远远高于内存的读写速度。在CPU向内存读写数据时，被读写的数据同样也被存储在高速缓存中。当CPU需要这些被读写的数据时，不是直接访问内存，而是直接从高速缓存中读取数据；而当高速缓存中没有CPU所需要读取的数据时，CPU则会直接去内存中读取所需要的数据。

5.1.2 内存发展过程

内存作为一种具备数据输入输出和数据存储功能的集成电路，最初是以芯片的形式直接集成在主板上的。随后，为了便于更换和扩展，内存才逐渐成为独立的计算机配件。内存从诞生到现在，一共出现了SDRAM、DDR、DDR2、DDR3和DDR4五代产品，每代产品的规格如下所述。

1. SDRAM

SDRAM（Synchronous DRAM，同步动态随机存储器）曾经是计算机上使用最为广泛的一种内存类型，采用 168 线金手指设计，其带宽为 64bit，工作电压为 3.3V，如图 5-1 所示。根据工作速率的不同，SDRAM 分为 PC66、PC100 和 PC133 三种不同的规格，其差别在于这些内存能正常工作的最大系统总线速度。例如当内存符合 PC133 规格时，表示该内存最大能够以 133MHz 的速度进行工作。

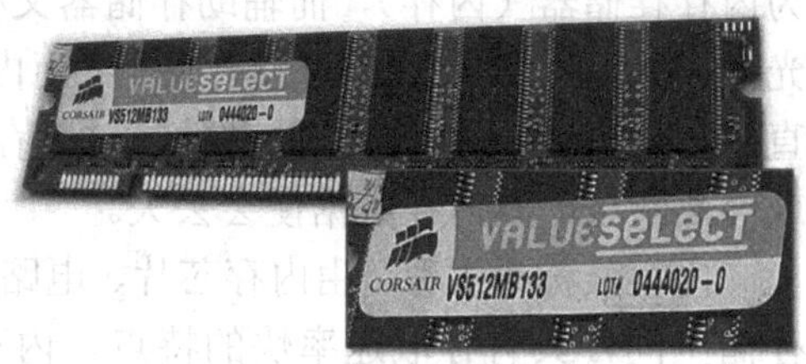

图 5-1 SDRAM 内存

2. DDR

图 5-2 DDR 内存

DDR（Double Data Rate SDRAM 双倍速率 SDRAM）是在 SDRAM 内存的基础上发展而来的，如图 5-2 所示。

SDRAM 只能在时钟的上升期进行数据传输，而 DDR 则能够在时钟的上升期和下降期各传送一次数据，因此其数据传输速度为传统 SDRAM 的两倍。DDR 内存的起始标准便是 PC1600，但该名称所表示的并不是内存的工作频率，而是其数据传输率。也就是说，PC1600 内存的数据传输速率为 1600MB/s。DDR 各规格如表 5-1 所示。

表 5-1 DDR 各规格传输标准

规格	传输标准	实际频率	等效传输频率	数据传输率
DDR200	PC1600	100MHz	200MHz	1600MB/s
DDR266	PC2100	133MHz	266MHz	2100MB/s
DDR333	PC2700	166MHz	333MHz	2700MB/s
DDR400	PC3200	200MHz	400MHz	3200MB/s
DDR433	PC3500	216MHz	433MHz	3500MB/s
DDR533	PC4300	266MHz	533MHz	4300MB/s

但是，第一代 DDR200 并未得到普及，第二代直到 DDR266 才将 DDR 内存推向流行的高端，目前不少赛扬和 AMD K7 处理器仍然采用 DDR266 规格的内存。后来，DDR400 成为市场中的主流内存，成为 800FSB 处理器搭配的基本标准，而随后的 DDR533 则成为一些超频用户的首选对象。

3. DDR2

图 5-3 DDR2 内存

作为 DDR 技术标准的升级和扩展，DDR2 延续了 DDR 的传输标准命名方法，此外，DDR2 能够在一个时钟周期内传输两倍于 DDR 的数据量。图 5-3 所示为 DDR2 内存。

因此即使 DDR2 内存的核心频率只有 200MHz，其数据传输频率也能达到 800MHz，也就是所谓的 DDR2 800，如表 5-2 所示。

表 5-2 DDR2 各规格传输标准

规格	传输标准	实际频率	等效传输频率	数据传输率
DDR2 400	PC2 3200	100MHz	400MHz	3200MB/s
DDR2 533	PC2 4300	133MHz	533MHz	4300MB/s
DDR2 667	PC2 5300	166MHz	667MHz	5300MB/s
DDR2 800	PC2 6400	200MHz	800MHz	6400MB/s

DDR2 还能够在 100MHz 的发信频率基础上提供每插脚最少 400MB/s 的带宽，并且由于其接口是运行在 1.8V 电压上的，所以在一定程度上降低了发热量。除此之外，DDR2 还融入了 CAS、OCD、ODT 等新性能指标和中断指令，以提升内存带宽的利用率。

4．DDR3

当 CPU 进入多核时代后，DDR2 内存的速度也逐渐发展到了极限，此时市场迫切需要一种能够满足高速 CPU 数据存取需求的内存产品。在该背景下，DDR3 内存应运而生。相对于 DDR2 来讲，DDR3 的工作电压降低到了 1.5V，具有更低的工作电压；而 DDR3 的预读也从 DDR 的 4bit 升级为 8bit，其性能上也具有更高的优势。DDR3 目前最高能够达到 2000MHz 的速度，其内模组则需要从 1066MHz 起跳，如表 5-3 所示。

表 5-3 DDR3 各规格传输标准

规格	传输标准	实际频率	等效传输频率	数据传输率
DDR3 1066	PC3 8500	133MHz	1066MHz	8.5GB/s
DDR3 1333	PC3 10600	166MHz	1333MHz	10.6B/s
DDR3 1600	PC3 12800	200MHz	1600MHz	12.8GB/s
DDR3 1800	PC3 14400	225MHz	1800MHz	14.4GB/s

除了上述改进之外，DDR3 还采用了以下 3 种新技术：

- ❑ **预取设计** DDR3 使用 8bit 预取设计，从而导致 DDR3 1600 的核心工作频率只有 200MHz。
- ❑ **拓扑结构** DDR3 采用了点对点的拓扑结构，从而减轻了地址/命令与控制总线的负担。
- ❑ **生产工艺** DDR3 采用了 100nm 以下的生产工艺，将工作电压降低到 1.5V，并增加了异步重置（Reset）与 ZQ 校准功能。甚至，部分厂商已经推出了 1.3V 工作电压的 DDR3 内存。

5．DDR4

DDR4 是最新一代的内存规格，三星于 2011 年推出第一条 DDR4 内存，如图 5-4 所示。DDR4 相对于 DDR3 来讲，其预取机制被提升为 16bit，内核频率在理论上是 DDR3

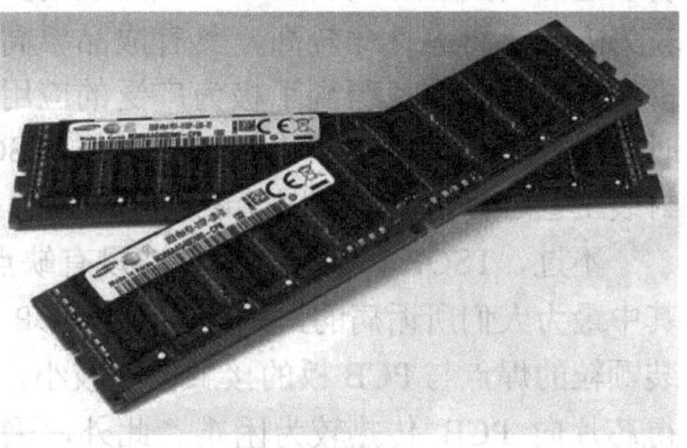

图 5-4 DDR4 内存

的两倍，工作电压被降低到 1.2V，更加节能。另外，三星生产的 DDR4 内存，采用了 30nm 的生产工艺。但是，截止目前，DDR4 的标准并未被最终确定。

5.1.3 内存封装工艺

对于内存来说，内存颗粒的封装工艺也在一定程度上影响着内存的性能。因为，不同封装技术在制造工序和工艺方面差异很大，对内存芯片自身性能的发挥，起着至关重要的作用。目前，内存颗粒所采用的封装工艺主要包括 DIP 封装、TSOP 封装、BGA 封装、CSP 封装等，下面将对其分别进行介绍。

1. DIP 封装

在 20 世纪的 70 年代，芯片基本上都采用 DIP（Dual ln-line Package）封装技术。以当时的情况来看，该封装形式具有适合 PCB 穿孔安装、布线和操作较为方便等特点。

不过，DIP 封装技术的缺点也是显而易见的。最直接的便是封装效率较低，其芯片面积和封装面积之比为 1:1.86。这样一来，由于封装后的内存颗粒较大，所以无法在面积固定的 PCB 上安装更多的内存芯片，内存条的容量也较小。此外，较大的封装面积，对内存频率、传输速率、电器性能的提升都有影响。

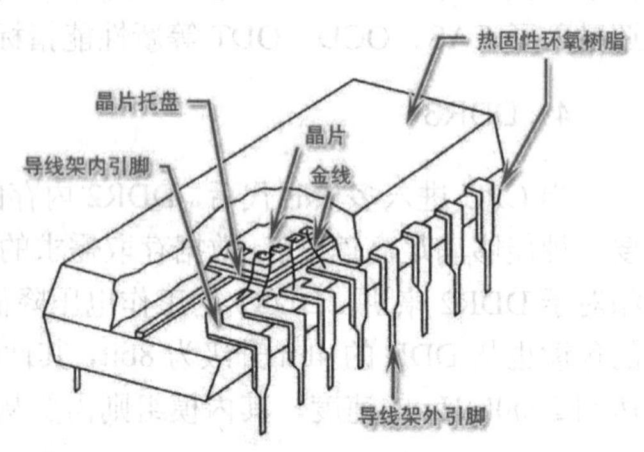

图 5-5 DIP 封装

2. TSOP 封装

进入 20 世纪 80 年代后，发展出了内存的第二代封装技术——TSOP（Thin Small Outline Package）。TSOP 的含义是薄型小尺寸封装，方法是在芯片的周围做出引脚，然后采用 SMT 技术（表面安装技术）直接将其附着在 PCB 板的表面。

由于 TSOP 封装内存的寄生参数（电流大幅度变化时引起输出电压扰动）相对较小，所以适合高频应用。并且，TSOP 封装的操作较为方便，可靠性比较高，具有成品率高、价格便宜等优点，得到了极为广泛的应用。时至今日，仍然有很多内存颗粒采用 TSOP 封装工艺进行生产，如图 5-6 所示。

图 5-6 TSOP 封装

不过，TSOP 封装方式也并非没有缺点。其中最为人们所诟病的，便是由于 TSOP 封装颗粒的焊点与 PCB 板的接触面积较小，使得芯片向 PCB 传热较为困难。此外，采用 TSOP 封装方式的内存，其工作频率超过 150MHz 后，会产生较大的信号干扰和电磁干扰，从而影响内存的正常工作。

3．BGA 封装

图 5-7　BGA 封装

进入 20 世纪 90 年代后，芯片集成度不断提高，I/O 引脚数急剧增加，功耗也随之增加，对集成电路的封装要求也越来越严格。在这一背景下，BGA（Ball Grid Array Package）封装技术开始被应用于生产。BGA 即球栅阵列封装，与 TSOP 封装技术相比拥有更小的体积、更好的散热性能和电气性能，如图 5-7 所示。

BGA 封装技术的优点是，I/O 引脚数量虽然增加了，但由于其脚针分布在芯片下方，所以其引脚间距不但没有减小，反而增加了。此外，BGA 封装的芯片拥有更小的寄生参数，信号传输延迟也大为减小，因此 BGA 封装成为目前主流的内存芯片封装技术。

提　示

与 TSOP 封装内存的引脚是由芯片四周引出所不同，BGA 封装方式的针脚由芯片中心方向引出，其信号传导距离仅是 TSOP 技术的 1/4。由于该方式有效地缩短了信号的传导距离，所以信号的衰减也随之减少。

4．Tiny BGA 封装内存

说到 BGA 封装，就不能不提 Kingmax 公司的专利 Tiny BGA（小型球栅阵列封装）技术。该技术属于 BGA 封装的一个分支，由 Kingmax 公司推出，可抗高达 300MHz 的外频。

5．CSP 封装

CSP（Chip Scale Package，芯片级封装）是目前最新一代的内存芯片封装技术，其芯片面积与封装面积之比已经超过 1:1.14，绝对尺寸也仅有 32 平方毫米，约为普通 BGA 内存芯片面积的 1/3，仅仅相当于 TSOP 内存芯片面积的 1/6。与 BGA 封装相比，同等空间下的 CSP 封装，可以将存储容量提高三倍。采用 CSP 封装的内存芯片不但体积小，同时也更薄，其金属基板到散热体的最有效散热路径，仅有 0.2 毫米，大大提高了内存芯片在长时间运行时的可靠性，如图 5-8 所示。

图 5-8　CSP 封装

提　示

采用 CSP 封装技术的多是 DDR3 内存，由于其主频较高，即便是 CSP 封装技术能够降低发热量，其实际发热量仍然较大，所以此类内存都配有散热片，甚至还带有风扇。

5.2　内存的性能指标

内存对计算机的整体性能影响很大，计算机在执行很多任务时的效率都会受到内存性能的影响。为了更加深入地了解内存的各种特性，必须全面掌握内存的各项性能指标。

5.2.1　内存的容量

内存容量是指该内存条的存储容量，是用户接触最多的内存性能指标之一，也是评判内存性能的一项主要指标。内存的容量一般都是 2 的整次方倍，例如 128MB、256MB 等。目前，内存容量已经开始使用 GB 作为单位，常见内存至少都是 1GB，而更大容量的 2GB、4GB、6GB 等内存也已逐渐普及，如图 5-9 所示。一般情况下，内存容量越大，计算机的运行也就越稳定。

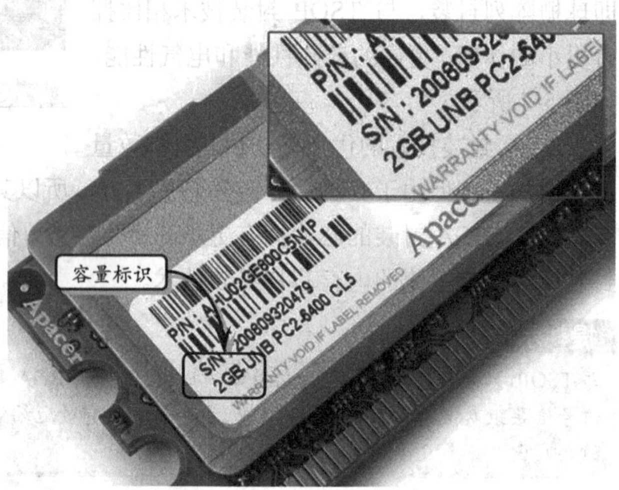

图 5-9　内存的容量

主板中内存插槽的数量决定了内存的数量，而系统中的内存容量则等于所有插槽中内存条容量的总和。由于主板的芯片组决定了单个内存插槽所支持的最大容量，所以主板内存插槽的数量，在一定程度上限制了内存的容量。

5.2.2　内存的主频

内存主频采用 MHz 为单位进行计量，表示该内存所能达到的最高工作频率。内存的主频越高，表示内存所能达到的速度越快，性能自然也就越好。目前主流内存的频率为 800MHz、1066MHz、1333MHz，至于之前 667MHz 的内存，则基本上已经被市场所淘汰。

内存在工作时，一般具有同步工作模式和异步工作模式两种工作模式。

- **同步工作模式**　在同步工作模式下，内存的实际工作频率与 CPU 外频一致，在通过主板调节 CPU 的外频的时候，也就同时调整了内存的实际工作频率。同步工作模式是大部分主板所采用的默认内存工作模式。
- **异步工作模式**　异步工作模式是内存的工作频率与 CPU 外频的工作频率存在一定的差异，它可以允许内存工作频率高于或低于系统总线频率 33MHz，或者允许内存和外频的频率按照 3:4 或 4:5 等特定比例运行。通过异步工作模式，可以避免因超频而导致的内存瓶颈问题，目前大部分主板芯片组都支持内存异步工作模式。

5.2.3 内存的延迟时间

内存延迟表示系统进入数据存取操作就绪状态前等待内存相应的时间，通常用 4 个连着的阿拉伯数字来表示，如 3-4-4-8、4-4-4-12 等，分别代表 CL-TRP-TRCD-TRAS。一般而言，这 4 个数字越小，表示内存的性能越好。内存延迟参数标识如图 5-10 所示。

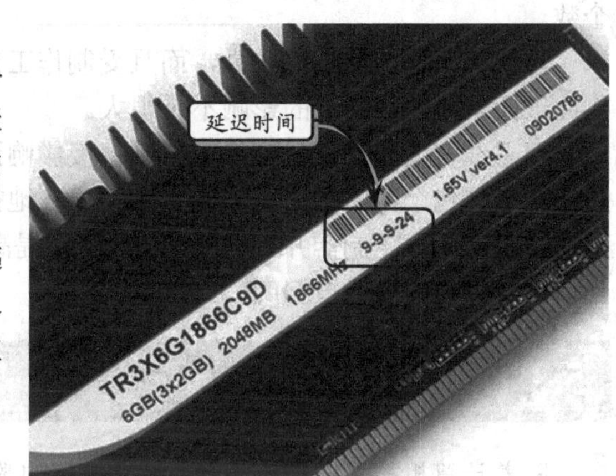

图 5-10 内存延迟

不过，也并非延迟越小内存的性能越高。因为，这四项是配合使用的，相互之间的影响非常大，参数配比合适的内存往往会优于配比较差的内存。

- **CL** 在内存的 4 项延迟参数中，该项最为重要，表示内存在收到数据读取指令到输出第一个数据之间的延迟。CL 的单位是时钟周期，即纵向地址脉冲的反应时间。
- **TRP** 该项用于标识内存行地址控制器预充电的时间，即内存从结束一个行访问到重新开始的间隔时间。
- **TRCD** 该项所表示的是从内存行地址到列地址的延迟时间。
- **TRAS** 该数字表示内存行地址控制器的激活时间。

提 示

内存工作电压也是内存的性能指标之一，不同类型的内存，其工作电压不同，但各自均有自己的规格，一旦超出其规格，便容易损坏内存。

5.2.4 内存带宽

内存是内存控制器与 CPU 之间的桥梁与仓库，桥梁与仓库两者缺一不可，内存的容量直接决定了仓库的大小，而内存的带宽则决定了桥梁的宽度，即内存速度。提高内存带宽，在一定程度上可以快速提升内存的整体性能。

1. 内存带宽的重要性

内存带宽或内存速度的大小直接影响了内存的运行性能，带宽越大则内存速度越高。计算机在运行过程中，会将指令反馈给 CPU，而 CPU 接受到指令后，首先会在一级缓存（L1 Cache）中寻址相关的数据，当一级缓存中没有所需寻址的数据时，便会到二级缓存（L2 Cache）中寻找，依次类推，到三级缓存（L3 Cache）、内存和硬盘。由于系统处理的数据量非常巨大，几乎每个步骤都需要经过内存来处理，因此内存的性能在一定程度上直接决定了系统的整体性能。而内存带宽又直接决定了内存的整体性能。

2. 提高内存带宽

内存的带宽直接受总线宽度、总线频率和一个时钟周期内交换的数据包数量的影响，其计算公式表现为：带宽=总线宽度×总线频率×一个时钟周期内交换的数据包个数。

总线频率在当前已比较高，而且受制作工艺的限制，在短期内不会有太大的提高，因此该因素对内存带宽的影响不是很大。

而总线宽度和数据包交换个数则直接影响到内存带宽的提升速度，DDR 技术便是通过提高数据包个数的方法，使内存带宽疯狂地提升了一倍。而当前最新的内存技术，则是通过多个内存控制器并行工作的方法，在提高总线宽度的同时提升内存的带宽。例如，当前比较热门的双通道 DDR 芯片组等。

5.3 内存技术

随着计算机技术的不断发展，传统内存的数据传输速率已经无法满足 CPU 日益增加的运算能力。为此，厂商不断研发内存新技术，包括多通道内存技术。在本小节中，将详细介绍多通道技术和其他内存新技术的基础知识。

5.3.1 多通道内存技术

多通道内存技术是同时运行多个内存控制器的方法，从而在低成本的情况下，尽可能地提高内存性能。目前市场上已出现了双通道和三通道内存技术，其四通道内存技术也即将面世。

1. 双通道技术

双通道技术的原理是在北桥芯片组内设计两个可独立运行的内存控制器，从而分别控制内存通道。这样一来，CPU 便可以通过不同的内存控制器分别进行寻址、读取数据等操作，从而使内存带宽增加一倍，数据存取速度也在理论上增加了一倍，如图 5-11 所示。

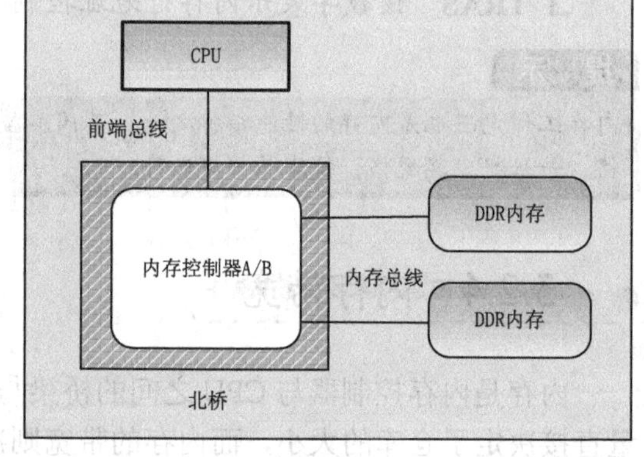

图 5-11 双通道内存示意图

2. 三通道技术

在 Intel 公司发布酷睿 i7+X58 平台后，“三通道”这一陌生的技术名称开始逐渐流行。在双通道时代，北桥芯片通过集成两个内存控制器的方式实现了内存的双通道应用，从而使其性能得到大幅度的提升。在酷睿 i7 处理器中，内存控制器从北桥芯片移至 CPU 内，这极大降低了内存延迟。此外，由于可独立控制 3 个内存通道，内存带宽得到了进一步提升，理论上性能是单通道的三倍，如图 5-12 所示。

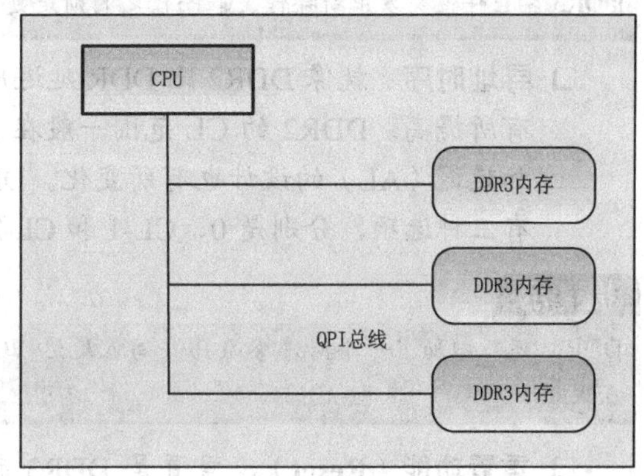

图 5-12 三通道内存示意图

5.3.2 其他内存新技术

每种新硬件的出现，必然伴随着一定的新技术，内存也不例外。本节将对应用于 DDR2 和 DDR3 上的新技术进行简单介绍。

1. 应用于 DDR2 的技术

DDR2 内存技术的突破，不仅体现在两倍于 DDR 的传输能力，还体现在不断提高频率的情况下，降低了发热量和功耗。该突破的实现，一个较大的因素便是 DDR2 采用了 1.8V 电压，相对于 DDR 内存的 2.5V 电压降低了不少。

除了上面所提到的内容外，DDR2 还引入了以下三项新技术：

- **OCD** OCD 即 Off-Chip Driver，也就是所谓的离线驱动调整。利用该技术，DDR2 能够通过调整上拉/下拉电阻值，使两者的电压相等，以减少 DQ-DQS 的倾斜，从而提高信号的完整性。
- **ODT** 在采用第一代 DDR 内存的主板中，为了防止数据线终端反射信号，需要大量的终结电阻。这不仅增加了主板的制造成本，还无法与不同型号的 DDR 内存完全匹配，在一定程度上影响信号品质。为此，人们根据 DDR2 自己的特点，为其应用 ODT 技术（内建核心的终结电阻器），从而在保证信号质量的同时，降低了主板的生产成本。
- **Post CAS** 该技术旨在提高 DDR2 内存的利用效率。在 Post CAS 操作中，CAS 信号（读写/命令）能够被插到 RAS 信号后面的一个时钟周期，而 CAS 命令则可以在附加延迟（Additive Latency）后面保持有效。原来的 TRCD（RAS 到 CAS 的延迟）被 AL（Additive Latency）所取代，而 AL 则能够在 0、1、2、3、4 中进行设置。此时，由于 CAS 信号放在了 RAS 信号后面一个时钟周期，所以 ACT 和 CAS 信号永远也不会产生冲突。

2. 应用于 DDR3 的技术

DDR3 在 DDR2 的基础上采用了更多的新型技术，除了预取设计由 DDR2 的 4bit 提升到了 8bit 和生产工艺改进之外，还具有以下新技术：

- **突发长度** 由于 DDR3 的预取为 8bit，所以突发传输周期（Burst Length，BL）固定为 8，但对于 DDR2 和早期的 DDR 架构系统来说，BL=4 也是常用的。为此，DDR3 增加了一个 4bit 的 Burst Chop（突发突变）模式，即由一个 BL=4 的读取操作加上一个 BL=4 的写入操作来合成一个 BL=8 的数据突发传输，并可通过 A12

地址线来控制这一突发模式。

提　示

DDR3 禁止任何突发中断操作，取而代之的则是更为灵活的突发传输控制（如 4bit 顺序突发）。

- **寻址时序**　就像 DDR2 比 DDR 延迟周期数高一样，DDR3 的 CL 周期也比 DDR2 有所提高。DDR2 的 CL 范围一般在 2~5 之间，而 DDR3 则在 5~11 之间，且附加延迟（AL）的设计也有所变化。DDR2 的 AL 范围是 0~4，而 DDR3 的 AL 则有三种选项，分别是 0、CL-1 和 CL-2。

提　示

DDR3 还新增加了一个时序参数——写入延迟（CWD），但这一参数通常要根据具体的工作频率而定。

- **重置功能（Reset）**　重置是 DDR3 新增的一项重要功能，其功能是在 Reset 命令有效时，停止 DDR3 内存的所有操作，并切换至最少量活动状态，以节约电力。
- **ZQ 校准功能**　该功能需要通过一个接有 240 欧姆低公差参考电阻的引脚来实现，其功能是利用片上校准引擎（On-Die Calibration Engine）来自动校验数据输出驱动器导通电阻与 ODT 的终结电阻值。
- **点对点连接**　在 DDR3 系统中，一个内存控制器只与一个内存通道打交道，而且这个内存通道只能有一个插槽。因此，内存控制器与 DDR3 内存模组之间是点对点（P2P）的关系（单物理 Bank 的模组），或者是点对双点（Point-to-two-Point，P22P）的关系（双物理 Bank 的模组），从而大大地减轻了地址/命令/控制与数据总线的负载。

5.4　内存故障与选购

内存是计算机中数据的暂存中心，是保障运行的重要组件。当内存出现故障时，一般会直接导致计算机无法开机，或者导致系统多次自动重启等现象。在本小节中，将详细介绍选购内存的基础知识，以及平时内存出现故障时所使用的一些处理方法和维修技巧。

5.4.1　内存常见故障

在实际使用计算机的过程中，经常会碰到一些莫名其妙的问题，有些问题可能是系统造成的，但大多数问题也许是内存故障引起的。一般情况下，硬盘、CPU 和主板所造成的故障比较少见。下面，将详细介绍一些由内存问题所引起的故障，以及其解决方法。

- **开机无显示**　出现该故障有可能是因为内存条与主板内存插槽接触不良而造成的，此时用户需要拔下内存条，用橡皮擦来回擦拭与插槽接触部位即可。另外，该类故障也可能是内存损坏或主板内存插槽存在问题而造成的。
- **操作系统产生非法错误**　出现该故障一般是由于内存芯片质量问题或软件原因造成的，如果确定为内存条的质量问题，则需要更换内存条。

- ❑ **注册表无故损坏** 当Windows注册表经常无故损坏，并提示用户恢复注册表时，则在很大程度上可以确定是由内存条质量问题所造成的，需要更换内存条。
- ❑ **系统自动进入安全模式** 当Windows系统经常自动进入安全模式时，则很大程度上是由于主板与内存条之间的兼容不够或内存条质量问题所造成的，此时可以尝试在CMOS中降低内存的读取速度，如果仍然无法解决问题，则需要更换内存条。
- ❑ **随机性死机** 该故障一般是由于用户同时使用了多条不同芯片的内存条导致的。此时，可尝试在CMOS中降低内存读写速度来解决；如果仍然无法解决故障，则需要检查主板与内存的兼容性，以及内存与主板的接触不良性，或者使用相同类型的内存条。
- ❑ **内存不足提示** 当用户运行某些软件时，系统经常提示内存不足。出现该故障一般是由于系统盘所剩余的空间不足而造成的，并非真正的内存问题。此时，用户可通过删除系统盘中一些无用文件的方法，来解决该故障。
- ❑ **多次自动重新启动** 当用户开机后，Windows系统会多次自动重新启动。出现该故障，一般是由于内存条或电源质量问题造成的，如果已排除内存条或电源质量问题，则可能是CPU散热不良或其他人为故障造成的，需要进一步排除各个因素。

5.4.2 选购内存

在选购内存时，用户首先需要根据主板型号来选择兼容性比较好的内存条，其次则需要考虑计算机的用途，并根据实际用途来选择相应容量的内存条。在本小节中，将详细介绍选购内存的一些注意事项，以及常用内存条的基本参数等。

1. 选购注意事项

在选购内存条时，应该从做工精良、内存条中的隐藏信息，以及是否是假冒伪劣产品等方面入手，具体描述如下所述。

- ❑ **做工精良** 内存条的做工精良性直接决定了内存的稳定性和运行性能，一般情况下内存的运行性能是由内存颗粒来决定的，而内存的稳定性则由内存PCB电路板来决定的，目前主流内存PCB电路板层数一般为6层，更优秀的高规格内存往往配备8层PCB，既具有良好的电气性能，又可以有效地屏蔽信号干扰。因此在购买内存条时，用户应该尽量选择知名品牌，比如三星、现代、金士顿、威刚等。
- ❑ **SPD隐藏信息** 内存条中的SPD隐藏信息包括内存的指标信息、产品生产信息和厂家信息等重要信息，可以直接反映内存的性能和品质。目前，市场中一些厂商会对SPD信息进行随意修改或直接复制名牌产品的SPD信息，此时用户可以使用Everest、CPU-Z等软件对内存进行检测。
- ❑ **假冒返修产品** 目前市场中存在假冒伪劣内存产品，当用户遇到内存虚拟盘黯淡无光和起毛现象，而且编号参数模糊不清时，则需要提防该产品极大可能为假冒产品。另外，在购买内存条时还需要观察PCB电路板是否整洁、有无毛刺，内存条与内存插槽接触处是否有插拔所留下的痕迹、是否存在划痕等。

2. 内存参数

在选购内存时，除了了解选购注意事项之外，还需要了解并掌握内存的一些重要参数，以帮助用户根据自身需求合理地选购内存。下面，将通过金士顿 HyperX PnP 8GB DDR3 1600 内存条，来详细介绍所需了解的内存参数，其具体情况如表 5-4 所示。

表 5-4 金士顿 HyperX PnP 8GB DDR3 1600 详细参数

基本参数	详细参数		参数说明
基本参数	适用类型	台式机	表示内存条只适用于台式机
	内存容量	8GB	表示内存条的存储容量，是关键性参数
	容量描述	套装（2×4GB）	表示套装中内存条的根数，即两根 4GB 内存条
	内存类型	DDR3	表示内存为第三代 DDR 内存
	内存主频	1600MHz	表示内存的速度，代表内存所能达到的最高工作频率
	传输标准	PC3-12800	表示主板所支持的内存传输带宽大小或主板所支持内存的工作频率
	内存带宽	18.4GB/s	表示内存对数据的吞吐量，由频率和数据包个数来决定
	针脚数	240pin	不同内存的针脚数不同，一般 DDR2 和 DDR3 内存都是 240pin
	插槽类型	DIMM	该插槽类型需要与主板中的插槽类型相匹配
技术参数	CL 延迟	9	表示 CAS 的延迟时间，是内存存取数据所需要的延迟时间
其他参数	工作电压	1.5V	内存条工作时的工作电压

5.5 课堂练习：测试内存的性能

通过对内存带宽、内存延迟和缓存与内存这三项内容的测试，便可了解计算机内存的性能。在本练习中，将利用检测工具 SiSoftware Sandra 测试内存的性能，并通过与其他硬件平台的内存性能进行对比，直观地了解当前计算机在内存方面的性能状况。

操作步骤

1 运行 SiSoftware Sandra 软件，在主界面中激活【性能测试】选项卡，并双击【内存带宽】选项，如图 5-13 所示。

2 在弹出的【内存带宽】对话框中，将显示内存检测对比后的结果信息，如图 5-14 所示。

3 在【组成示意图】选项卡中，测试结果会以坐标轴的方式显示整数内存带宽和浮点数内存带宽测试数据，如图 5-15 所示。

4 在【性能对比速度】选项卡中，同样以坐标轴的方式显示内存数据速率和总体内存性能测试数据，如图 5-16 所示。

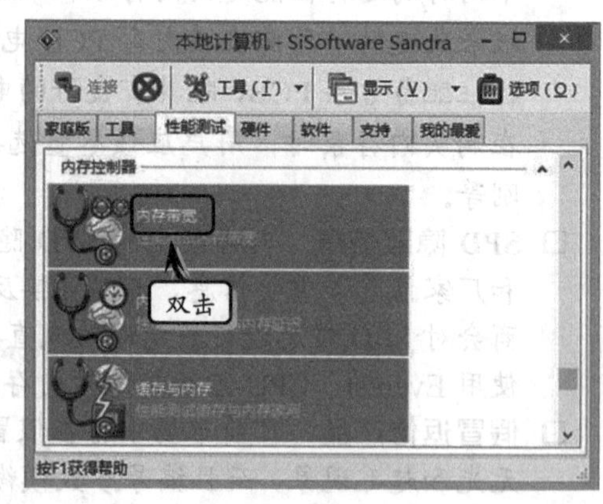

图 5-13 【性能测试】选项卡

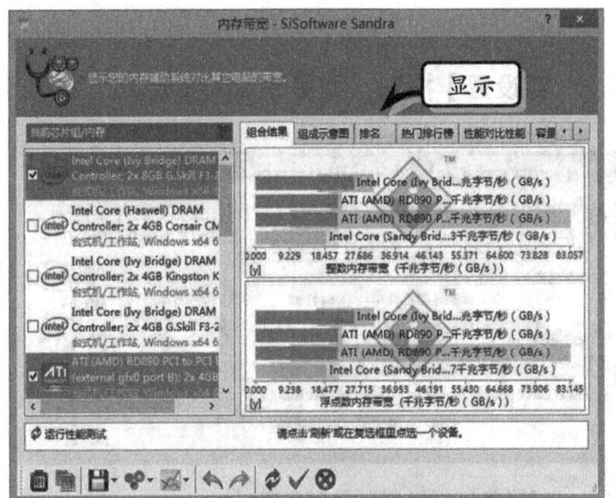

图 5-14 显示检测对比信息

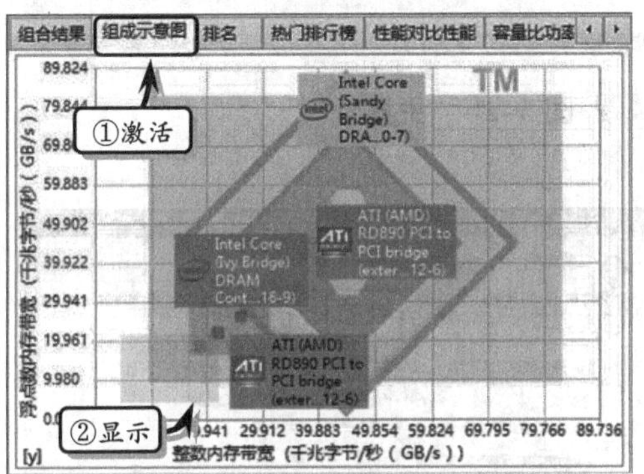

图 5-15 【组成示意图】选项卡

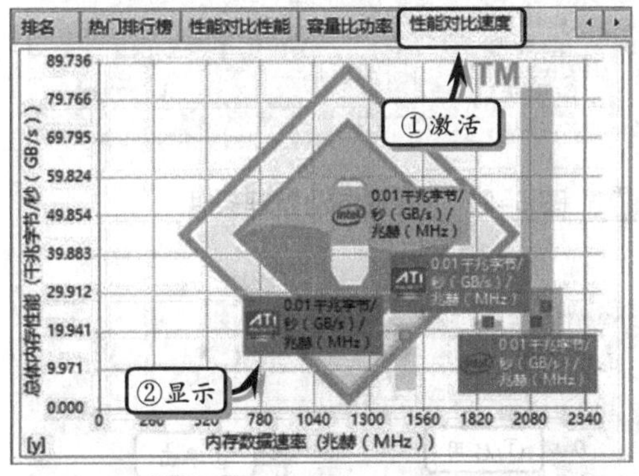

图 5-16 【性能对比速度】选项卡

5 在主程序的【性能测试】选项卡中，双击【内存延迟】选项，打开【内存延迟】对话框，程序将按随机的方式检测内存延迟数据，如图 5-17 所示。

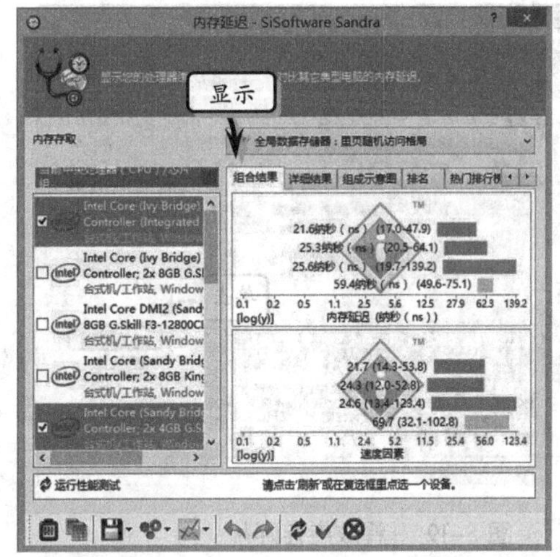

图 5-17 【内存延迟】对话框

6 在【详细结果】选项卡中，将显示内存的延迟时间、测试范围数据，如图 5-18 所示。

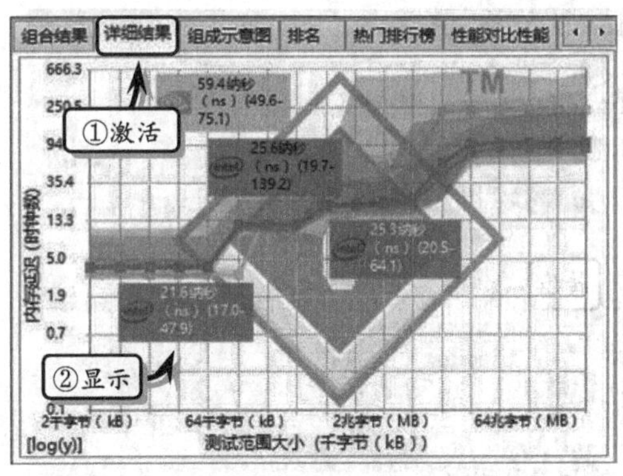

图 5-18 【详细结果】选项卡

5.6 课堂练习：整理内存

当计算机在长时间运行，或运行较多的软件后，系统的运行速度会明显降低。这是因为程序在运行时所产生的内存碎片占用了大量系统资源。此时，可通过内存整理软件，帮助用户释放这些碎片，从而提高系统的运行速度。

操作步骤

1 启动 Windows 内存整理 V4.00 后，单击【快速整理】按钮，释放内存碎片，如图 5-19 所示。

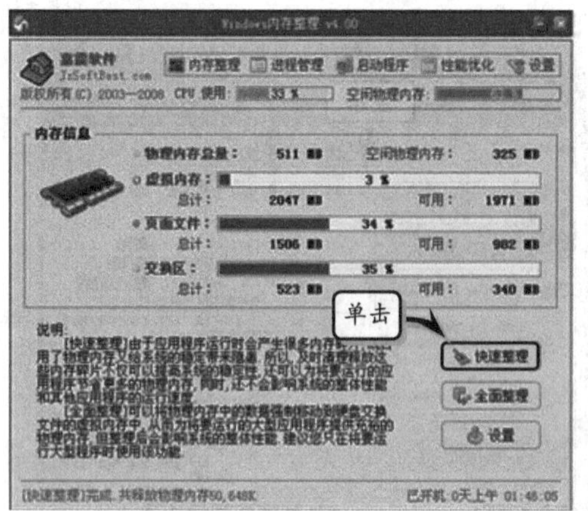

图 5-19 释放内存碎片

2 然后，单击【全面整理】按钮，将内存中的数据移动到虚拟内存中，如图 5-20 所示。

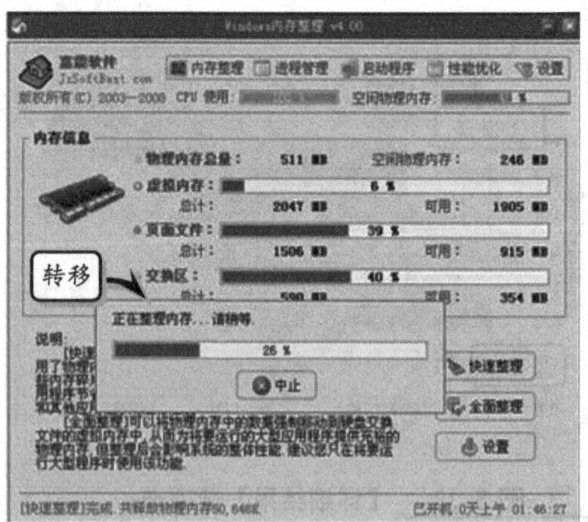

图 5-20 移动内存数据

3 待全面整理操作完成后，在主界面中单击【设置】按钮，如图 5-21 所示。

4 在弹出的设置窗口中，设置内存的自动整理条件，如图 5-22 所示。

5 然后启用【随系统启动时自动运行 Windows 内存整理】复选框，并单击【保存设置】按钮，如图 5-23 所示。

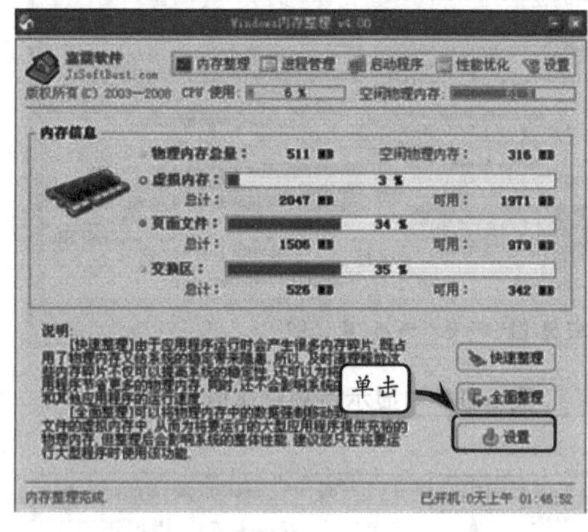

图 5-21 主界面

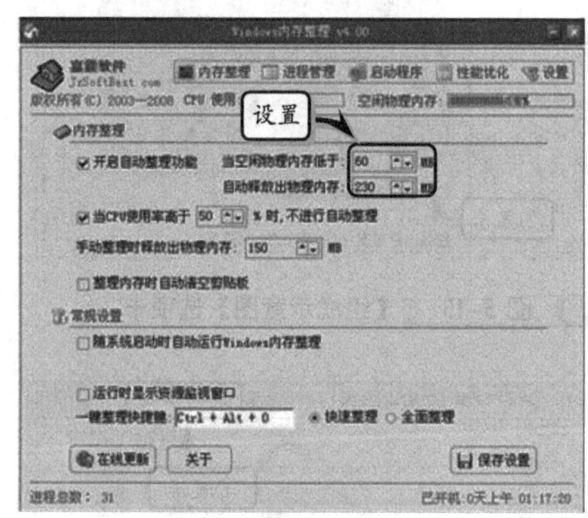

图 5-22 设置自动整理条件

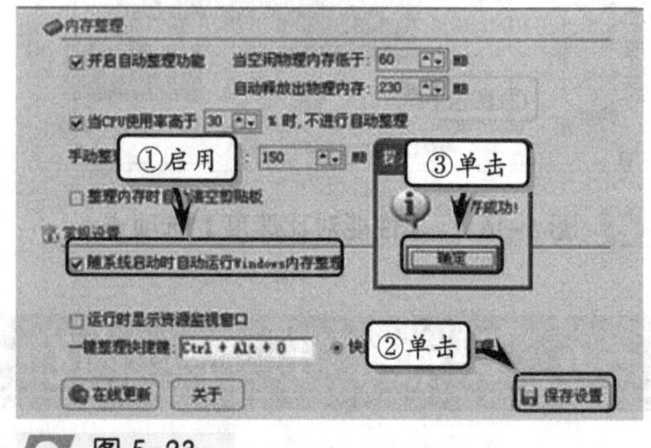

图 5-23 常规设置

5.7 思考与练习

一、填空题

1．内存(Memory)又被称为________，主要用于暂时存放________运算数据和外部存储器交互数据，是计算机重要的组成部件之一。

2．存储器的种类繁多，按用途划分可分为________和________，其中________又称为内存存储器（内存），而________又称为外存储器（外存）。

3．内存一般采用半导体存储单元，包括________，________，以及高速缓存（Cache）。

4．内存从诞生到现在，一共发展了________、DDR、DDR2、________和DDR4五代产品。

5．目前，内存颗粒所采用的封装工艺主要包括________封装、________封装、BGA封装、________封装等。

6．内存________是指该内存条的存储容量，是用户接触最多的内存性能指标之一，也是评判内存性能的一项主要指标。

二、选择题

1．内存________采用MHz为单位进行计量，表示该内存所能达到的最高工作频率。

A．外频

B．主频

C．传输速率

D．传输标准

2．内存的带宽直接受________、总线频率和一个时钟周期内交换的数据包数量的影响。

A．总线宽度

B．传输速率

C．一级缓存

D．二级缓存

3．下列选项中，描述错误的一项为________。

A．随机存储器（Random Access Memory）简称ROM，该存储器中的内部信息不仅可以随意修改，而且还可以读取或写入新数据。

B．只读存储器（Read Only Memory）简称ROM，该存储器在制造时其信息便已经被存入并永久保存，这些信息只能读取，而不能改写。

C．高速缓存（Cache）通常指一级缓存(L1 Cache)、二级缓存(L2 Cache)和三级缓存(L3 Cache)等。

D．SRAM是高速缓冲存储器（Cache）的主要构成部分，而DRAM则是主存（通常我们所说的内存便是指主存，其物理部件俗称为"内存条"）的主要构成部分。

4．SDRAM只能在时钟的上升期进行数据传输，而DDR则能够在时钟的上升期和________各传送一次数据，因此其数据传输速度为传统SDRAM的两倍。

A．中间期

B．下降期

C．零期间

D．结束期

5．即使DDR2内存的核心频率只有200MHz，其数据传输频率也能达到800MHz，也就是所谓的________。

A．DDR2 200

B．DDR2 800

C．DDR2 400

D．DDR2 1600

6．DDR3使用________预取设计，从而导致DDR3 1600的核心工作频率只有200MHz。

A．4bit

B．6bit

C．8bit

D．16bit

三、问答题

1．内存条的发展经历了哪几代产品？

2．内存条的封装工艺包括哪几种？

3．什么是内存的带宽？

4．什么是内存的延迟时间？

5．内存的新技术包括哪几种？

四、上机练习

1．选购海盗船内存条

在本练习中，将通过选购一款图5-24所示的海盗船内存条，来详细介绍选购内存条所需注意的参数。首先，了解海盗船内存条的基础资料。海盗船是一家较有特点的内存品牌，其内存条都包裹着一层黑色金属外壳，这层金属壳紧贴在内存颗粒上，一方面可以屏蔽其他的电磁干扰，另一方面也可辅助内存进行散热。然后，登录网页查找目前市场中最受欢迎的海盗船内存条，并筛选一款适合自身计算机的内存条型号。最后，查看内存条的具体参数。例如，在中关村在线网站中查看 2014 年排名第一的海盗船内存条型号，即海盗船 8BG DDR3 1600 套装。通过内存条型号可以发现，该海盗船内存条属于 DDR3 型，且是一种套装模式。进入到参数页面中，则可以发现该内存条属于两条 4GB 套装，其内存主频为 1600MHz，CL 延迟为 9-9-9-24，工作电压为 1.5V，足够一般家庭计算机所需。

图 5-24 海盗船 8BG DDR3 1600 套装内存条

2．刷新内存条的 SPD 信息

在本实例中，将运用 Thaiphoon Burner 软件刷新同一台计算机中的两根内存的 SPD 信息，如图 5-25 所示。首先，启动 Thaiphoon Burner，执行 EEPROM/Read SPD at 50h 命令，提取源内存的 SPD 信息并显示在窗口中。然后，执行 File/Save Dump as...命令，在弹出的【另存为】对话框中，输入 SPD 信息文件的名称。单击【保存】按钮后，再执行 EEPROM/Read SPD at 51h 命令提取目标内存的 SPD 信息，并进行保存。最后，关闭计算机，并打开主机箱拔掉源内存条。重新启动计算机，运行 Thaiphoon Burner 软件，并执行 File/Open 命令。在弹出的【打开】对话框中，打开源内存条的 SPD 文件。执行 EEPROM/FULL Rewrite 命令，在弹出的【Full SPD Rewrite】对话框中，将【SPD HEX Address】选项改为 51，然后单击【Write】按钮即可。

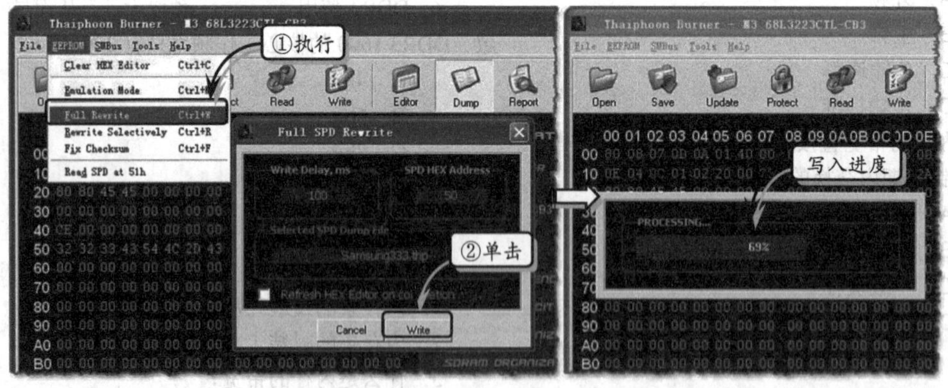

图 5-25 刷新内存条的 SPD 信息

第 6 章

色彩显示——显卡和显示器

计算机中的显卡可以将 CPU 处理后的信息转换成显示器能够识别的信号，以控制显示器可以正确地显示计算机中的各类信息，它是连接显示器和计算机的重要元件。显卡和显示器是"人机对话"的重要设备之一，为用户了解计算机的工作状态和正常使用计算机提供了可靠保障。

本章将对显卡和显示器进行介绍，便于使用户更好地了解计算机的显示输出系统。

本章学习内容：

- 显卡的工作原理
- 显卡分类
- 独显接口类型
- 显卡的结构
- 显卡的性能指标
- 多卡互联技术
- 显示器的类型
- CRT 和 LCD 显示器
- 选购显卡
- 选购显示器

6.1 显卡概述

显卡又称为显示适配器或显示器配置卡，是计算机处理和传输图像信号的重要组件。显卡作为计算机主机中的一个组成部分，承担着输出显示信号的任务；它可以将计算机内的各种数据转换为字符、图形及颜色等信息，并通过显示器呈现在用户面前，使用户能够直观地了解计算机的工作状态和处理结果。

6.1.1 显卡的工作原理

显卡是显示器与计算机主机间的桥梁，能够通过专门的总线接口与主板进行连接，并接收各种二进制图形数据。在经过计算后，显卡将转换后的数据信号通过专用的数据接口和线缆传输至显示器，使显示器能够生成各种美丽的画面，如图 6-1 所示。

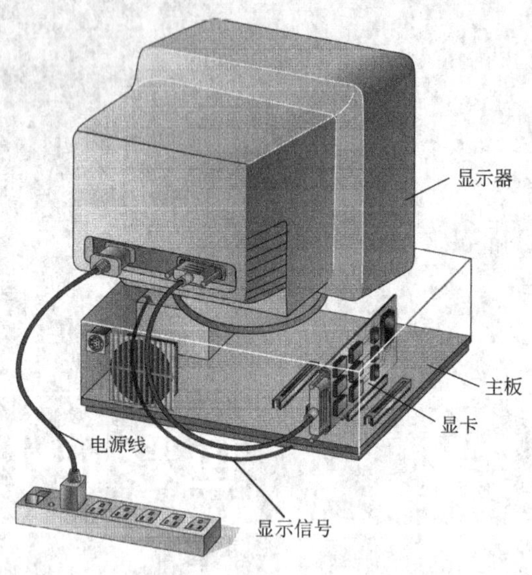

图 6-1 显卡工作图

在计算机的整个运行过程中，数据离开 CPU 之后，需要经过下列 4 个步骤，才会到达显示器。

1. 从总线到 GPU

数据离开 CPU 之后，首先需要从总线（Bus）进入显卡的“大脑”GPU（Graphics Processing Unit，图形处理器）。其具体路径是系统将 CPU 发出的数据传送到北桥芯片处，然后再转送到 GPU 中进行处理。

2. 从 GPU 到显存

数据在 GPU 之中处理后送到显存中，以便进行下一步的运算。

3. 从显存到 DAC

从显存读取出的数据会被送到 DAC（Digital Analog Converter，数模转换器）中进行数据转换（数字信号转模拟信号）。在该步骤中，如果是 DVI（Digital Visual Interface，数字视频接口）接口类型的显卡，则不需要经过该步骤，会被直接输出数字信号。

4. 从 DAC 进入显示器

数据运行的最后一个步骤，便是将转换好的信号输送到显示器中，完成图形图像的显示。

6.1.2 显卡的分类

根据显卡的独立或集成情况，以及显卡的性能，可以将显卡划分为核芯显卡、集成显卡和独立显卡等类型，其每种类别显卡的具体情况如下所述。

1. 集成显卡

集成显卡是指主板在整合显示芯片后，由主板所承载的显卡，因此又称板载显卡。用户在使用这种主板时，无需额外配备独立显卡即可正常使用计算机，因此能够有效降低计算机的购买成本。图 6-2 所示为集成显卡的输出接口。

集成显卡的显示芯片大部分都集成在主板的北桥芯片中，也存在一些单独的显示芯片，但其容量比较小。一般情况下，集成显卡具有功耗低、发热量小、购买成本低等优点。但也具有性能相对偏低、无法更换等缺点。对于这种缺点，可以利用 CMOS 调节频率或刷入新的 BIOS 文件，通过软件升级挖掘显示芯片的潜能。

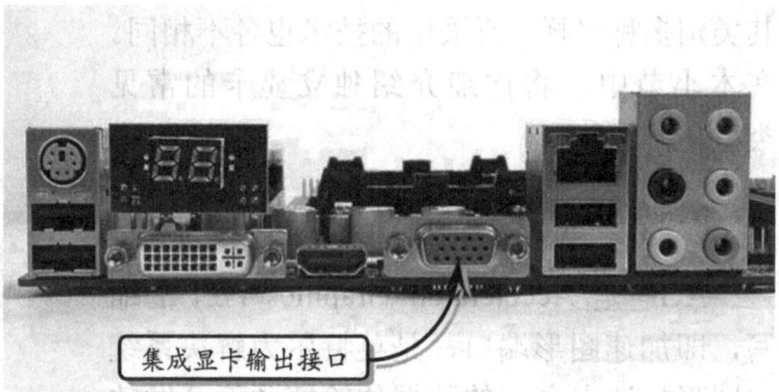

图 6-2 集成显卡输出接口

2. 独立显卡

独立显卡是指以独立板卡形式呈现显示芯片、显存以及相关电路的显卡，在安装时需要通过主板上的扩展插槽（ISA、PCI、AGP 或 PCI-E）与主板进行连接，如图 6-3 所示。

图 6-3 独立显卡

相对于集成显卡，独立显卡具有单独安装、不占系统内存、显示效果好、可以进行硬件升级等优点。但也具有功耗大、发热量大、占用空间大和购买成本高等缺点。目前，根据显卡性能来划分，市场中的独立显卡主要分为游戏娱乐类显卡和用于绘图和 3D 渲染的专业图形显卡两种类型。

3. 核芯显卡

核芯显卡是 Intel 产品新一代图形处理核心，即 CPU 中包含显卡核心，也就是将图形核心与处理核心整合在同一块基板上，从而构成一颗完整的处理器。这种整合，不仅可以在很大程度上缩减处理核心、图形核心、内存及内存控制器之间数据的周转时间，而且还可以在有效提升处理效能的同时大大降低芯片组的整体功耗，从而为笔记本和一体机等产品的设计提供更大的选择空间。因此，核芯显卡具有低功耗、高性能等优点，但同时也具有难以胜任大型游戏的缺点。

核芯显卡有别于集成显卡和独立显卡，它将图形核心整合在处理器中，从而加强了图形的处理效率；它将集成显卡中的“处理器+南桥+北桥（图形核心+内存控制+显示输出）”三芯片解决方案精简为“处理器（处理核心+图形核心+内存控制）+主板芯片（显示输出）”的双芯片模式，从而有效地降低了核心组件的整体功耗，延长了笔记本的续航时间。

6.1.3 独立显卡类型

显卡的发展速度极快，从1981年单色显卡的出现到现在各种图形加速卡的广泛应用，其类别多种多样，所采用的技术也各不相同。在本小节中，将详细介绍独立显卡的常见类型。

1. AGP 显卡

AGP 是 Accelerated Graphics Port 的缩写，即加速图形端口，是英特尔为解决系统与图形加速卡之间的数据传输瓶颈而开发的局部图形总线技术。采用这种技术的显卡被称为 AGP 显卡，如图 6-4 所示。

图 6-4 AGP 显卡

相对于 32 位 PCI 设备的 33MHz 总线频率而言，AGP 显卡能够使用 66MHz 的总线频率进行工作，从而极大地提高了数据传输率。AGP 发展至今，先后出现了 AGP1.0、2.0 和 3.0 三种技术规范。每种技术规范的标准，如表 6-1 所示。

表 6-1 AGP 显卡技术标准

技术规范	AGP1.0		AGP2.0	AGP3.0
版本	AGP 1X	AGP 2X	AGP 4X	AGP 8X
数据带宽	32bit	32bit	32bit	32bit
时钟频率	66MHz	66MHz	66MHz	66MHz
工作频率	66MHz	133MHz	266MHz	533MHz
数据传输率	266MB/s	533MB/s	1066MB/s	2133MB/s
工作电压	3.3V	3.3V	1.5V	0.8V

在 AGP 显卡的发展过程中，出现过一种被称为 AGP Pro 的增强型 AGP 显卡。AGP Pro 显卡比 AGP 显卡略长，电力需求也较大，其插槽却能够完全兼容 AGP 显卡。但是，到 2009 年，AGP 显卡基本已被 PCI-E 接口的显卡所取代。

2. PCI-E 显卡

随着图像处理技术的进步和用户对 3D 游戏需求的急速增长，传统的 AGP 接口已经无法满足大量数据传输的需求。为了解决这一问题，多家公司共同开发了 PCI-Express 串行技术规范。

PCI-Express 接口分为 X1、X2、X4、X8、X12、X16 和 X32 等多个不同的数据带宽标准。与传统 PCI 总线在单一时间周期内只能实现单向传输不同的是，PCI-Express 采用了新型的双单工连接方式，即一个 PCI Express 通道由两个独立的单工连接组成，如图 6-5 所示。

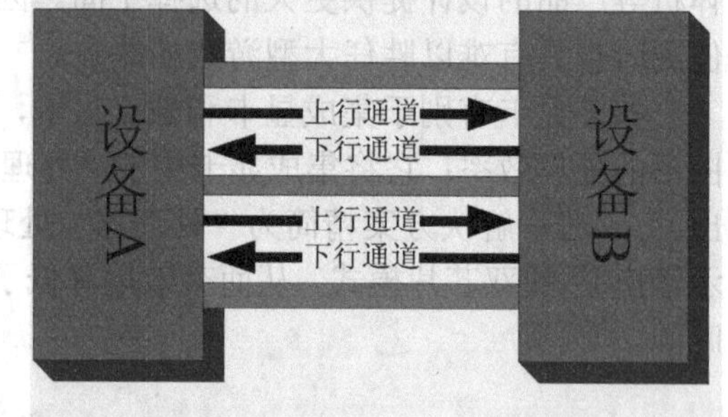

图 6-5 PCI-E 显卡的连接方式

对于广大用户而言，PCI-Express 接口带来的是显卡性能的大幅度提升。以常见的 PCI-E X16 显卡为例，其 4.8GB/s 的数据传输率远高于 AGP 8X 显卡 2.1GB/s 的数据流量，因此一经推出便很快占量市场。图 6-6 所示为一款 PCI-E 显卡。

图 6-6 PCI-E 显卡

6.2 显卡结构和技术

了解了显卡的工作原理、分类和独立显卡的类型之后，还需要了解显卡的组成结构和性能指标等理论知识。

6.2.1 显卡的结构

显卡的基本作用是控制计算机内图形图像的显示输出，其主要部件包括显示芯片、显示内存、显卡 BIOS 和显卡接口等。

图 6-7 显示芯片

1. 显示芯片

显示芯片负责处理各种图形数据，是显卡的核心组成部分，其工作能力直接影响显卡的性能，是划分显卡档次的主要依据，如图 6-7 所示。

目前，生产和研发显示芯片的主要有 Intel、AMD 和 NVIDIA 这 3 家公司。市场上绝大多数显卡所采用的都是 AMD 或 NVIDIA 生产的显示芯片。

2. RAMDAC

RAMDAC 即随机存取内存数字/模拟转换器，简称数模转换器，功能是将显存内的数字信号转换为能够用于显示的模拟信号。RAMDAC 的转换速度以 MHz 为单位，其转换速度越快图像越稳定，在显示器上的刷新频率也就越高。

随着显卡生产技术的提高，RAMDAC 芯片早已集成到了显示芯片中，因此在现在的显卡上已经无法看到独立的 RAMDAC 芯片了。

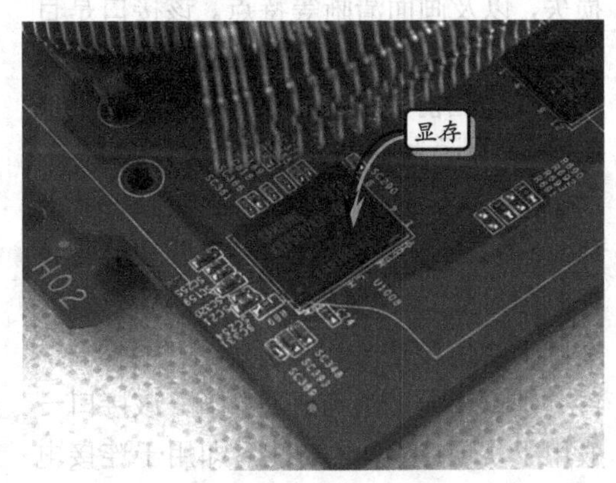

图 6-8 显存

3. 显存

显存（显示内存），如图 6-8 所示，也是显卡的重要组成部分之一，具有存储等待处理图形数据的作用。显示器当前所使用的分辨率、刷新率越高，所需显存的容量也就越大。另外，显存的速度和数据传输带宽也影响着显卡的性能，不管显示芯片的功能如何强劲，如果显存的速度太慢，无法即时传送图形数据，仍然无法得到理想的显示效果。

4. 显卡 BIOS

显卡 BIOS（VGA BIOS）是固化在显卡上的一种特殊芯片，主要用于存放显卡控制程序、产品标识等信息。目前，主流的显卡 BIOS 大多采用 Flash 芯片，因此用户可以通过专用的程序对其进行改写，以改善显卡的性能。

图 6-9 D-SUB 接口

5. 显卡接口

近年来，随着显示设备的不断发展，显卡信号输出接口的类型越来越丰富。目前，主流显卡大都提供两种以上的接口，分别用于连接不同的显像设备。显卡接口分为 D-SUB 接口、DVI 接口、S-Video 接口和 HDMI 接口四类。

D-SUB 接口又称为 D 型 VGA 插座，这是一个三排梯形 15 孔的模拟信号输出接口，主要用于连接 CRT 显示器，如图 6-9 所示。

提 示

D-SUB 接口被设计为梯形的原因是为了防止插反，计算机上的很多其他接口也都采用了类似的设计方式。

图 6-10 DVI 接口

DVI 接口即数字视频接口，用于输出数字信号，具有传输速度快、信号无损失，以及画面清晰等特点。该接口是目前很多 LCD 显示器采用的接口类型，因此也成为当前显卡的主流输出接口之一。图 6-10 所示为 DVI 接口。

S-Video 接口英文全称为 Separate Video（二分量视频接口），主要功能是将视频信号分开传送。它能够在 AV 接口的基础上将色度信号和亮度信号进行分离，再分别以不同的通道进行传输。该接口一般用于实现 TV-Out 功能，即用于连接电视。图 6-11 所示为 S-Video 接口。

图 6-11 S-Video 接口

HDMI（High Definition Multimedia Interface，高清晰多媒体接口）接口用于连接高

清电视。HDMI 接口的最高数据传输速率能够达到 10.2Gb/s，完全可以满足海量数据的高速传输。此外，HDMI 技术规范允许在一条数据线缆上同时传输高清视频和多声道音频数据，因此又被称为高清一线通技术。图 6-12 所示即 HDMI 接口。

图 6-12　HDMI 接口

6．总线接口

总线接口又称为“金手指”，是显卡连接主板的部分，如图 6-13 所示。根据显卡的类型不同，其总线接口的样式也存在一定的差别。目前市场中，主流显卡所采用的接口类型多为 PCI-E 接口。

图 6-13　总线接口

6.2.2　显卡的性能指标

显卡是计算机硬件系统中较为复杂的部件之一，其性能指标也相对较多。下面我们将对其中较为重要的几项内容进行简单介绍。

1．显卡核心频率

显卡核心频率指显示芯片的工作频率，单位为 MHz，该指标决定了显示芯片处理图形数据的能力。不过，由于显卡的性能受到核心频率、显存、像素管线、像素填充率等多方面因素的影响，所以在显卡核心不同的情况下，核心频率的高低并不代表显卡性能的强弱。

2．RAMDAC 频率

RAMDAC 的频率直接决定着显卡所支持的刷新频率，以及所显现画面的稳定性，是影响显卡性能的重要指标。以 1280×1024@85Hz 的分辨率@刷新频率为例，所需 RAMDAC 的频率至少为148.62MHz（1280×1024×85×1.334（带宽系数）÷1000000≈141.74MHz）。

目前，常见显卡的 RAMDAC 频率都已经达到 400MHz，完全可以满足用户的日常需求，所以通常不必为了 RAMDAC 的频率而担心。

3．显存频率

显存频率是指显存的时间频率，该指标直接决定了显存带宽，是显卡较为重要的技术指标之一，以MHz 为单位。显存频率与显存时钟周期（显存速度）相关，二者成倒数关系，即显存频率＝1/显存时钟周期。

以显存速度为 2ns（纳秒）的 GDDR3 显存为例，通过计算可知其显存频率为

1/2ns=500MHz。

4. 显存位宽

显存位宽是显存在单位时间内所能传输数据的位数，单位为 bit。显存位宽越大，数据的瞬时传输数量也就越大，直接表现为显卡传输速率的增加。显存位宽的计算公式如下：

显存位宽 = 单颗显存位宽 × 显存颗数

目前，市场上常见显卡的显存位宽大多为 256bit，中高端显卡的显存位宽一般为 448bit 或 512bit，而针对高端用户的顶级显卡已经达到了 896bit 甚至更大的显存位宽。

5. 显存带宽

显存带宽是指显示芯片与显存之间的数据传输速率，以 GB/s 为单位。显存带宽是决定显卡性能和速度的重要因素之一，要得到高分辨率、高色深、高刷新率的 3D 画面，就要求显卡具有较大的显存带宽。显存带宽的计算公式如下：

显存带宽 = 显存工作频率×显存位宽/8

6. 3D API 技术

目前，显示芯片厂商及软件开发商都在根据 3D API 标准设计开发相应的产品（显示芯片、三维图形处理软件、3D 游戏等）。因此，只有支持新版本 3D API 的显卡才能在新的应用环境内获得更好的 3D 显示效果。

目前，应用较为广泛的 3D API 主要有以下两种：

- ❑ **DirectX** DirectX 是微软为 Windows 平台量身订制的多媒体应用程序编辑环境，共由显示、声音、输入和网络四大部分组成，在 3D 图形方面的表现尤为出色。“目前，所有显卡都对 DirectX 提供良好的支持，在 Windows 7 操作系统中，内置了 DirectX 11。在 2014 年 3 月，微软正式发布了新一代的 API DirectX 12，大大提高了多线程效率，不仅可以充分发挥多线程硬件的潜力，而且还可以减轻 CPU、GPU 的过载情况。”
- ❑ **OpenGL** OpenGL（Open Graphics Library，开放图形库接口）是计算机工业标准应用程序接口，常用于 CAD、虚拟场景、科学可视化程序和游戏开发。OpenGL 的发展一直处于一种较为迟缓的状态，每次升级时的新增技术相对较少，大多只是对之前版本的某些部分作出修改和完善。

提 示

3D API 是软件（应用程序或游戏）与显卡直接交流的接口，其作用是使编辑人员只需调用 3D API 内部程序即可启用显卡芯片强大的 3D 图形处理能力，而无须了解显卡的硬件特性，从而提高 3D 程序的设计效率。

6.2.3 多卡互联技术

随着用户需求的不断提高，即使是顶级显卡也已无法满足某些高端应用的图形数据处理需求。为此，人们开始寻求一种能够快速提高图形数据处理能力的方法，多卡互联技术由此诞生。

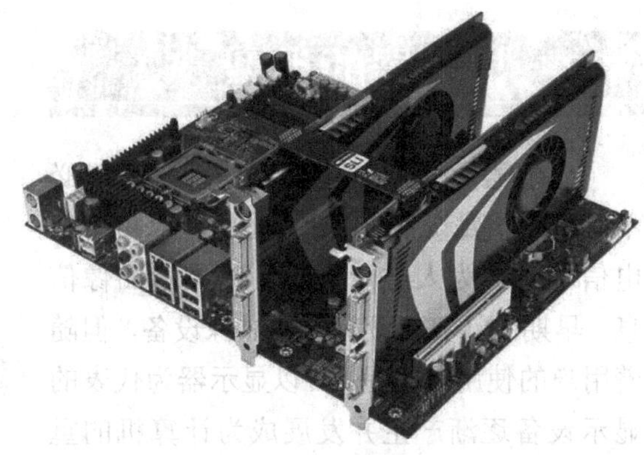

图 6-14 多卡互联技术

1. 多卡互联技术概述

简单地说，多卡互联技术的原理是将多块显卡连接在一起，共同处理图形数据，以此来提高显示系统的整体性能，如图 6-14 所示。

2. SLI 多卡互联技术

目前，NVIDIA 公司和 AMD 公司都推出了自己的多卡互联技术。SLI（Scalable Link Interface，交错互连）是 NVIDIA 公司于 2005 年 6 月推出的一项多 GPU 并行处理技术。在该技术的支持下，两块显卡通过连接子卡联系在一起，工作时各承担一半的图形处理任务，从而使计算机的图形处理性能得到近乎翻倍的提升，如图 6-15 所示。

图 6-15 SLI 多卡互联技术

需要指出的是，SLI 模式下两块显卡的地位并不是对等的，而是一块显卡作为主卡（Master），另一块则作为副卡（Slave）。其中，主卡负责任务指派、渲染、后期合成、输出等运算和控制工作，而副卡只是在接收来自主卡的任务并进行相关处理后，将结果传送回主卡。

提 示

最早提出 SLI 技术的是 3dfx 公司，但该公司已经在与 nVIDIA 公司的竞争中被其收购。

在 SLI 系统的组成方面，由于 nVIDIA 将 SLI 控制功能直接集成在了显示芯片内部，所以并不是所有的 nVIDIA 显卡都支持 SLI 技术。

在 SLI 模式中，显示画面被分割为两部分，主、副卡分别负责某一部分的数据计算工作。由于在分割画面时采用了动态负载平衡技术，所以两块显卡几乎能够同时完成画面的数据计算工作，从而减少了等待时间，提高了工作效率。

3. CrossFire 多卡互联技术

CrossFire（交叉火力，简称“交火”技术）是 AMD 公司针对 SLI 技术而推出的一项多卡互联技术，其原理与 SLI 类似。不过，CrossFire 模式下的两块显卡通过显卡接口在机箱外部连接，因此不需要专门的双卡互联接口，如图 6-16 所示。

6.3 显示器的类型

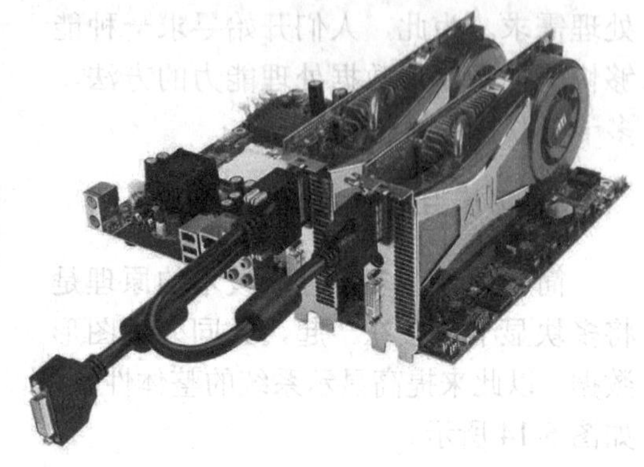
图 6-16 CrossFire 多卡互联技术

显示器是用户与计算机进行交互时必不可少的重要设备，其功能是将计算机中的电信号转换为人类能够识别的图形图像信息。早期的计算机没有任何显像设备，但随着用户的使用需求提高，以显示器为代表的显示设备逐渐产生并发展成为计算机的重要设备。目前，常见的显示器可以根据不同的标准分为多种类型。

6.3.1 按尺寸和屏幕比例划分

根据尺寸对显示器进行划分是最为直观、简洁的分类方法。目前市场上常见的显示器产品以 19″（英寸）为主。除此之外，还有 22″、24″及更大尺寸的显示器产品，如图 6-17 所示。

图 6-17 不同尺寸下的显示器

另外，屏幕比例是指显示器屏幕长与宽的比值。根据类型的不同，不同显示器的屏幕比例也都有所差别。例如，常见 CRT 显示器的屏幕比例大都为 4∶3，而主流 LCD 显示器的屏幕比例则分为 4∶3、5∶4、16∶9 和 16∶10 这 4 种类型。

6.3.2 按显像技术划分

按照显示器显像技术的不同，可以将显示器分为阴极射线管显示器（即 CRT 显示器）、液晶显示器（即 LCD 显示器）和等离子显示器（即 PDP 显示器）三大类型。

1. CRT 显示器

图 6-18 CRT 显示器

CRT 显示器是早期使用范围较广的显示器类型，外形与电视机类似，特点是结实、耐用，但体积较大，如图 6-18 所示。

此外，作为 CRT 显示器重要组成部分的显像管又分为柱面管和纯平管两大类。其中，柱面管从水平方向看呈曲线状，而在垂直方向则为平面，特点是亮度高、色彩艳丽饱满，其代表产品是索尼公司的特丽珑（Trinitron）和三菱公司的钻石珑（Diamondtron）。

提 示

特丽珑与钻石珑是两种完全不同的柱面显像管技术，例如特丽珑采用的是单枪三束技术，而钻石珑采用的是三枪三束技术。

相比之下，纯平管在水平和垂直方向上均实现了真正的平面。由于该设计能够使人眼在观看屏幕时的聚焦范围增大，而失真和反光则被减少到最低限度，所以看起来更加逼真舒服。代表产品有索尼的平面珑、LG的未来窗、三星的丹娜管以及三菱的纯平面钻石珑等。

图 6-19 LCD 显示器

2. LCD 显示器

LCD 显示器是一种利用液晶分子作为主要材料制造而成的显示设备，如图 6-19 所示，其特点是机身轻薄、无辐射、使用寿命长等。目前，随着液晶显示技术的不断成熟和液晶面板成本的不断下降，液晶显示器已经成为当前计算机的首选显示设备。

图 6-20 等离子显示器

3. 等离子显示器

等离子显示器是一种利用气体放电促使荧光粉发光并进行成像的显示设备。与 CRT 显示器相比，等离子显示器具有屏幕分辨率大、超薄、色彩丰富和鲜艳等特点；与 LCD 显示器相比具有对比度高、可视角度大和接口丰富等特点。

等离子显示器的缺点在于生产成本较高，且耗电量较大。并且，由于等离子显示器非常适于制作大尺寸的显示设备，所以多用于制造等离子电视，如图 6-20 所示。

提 示

等离子显示器的英文为 Plasma Display Panel （PDP），在为等离子显示器安装频道选台器等设备后，便可将其称之为等离子电视（Plasma TV）。

6.4 LCD 显示器

近年来，随着人们绿色、环保、健康意识的不断增强，LCD（液晶）显示器以其低功耗、低辐射等优点受到用户的关注。在本小节中，将详细介绍 LCD 显示器的基础理论知识。

6.4.1 LCD 显示器概述

LCD 显示器生产技术的逐渐成熟，以及生产成本的不断下降，都使得 LCD 显示器逐渐取代 CRT 显示器，成为显示器市场中的主流产品类型。下面将详细介绍 LCD 显示器的优点和结构。

1. LCD 显示器的优点

LCD 显示器能够被广大用户所接受，在于它拥有许多 CRT 显示器所不具备的优点，其具体优点，如下所述：

- **体积小** 与笨重的 CRT 显示器相比，液晶显示器具有超轻、超薄的特点。
- **省电低温** LCD 显示器属于低耗电产品，因此其发热量极其有限。相比之下，CRT 显示器会在长时间使用时不可避免地产生高温。
- **无辐射** 液晶显示器并非完全没有辐射，但相对于 CRT 显示器来说，液晶显示器的辐射量可以忽略不计。
- **画面柔和** 不同于 CRT 技术，液晶显示器的画面不会闪烁，因此即使是长时间使用，眼睛也不易产生疲劳感。

2. LCD 显示器的结构

液晶显示器主要由液晶面板和背光模组两大部分组成。其中，背光模组的作用是提供光源，以照亮液晶面板，而液晶面板则通过过滤由背光模组提供的光线，在屏幕上显示出各种样式、色彩的图案，如图 6-21 所示。

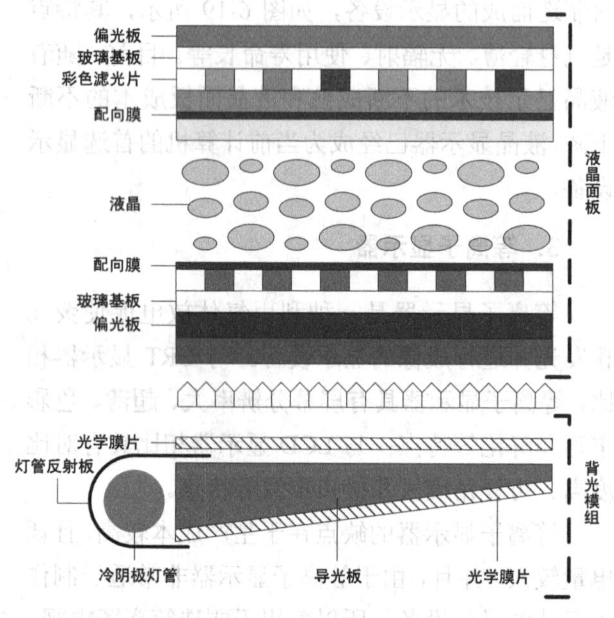

图 6-21 LCD 显示器的结构

6.4.2 LCD 显示器原理和参数

了解了 LCD 显示器的结构和优点之后，还需要了解 LCD 显示器的工作原理和性能参数，以帮助用户了解并掌握 LCD 显示器的工作性能。

1. LCD 显示器的工作原理

LCD 显示器内部的液晶是一种介于固体和液体之间的物质，当两端加上电压时，液晶分子便会呈一定角度排列，并通过不同角度的折射光和反射光显示图像。但由于液晶本身并不发光，光源全部来自于LCD显示器内部的发光灯管，所以即便长时间观看液晶屏幕也不会出现目眩的感觉。

2. LCD 显示器的主要参数

LCD 显示器的成像原理与 CRT 显示器完全不同，这使得两者的性能指标也有很大的差别。一般情况下，LCD 显示器具有下列主要参数：

- **点距**　在 LCD 显示器中，所谓点距是指同一像素中两个相同颜色磷光体之间的距离。点距越小，相同面积内的像素点便越多，显示画面也就越为细腻。
- **最大分辨率**　LCD 显示器的最大分辨率就是它的真实分辨率，也就是最佳分辨率。一旦所设置的分辨率小于真实的分辨率，将会有两种显示方式：一种是居中显示，其他没有用到的点不发光，保持黑暗背景，看起来画面是居中缩小的；另一种是扩展显示，这种方式使屏幕上的每一个像素都得到了利用，但由于像素容易发生扭曲，所以会对显示效果造成一定影响。

提　示

与 CRT 显示器可任意调节分辨率所不同的是，LCD 显示器只有工作在最佳分辨率时，其显示效果最好，扩大或减小分辨率都会影响 LCD 显示器的显示效果。

- **亮度**　由于构造的原因，背光光源的亮度决定了 LCD 显示器的画面亮度与色彩饱和度。理论上来说，LCD 显示器的亮度越高越好，其测量单位为 cd/m^2（坎德拉每平方米）。通常情况下，只有当 LCD 显示器的亮度能够达到 $200cd/m^2$ 时才能表现出较好的画面。
- **对比度**　这里的对比度是指最大亮度值（全白）除以最小亮度值（全黑）的比值。一般情况下，对比度 120∶1 时就可以显示生动、丰富的色彩（因为人眼可分辨的对比度约在 100∶1 左右），对比度高达 300∶1 时便可以支持各阶度的颜色。
- **响应时间**　响应时间反映了 LCD 显示器各个像素点对输入信号的反应速度，即像素点由暗转明的速度，单位为 ms（毫秒）。响应时间越短，表明显示器性能越好，越不会出现“拖尾”现象。一般将响应时间分为上升时间（Rise time）和下降时间（Fall time）这两个部分，表示响应时间时以两者之和为准。

提　示

“拖尾”是因 LCD 显示器内部液晶分子的调整能力较慢，从而造成 LCD 显示器屏幕有残影的一种现象。

- **灰阶响应时间**　传统意义上的响应时间是指在全黑和全白画面间进行切换所需要的时间，由于这种全白全黑画面切换所需要的驱动电压较高，所以切换速度较快。但在实际使用的过程中，更多的是灰阶到灰阶（Gray to Gray，GTG）之间的切换，这种切换需要的驱动电压较低，故切换速度相对较慢。目前产品的灰阶响应时间大都在 8ms 以内，高端产品已经达到了 2ms。

- **可视角度** 可视角度是指用户能够正常观看显示器画面的角度范围（最大180°）。一般而言，LCD显示器的可视角度左右是对称的，但上下可能会有一定差别，通常上下角度小于左右角度。由于每个人的视力不同，所以常常以对比度作为判断的标准，即在最大可视角位置时对比度越大越好。LCD 显示器可视角度一般小于 CRT 显示器的可视角度，如图 6-22 所示。

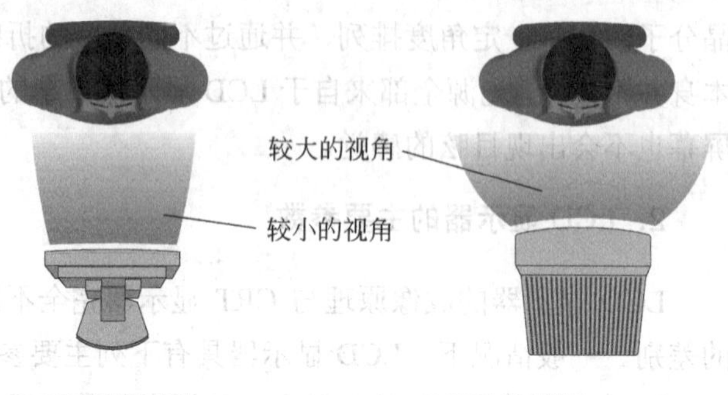

图 6-22 显示角度对比

6.5 选购显卡和显示器

显卡和显示器是计算机组装中的重要部件之一，对于购买集成显卡主板的用户来讲，可以不必再次购买显卡了。而对于那些专业用户来讲，不建议使用集成显卡，而建议购买显示性能良好的独立显卡。除此之外，一台合适的显示器，也凸显了计算机整体的品位和性能。在本小节中，将详细介绍选购显卡和显示器的一些基础理论。

6.5.1 选购显卡

显卡的性能直接影响到计算机的显示效果，例如显卡的好坏会直接影响图像像素的显示效果，会影响大型游戏的运行完美度。因此在选择显卡时，用户需要注意显卡的品牌、显存和型号参数，要确定所购买的显卡与计算机其他组件能匹配并符合自身需求。

1. 显卡购买注意事项

在选购显卡时，商家一般会根据用户所提供的主板类型，推荐相应的显卡型号。用户只需切合实际需求，来选择相应的显卡类型即可。在此，需要注意的是用户在选购显卡之前，需要根据事先制定的计算机配件表，在网上搜索不同类型显卡的参数和价格，以防止商家以次充好。

除上之外，用户还需要注意以下购买注意事项。

- **确定显卡需求** 在购买显卡之前，用户需要先确定显卡的实际用途，以便根据需要进行筛选，避免造成不必要的浪费。对于普通用户所需要的运行中小型游戏、上网和多媒体播放等需求，一般主流显卡都可以满足；对于游戏发烧友来讲，需要选购一款高档次的游戏显卡，以发挥 3D 游戏的强大功效；对于 3D 制图人员来说，需要选购专业的图形显卡。
- **购买品牌显卡** 目前市场中的显卡商品多不尽数，往往不同品牌的产品，即使具有相同的规格、参数、型号，价格也不尽相同。因此，在选购显卡时，应该首选一些知名品牌的显卡，例如华硕、丽台、七彩虹、技嘉等。
- **注意显卡显存** 显存是显卡的重要组成部件，直接影响显卡的整体性能。显存的位宽决定了显卡的带宽，目前市场中的显存位宽一般为 64 位、128 位和 256 位等。用户在选购显卡时，还需要认真查看显卡的基本规格和鉴定显卡的位宽。

- **注意散热器和风扇** 在购买显卡时，还需要注意显卡的散热器和风扇。一般显卡的风扇分为 4pin、3pin 和 2pin 等类型，4pin 表示风扇接线为 4 根。一般情况下，4pin 和 3pin 类型的风扇支持温控，比较安全，噪音也小。对于散热器，需要选购做工细致、无毛刺、散热片面积大，以及是铝制材料的散热器。

2. 查看显卡参数

了解了显卡的一般购买事项之后，便需要选购具体型号了。目前市场中的主流显卡和发烧级显卡数不胜数，为了购买到一款合适的显卡，购买前还需要登录网络查看不同型号显卡的价格和基本参数。在此，将发烧级“华硕圣骑士 GTX780-DC20C-3GD5”和主流级“七彩虹 iGame750Ti 烈焰战神 U-Twin-2GD5”显卡的参数做对比，详细介绍显卡每项参数的具体含义，其具体情况，如表 6-2 所示。

表 6-2 主流与高端显卡参数对比

参数组	参数项目	华硕圣骑士 GTX780-DC20C-3GD5	七彩虹 iGame750Ti 烈焰战神 U-Twin-2GD5	参数说明
显卡核心	芯片厂商	NVIDIA	NVIDIA	生产芯片的厂商名称
	显卡芯片	GeForce GTX 780	GeForce GTX 750Ti	显卡的核心芯片，决定了显卡的性能
	显示芯片系列	NVIDIA GTX 700 系列	NVIDIA GTX 700 系列	显卡芯片所属于的产品系列，即表示是第几代产品
	制作工艺	28 纳米	28 纳米	显卡的制作精度，用纳米表示
	核心代号	GK110	GK107	显卡核心编号
显卡频率	核心频率	889/941MHz	1020/1098MHz	显示核心的工作频率，它与显存、像素管线、像素填充率等共同决定显卡性能
	显存频率	6008MHz	5400MHz	显卡工作时的频率，反应显卡的速度
	RAMDAC 频率	400MHz	无	在足够的显存下，决定了显卡所支持的最高分辨率和刷新频率
显存规格	显存类型	GDDR5	GDDR5	显存的所属型号
	显存容量	3072MB	2048MB	显卡本地显存的容量数，表示显卡临时存储数据的能力
	显存位宽	384bit	128bit	显示在一个时钟周期所传输数据的位数，位数越大表示瞬间传输的数据量越大
	最大分辨率	2560×1600	2560×1600	表示显卡在显示器中所能描述的像素点的数量
显卡散热	散热方式	散热风扇+热管散热	散热风扇+热管散热	显卡的物理散热方法
显卡接口	接口类型	PCI Express 3.0 16X	PCI Express 3.0 16X	显卡与主板连接所采用的接口类型

续表

参数组	参数项目	华硕圣骑士 GTX780-DC 20C-3GD5	七彩虹 iGame750Ti 烈焰战神 U-Twin-2GD5	参数说明
	I/O 接口	HDMI 接口/双 DVI 接口/DisplayPort 接口	Mini HDMI 接口/双 DVI 接口	显卡与显示器连接所采用的接口类型
	电源接口	6pin+8pin	6pin	表示显卡的电源接口类型
物理特性	3D API	DirectX 11.1	DirectX 11.1	显卡与应用程序的接口
	流处理单元	2304 个	640 个	NVIDIA 对其统一结构 GPU 内通用标量着色器的称谓
其他参数	显卡类型	发烧级	主流级	显卡的市场级别
	支持 HDCP	是	是	高带宽数字内存的保护技术

6.5.2 选购显示器

显示器属于计算机组件中的输入输出设备，即 I/O 设备，是显示计算机中数据信息的设备。在实际应用中，配备一台好的显示器是必不可少的，这样不仅可以帮助用户稳定且多彩地观看电影和电视剧，而且还可以呈现逼真的游戏场景。

在购买显示器时，除了查看品牌、尺寸和价格之外，用户还需要注意以下购买事项。

- **高对比度** 在购买显示器时，要选择高对比度的显示器。对比度直接体现了液晶显示器色阶的参数，对比度越高，其还原的画面层次感就越好。一般液晶显示器的标准对比度为 250：1、300：1、400：1 或 500：1 等。
- **高亮度** 对比度需要跟亮度配合才能产生好的显示效果，因此在选购显示器时，也应该选择高亮度的显示器。液晶显示器的亮度以 cd / m^2 为单位，亮度越高，显示器显示越明亮。
- **屏幕坏点** 在购买显示器时，应仔细查看屏幕中是否存在坏点。屏幕坏点最常见的为屏幕中显示白点或黑点。黑点的鉴别方法是将整个屏幕调整为白屏，白点则将整个屏幕调整为黑屏。
- **响应时间** 响应时间的快慢是衡量显示器好坏的重要指标，在购买时尽量选择响应时间快的显示器。当显示器的响应时间超过 40 毫秒时，就会出现运动图形的迟滞现象。当前，大部分液晶显示器的标准响应时间为 25 毫秒左右，个别显示器可达到 16 毫秒。
- **显示器带宽** 显示器与显卡一样，其带宽也是衡量显示器的一个指标，一般液晶显示器的标准带宽为 80MHz。
- **可视角度** 可视角度是指用户可以从不同角度都可以清晰地观察屏幕中的内容，可视角度的大小直接决定了用户可视范围的大小以及最佳观赏角度，如果可视角度过小，则容易出现只要偏离屏幕正面，画面就会失色的现象。在购买显示器时，可以以 120 度的可视角度作为衡量标准。
- **点距** 点距是指屏幕中相邻两个同色像素单元之间的距离，例如 15 英寸液晶显示器的标准点距一般为 0.297 毫米，所对应的分辨率为 1024×768。由于点距越小其分辨率越高，所以在购买显示器时应该购买低点距显示器。

6.6 课堂练习：优化显示设置

显示器是每位计算机用户每天都要面对的计算机部件，其质量和显示效果的优劣将会直接影响到我们的身体健康。在本练习中，将介绍优化显卡和显示器设置的各种方法，以便将显示器对用户健康的不利影响降至最低限度。

操作步骤

1 打开【控制面板】对话框，选择【显示】选项，如图 6-23 所示。

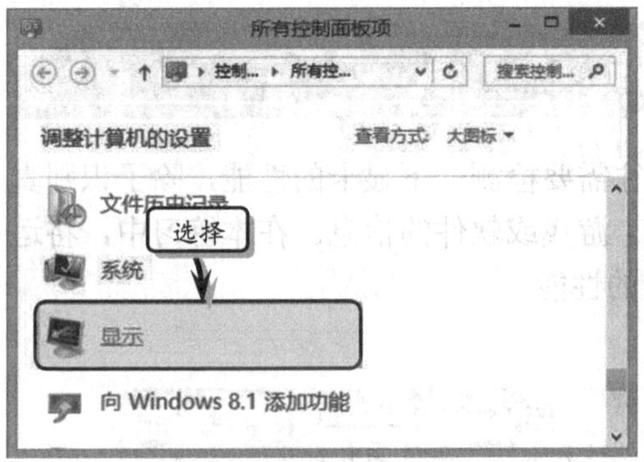

图 6-23 【控制面板】对话框

2 启用【让我选择一个适合我的所有显示器的缩放级别】复选框，选中相应的选项，并选择左侧的【更改显示器设置】选项，如图 6-24 所示。

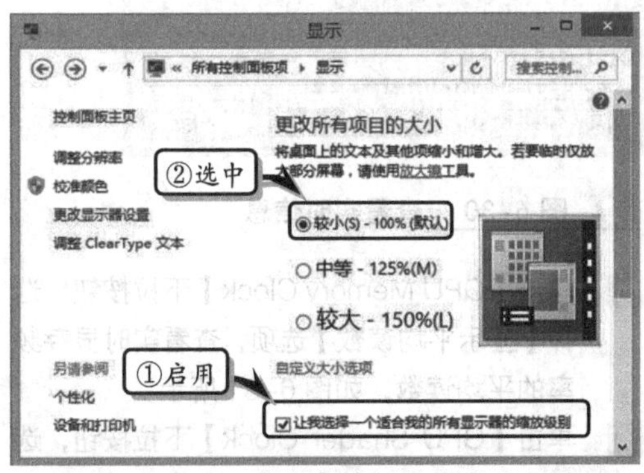

图 6-24 设置显示缩放级别

3 在弹出的【屏幕分辨率】对话框中，设置【分辨率】选项，并单击【高级设置】按钮，如图 6-25 所示。

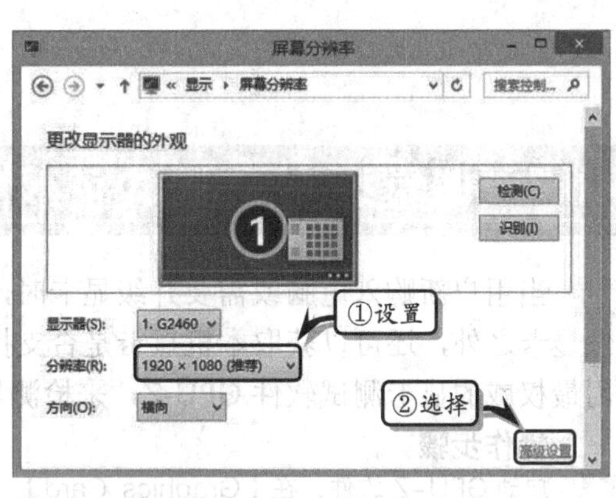

图 6-25 设置分辨率

4 在弹出的对话框中，激活【监视器】选项卡，将屏幕刷新频率设置为 60 赫兹，如图 6-26 所示。

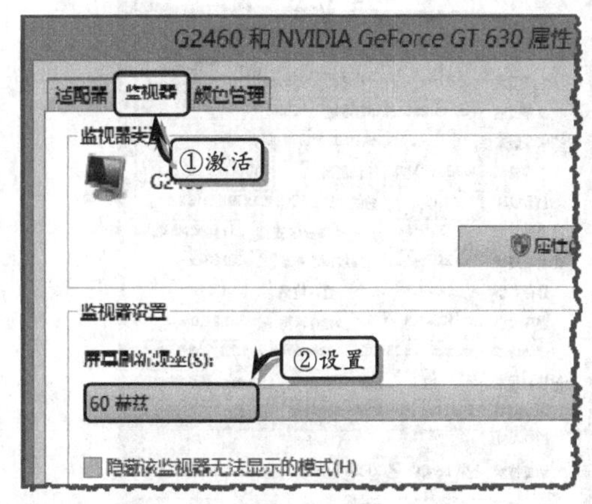

图 6-26 设置屏幕刷新频率

5 激活【适配器】选项卡，单击【列出所有模式】按钮，如图 6-27 所示。

6 然后，在弹出的【列出所有模式】对话框中，选择【1920×1080,真彩色（32 位）,60 赫兹】选项，如图 6-28 所示。

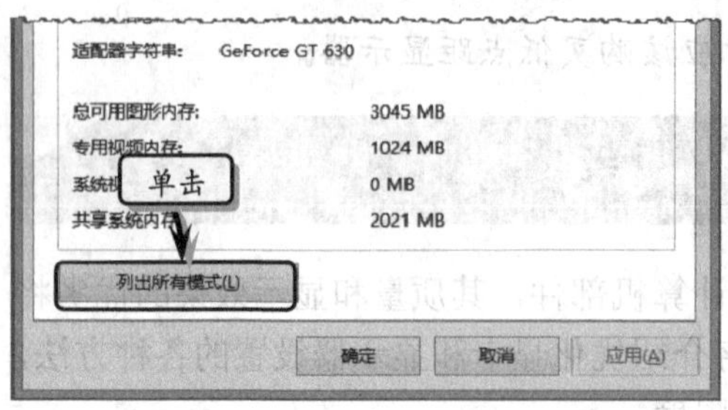

图 6-27 【适配器】选项卡

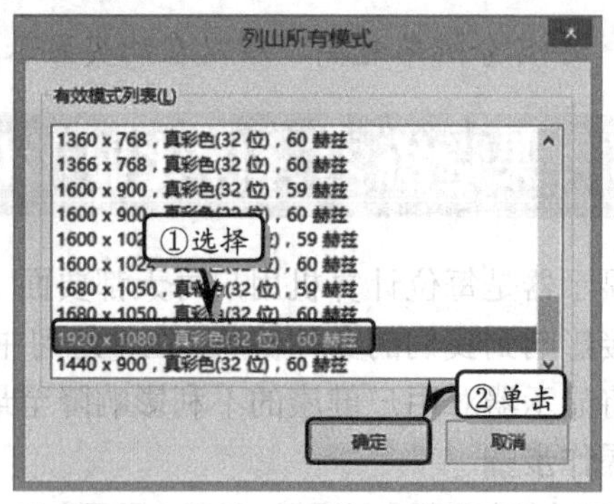

图 6-28 选择模式

6.7 课堂练习：测试显卡性能

当用户新购入电脑或需要升级显卡时，往往需要检测一下显卡的性能，除了识别真假显卡之外，还可以获取本机显卡是否支持 3D 游戏或软件的信息。在本练习中，将运用最权威的显卡测试软件 GPU-Z，来检测显卡的性能。

操作步骤

1 启动 GPU-Z 软件，在【Graphics Card】选项卡中，显示了显卡名称、图形处理器、渲染器数量、显存类型等显卡基础信息，如图 6-29 所示。

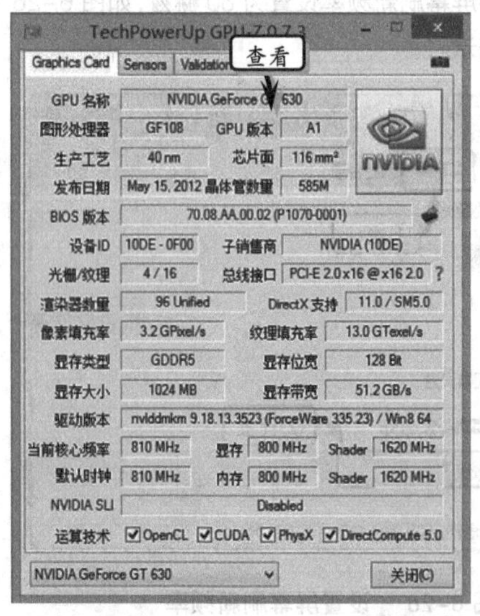

图 6-29 查看显卡基础信息

2 激活【Sensors】选项卡，在该选项卡中显示了显存实时显示频率、实时渲染频率、显卡温度、风扇速度百分比、GPU 渲染核心占用率等详细信息，如图 6-30 所示。

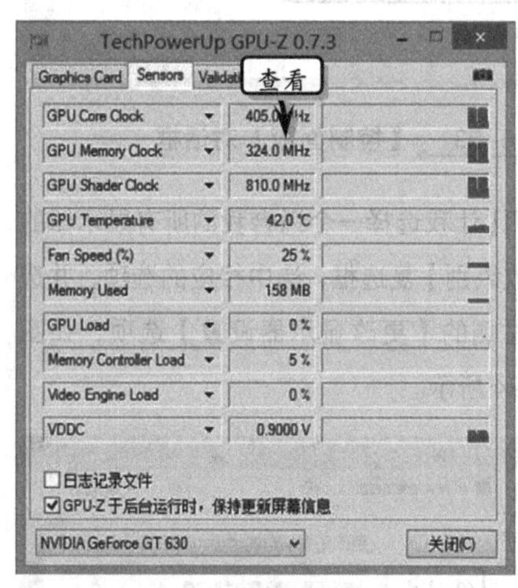

图 6-30 查看实时信息

3 单击【GPU Memory Clock】下拉按钮，选择【显示平均读数】选项，查看实时显存频率的平均读数，如图 6-31 所示。

4 单击【GPU Shader Clock】下拉按钮，选择【显示最高读数】选项，查看实时渲染频率的最高读数，如图 6-32 所示。

5 单击【GPU Load】下拉按钮，选择【在窗口标题中显示】选项，在窗口标题中显示 GPU 渲染核心占用率，如图 6-33 所示。

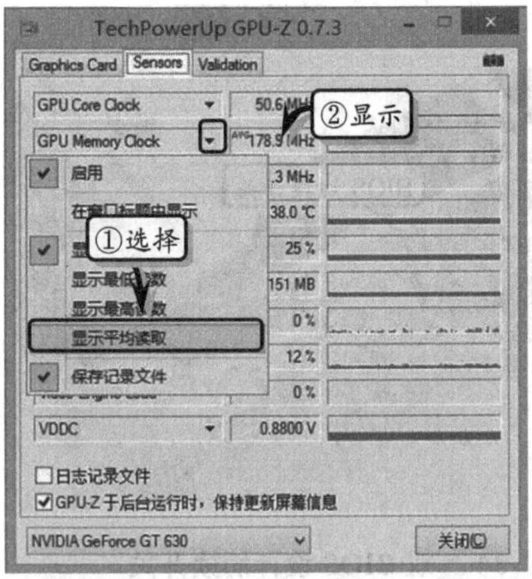

图 6-31 查看实时显存频率平均读数

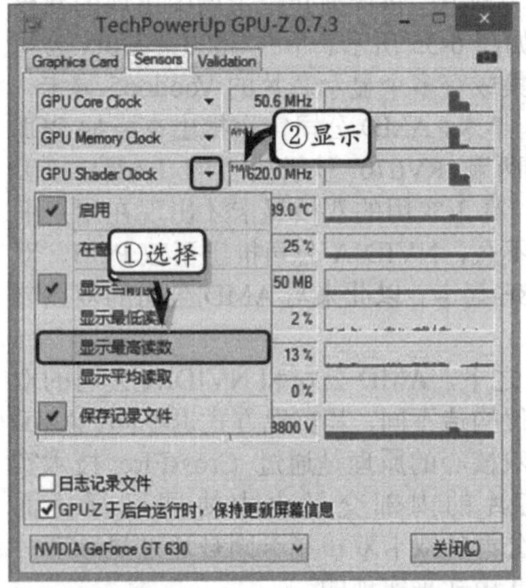

图 6-32 查看实时渲染频率最高读数

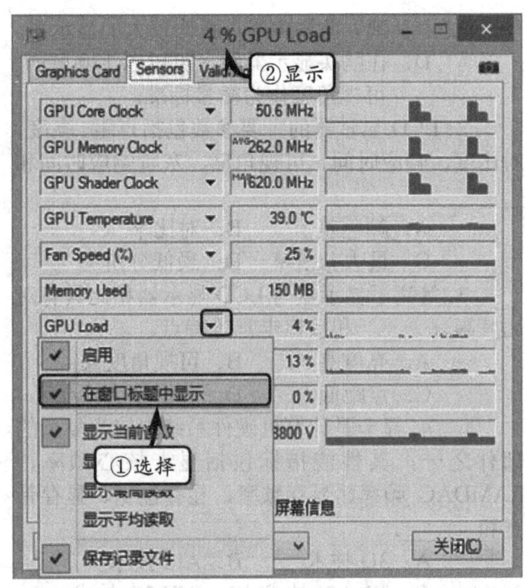

图 6-33 显示 GPU 渲染核心占用率

6.8 思考与练习

一、填空题

1. 显卡又称为显示适配器或显示器配置卡，承担着__________的任务。

2. 在计算机的整个运行过程中，数据离开 CPU 之后，需要经过__________、__________、__________、__________4 个步骤，才会到达显示器。

3. 根据显卡的独立或集成情况，以及显卡的性能，可以将显卡划分为__________、集成显卡和__________等类型。

4. 显卡的基本作用是控制计算机内图形图像的显示输出，其主要部件包括__________、显示内存、__________和显卡接口等。

5. 随着用户需求的不断提高，即使是顶级显卡也已无法满足某些高端应用的图形数据处理需求。此时，__________技术由此诞生。

6. 按照显示器显像技术的不同，可以将显示器分为阴极射线管显示器（即 CRT 显示器）、__________和__________三大类型。

二、选择题

1. 对于选购显示器的注意事项，下列选项中描述错误的一项为______。

A. 在购买显示器时，应该购买高对比度的显示器。

B. 对比度需要跟亮度配合才能产生好的显示效果，因此在选购显示器时，也应该选择高亮度的显示器。

C. 点距决定了同色像素单元之间的距

离，需要购买点距比较大的显示器。

D. 在购买显示器时，可以以 120 度的可视角度作为衡量标准。

2. LCD 显示器的主要参数包括点距、亮度、对比度、响应时间、可视角度、灰阶响应时间和______。

A. 颜色差　　B. 对比率

C. 最大分辨率　D. 最低分辨率

3. 等离子显示器与 LCD 显示器相比具有对比度高、______和接口丰富等特点。

A. 亮度高　　B. 可视角度大

C. 点距低　　D. 分辨率大

4. 显卡是计算机硬件系统中较为复杂的部件之一，其性能指标包括显卡核心频率、RAMDAC 频率、显存频率、显存位宽、显存带宽和______。

A. 3D 技术　　B. API 技术

C. 3D API 技术　D. API 3D 技术

5. 主流显卡大都提供两种以上的接口，分别用于连接不同的显像设备。显卡接口类型有 D-SUB 接口、DVI 接口、S-Video 接口和______接口四类。

A. CRT　　B. HDMI

C. API　　D. GPU

6. 对于集成显卡无法升级的缺点，可以利用______调节频率或刷入新的 BIOS 文件，通过软件升级挖掘显示芯片的潜能。

A. BIOS　B. CMOS

C. 软件　D. 系统

三、问答题

1. 简述显卡的工作原理。
2. 独立显卡可分为几类？
3. 如何判断显卡的性能？
4. 显示器按照显像技术可分为哪几种？

四、上机练习

1. 认识双 BIOS 设计

在本练习中，将详细介绍市场中出现的双 BIOS 设计，图 6-34 所示为双 BIOS 是切换开关。双 BIOS 设计是显卡厂商为提高产品亮点而新增的一种显卡设计思路，其目的是让显卡能够在标准工作模式和超频模式下进行转换。早期的双 BIOS 显卡大都采用跳线的方式来切换 BIOS，由于操作不便，现已被淘汰。为了更好地方便用户，如今的双 BIOS 显卡大都采用了拨动开关的方式进行调整。这样一来，用户无需打开机箱，即可轻松地切换显卡 BIOS 了。

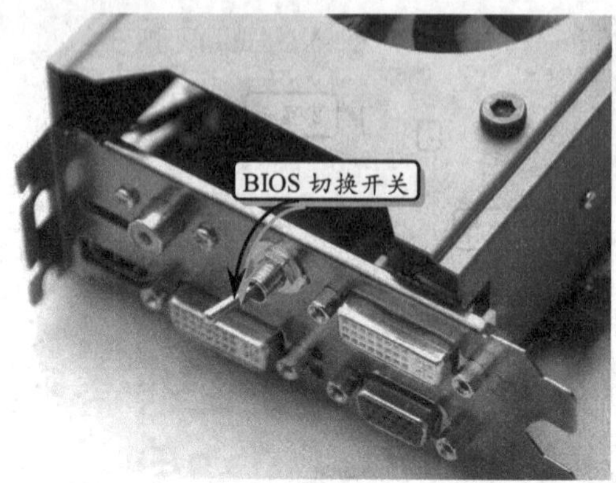

图 6-34 双 BIOS 设计切换开关

2. 认识双核心显卡

在本实例中，将详细介绍市场中出现的双核心显卡，如图 6-35 所示。早在 2000 年 3dfx 公司便推出了集成有多个显示芯片的 Voodoo5 显卡。直到 2007 年末，AMD 公司宣布推出在一块 PCB 板上集成两颗 RV670 显示核心的 Radeon HD 3870 X2，真正实用的双核显卡才出现在用户面前。此后不久，NVIDIA 公司推出了双 PCB、双核心的 D8E 显卡，以此来与 AMD 公司的双核显卡相抗衡。

相比之下，AMD 公司和 NVIDIA 公司的双核显卡不仅构造不同，其实现方式也不同。AMD 公司单卡双核心的原理是通过 CrossFire 技术实现显示芯片的内部交叉火力协同运行；而 NVIDIA 公司的双卡双核显卡则是通过显示芯片的双路 SLI 模式来实现的。

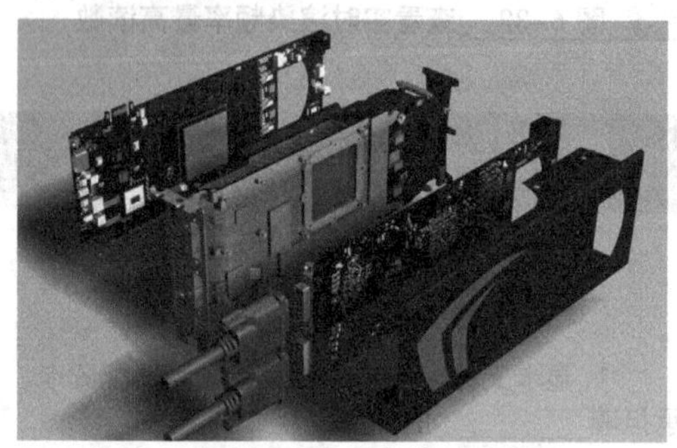

图 6-35 双核心双 PCB 的 D8E 显卡

第 7 章

声音设备——声卡和音箱

声卡是多媒体技术中的最基本的组成部件，它可以对来自话筒、磁带、光盘等介质的原始声音信号进行转换，并输出到耳机、音箱等声响设备中，是实现声波/数字信号相互转换的一种硬件。

本章将对计算机音频输出系统的声卡和音箱这两大部件进行介绍，内容包括声卡和音箱的构造、性能指标等。通过对本章的了解，可以帮助用户更好地认识声卡和音箱，以便选择出最适合自己的音频系统配置方案。

本章学习内容：

- 声卡的发展历史
- 声卡的作用
- 声卡的类型
- 声卡的组成结构
- 声卡的工作原理
- 声卡的技术参数
- 音箱的分类
- 音箱的组成结构
- 音箱的性能指标
- 选购声卡和音箱

7.1　声卡概述

声卡（Sound Card）又称为音频卡（港台地区称为声效卡），是计算机发音的重要部件，也是实现多媒体计算机的必备硬件设备之一。在本小节中，将详细介绍声卡的发展历史、作用和类型，以帮助用户初步了解声卡。

7.1.1 声卡的发展历史

声卡诞生至今，不过 20 多年的时间，但期间的风云变幻，着实令人玩味。以下将以时间为序，简单介绍声卡的发展史。

1. 魔奇声卡

图 7-1 魔奇声卡

1984 年，英国的 Adlib Audio 公司推出了世界上第一块真正意义上的声卡——魔奇（ADLIB）声卡，如图 7-1 所示。魔奇声卡的出现，使计算机拥有了真正的发声能力，而不再是 PC 喇叭的“滴答”声，它是名副其实的“声卡之父”，开创了电脑音频技术的先河。由于当时技术落后，相对于现在的声卡来讲，魔奇声卡不但只具有单声道，而且完全不具备所谓的“音效”概念。

2. Sound Blaster 系列声卡

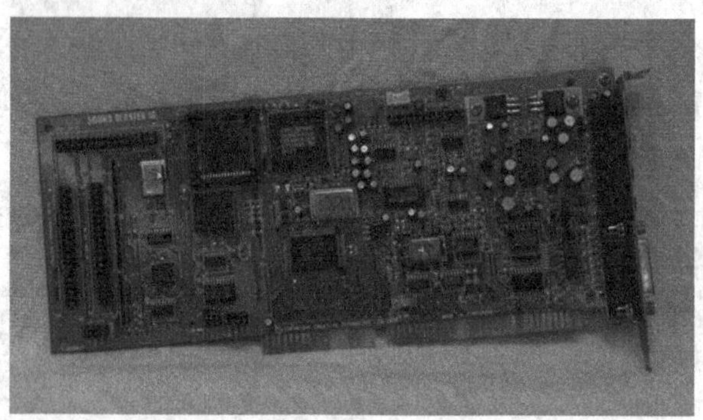

图 7-2 Sound Blaster Pro

1989 年，新加坡的创新（Creative）公司推出了一款 Sound Blaster 声卡。由于该声卡拥有当时先进的 8bit 采样精度和单声道模拟输出能力，让人们第一次在计算机上体验到了“音乐”和“音效”的双重享受，所以获得了“声霸卡”的称谓。之后，创新又推出了 Sound Blaster Pro，该产品在声霸卡的基础上增加了对 Stereo（立体声）的支持，并且拥有 FM 合成能力，如图 7-2 所示。

图 7-3 Sound Blaster 16

1992 年，创新公司推出了全球第一款拥有 16 位采样精度和 44.1kHz 采样速率的声卡，如图 7-3 所示。该声卡支持立体声模拟输出，其音质也获得了飞跃式的发展，理论上可以达到 CD 一样的回放效果。

提 示

当时除了 16 位的声霸卡外，还有不少基于 ESS688、ESS1868、YAMAHA719 等芯片的声卡，这些产品也凭借着良好的性价比赢得了一定的生存空间。

1995 年，创新公司推出了具有硬件波表合成能力的 AWE32 系列声卡。该系列声卡具有一个 32 复音的波表引擎，并集成了 1MB 容量的音色库，因此在 MIDI 表现力方面获得了很大的提升。

1996 年，具有 64 复音波表合成能力的 AWE64 系列声卡成为当时 MIDI 表现力最优秀的声卡。在 AWE64 系列声卡中，AWE64 Gold 是当时公认的最优秀声卡之一，不但可以扩充硬件单色库，其模拟输出的音质也让人赞叹不已，如图 7-4 所示。

图 7-4 AWE64 Gold

3. PCI 声卡

随着 Windows 95 的推出，帝盟（DIAMOND）联合 Aureal 和 ESS 等芯片厂商推出了 MX80、S70、S90 以及 MX200 等 PCI 声卡，建立了辉煌一时的“帝盟王朝”。

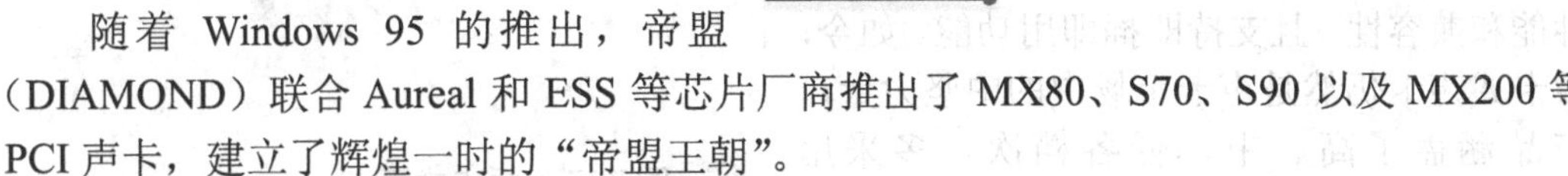

当时间行进到 1998 年时，创新公司推出了基于 EMU10K1 芯片的 Live！系列声卡。创新公司凭借该系列产品的出色表现再次站在了声卡领域的顶端，而帝盟则因为无法应对而走向衰落。

4. 多声道声卡

随着 DVD 的兴起，4 声道声卡已经无法满足 DVD 播放的需要。5.1 的 6 声道声卡便应运而生。当时市场上很多基于 Fortemedia FM-801 的声卡曾辉煌一时，但随着创新公司在 2000 年发布 Live! 5.1 豪华版和 5.1 白金版，扩充为 6 声道的 Live!声卡再次一统声卡市场，如图 7-5 所示。

图 7-5 Live! 5.1 声卡

2001 年，创新公司发布了拥有 4 倍于 Live!运算能力的 Sound Blaster Audigy（Live.2）声卡，从而能够执行更复杂更高精度的音效运算。此后，创新公司进行了声卡外置化的探索，并发布了外置声卡 Exdigy。

2002 年，创新公司推出了 Sound Blaster Audigy2 声卡。该声卡支持 Dolby Digital EX 和 D-Audio，并得到了 THX 认证，24bit 采样精度和对 6.1 系列的支持也是其显著特征，如图 7-6 所示。

图 7-6 Sound Blaster Audigy2 声卡

随后，以 TerraTec（坦克）和 Realtek 为代表的厂商也加入了声卡市场的竞争。声卡的发展从此进入群雄逐鹿的“战国时代”，并一直持续至今。

7.1.2 声卡的类型

声卡在发展过程中，根据所用数据接口的不同，陆续分化为板卡式、集成式和外置式三种类型，以应对不同的用户需求。

1. 板卡式

早期的板卡式产品多采用 ISA 接口，由于此接口总线带宽较低、功能单一、占用系统资源过多，目前已被淘汰。随后出现了 PCI 接口的声卡，该类型接口的声卡具有更好的性能和兼容性，且支持即插即用功能。如今，板卡式声卡仍然是声卡市场中的中坚力量，产品涵盖了高、中、低各档次，多采用 PCI-Express X1 接口，如图 7-7 所示。

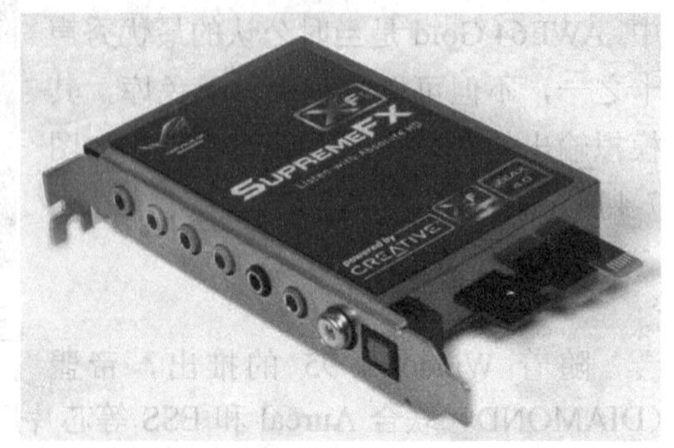

图 7-7 板卡式声卡

2. 集成式

此类声卡因为被集成在主板上而得名，是硬件厂商为降低计算机成本而推出的产品，具有不占 PCI 接口、成本低、兼容性好等优势，多用于那些对声音效果要求不高的用户，图 7-8 所示为集成声卡输出接口。不过，随着集成声卡技术的不断进步，具有多声道、低 CPU 占用率等优势的集成声卡也相继出现，并逐渐占据了中、低端声卡的主导地位。

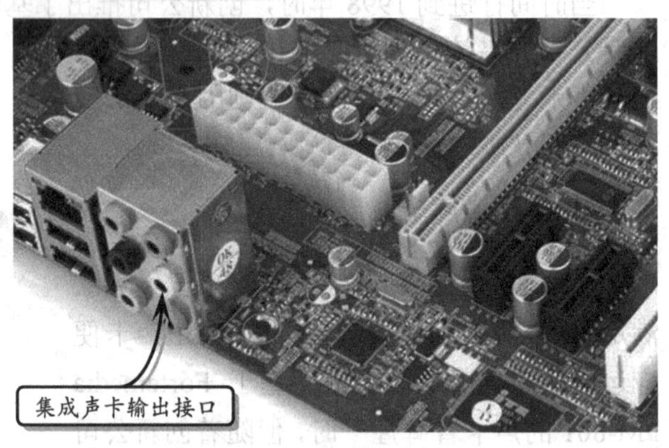

图 7-8 集成声卡输出接口

集成声卡又可以大致分为软声卡和硬声卡，软声卡是将一块用于信号采集编码的 Audio CODEC 芯片集成在主板上，声音数据的处理是由 CPU 来完成的，对 CPU 的占用率比较高，而硬声卡的设计则与 PCI 式声卡一样，将两块芯片集成在主板上，声音数据是由声音处理芯片独立完成的。

3. 外置卡

外置声卡是创新公司推出的一个新兴事物，可通过 USB 或 PCMCIA 接口与计算机进行连接，其优点在于使用方便、便于移动，因此多用于连接笔记本等便携式计算机，如图 7-9 所示。目前，市场

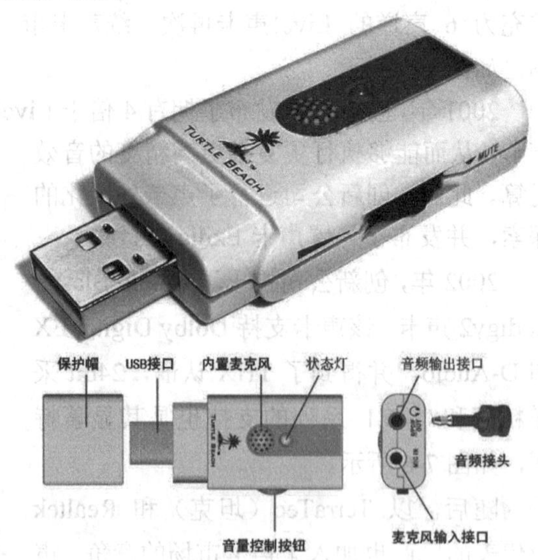

图 7-9 外置卡

中常见的外置卡有创新的 Extigy 和 Digital Music，以及 MAYA EX、MAYA 5.1 USB 等。

7.2 声卡的组成结构

作为多媒体计算机的重要组成部分，声卡担负着对计算机中各种声音信息的运算和处理任务。从外形上来看，它类似显卡，都是在一块 PCB 板卡上集成了众多的电子元器件，并通过金手指与主板进行连接。

7.2.1 DSP 和 CODEC

声卡的 DSP（Digital Signal Processor，数字信号处理器）相当于声卡的中央处理器，它可以处理有关声音的命令、执行压缩和解压程序、增加特殊声效等，其主要任务是负责数字音频解码、3D 环绕音效等运算的处理，一般配备在高档声卡中，如图 7-10 所示。

图 7-10 DSP

提 示

DSP 采用 MIPS（Million Instructions Per Second，每秒百万条指令）为单位标识运算速度，并且其运算速度与声卡的音质没有直接关系。

CODEC（Coder/DECoder，编解码器）主要负责“数字-模拟”（Digital Analog Canvert，DAC）和“模拟-数字”（Analog Digital Canvert，ADC）信号的转换，图 7-11 所示为 CODEC 芯片。

图 7-11 CODEC 芯片

由于 DSP 输出的信号是数字信号，而声卡最终要输出的却是模拟信号，所以其间的数模转换便成为必不可少的一个步骤。在实际应用中，如果说 DSP 决定了数字信号的质量，那么 CODEC 则决定了模拟输入/输出的好坏。

7.2.2 晶振和总线接口

总线接口用于连接声卡和主板，主要负责两者间的数据传输。目前，常见板卡式声卡大都使用 PCI 总线接口与主板进行连接，也有部分产品采用了 PCI-Express X1 接口，如图 7-12 所示。

晶振称为晶体振动器，如图 7-13 所示，用于产生原始的时钟频率，该频率在经过频率发生器的放大或缩小后便会成为计算机中各种不同的总线频率。在声卡中，要实现对模拟信号 44.1kHz 或 48kHz 的采样，频率发生器就必须提供一个 44.1kHz 或 48kHz 的时钟频率。如果需要同时支持这两种频率，声卡就需要有两颗晶振。不过，娱乐级声卡为了降低成本，通常会采用 SRC（Sample Rate Convertor，采样率转换器）将输出采样率固定在 48kHz，因此会对音质产生一定的影响。

图 7-12 总线接口

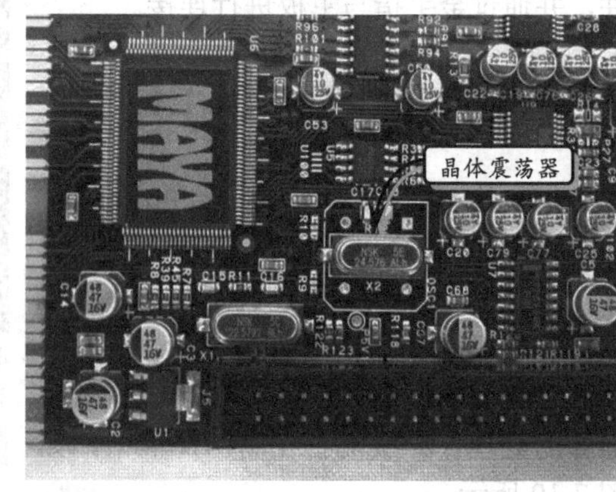

图 7-13 晶振

7.2.3 输入/输出接口

声卡与显卡相比，各类接口较多，通常是一块板卡上包含 3.5mm 立体声接口、6.35mm 接口、RCA 接口等多种不同类型的输入/输出接口。

1. 3.5mm 立体声接口

3.5mm 立体声接口又称为小三芯接口，是目前最常见的声卡接口类型，绝大部分声卡（包括集成声卡）都在使用这类接口，如图 7-14 所示。

图 7-14 3.5mm 立体声接口

3.5mm 立体声接口具有成本低、音质高等优点，通常被用于娱乐级声卡中。除了上述优点之外，该接口还具有以下缺点：

- **接触不良** 长时间使用后容易接触不良，因此不适合需要经常拔插的使用环境。
- **抗干扰性和立体声分离程度低** 对于高质量音频输出来说，其抗干扰性和立体声分离度无法达到很高的水平，这也是在专业级产品中很少见到 3.5mm 立体声接口的原因。

提　示

在声卡中，I/O 接口的类型只表示接口方式间的差别，而与该接口的工作无关。例如，麦克风接口、线路输入、线路输出接口都可使用 3.5mm 立体声接口。

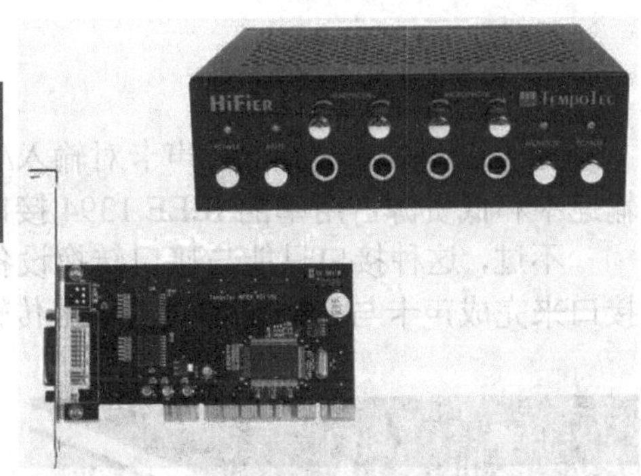

图 7-15　6.35mm 接口

2．6.35mm 接口

6.35mm 接口多用于专业设备之中，又称为大三芯接口，如图 7-15 所示，具有结构强度高、耐磨损等优点，因此非常适合经常需要插拔的专业场合。此外，由于内部隔离措施比较好，所以该接口的抗干扰能力比 3.5mm 接口要好。

图 7-16　RCA 接口

3．RCA 接口

RCA 接口是音响设备上的常见接口之一，又叫同轴输出口，俗称莲花口。由于 RCA 接口属于单声道接口，所以立体声输出需要两个接口，一般使用两种颜色区分不同声道，如图 7-16 所示。

RCA 接口的优势在于可以提供比较好的立体声分离度——由于两个接口的距离比 3.5mm 接口的远，所以受到的干扰相对小，多用于高档声卡。

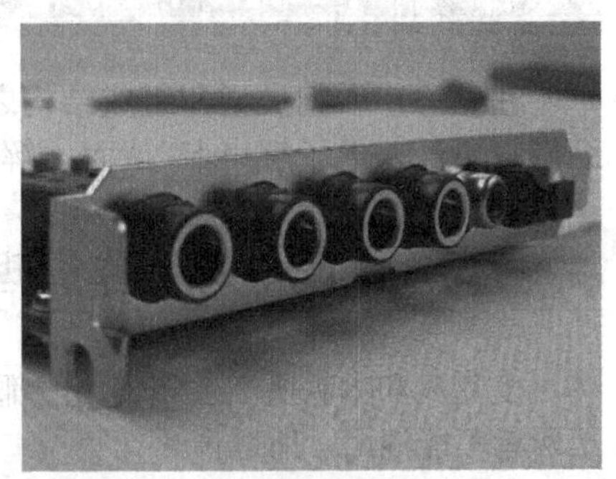

图 7-17　TRS 接口

4．TRS 接口

TRS 的含义是 Tip、Ring、Sleeve，分别代表了该接口的 3 个接触点。TRS 接口除了具有耐磨损的特点外，还具有高信噪比、抗干扰能力极强等特点。图 7-17 所示即为 TRS 接口。

图 7-18　MIDI 接口

5．MIDI 接口

MIDI 接口是一款专门用于连接 MIDI 键盘的接口，如图 7-18 所示，以实现 MIDI 音乐信号的直接传输。另外，部分游戏手柄也通过该接口与计算机进行连接。与其他接口所不同的是，MIDI 接口还有一种圆形设计，其作用主要是连接 MIDI 音乐设备。

6. IEEE 1394 接口

随着声卡技术的发展，声卡对输入/输出接口的要求越来越严格。为此，拥有高速传输速率和低资源占用率的 IEEE 1394 接口开始出现在声卡上，如图 7-19 所示。

不过，这种接口只能与接口转换设备进行连接，并通过扩展出的各种音频输入/输出接口来完成声卡与音频设备间的数据传输，如图 7-20 所示。

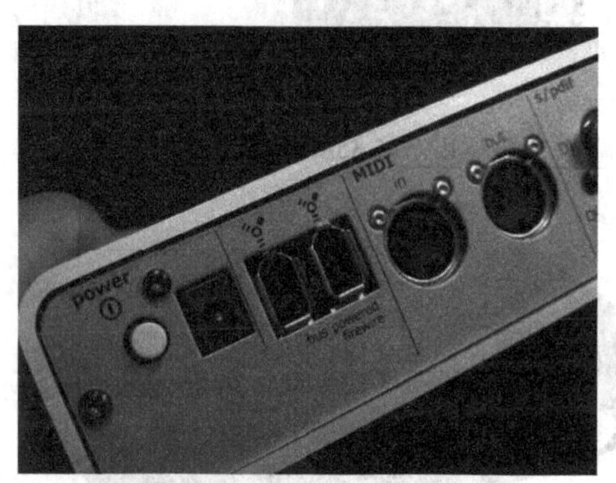

图 7-19 IEEE 1394 接口

图 7-20 接口转换设备

7.3 声卡的技术指标

在熟悉声卡的类型和组成结构之后，还需要了解声卡的工作原理和技术指标，以帮助用户更深入地了解声卡，从而为解决声卡故障和实现高音质声音输出打下坚实的基础。

7.3.1 声卡的工作原理

麦克风和喇叭所产生和使用的都是模拟信号，而计算机所能处理的都是数字信号，由于两者不能混用，所以声卡必须完成数字信号与模拟信号之间的相互转换。

当声卡从话筒中获取模拟信号时，会通过模数转换器（ADC）将声波振幅信号采样转换为数字信号后存储在计算机中。当需要重放这些声音时，这些数字信号会被送到数模转换器（DAC），以同样的采样速率被还原为模拟波形，并在被放大后送到扬声器发出声音，这一过程需要利用脉冲编码调制技术（PCM）来实现，如图 7-21 所示。

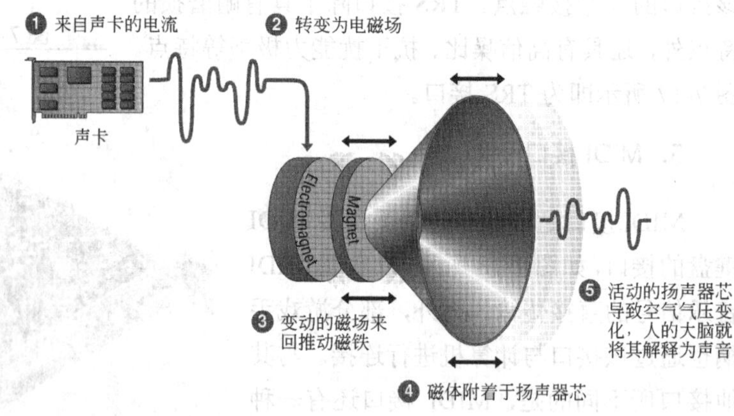

图 7-21 声卡的工作原理图

另外，PCM 技术的两个要素，分别为采样速率和样本量。其具体情况如下所述：

- **采样速率** 采样速率是 PCM 的第一个要素，人类听力的范围大约是 20Hz 到 20kHz，因此激光唱盘的采样速率是 44.1kHz，这也是 MPC 标准的基本要求。
- **样本量** PCM 的第二个要素是样本量大小，它表示存储的声音振幅的位数。样本量的大小决定了声音的动态范围，即被记录和重放的声音最高和最低之间相差的值。

7.3.2 声卡的技术参数

在评判一款声卡的优劣时，声卡的物理性能参数很重要，因为这些参数体现着声卡的总体音响特征，直接影响着最终的播放效果，其中，影响主观听感的性能指标主要包括信噪比、频率响应、总谐波失真等 8 项。

1. 信噪比

信噪比是声卡抑制噪音的能力，单位是分贝（dB），指有用信号的功率和噪音信号功率的比值。信噪比的值越高说明声卡的滤波性能越好，普通 PCI 声卡的信噪比都在 90dB 以上，高端声卡甚至可以达到 120dB。高的信噪比可以将噪音减少到最低限度，保证音色的纯正优美。

2. 频率响应

频率响应是对声卡 D/A 与 A/D 转换器频率响应能力的评价。人耳的听觉范围是在 20Hz～20kHz 之间。声卡只有对这个范围内的音频信号响应良好，才能最大限度地重现声音信号。

3. 总谐波失真

总谐波失真指的是声卡的保真度，也就是声卡输入信号和输出信号的波形吻合程度，在理想状态下波形完全吻合，即可 100%的重现声音。但是，信号在经过 D/A（数模转换）和非线性放大器之后，必然会出现不同程度的失真，而原因便是产生了谐波。总谐波失真便代表了失真的程度，单位也是分贝，数值越低说明声卡的失真越小，性能也就越好。

4. 复音数量

复音数量指的是声卡能够同时发出的声音种数。复音数越大，音色就越好，可以听到的声音就越多、越细腻。

目前声卡的硬件复音数不超过 128 位，但其软件复音数量可以很大，有的甚至达到 1024 位，不过都是以牺牲部分系统性能和工作效率为代价的。

5. 采样位数

由于计算机中声音文件都是数字信息，也就是“0”与“1”的组合。声卡位数指的便是声卡在采集和播放声音时，所使用数字信号的二进制位数。一般来说，采样位数越多，声卡所记录和播放声音的准确度越高，因此该值反映了数字声音信号对模拟信号描述的准确程度。目前，声卡的采样位数有 8 位、12 位、16 位和 24 位多种类型。通常所讲的 64 位声卡、128 位声卡并不是指其采样位数为 64 位或 128 位，而是指的复音数量。

6．采样频率

计算机每秒采集声音样本的数量被称为采样频率。标准的采样频率有三种：11.025kHz（语音）、22.05kHz（音乐）、44.1kHz（高保真），有些高档声卡能提供从 5kHz～48kHz 的连续采样频率。

采样频率越高，记录声音的波形就越准确，保真度就越高，但采样产生的数据量也越大，要求的存储空间也就越多。

7．波表合成方式及波表库容量

目前市场上 PCI 声卡采用的都是先进的 DLS 波表合成方式，其波表库容量通常是 2MB、4MB 或 8MB，某些高档声卡可以扩展到 32MB。

8．多声道输出

早期的声卡只有单声道输出，后来发展到左右声道分离的立体声输出。随着 3D 环绕声效技术的不断发展和成熟，又陆续出现了多声道输出声卡，如图 7-22 所示。目前，常见的多声道输出主要有 2.1 声道、4.1 声道、5.1 声道、6.0 声道和 7.1 声道等多种形式。

图 7-22　多声道声卡

7.4　音箱设备

计算机必须依靠由声卡和音箱所组成的声频输出系统，才能实现其真正的多媒体价值。音箱属于计算机组件中的必备输出设备，在本小节中将详细介绍音箱的分类、组成结构和性能指标等基础知识。

7.4.1　音箱的分类

音箱的分类方式多种多样，按照不同方式进行划分，其结果必然会有所差别。下面将详细介绍按用途和体积分类下的不同类型的音箱。

1．按用途分类

在音响工程中，根据音箱用途的不同可分为扩声音箱和监听音箱两大类。

扩声音箱是由专业扩声音箱组成的音响系统，多是大功率、宽频带、高声级的音箱系统，如图 7-23 所示。为了有效地控制其声场，高频单元一般都会采用号角式扬声器以增强声音指向性，因此在厅堂电声系统中非常适合使用此类音箱系统向听众播放声音。扩声音箱的系统组成形式主要分两种，一种是组合式音箱，多是小型的扩声音箱，典型的是一个 15in 中低频单元加上一个号角式高音，装于同一箱体内。另一种形式是各个频段分立，中低频采用音箱形式，高频采用驱动器配以指向性号角形式。号角扬声器有不同规格，同一个高频驱动器单元，根据指向性选配不同的号筒，从而达到将声波投射到不同听众区的目的。

图 7-23　扩音音箱

所谓监听音箱是供录音师、音控师监听节目用的音箱，如图 7-24 所示，其特点是拥有较高的保真度和很好的动态特性。由于监听音箱不会对节目作任何修饰和夸张，所以能够真实地反映出音频信号的原始面貌，为此监听音箱也被认为是完全没有“个性”的音箱。

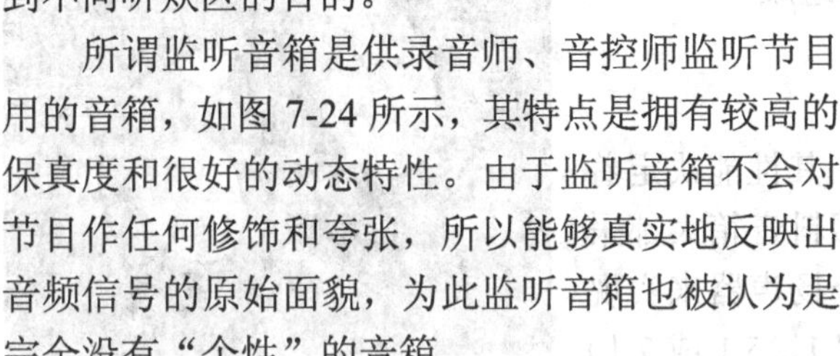

图 7-24　监听音箱

监听音箱多安装在监听室和录音室，由于室内容积不大，所以监听音箱的体积一般比扩声音箱小一些。并且，使用监听音箱的目的不是欣赏节目，而是通过监听音箱去及时、准确地发现节目声音存在的问题和缺陷，因此其解析力必须高于普通的扩声音箱。不过，正因为监听音箱的要求较高，所以优质监听音箱的价格自然也较为昂贵。

提　示

监听音箱并不适合用来组建扩声音响系统。而且，监听音箱的功率承受能力、灵敏度以及指向性等特性也不如扩声音箱。

2．按体积分类

体积是不同音箱间最为直观的分类依据。按照体积大小的不同，可以将音箱分为落地式音箱和书架式专业音箱两种类型。

落地式音箱是指音箱体积较大，可直接安放于地面上的音箱，如图 7-25 所示。落地式音箱可安装口径较大的低音扬声器，因此低音特性较好，频响范围宽，功率也较大，但由于其扬声器数量多，声象定位往往不如书架式音箱清晰。在专业音响系统中，落地式音箱更接近电影音响的要求。一般情况下，落地式音箱通常需要与功放设备配套使用。

图 7-25　落地式音箱

书架式专业音箱一般体积较小，如图 7-26 所示，使用时需要单独将其架设起来，离地面有一定高度。因其扬声器数量少，口径小，故声象定位往往比较准确，但存在功率不够大，低频效果差的不足，在专业音响系统中通常用来作为辅助音箱，如监听音箱和返听音箱等。不过在播放歌曲或轻音乐时，其效果往往比落地式音箱更胜一筹。

图 7-26 书架式音箱

7.4.2 音箱的组成结构

虽然音箱的种类繁多，但不论是哪种类型的音箱，大都由扬声器、箱体和分频器 3 部分所组成。

1. 扬声器

扬声器俗称喇叭，如图 7-27 所示，其性能决定着音箱的优劣。一般木制音箱和较好的塑料音箱大都采用二分频的技术，即利用高、中音两个扬声器来实现整个频率范围内的声音回放；而 X.1（4.1、5.1 或 7.1）的卫星音箱采用的大都是全频带扬声器，即用一个喇叭来实现整个音域内的声音回放。

图 7-27 扬声器

2. 箱体

箱体的作用是消除扬声器单元的声短路、抑制声共振，以及拓宽频响范围和减少失真。根据箱体内部结构的不同，可以将其分为密闭式、倒相式、带通式、空纸盆式、迷宫式、对称驱动式和号筒式等多种类型，其中采用密闭式、倒相式和带通式设计的音箱较为常见。

3. 分频器

分频器有功率分频和电子分频之分，但其主要作用都是频带分割、幅频特性与相频特性校正，以及阻抗补偿与衰减，如图 7-28 所示。

图 7-28 分频器

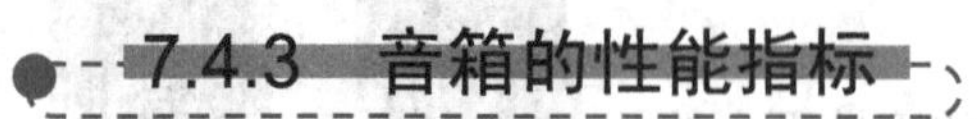

7.4.3 音箱的性能指标

音箱的性能直接影响整套音响系统的优劣，可以毫不夸张地说，选择一对好的音箱是一套音响成功的关键。影响音箱性能的指标主要包括功率、频响范围、频率响应、失真度、阻抗等。

1. 功率

音箱的功率大小是选择音箱的重要指标之一，该指标决定了音箱所能发出的最大声强，可以将其简单理解为音箱所能发出的最大声音。

音箱的功率主要由功率放大器芯片的功率所决定，此外还与电源变压器的功率有关。要注意的是，虽然音箱的功率越大越好，但对于普通家庭用户 20 平方米左右的房间来说，2×30W 的音箱已是绰绰有余了。

按照国际标准，音箱功率的标注方式有两种：额定功率（RMS，又称长期功率）与峰值功率（PMPO，又称最大承受功率）。前者是指在额定频率范围内给扬声器一个规定了波形的持续模拟信号，在一定间隔并反复播放了一定次数后，扬声器不发生任何损坏的最大电功率；后者是指扬声器短时间内所能承受的最大功率。

2. 频响范围

频率范围是指音箱最低有效回放频率与最高有效回放频率之间的范围，单位为赫兹（Hz）。从理论上讲，音箱的频响范围应该是越宽越好，至少应该是在 18Hz～20kHz 的范围内。

但是事实上并非如此，这主要受以下三方面的影响：一是受听音环境的限制，因为重播低频信号受到房间容积的限制；二是受扬声器尺寸和音箱体积的限制；三是音箱的频响范围越宽对放大器的要求就越高。多媒体音箱的频率范围要求一般在 70Hz～10kHz（-3dB）即可，要求较高的可在 50Hz～16kHz（-3dB）左右。

3. 频率响应

频率响应是指将一个恒电压输出的音频信号与音箱系统相连接时，音箱产生的声压随频率的变化而发生增大或衰减、相位随频率而发生变化的现象，单位分贝（dB）。声压与相位滞后随频率变化的曲线分别叫作幅频特性和相频特性，合称频率特性。这是考察音箱性能优劣的一个重要指标，它与音箱的性能和价位有着直接的关系，其分贝值越小说明音箱的频响曲线越平坦、失真越小、性能越高。

4. 失真度

失真主要分为谐波失真、互调失真和瞬态失真等几种。谐波失真是指声音回放中增加了原信号没有的高次谐波成分而导致的失真；互调失真影响到的主要是声音的音调方面；瞬态失真是指因为扬声器具有一定的惯性质量存在，盆体震动无法跟上瞬间变化的电信号震动而导致原信号与回放音色之间存在的差异。

失真度在音箱与扬声器系统中尤为重要，直接影响到音质音色的还原程度，所以这项指标与音箱的品质密切相关。这项指标常以百分数表示，数值越小表示失真度越小。普通多媒体音箱的失真度以小于 0.5%为宜，而通常低音炮的失真度都普遍较大，小于 5%就可以接受了。

5. 阻抗

阻抗是指扬声器输入信号的电压与电流的比值。虽然低阻抗的音箱可以获得较大的输出功率，但是阻抗太低又会造成低音劣化的现象，因此选择国际标准推荐的 8Ω 比较合适。

6. 灵敏度

灵敏度是指音箱在播放1W/1kHz的信号时，在距音箱扬声器平面垂直中轴前方一米的地方所测得的声压级，其单位为分贝（dB）。音箱的灵敏度越高则对放大器的功率需求越小。

由于音箱灵敏度的提高是以增加失真度为代价的，所以对于高保真音箱来讲，要保证音色的还原程度与再现能力就必须降低对灵敏度的要求。普通音箱的灵敏度在85～90dB范围内，多媒体音箱的灵敏度则稍低一些。

7. 信噪比

信噪比是指音箱回放的正常声音的信号强度与噪声信号强度的比值，单位为分贝（dB）。当音箱的信噪比较低时，输入小信号产生的噪声会严重影响音质，因此不建议购买信噪比低于80dB的音箱和低于70dB的低音炮。

7.5 选购声卡和音箱

随着计算机硬件水平的飞速发展，虽然集成声卡已发展到一个相当高的水准，但相对于独立声卡来讲，在声音信号的处理上仍然稍逊一筹。一些发烧友希望计算机的声音系统可以实现更高层次的音质，而普通用户往往忽略声音系统的选择，随随便便搭配声音系统，丝毫不重视音质的高低。鉴于各种用户对声音系统的不同需求，在本小节中将根据不同的用户群，详细介绍选购声卡和音箱的一些注意事项、型号和参数。

7.5.1 选购声卡

不同的用户对声卡的需求不尽相同，下面根据不同类型的用户群，详细介绍声卡的选购事项。

1. 普通应用

普通低端应用适用于只要求听听MP3、玩玩小游戏的群体，该群体的用户对声音系统要求不高，只要电脑可以发出声音即可。对于该群体的用户，建议采用主板集成声卡，既能满足所需要的声音要求，又可以降低整体电脑的配置费用。

2. MD用户

对于MD用户来讲，为了更加接近CD音质，一般都习惯使用光纤来录音。虽然USB1.1接口在理论上可以提供完美的音质，但是市场中的Creative声卡大多不具备光纤输出。此时，MD用户群可以寻找市场中支持光纤录音的声卡以解决上述问题。目前市场中一些基于CMI 8738、Yamaha 744以及Cirrus Logic CS4630芯片的声卡都具备光纤录音功能，如图7-29所示。除此之外，对于一些动手能力比较强的用户来讲，也可以考虑将修改的普通光纤子卡与SBLive！系列声卡配合使用。

3. 3D 游戏玩家

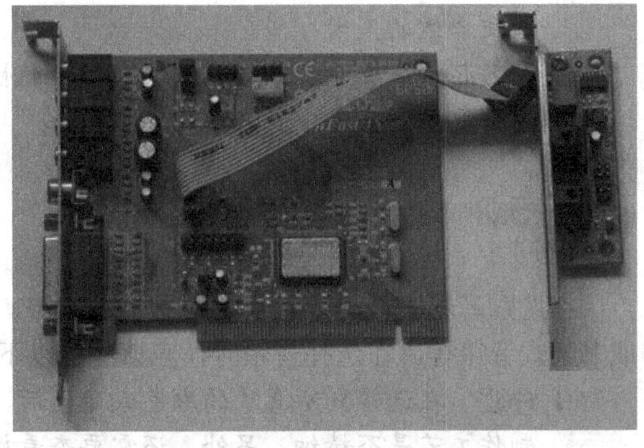

图 7-29 具有光纤录音功能的声卡

随着计算机配置的不断升高，3D 游戏也应运而生。目前市场中的 3D 游戏，不仅具有精美的画面，而且还具有动感的音效。一般 3D 游戏中的音效部分分为震撼力和 3D 音频定位两部分，其震撼力主要依赖于音箱来展示，而 3D 音频定位则依赖声卡来实现。此时，除了物理多声道技术之外，声卡本身的 3D 音频定位特效也不可无视。目前，市场中 Creative 的 Audigy 系列高端声卡可以实现 3D 定位特效效果。

4. 纯音乐欣赏用户

纯音乐欣赏用户一般在音质方面要求更高，此时一款具有出色信噪比的声卡是十分关键的。目前市场中，一些专业级的声卡可以满足纯音乐欣赏用户的需求，例如 MAYA 系列。另外，音乐欣赏并不一定非要追求多声道声卡，一般双声道声卡即可满足用户的需求。

5. DVD 家庭影院

对于喜欢观看 DVD 的用户来讲，一套 5.1 声道的音频系统是必不可少的配置。目前，市场中 Creative 高端的 Audigy2 产品是不二之选，但低端配置的 CMI 8738-6CH 和 ForteMedia 801-Au 等产品也值得考虑。相对于前者，后者在成本上更加节省。

通过上述介绍，用户已了解不同群体所需要的声卡型号和要求。那么，在选购声卡时，为了保证声卡的质量，还需要注意以下选购事项：

- **接触点** 由于声卡会因为接触点氧化而造成接触不良、性能下降和寿命减少，所以在选择声卡时，应注意焊点的颜色与光泽。一般银白色及锡的金属光泽表示焊点未被氧化，而暗灰色、非金属光泽则说明焊点已被氧化。另外，声卡在使用中焊点容易在高温中氧化，此时厂家会为声卡涂一层保护漆，以保证声卡的良好性能和使用寿命；用户在购买时应该选择有保护层的声卡。
- **电阻** 一般声卡上使用的电阻器包括碳膜电阻和金属膜电阻两种，由于金属膜电阻噪声最小，在购买声卡时应该首选金属膜电阻的声卡。
- **电容** 在声卡的输出接口附近有铝电解电容或钽电解电容，铝电解电容的特性较差，损耗较大，且寿命和可靠性都比较低，但由于成本低廉，所以大多数低端声卡都选用铝电解电容。而钽电解电容由于金属钽和作为介质的氧化钽的化学稳定性很高，所以具有寿命长、可靠性高、频率特性好等优点。然而由于钽比较稀少，且价格昂贵，所以钽电解电容器一般适用于要求较高的场合。
- **兼容性** 在购买声卡时，还需要注意声卡的兼容性，例如 Aureal 的声卡和 VIA 主板一起使用时就会产生比较严重的兼容性问题。此时，需要根据主板类型，来选配合适的声卡。

- ❑ **音效芯片** 由于音效芯片是决定声卡的性能和功能的关键，所以在选购声卡时，还需要了解声卡中的音效芯片。

7.5.2 选购音箱

在选购音箱时，用户也需要根据个人所需，来选择合适的音箱，例如，选择落地式或书架式音箱等。在选择音箱时，应该注意以下选购事项。

- ❑ **外观** 在选择到所喜欢的颜色或造型后，应观察音箱的外观，观察机柜、音箱等制作工艺是否精细。另外，还需要查看裸露在机外的各单元馈线有无损坏。
- ❑ **噪声** 接通电源并开机，在不放音乐的情况下将音量调整到最大状态，此时音箱中的“咝咝”和“嗡嗡”声越小越好。另外，在最大音量状态下突然关闭电源，此时音箱会出现“噗”的一声，该声音越小越好。
- ❑ **放大器实验** 音箱在最大音量时，失真度越小越好。而在调节高低音电位器时，无明显音色变化最好；在调节平衡电位器时，左右音箱无声最好。
- ❑ **均衡器实验** 分别调整高、中、低音等频段的电位器，此时高音应有明显的变化。
- ❑ **露电检查** 在音箱通电且打开的状态下，用手指轻轻敲击各单元机壳外露的金属部位，如若有被电麻的感觉，则表示机壳带电，该音箱不宜选取。
- ❑ **使用熟悉的音乐来试听** 在选购音箱时，一定要挑选自己所熟悉的音乐来试听音箱。由于熟悉的音乐已深深烙入脑海中，所以很容易听出音箱音质的好坏。建议不要使用商家提供的CD，他们可能会使用CD本身的缺陷来掩盖音箱的缺陷。
- ❑ **注意混音** 在试听时一定要注意音箱中是否出现了莫名其妙的声音，该类型的声音一般是由周围的干扰所造成的，好的音箱是绝对不会出现这种情况的。所以，在购买时，不要购买产生混音的音箱。

7.6 课堂练习：设置声效环境

在为计算机配置声卡、音箱等音频输出设备后，还应根据计算机所处的环境来调整声效环境。通过设置声效环境，不仅可以使音频输出设备能够以最适合当前环境的方式进行工作，而且还可使其符合用户喜好，从而达到优化声效环境的目的。在本练习中，将以Windows 8系统下的Realtek声卡为基础，详细介绍设置声效环境的操作方法。

操作步骤

1. 打开【所有控制面板项】对话框，选择【Realtek 高清晰音频管理器】选项，如图7-30所示。
2. 在【扬声器】选项卡中，选择【喇叭组态】选项组，将【喇叭组态】设置为5.1喇叭，并设置相应的选项，如图7-31所示。
3. 选择【扬声器】选项卡中的【音效】选项组，选择【环境】列表中的【礼堂】选项，如图7-32所示。

图7-30 【所有控制面板项】对话框

图 7-31 设置喇叭组态

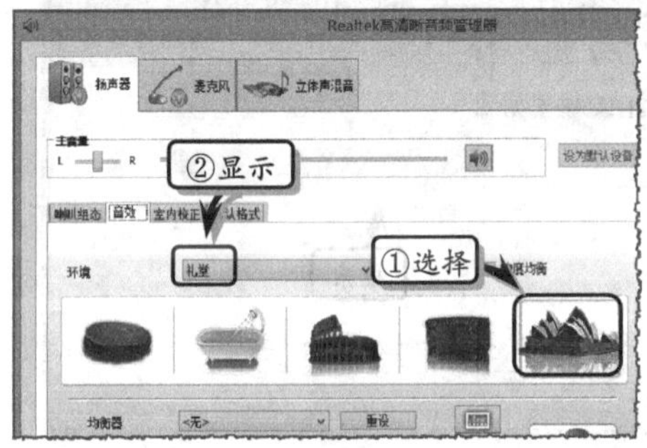

图 7-32 设置音效环境

4 选择【扬声器】选项卡中的【室内校正】选项组，启用【启动室内校正】复选框，并设置相应数值，如图 7-33 所示。

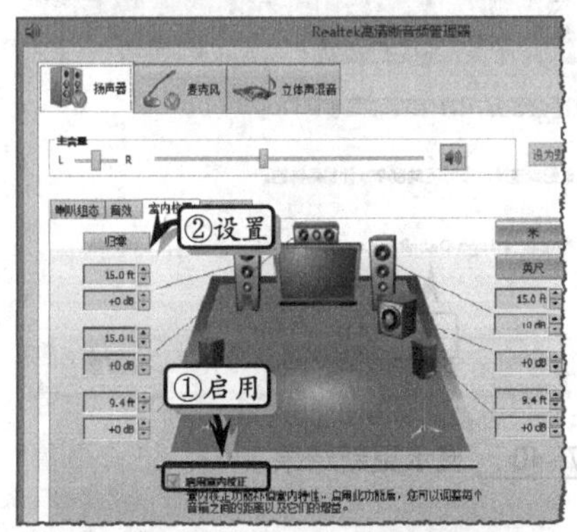

图 7-33 设置室内校正选项

5 然后，单击右侧立体喇叭，测试室内校正效果，如图 7-34 所示。

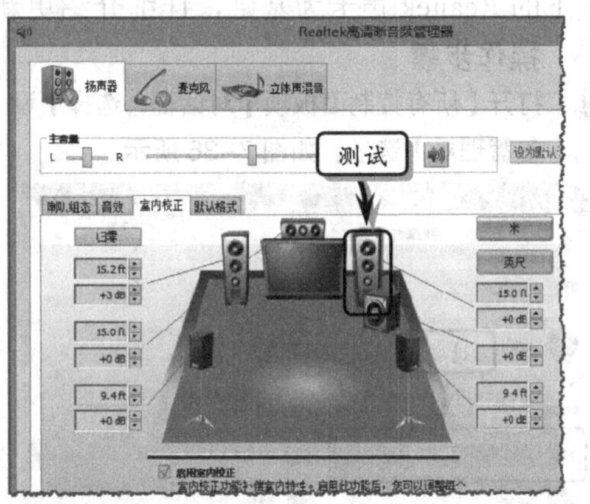

图 7-34 测试校正效果

6 选择【扬声器】选项卡中的【默认格式】选项组，将【默认格式】设置为【24 位,48000Hz（专业录音室音质）】选项，如图 7-35 所示。

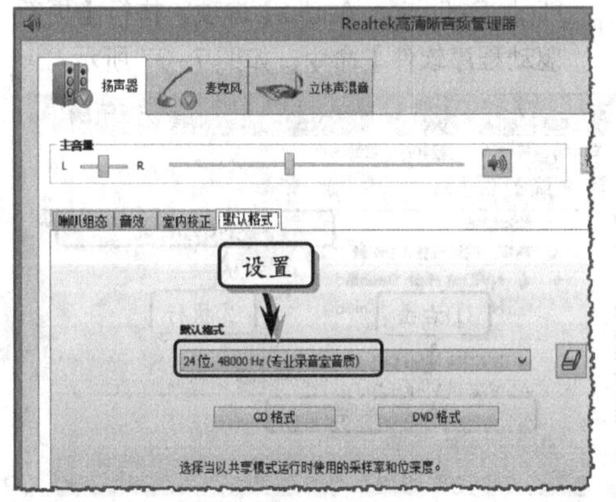

图 7-35 设置默认格式

7.7 课堂练习：更新声卡驱动程序

很多声卡厂商都会不定期地推出新版本声卡驱动，以便解决之前版本内的某些问题，或对声卡驱动进行优化、升级。因此，更新声卡驱动在一定程度上能够优化音频系统的整体效果，从而使用户能够获得更好的音乐体验。在本练习中，将以 Windows 8 系统下的 Realtek 声卡为基础，详细介绍更新声卡驱动程序的操作方法。

操作步骤

1 打开【所有控制面板项】对话框，选择【设备管理器】选项，如图 7-36 所示。

图 7-36 【所有控制面板项】对话框

2 在【设备管理器】对话框中，展开【声音、视频和游戏控制器】选项组，右击【Realtek High Definition Audio】选项，执行【更新驱动程序软件】命令，如图 7-37 所示。

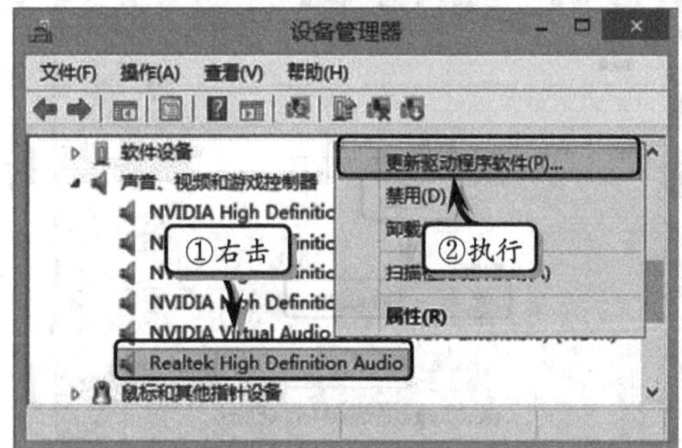

图 7-37 选择更新驱动设备

3 在弹出的对话框中，选择【自动搜索更新的驱动程序软件】选项，如图 7-38 所示。

4 此时，保持电脑网络处于连接状态。系统会自动在网络中搜索并安装所需要更新的驱动程序软件，如图 7-39 所示。

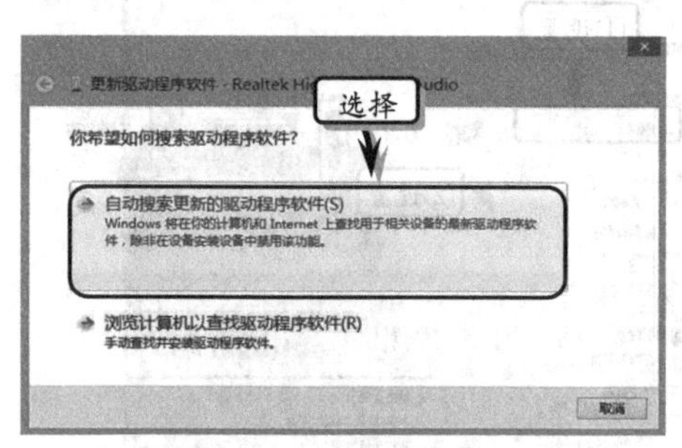

图 7-38 选择更新方法

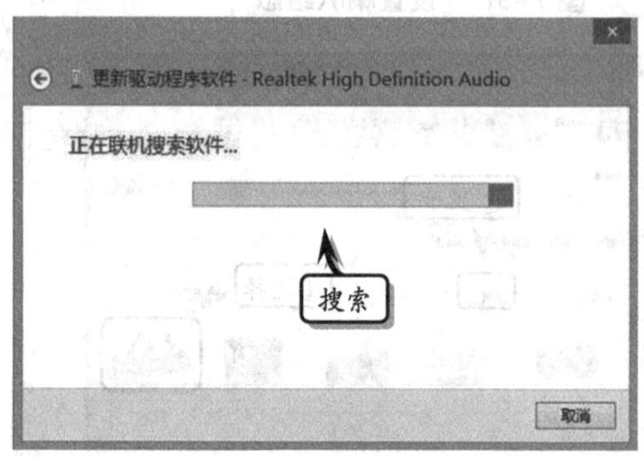

图 7-39 搜索并安装驱动程序

5 安装驱动程序之后，系统会自动显示最新更新结果，如图 7-40 所示。

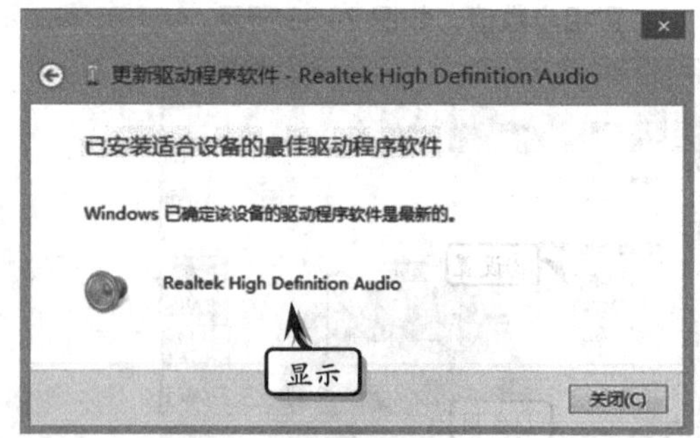

图 7-40 显示更新结果

7.8 思考与练习

一、填空题

1. ________声卡的出现，使计算机拥有了真正的发声能力，而不再是 PC 喇叭的“滴-答”声，它是名副其实的“声卡之父”，开创了电脑音频技术的先河。

2. 声卡在发展中，根据所用数据接口的不同，陆续分化为________、________和________三种类型，以应对不同的用户需求。

3. 声卡组成中的____________相当于声卡的中央处理器，它可以处理有关声音的命令、执行压缩和解压程序、增加特殊声效等。

4. 晶振称为________，用于产生原始的________，该频率在经过频率发生器的放大或缩小后便会成为计算机中各种不同的总线频率。

5. 影响声卡主观听感的性能指标主要包括________、________、________、________、________、________、________、________8项。

6. 在音响工程中，根据音箱用途的不同可分为________和________两大类；按照体积大小的不同，可以将音箱分为________和________两种类型。

二、选择题

1. 1989 年，新加坡的 Creative（创新）公司推出了一款 Sound Blaster 声卡，获得了“________”的称谓。

A. 讯声卡　　B. 波霸卡

C. 声霸卡　　D. 声音卡

2. ________用于连接声卡和主板，主要负责两者间的数据传输。

A. CODEC　　B. 总线接口

C. RCA 接口　　D. MIDI 接口

3. ________接口只能与接口转换设备进行连接，并通过扩展出的各种音频输入/输出接口来完成声卡与音频设备间的数据传输。

A. CODEC　　B. IEEE 1394

C. RCA 接口　　D. 总线接口

4. 虽然音箱的种类繁多，但不论是哪种类型的音箱，大都由扬声器、箱体和________3 部分所组成。

A. 分频器　　B. 音频芯

C. 组装线　　D. 金手指

5. 影响音箱性能的指标主要包括功率、频响范围、频率响应、失真度、________等。

A. 电阻　　B. 电容

C. 阻抗　　D. 音质

6. ________是指音箱回放的正常声音的信号强度与噪声信号强度的比值，单位为分贝（dB）。

A. 灵敏度　　B. 信噪比

C. 电阻　　D. 频率

三、问答题

1. 简述声卡的发展历史。
2. 声卡主要包括哪几种类型？
3. 简述声卡的工作原理。
4. 音箱的组成结构包括哪些？

四、上机练习

1. 选购 K 歌声卡

在本练习中，将通过选购一款如图 7-41 所示适合 K 歌的独立声卡，来详细介绍声卡的性能参数。首先，登录网络搜索相关声卡系列，例如登录“中关村在线”网页，查找相关 K 歌声卡型号。然后，根据价格和性能筛选最终型号，在此选择一款“华硕 D-Kare（K 歌之王）”声卡，该声卡具有纯净音质、完美音色、实时响应麦克风技术，以及专业级个性化 K 歌音效设定等特点。最后，在参数页面中，查看具体的参数，其具体参数如表 7-1 所示。

图 7-41 K 歌声卡

表 7-1 华硕 D-Kare（K 歌之王）参数

主要性能		参数说明
声卡类别	数字声卡	表示声卡为独立声卡，可以理解为板卡式
声道系统	5.1 声道	表示声卡所支持的声道数量
安装方式	内置	表示声卡需要安装在主机中
适用类型	家用	表示该声卡适合家庭群体用户使用
音频接口	3.5mm 音频接口	表示声卡与音频的接口类型
总线接口	PCI	表示声卡与主板连接的接口类型
随机附件	驱动 CD 光盘 X1 快速安装指南 X1	表示声卡包装内的附件物品清单

第 8 章

主机部件——机箱和电源

在计算机中，除了 CPU、主板、内存、显卡、硬盘 5 大部件和声卡等常用硬件设备外，还包含机箱和电源这两个不起眼，但重要的部件。在大多数用户的眼中，机箱和电源只是 CPU、主板、内存及其他计算机部件的容身之所和能源供应中心，但事实上机箱与电源的优劣还决定着计算机能否稳定运行。

为此，我们将在本章中对机箱、电源这两种看似不起眼的计算机配件进行详细介绍，使用户了解它们的重要性与优劣评判标准，以便能够在购买计算机时挑选到合适的机箱与电源。

本章学习内容：

- 机箱的功能
- 机箱的分类
- 判断机箱指令
- 电源的组成结构
- 电源的信号类型
- 电源的类型
- 电源的性能指标
- 选购机箱和电源

8.1 机箱

在计算机的发展历程中，随着硬件体积的不断缩小，CPU、主板、内存等核心部件逐渐容纳到一个被称为主机箱的金属箱内。这样的设计，优化了计算机的体积，以便用户可以在狭小的办公桌上安置其他硬件设备。

8.1.1 机箱的功能

机箱是计算机主机的外壳，如图 8-1 所示，其基本功能是为电源、主板、各种扩展卡、磁盘驱动器等设备提供安装空间，并为这些设备提供防压、防冲击和防尘等保护。

并且，由金属材料制成的机箱还具备防电磁干扰、防辐射的功能，起到屏蔽电磁辐射的作用。机箱面板上的各种开关与指示灯，也可让操作者更方便地操作计算机或观察计算机的运行情况，如图 8-2 所示。

图 8-1 机箱

8.1.2 机箱的分类

图 8-2 机箱指示灯和开关

机箱一般包括外壳、支架、面板上的各种开关、指示灯等组成部分。外壳用钢板和塑料结合制成，特点是硬度高；支架主要用于固定主板、电源和各种驱动器。机箱可以按照结构、应用领域、外形和尺寸等进行分类，具体情况如下所述。

1. 按结构分类

按机箱的结构分类，机箱主要分为 AT、ATX、Micro-ATX 以及 BTX 机箱。

AT 结构的全称为 Baby-AT，主要用于那些采用了 AT 主板的早期计算机中，如以前的 386、486 使用的都是 AT 结构机箱，如图 8-3 所示。早期计算机所采用的卧式主机所使用的便是 AT 机箱，其名称来源于该机箱所配备的 AT 电源。

图 8-3 AT 机箱

ATX 机箱，如图 8-4 所示，是目前应用最为广泛的计算机机箱种类，属于 AT 扩展型机箱（AT extended）。与 AT 结构相比，ATX 的布局做了相当大的变化，首先是从 AT 机箱的卧式改为立式，并将 I/O 接口统一由主板窄的一边（24.4cm）转移至宽的一边（30.5cm）。其次，ATX 还规定了 CPU 散热器的热空气必须被外排，在加强散热之余，也减少了机箱内的积尘。

Micro-ATX 机箱是在 ATX 机箱的基础之上建立的，进一步节省了空间，因而比 ATX 机箱的体积要小一些，如图 8-5 所示。

图 8-4 ATX 机箱

图 8-5 Micro-ATX 机箱

BTX 机箱是基于 BTX（Balanced Technology Extended）标准的机箱产品，如图 8-6 所示。BTX 是 Intel 定义并引导的桌面计算平台新规范，其特点是可支持下一代计算机系统的新外形，使机箱能够在散热管理、系统尺寸和形状，以及噪音方面取得最佳平衡。

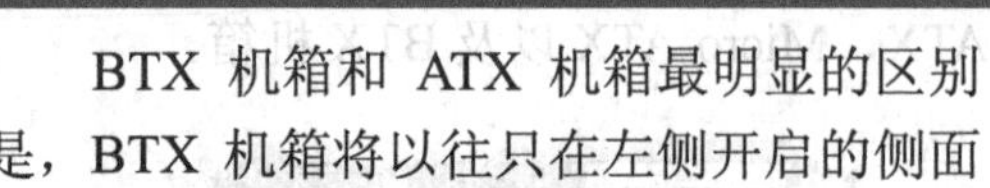

提 示

由于 BTX 机箱的构造不同于 ATX 机箱，所以部分计算机配件必须另外安装特殊附件后才能够安装在 BTX 机箱内。

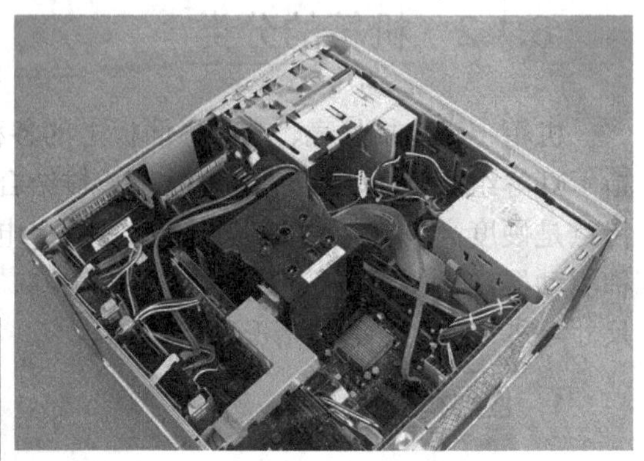

图 8-6 BTX 机箱

BTX 机箱和 ATX 机箱最明显的区别是，BTX 机箱将以往只在左侧开启的侧面板，改到了右侧，并将 I/O 接口也改到了右侧。BTX 机箱重点在散热方面有了改进，CPU 的位置完全被移动到了机箱的前板，而不是 ATX 机箱的后部位置，这样能更有效地利用散热设备，提升对机箱内各个设备的散热效能。

最为重要的是，BTX 机箱在主板安装上也进行了重新规范，其中的 SRM（Support and Retention Module）支撑保护模块是机箱底部和主板之间的一个缓冲区，通常使用强度很高的低炭钢材来制造，能够抵抗较强的外力而不易弯曲，可有效防止主板变形，如图 8-7 所示。

图 8-7 SRM 支撑保护模块

2. 按尺寸分类

按照机箱的尺寸划分，机箱可分为超薄、半高、3/4 高和全高机箱。

超薄机箱主要是一些 AT 机箱，只有一个 3.5 英寸软驱槽和两个 5.25 英寸驱动器槽；半高机箱主要是 Micro-ATX 和 BTX 机箱，拥有 2~3 个 5.25 英寸驱动器槽；3/4 高和全高机箱则拥有三个或者三个以上 5.25 英寸驱动器槽和两个 3.5 英寸软驱槽。

3. 按外形分类

按机箱的外形分类，机箱可分为卧式机箱和立式机箱两大类。

就使用本身而言，卧式机箱和立式机箱没有大的区别，只是立式机箱没有高度限制，理论上可以提供更多的驱动器槽。相比之下，卧式机箱由于受厚度限制，所以扩展能力较立式机箱稍差。图 8-8 所示为一款卧式机箱。

图 8-8 卧式机箱

不过，用户的喜好也不尽相同，所以部分厂商便将机箱设计成为卧式和立式两用机箱，以便用户自由选择。在此类型的机箱中，一般 5.25 英寸托架都会采用分离设计，这样可以在改变机箱放置时使光驱保持水平。

4. 按应用领域划分

按照计算机应用领域的不同，可将机箱分为普通台式机机箱、服务器/工作站机箱两大类型。

台式机机箱是最常见的机箱，其最基本的功能就是安装计算机主机中的各种配件。除此之外，还要求有良好的电磁兼容性，能有效屏蔽电磁辐射，保护用户的身心健康；扩展性能良好，有足够数量的驱动器扩展仓位和板卡扩展槽数，以满足日后升级扩充的需要；通风散热设计合理，能满足主机内部众多配件的散热需求。

图 8-9 前置接口

在易用性方面，要求机箱有足够数量、类型丰富的前置接口，例如前置 USB 接口，前置 IEEE1394 接口，前置音频接口，读卡器接口等等，如图 8-9 所示。

并且现在许多机箱对驱动器、板卡等配件和机箱的自身紧固都采用了免螺丝设计以方便用户拆装；有些机箱还设置了 CPU、主板以及系统等的温度显示功能，使用户对电脑的运行和散热情况一目了然，如图 8-10 所示。

图 8-10 机箱内部布置

在外观方面，机箱也越来越美观新颖，色彩缤纷，以满足人们在审美和个性化方面的需求，今天的电脑机箱已经不仅仅是一个装载各种部件的铁盒子，更是一件点缀家居的装饰品。

与台式机机箱相比，服务器/工作站机箱除了有上述台式机机箱的基本要求之外，还因为服务器/工作站的工作性质和用途而与台式机机箱有许多不同之处，其不同之处具体体现在下几个方面：

- **安全性好** 安全性是指物理上的安全。通常服务器/工作站机箱的前端面板都是带有折页的可活动形式，而且电源开关与光驱、硬盘等设备都被设计在面板内部，如图 8-11 所示。这样可以防止人为的误操作而造成服务器的停机与重启，或者在进行安装、拆卸硬盘或光驱时出现故障。

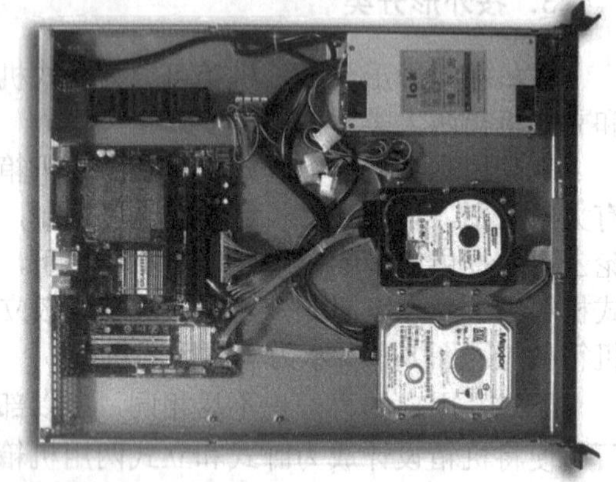

图 8-11 服务器/工作站机箱

- **材料散热性好** 为了保证服务器稳定的工作，一般服务器/工作站的工作环境要求干燥、凉爽。为了达到这个要求，服务器/工作站机箱的选料就马虎不得了。普通台式机机箱材料一般是钢板，而服务器/工作站机箱使用的材料通常是全铝质或铝合金，也有用钢板、镁铝合金的。
- **预留风扇位多** 服务器在长时间工作时会产生很大的热量，因此空气很快变热。尽快有效地排出这些热空气将是服务器稳定工作的前提条件。一般普通台式机机箱中散热风扇口只有 2~3 个，分别在机箱正面挡板的内部与背部挡板的内部，而服务器/工作站机箱则需要更多的排风口，而且各个排风口能够针对系统不同的发热源进行散热。
- **通风系统良好** 为了达到散热的效果，服务器/工作站机箱除了要安装多个风扇外，机箱内的散热系统也是非同寻常的。一般情况下在服务器/工作站机箱背面有两个风扇位，可以供用户安装两个风扇。当然这两个风扇不是都是吹风的，而是一吹一抽形成一个良好的散热循环系统，从而将机箱内的热空气迅速抽出，以降低机箱内的温度。
- **具有冗余性** 为了保证服务器/工作站连续不间断的工作，冗余技术使用于机箱内的绝大部分配件上，风扇也不例外。为了确保机箱内良好的散热系统不因为某一个或几个风扇发生故障而被破坏，现在很多的服务器/工作站机箱都采用了自动切换的冗余风扇。系统工作正常时，主风扇工作，备用风扇不工作，当主风扇出现故障或转速低于规定转速时，自动启动备用风扇。备用风扇平时处于停转状态，保证在工作风扇损坏时马上接替服务，避免由于系统风扇损坏而使系统内部温度升高造成的工作不稳定或停机现象。

8.1.3 判断机箱质量

作为承载、关联所有配件的平台和计算机的重要“脸面”，机箱是计算机配件中较为保值的产品，其质量好坏也在很大程度上影响和决定了整台计算机的性能发挥情况。因此，机箱的选购无疑是DIY攒机时相当关键的问题，大致可从散热性能、做工和用料、扩展性能、使用便捷性、电磁屏蔽性能等方面对机箱质量进行判断。

图 8-12 双程互动式散热结构

1. 散热性能

在夏日，放置计算机的室温远较平时高，而且眼下各种主流配件的功率越来越大，此时如果机箱不能有效散热，极易使箱内的CPU、板卡和硬盘等过热受损。因此，检验一款机箱的散热性能便成为夏日DIY的首要任务。

机箱的散热性能一般表现在散热风道设计方面，具有较好散热性能的机箱产品一般拥有相对较多的散热孔、两个以上的散热风扇。目前，公认散热效果较为明显的是采用前后通风的“双程互动式散热结构”机箱，如图 8-12 所示。一些更为优秀的机箱还采用了“电脑智能温控仪器”等散热表现出色的技术。此外，某些高档机箱还会采用水冷结构的散热方式，不过价格相对较高。

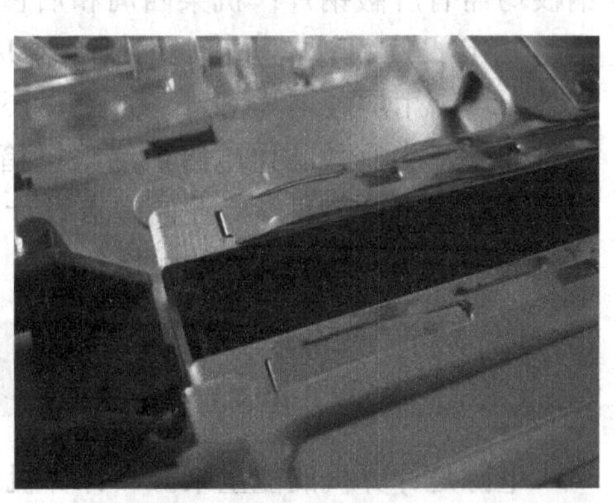

图 8-13 做工和用料

2. 做工和用料

做工和用料是检验机箱产品是否合格或优秀的重要依据。好的机箱一般采用全钢制冷镀锌材质，主板托盘则应经过精密冲压设备的锻压而深抽成型，面板要求烤漆均匀，ABS 塑料面板要求切割齐整、光泽均匀，如图 8-13 所示。

此外，优秀的机箱还应该注重边角的处理，产品不仅需要有预打磨处理，还应该具有良好的全折边工艺，没有任何的毛边、锐口和毛刺现象。

图 8-14 驱动器座

3. 扩展性能

机箱的扩展性能直接决定着计算机的升级潜力，而机箱的扩展性能是否良好主要取决于机箱的内部空间大小、扩展槽多少等方面。一般，机箱总宽度减去驱动器托架宽度所剩距离应在 45mm 以上，而驱动器托架则应至少可容纳三个五寸及三个三寸以上驱动器座，以确保以后计算机升级的顺利进行，如图 8-14 所示。

4. 使用便捷性

机箱作为计算机配件的载体，其使用设计是否方便在很大程度上决定着机箱的档次。目前较为流行的便捷式设计主要包括：USB 和音频接口前置、免工具拆装、机箱安全锁、集线板、轨道式侧板、手动螺丝、滑插式卡类固定锁、条装卡式设备等，如图 8-15 所示。

图 8-15　便携式机箱

5. 电磁屏蔽性能

衡量一款机箱产品是否合格的标准是该产品是否通过了 FCCB 级标准和 ISO9002 质保体系认证，电磁屏蔽好的机箱的辐射应该不大于普通 CRT 显示器。一般地，符合 FCCB 级认证标准的机箱产品的所有外露空位直径应小于 3mm，除光驱、软驱、硬盘等仓口外的机箱前钢板均需有屏蔽钢片；机架四周和后窗架构应采用 EMI 凸点设计，机箱后钢板除装 I/O 卡位置外，均需用屏蔽钢片密封，如图 8-16 所示。

图 8-16　机箱后钢板

此外，为有效防止电磁泄漏，机箱还应采用优质导电钢板、科学专业的弹点设计以及良好的喷漆工艺，从而使整个机箱成为一个导电的统一体，形成良好的触地。

8.2 电源

电源是计算机的能量来源，计算机内部的所有部件，都需要电源进行供电。因此，电源功率的大小、电流和电压是否稳定，将直接影响计算机的工作状况和使用寿命。如果电源质量较差，电流输出不稳定，不但会经常导致死机或自动重启，严重时还会烧毁硬件设备。

8.2.1 电源的组成结构

计算机电源是一种安装在主机箱内的封闭式独立部件，其作用是利用开关电源变压器将 220V 的交流电转换为 5V、–5V、12V、–12V、3.3V 等稳定的直流电，以供应主板、硬盘及各种适配器等部件使用，如图 8-17 所示。

图 8-17　电源

计算机电源属于开关电源，共由输入电网滤波器、输入整流滤波器、变换器、输出整流滤波器、控制电路、保护电路这 6 部分组成，如图 8-18 所示。

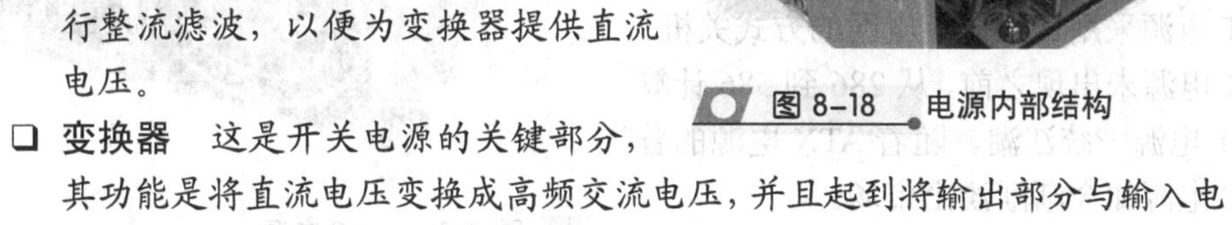

图 8-18　电源内部结构

其中，各个部分的功能如下：

- ❑ **输入电网滤波器**　消除来自电网的干扰，如电动机启动、电器的开启与关闭等产生的信号干扰，同时也防止开关电源产生的高频噪声向电网扩散。
- ❑ **输入整流滤波器**　将电网输入电压进行整流滤波，以便为变换器提供直流电压。
- ❑ **变换器**　这是开关电源的关键部分，其功能是将直流电压变换成高频交流电压，并且起到将输出部分与输入电网隔离的作用。
- ❑ **输出整流滤波器**　将变换器输出的高频交流电压整流滤波得到需要的直流电压，同时防止高频噪声对负载的干扰。
- ❑ **控制电路**　检测输出直流电压，并将其与基准电压比较，以便进行放大。与此同时，调制振荡器的脉冲宽度，从而控制变换器以保持输出电压的稳定。
- ❑ **保护电路**　当开关电源发生过电压、过电流短路时，保护电路使开关电源停止工作以保护负载和电源本身。

8.2.2　电源的信号类型

计算机电源在工作时，会根据情况向计算机发送 Power Good 信号或 Power Fail 信号。

Power Good 信号简称 P.G.或 P.OK 信号，该信号是直流输出电压检测信号和交流输入电压检测信号的逻辑，与 TTL 信号兼容。当电源接通之后，如果交流输入电压在额定工作范围之内，且各路直流输出电压也已达到它们的最低检测电平（5V 输出为 4.75V 以上），那么经过 100ms～500ms 的延时后，P.G.电路便会发出一个表示电源正常的 P.G.信号（高电平信号）。

提　示

P.G.信号非常重要，即使电源的各路直流输出都正常，如果没有 P.G.信号，主板还是没法工作。如果 P.G.信号的时序不对，可能会造成开不了机。

Power Fail 信号简称 P.F.信号，这是当电源交流输入电压降至安全工作范围以下或 5V 电压低于 4.75V 时，电源送出的“电源故障”信号。Power Fail 应在 5V 下降至 4.75V 之前至少 1ms 降为小于 0.3V 的低电平，且下降沿的波形应陡峭，无自激振荡现象发生。

8.2.3　电源的类型

电源与机箱一样，根据环境不同而使用的电源类型也不相同，如 AT 电源、ATX 电源、Micro-ATX 电源和 BTX 电源。目前，较常用的是 ATX 电源。

1. AT 电源

AT 电源，如图 8-19 所示，共有四路输出（±5V、±12V），另向主板提供一个 P.G.信号。输出线为两个六芯插座和几个四芯插头，两个六芯插座给主板供电，四芯插头则为硬盘、光驱等设备供电。

图 8-19 AT 电源

AT 电源采用切断交流电网的方式关机。在 ATX 电源未出现之前，从 286 到 586 计算机由 AT 电源一统江湖。随着 ATX 电源的普及，AT 电源如今渐渐淡出市场。

2. ATX 电源

ATX 电源是根据 ATX 标准进行设计和生产的，从最初的 ATX1.0 开始，ATX 标准经过了多次的变化和完善。目前，国内市场上流行的是 ATX2.03 和 ATX12V 这两个标准，其中 ATX12V 又可分为 ATX12V1.2、ATX12V1.3、ATX12V2.0 等多个版本。P4 的电源采用的是 ATX12V，而不是 ATX2.03。总的来说，ATX12V 具有如下优点：

- **加强了+12VDC 端电流输出能力** ATX12V 加强了+12VDC 端的电流输出能力，对+12V 的电流输出、涌浪电流峰值、滤波电容的容量与保护等做出了新的规定。
- **增加了电源连接器** ATX12V 增加的 4 芯电源连接器为 P4 处理器供电，供电电压为+12V。
- **加强了+5VSB 的电流输出能力** ATX12V 加强了+5VSB 的电流输出能力，改善主板对即插即用和电源唤醒功能的支持。

而在 ATX12V1.2、ATX12V1.3 和 ATX12V2.0 之间：ATX12V1.3 加强了+12V 的输出能力，以适应 Intel 新型的 Prescott 大功率 CPU，也提高了电源效率，并且取消了–5V 的输出端口；ATX12V2.0 进一步加强+12V 的输出能力，+12V 采用两组输出，分为+12VDC1、+12VDC2，有一组专为 CPU 供电，并且进一步提升电源的效率。图 8-20 所示为一款 ATX 电源。

图 8-20 ATX 系列电源

3. Micro-ATX 电源

Micro-ATX 电源是 Intel 公司在 ATX 电源的基础上改进的电源，其主要目的是降低制作成本。Micro-ATX 电源与 ATX 电源相比，最显著的变化就是体积减小、功率降低，只有 90～150W 左右。目前 Micro-ATX 电源大都在一些品牌机和 OEM 产品中使用，而在零售市场上很少看到。图 8-21 所示为一款 Micro-ATX 电源。

图 8-21 Micro-ATX 电源

提 示

Micro-ATX 电源的功率虽然较小，但由于品牌机的配置一致，且都经过各种严格的测试，所以长时间运行也不会影响系统的稳定性。

4. BTX 电源

BTX 电源是遵从 BTX 标准设计的计算机电源，不过 BTX 电源兼容了 ATX 技术，其工作原理与内部结构基本与 ATX 相同，输出标准与目前的 ATX12V2.0 规范一样，也是像 ATX12V2.0 规范一样采用 24pin 接头。图 8-22 所示为一款 BTX 电源。

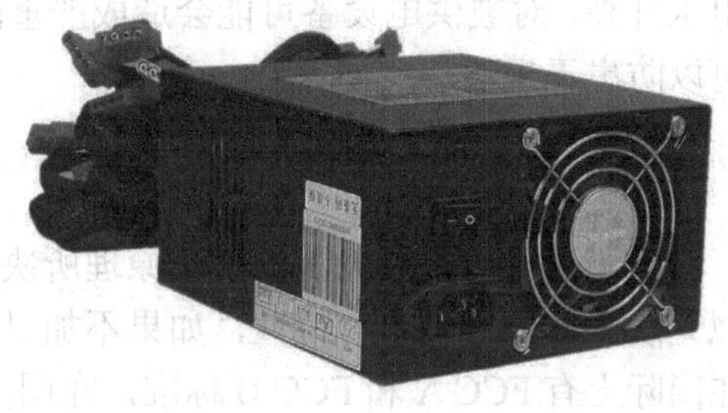

图 8-22 BTX 电源

BTX 电源主要是在原 ATX 规范的基础之上衍生出 ATX 12V、CFX 12V、LFX 12V 几种电源规格。其中 ATX 12V 是既有规格，之所以这样是因为 ATX12V2.0 版电源可以直接用于标准 BTX 机箱。

8.2.4 电源的性能指标

计算机电源的优劣影响到计算机能否正常工作，一般情况下用户可以从多国认证标记、噪音和滤波、电源效率、过压保护、电磁干扰等性能指标，来判断电源的优劣。

1. 多国认证标记

优质的电源应具有 FCC、美国 UR 和中国长城等认证标志，这些认证的专业标准包括生产流程、电磁干扰、安全保护等。凡是符合一定指标的产品在申报认证后才能在包装和产品表面使用认证标志，具有一定的权威性，如图 8-23 所示。

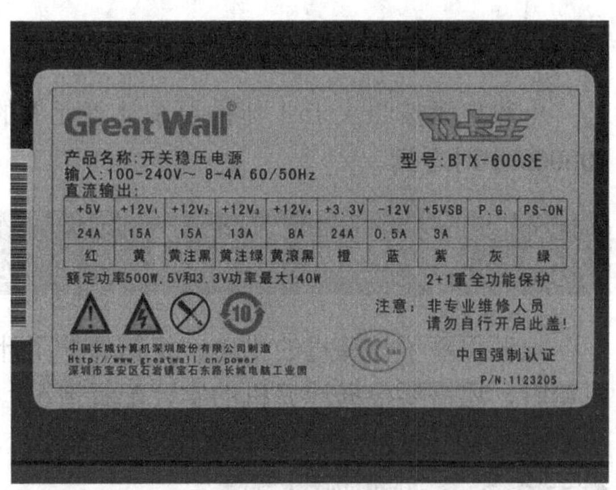

图 8-23 多国认证标志

2. 噪音和滤波

噪音和滤波指标要通过专业的仪器检测才能判断，主要是指在 220V 交流电经过开关电源的滤波和稳压后变换成各种低电压的直流电时，输出直流电的平滑程度。国家标准规定噪音不超过 55 分贝。滤波指标的高低直接关系到输出直流电中交流分量的高低，也称为波纹系数，这个系数越小越好。同时滤波电容的容量和品质也关系到电流有较大变动时电压的稳定程度。

3. 电源效率

电源效率是指电源各组直流电输出功率的总和与输入交流电功率的比值，该值越大越好，国家标准规定应不小于 65%。

4. 过压保护

ATX 电源比传统 AT 电源多了 3.3V 的电流输出，有的主板没有稳压组件而直接用 3.3V 为主板部分设备供电，即便是具有稳压装置的线路，对输入的电压也有上限，一旦电压升高，对被供电设备可能会造成严重的物理损伤。因此，电源的过压保护十分重要，可以防患于未然。

5. 电磁干扰

电磁干扰由开关电源的工作原理所决定，其内部具有较强的电磁振荡，因此具有类似无线电波的对外辐射特性，如果不加以屏蔽可能会对其他设备造成影响。防电磁干扰在国际上有 FCC A 和 FCC B 标准，在国内有国标 A（工业级）和国标 B（家用电器级）标准，优质的国内电源都达到了国标 B 标准。

6. 瞬间反应能力

当输入的电压在瞬间发生较大的变化时（在电压允许的范围内），输出的电压恢复正常所用的时间，体现了电源对异常情况的反应能力。

7. 电源寿命

一般电源按照大于 3 年的要求计算元件的可能失效周期，平均工作时间在 80000～100000 小时之间。

8.3 选购电源和机箱

电源保障了计算机的供电，机箱保护了计算机内部组件。因此，用户在选购电源和机箱时，还需要根据计算机的实际配置情况，斟酌选择相对理想的型号。

8.3.1 选购机箱

目前市场中的机箱种类繁多，既有独立机箱（无电源）的产品，也有机箱中标配电源（机箱中配置一个电源）的产品。相对于独立机箱来讲，标配电源的机箱在价格上要昂贵一点。对于一般用户来讲，还是比较喜欢单独购买机箱和电源，然后再动手组装，这样选择的目的是可以自由组合多种机箱和电源，选择面相对来讲比较广泛。

在购买机箱之前，用户需要根据电脑实际配置单和硬件配置规格，来选择一款合适的机箱。目前，市场中比较主流的机箱是游戏类型的机箱，该类型的机箱具有散热性好、扩展仓位多、前置接口多等优点。下面将以表格的形式，分别介绍普通台式机箱和游戏类机箱的参数，对比两款不同类型机箱的优劣，如表 8-1 所示。

表 8-1 机箱参数对比表

机箱参数	详细参数	先马领航	ICE 甲壳虫 beatles
基本参数	机箱类型	游戏机箱	台式机箱（mini）
	机箱样式	立式	立式
	机箱结构	ATX	MATX、Mini-ITX
	适用主板	ATX 板型、MATX 板型	MATX 板型、Mini-ITX 板型
	电源设计	下置电源	下置电源
	显卡限长	310mm	240mm
扩展参数	5.25 英寸仓位	3 个	无
	3.5 英寸仓位	4 个	1 个
	2.5 英寸仓位	7 个	1 个
	扩展插槽	7 个	4 个
	前置接口	USB3.0 接口 x2 USB2.0 接口 x2 耳机接口 x1 麦克风接口 x1 读卡器接口 x1	USB3.0 接口 x1 USB2.0 接口 x1 耳机接口 x1 麦克风接口 x1
外观参数	散热性能	前：2×120mm 风扇 后：1×120mm 风扇 侧：1×120-140mm 风扇 顶：2×120mm 风扇	侧：2×160mm 风扇 顶：1×120mm 风扇
	理线功能	背部理线	背部理线
	免工具拆装	支持免工具拆装	无
	其他特点	配备两组风扇调速器 支持水冷设备的安装	无
外观参数	机箱颜色	黑色	绿色、黑色、白色、红色
	产品尺寸	492mm×208mm×495mm	285mm×285mm×225mm

在选购机箱时，除了注意上述机箱参数之外，还需要注意下列选购事项：

- **镀锌、镀锡机箱** 对于镀锌钢板机箱，在选购时应该选择灰白色亚光的，这是氧化锌表层的颜色。一些材质不好的机箱，则采用了次等的镀锌钢板甚至是镀锡钢板，特别是镀锡钢板，其损坏速度甚至比纯钢板涂漆来得更快。
- **铝合金机箱** 铝合金机箱具有重量轻、强度高、散热能力好和抗氧化能力强等优点，一般铝合金机箱不需要再次喷漆。但是，铝合金机箱弹性不好，不受重压，不适合用于复杂的环境中。除此之外，铝合金机箱易被划伤且无法防止饮料等液体的侵蚀，而且价格普遍偏高，因此，不建议普通用户购买该类型的机箱。
- **透明机箱** 透明机箱是侧板使用透明材料制作的机箱，或者整套机箱都是使用透明亚克力材料制造的。该类型的机箱具有一定的美观性，但是市场中大部分透明机箱没有进行严格地防电磁处理，不具备电磁屏蔽作用；另外，透明机箱严重破坏了机箱的机械承载结构，机箱的强度严重下降，长时间使用会对内部板卡构成影响，而且透明机箱的价格也比普通机箱高出很多。

- **设计特点** 质量好的机箱使用的是 1.6mm 以上的钢板，而且使用了卷边设计，增强了机箱的抗扭曲强度。另外，机箱外壳的开孔和缝隙是保持良好电磁屏蔽功能的前提，一般机箱上不要超过 3cm 的开孔，并且所有可拆卸部件必须使用屏蔽弹片和机箱导通，以阻止电磁波的泄漏。
- **风扇电磁屏蔽网** 机箱中配备的风扇是衡量整个机箱散热的重要因素，但是在购买机箱时还需要注意机箱风扇中是否安装了过滤网。该类型的机箱不仅大大降低了电磁屏蔽性能，而且风扇长时间的运行会导致灰尘积攒，不便于清理。

8.3.2 选购电源

目前，市场中的电源五花八门，既有正规品牌的电源，也混充了山寨版的电源。因此，用户在购买电源时还需要细心观察、认真比较，以保证所选电源是合格且优质的。

在选购电源时，大多数用户喜欢查看电源的性能参数，但是对于一般用户来讲，电源参数形同天书，不甚理解。此时，用户可通过下列一些选购事项，来选购满意的电源。

- **查看电源外壳** 电源的外壳会影响到电磁屏蔽功能，以及电源的散热功能。目前，市场中的电源外壳一般采用镀锌钢板材质，部分产品采用了全铝材质。过薄的外壳会降低防辐射效果，此时用户可以通过手掂分量的方法，来判断电源的好坏。
- **查看电源铭牌** 在查看电源铭牌时，首先需要查看电源是否通过了 CCC（S）安全认证、CCC（S&E）安全与电磁兼容认证、CCC（EMC）电磁兼容认证、CCC（F）消防认证，一般大品牌的产品都会通过上述认证，而小品牌则不会全部通过。另外，铭牌中的 FCC 认证和 UL 认证则代表了更高的标准，通过了这些认证表示该电源产品具有较高的品质。除此之外，还需要查看电源的+12V 输出，一般单路输出的电源比较适合于玩显卡的用户，而双路输出则比较适合于注重稳定的用户。
- **查看电源线材** 在选购电源时，电源线材并不是越长越好。因为线材越长，转换效率就会越低，所以线材的长度选择合适的比较好。除此之外，还需要查看电源线材的接口是否够用，以避免影响到以后升级所需。
- **查看电源内部的元件** 在选购电源时，可以通过电源的散热孔来观察内部的电子元件。首先查看电源是被动 PFC 还是主动 PFC，由于被动 PFC 容易制作，会被不良厂商利用，所以建议选择采用主动 PFC 设计的电源。然后查看电源的板材，PCB 板材最好是防火材料。最后，看电源线材，最好选择 16 号或 18 号线材，因为这类线材具备更大的承载力，更加安全。

8.4 课堂练习：优化电源

如今计算机的数量越来越多，应用范围也越来越广，其整体的耗电量自然也在逐年增加。因此，适当优化计算机的电源应用模式，减少不必要的电力消耗，便可节约大量的能源。下面以 Windows 8 系统为例，详细介绍优化电源的操作方法。

操作步骤

1 打开【所有控制面板项】对话框，选择【电源选项】选项，如图 8-24 所示。

图 8-24 【所有控制面板项】对话框

2 在弹出的【电源选项】对话框中，选中列表中的【节能】选项，并单击其后的【更改计划设置】按钮，如图 8-25 所示。

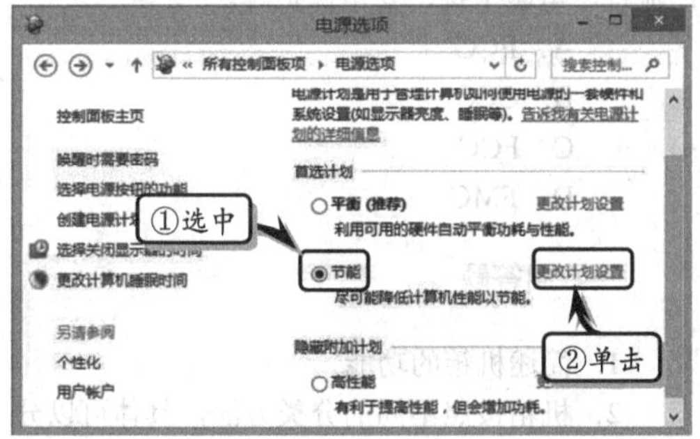

图 8-25 设置电源计划

3 在弹出的【编辑计划设置】对话框中，设置【关闭显示器】和【使计算机进入睡眠状态】选项，如图 8-26 所示。

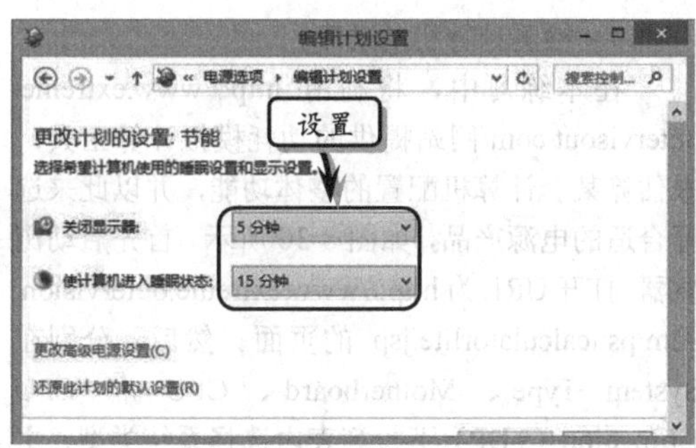

图 8-26 编辑计划设置

4 返回到【电源选项】对话框中，选择左侧的【选择电源按钮的功能】选项，如图 8-27 所示。

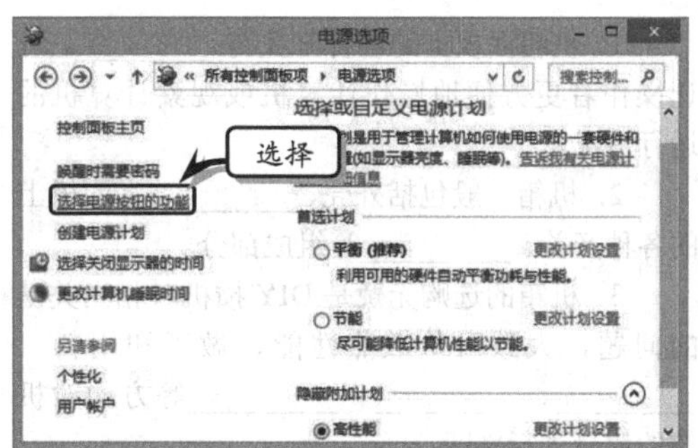

图 8-27 【电源选项】对话框

5 在【系统设置】对话框中，设置【按电源按钮时】和【按睡眠按钮时】选项，并单击【保存修改】按钮，如图 8-28 所示。

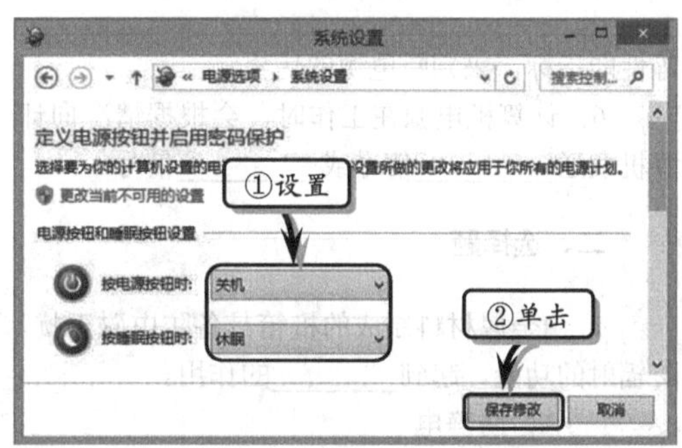

图 8-28 设置电源按钮和睡眠按钮

6 在【系统设置】对话框中的【关机设置】选项组中，启用【启用快速启动（推荐）】复选框，如图 8-29 所示。

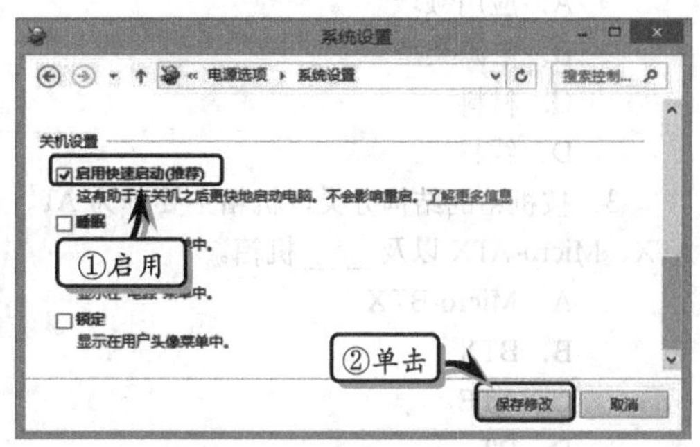

图 8-29 设置关机设置

8.5 思考与练习

一、填空题

1. 机箱面板上的各种开关与________，可让操作者更方便地操作计算机或观察计算机的运行情况。

2. 机箱一般包括外壳、________、面板上的各种开关、________等组成部分。

3. 机箱的选购无疑是DIY攒机时相当关键的问题，大致可从散热性能、做工和用料、________、________、________等方面对机箱的质量进行判断。

4. 计算机电源属于开关电源，共由输入________、输入整流滤波器、________、输出整流滤波器、________、________这6部分组成。

5. 一般情况下用户可以从多国认证标记、________、________、________、________等性能指标，来判断电源的优劣。

6. 计算机电源在工作时，会根据情况向计算机发送________信号或________信号。

二、选择题

1. 由金属材料制成的机箱具备防电磁干扰、防辐射的功能，起到________的作用。

A. 防静电

B. 屏蔽电磁辐射

C. 支撑

D. 阻抗

2. 机箱可以按照结构、_____、外形和尺寸等进行分类。

A. 应用领域

B. 电源类型

C. 材料

D. 线材

3. 按机箱的结构分类，机箱主要分为AT、ATX、Micro-ATX以及_____机箱。

A. Micro-BTX

B. BTX

C. ATE

D. BT

4. 服务器/工作站机箱与台式机机箱相比，除了有台式机机箱的基本要求之外，还具有安全性好、材料散热性好、预留风扇位多、通风系统良好、_____等特点。

A. 稳定性好

B. 具有冗余性

C. 材料坚固

D. 兼容性好

5. 电源与机箱一样，根据环境不同而使用的电源类型也不相同，目前较常用的是_____电源。

A. AT

B. BTX

C. ATX

D. Micro-ATX

6. 优质的电源应具有_____、美国UR和中国长城等认证标志，这些认证的专业标准包括生产流程、电磁干扰、安全保护等。

A. ECC

B. CCC

C. FCC

D. FMC

三、问答题

1. 简述机箱的功能。

2. 机箱按照不同的分类方法，具体可以分为哪几类？

3. 如何判断机箱的优劣？

4. 简述电源的组成结构。

5. 如何判断电源的性能？

四、上机练习

1. 检测计算机的功率

在本练习中，将利用 http://www.extreme.outervisout.com/网站提供的功耗模拟计算工具，来估算某套计算机配置的整体功能，并以此来选择合适的电源产品，如图8-30所示。首先启动浏览器，打开URL为http://www.extreme.outervision.com/psucalculatorlite.jsp 的页面。然后，分别在System Type、Motherboard、CPU 和 CPU Utilization（TDP）下拉列表内选择系统类型、主板类型、CPU型号和CPU功耗。接着，分别设置内存类型与数量、显卡类型与型号，以及外部存储系统的设备类型与数量。最后，在选择 PCI 及其他设备的类型、数量、型号等内容后，单击功率显示区域内的【Calculate】按钮，即可模拟出当前配置下的功耗数值。

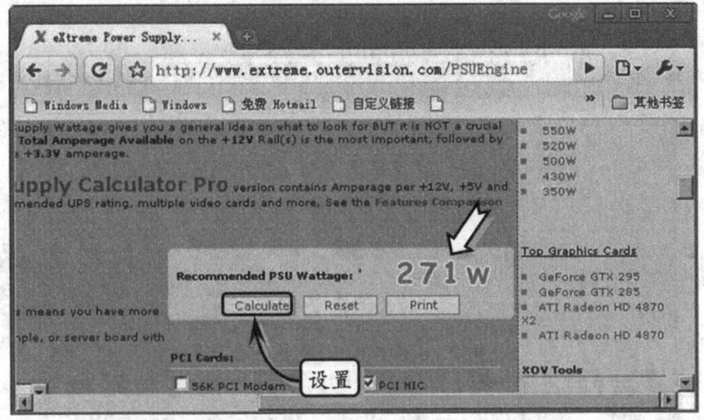

图 8-30 测试计算机的功率

2．认识 HTPC 机箱

HDTV（High Definition Television，高清晰度电视），它是一种以数字技术为基础，目的在于提供比传统模拟电视更清晰图像的影音播放方案。在如今的 HDTV 组建方案中，计算机已经成为整套高清家庭影院的核心组成部分。家庭影院计算机与普通计算机的主要区别就在于：HTPC 并不是以追求高性能为唯一目标，而应该是外观、性能、噪音、功耗这四者平衡的产物。由于 HTPC 通常摆在客厅里，所以 HTPC 机箱必须要有精致的外观，如图 8-31 所示。机箱的体积也不能太大，因此不论是从美感上，还是从节省空间上来看，这都非常重要。此外，机箱的散热性能也非常重要，因为如果 HTPC 机箱不能很好地解决散热问题，必然会在长时间运行时影响系统的稳定性。

图 8-31 HTPC 机箱

第 9 章

外部设备——输入设备

输入设备作为用户向计算机发号施令的重要工具，担负着用户与计算机之间通信的作用。随着计算机技术的发展，输入设备也经历了极大的变化与发展，使得如今的计算机既能够接受字符、数字等类型的数据，也可以接受图形图像、声音等类型的数据，极大地丰富了用户与计算机进行交流的途径。

本章将对当前的各种主流输入设备进行讲解，使用户能够了解和掌握这些设备的类型、结构、原理及性能指标等方面的知识。

本章学习内容：

- 键盘
- 鼠标
- 麦克风
- 手写设备
- 摄像头

9.1 键盘

在计算机刚刚出现时，人们通过纸带穿孔机将信息输入计算机。随后，键盘淘汰了纸带穿孔机，成为计算机最为重要的外部输入设备。直到目前为止，键盘依旧在字符录入领域有着不可动摇的地位，并随着用户的需求而向着多媒体、多功能和人体工程学等方面不断发展。

9.1.1 键盘的结构

计算机键盘发展至今，其间虽然经历了不断的变化，但依然由外壳、按键和内部电路三大部分所组成。

图 9-1 键盘外观

1．外壳

外壳是支撑电路板和用户操作时的工作环境，通常采用不同类型的塑料压制而成，部分高档键盘在底部采用了较厚的钢板，以此来增加键盘的质感和刚性。

另外，为了适应不同用户的使用需求，键盘的底部都设有可折叠的支撑脚，展开支撑脚后可以使键盘保持一定的倾斜角度，如图 9-1 所示。

此外，键盘上的指示灯可以帮助用户更快地了解某些键盘按键的当前状态，如图 9-2 所示。例如，小键盘指示灯、大小写指示灯等。

图 9-2 键盘指示灯

2．按键

大多数的键盘按键都由按键插座和键帽两部分组成。其中，键帽上印有各种字符标记，便于用户进行识别，而按键插座的作用则是固定键帽，如图 9-3 所示。

3．内部电路

电路是整个键盘的核心，主要分为逻辑电路和控制电路两大部分。其中，逻辑电路呈矩阵状排列，几乎布满整个键盘，而键盘按键便安装在矩阵的交叉点上，如图 9-4 所示。

图 9-3 按键和键帽

图 9-4 内部电路

提 示

在每一个按键的下方，都有一个逻辑电路的矩阵交叉点。

控制电路由按键识别扫描电路、编码电路、接口电路等部分组成，其表面布有各种电子元件，并通过导线与逻辑电路连在一起，如图 9-5 所示。

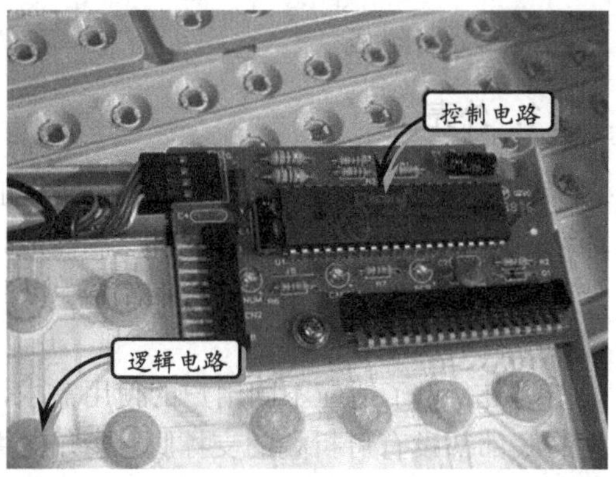

图 9-5 控制电路和逻辑电路

9.1.2 键盘的分类

由于不同用户之间的需求差异，键盘在发展过程中也出现了多种不同的类型。

1. 根据按键方式划分

从不同键盘在按键方式上的差别来看，可以将其分为机械式、导电橡胶式、薄膜式和电容式键盘四种类型。

1）机械式键盘

早期键盘的按键大都采用机械式设计，通过一种类似于金属接触式开关的原理来控制按键触点的导通或断开，如图 9-6 所示。为了使按键在被按下后能够迅速弹起，廉价的机械式键盘大都采用铜片弹簧作为弹性材料，但由于铜片易折且易失去弹性，所以质量较差。

图 9-6 机械式键盘内部图

提 示

早期的键盘完全仿造打字机键盘进行设计制造，就连按键分布也与打字机相同。

总体来说，机械式键盘的特点是工艺简单、维修方便，且使用手感较好，但噪声大、易磨损。但直到今天，做工精良的机械式键盘仍旧是众多用户所追捧的对象，如图 9-7 所示。

图 9-7 机械式键盘

提 示

如今的机械键盘大都较贵，其中较为出名的是 Cherry 机械键盘。

2）导电橡胶式键盘

与机械式键盘不同，导电橡胶式键盘的内部是一层带有凸起的导电橡胶，其凸起部分导电，通过按键时导电橡胶与底层触点的接触来产生按键信息，如图 9-8 所示。

图 9-8 导电橡胶式键盘内部图

总体来说，导电橡胶式键盘的成本较低，但由于整体手感却没有太大的进步，所以很快便被新型的薄膜式键盘所取代。

3）导电橡胶式键盘

薄膜式键盘是目前市场上最为常见的键盘类型，其内部含有两层印有电路的塑料薄膜，通过用户按键后导电薄膜的接触来产生按键信息，如图 9-9 所示。与其他类型的键盘相比，薄膜式键盘具有无机械磨损、可靠性较高，且价格低、噪音小等特点。

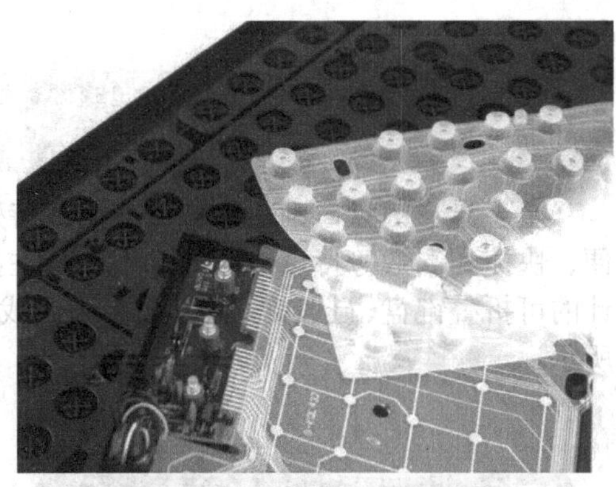

图 9-9 导电橡胶式键盘内部图

4）电容式键盘

电容式键盘通过按键时电极距离发生变化，从而引起电容量变化，以形成利用震荡脉冲信号的方式来记录按键信息。从按键结构来看，电容式键盘的按键属于无触点非接触式的开关，其磨损率极小（甚至可以忽略不计），也没有接触不良的隐患，具有质量高、噪音小、容易控制手感及密封性好等优点，不过工艺结构较机械式键盘要复杂一些，如图 9-10 所示。

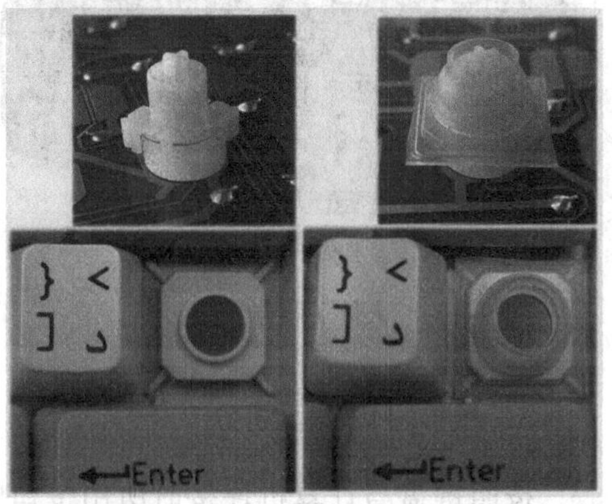

图 9-10 电容式键盘按键图

2. 根据设计外形划分

就外形来看，键盘分为标准键盘、人体工程学键盘和异形键盘 3 种类型。其中，如图 9-11 所示标准键盘便是那种四四方方、外形规规矩矩的矩形键盘，该类型键盘的缺点是长时间使用时会比较疲劳。

提 示

标准键盘通常含有 104 个按键，但在不同时期，标准键盘所包含的键盘数量也有所差别。

图 9-11 标准键盘

为此，人们开始从人体工程学的角度重新设计键盘的外形。例如，将键盘上的左手按键区和右手按键区分离开来，并使其形成一定的角度，如图 9-12 所示。这样一来，用户在使用时便不必有意识地夹紧双臂，从而能够在一种比较自然的状态下进行工作。

除此之外，目前大多数的人体工程学键盘还会有意加大“空格”“回车”等常用按键的面积，并在键盘下增加护手托板，如图 9-13 所示。这样一来，通过为悬空手腕增加支点，便可以有效减少因手腕长期悬空而导致的疲劳感。

图 9-12 人体工程学键盘局部图

提 示

由于造型设计的原因，人体工程学键盘通常都较大，所以其表面大都会布置一些标准键盘所没有的功能键。

至于异形键盘，则是为某种应用或特殊需求而专门设计的键盘，具有针对性强、方便、快捷和高效等特点，因此并不十分注重键盘的外型。例如，为提高键盘便携性而设计的可折叠键盘、硅胶键盘，以及专为游戏娱乐玩家而生产的专用游戏键盘等，如图 9-14 所示。

图 9-13 人体工程学键盘

图 9-14 异形键盘

3. 根据接口类型划分

按照键盘与计算机连接时所用接口的不同，还可以分为 PS/2 键盘、USB 键盘和无线键盘 3 种类型。其中，PS/2 接口是目前计算机上的必备接口之一，俗称“小圆口”，如图 9-15 所示。

图 9-15 PS/2 接口键盘

USB 接口也是目前计算机领域内的一种常见接口，采用该接口的键盘与 PS/2 键盘相比具有接口速度快和使用方便等优点，如图 9-16 所示。

相比之下，无线键盘则是一种与主机间没有任何连线的键盘类型，共分为信号接收器和键盘主体两部分，如图 9-17 所示。

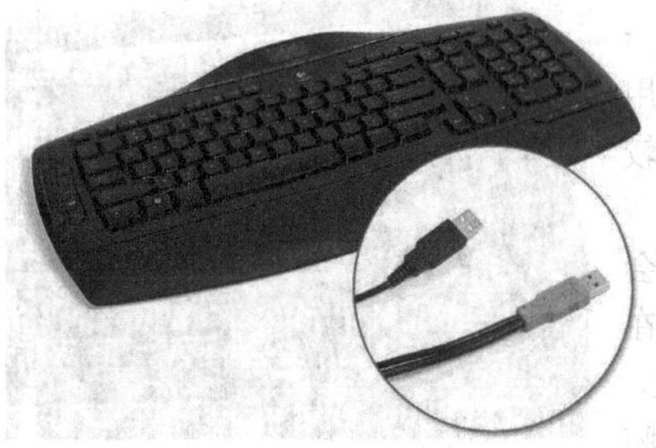

图 9-16 USB 接口键盘

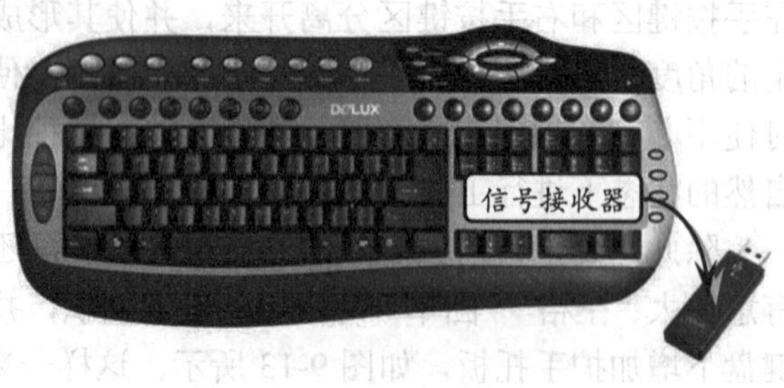

图 9-17 无线键盘

根据信号传播方式的不同，无线键盘分为红外线型和无线电型两种。其中，红外线型的方向性要求比较严格，尤其是对水平位置比较敏感；无线电型则是利用辐射状来传播信号，因此这种键盘在使用时较红外线型要灵活，不过抗干扰能力稍差。

提　示

除 USB 键盘产品外，其他类型的键盘都不允许带电插拔，因为这样很容易损坏键盘或主板上的键盘接口。正确的做法是正常关机后再更换键盘。

4. 根据计算机类型划分

按照计算机的类型划分，键盘可以分为台式机键盘和笔记本键盘两种类型。笔记本键盘与上面介绍的台式机键盘相比，其尺寸往往要稍小一些，而且按键也较少，大都只有 85 或 86 个按键，如图 9-18 所示。

图 9-18　笔记本键盘

9.1.3 键盘的工作原理

计算机键盘的基本作用就是记录用户的按键信息，并通过控制电路将该信息送入计算机，从而实现向计算机内输入字符的目的。以薄膜式键盘为例，其按键信号的产生过程，如图 9-19 所示。

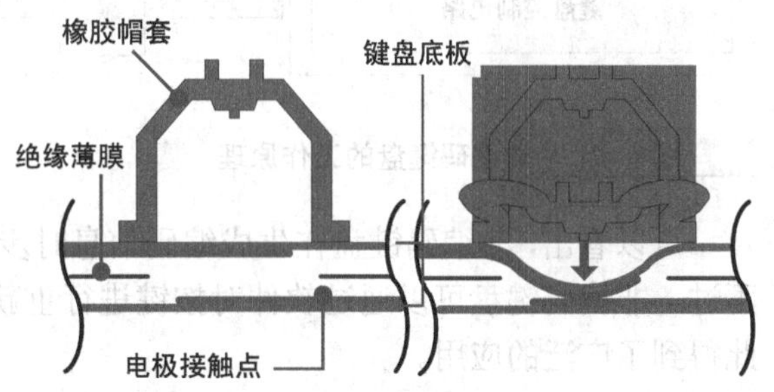

图 9-19　按键信号产生过程

其实，无论是哪种类型的键盘，按键信号产生原理都没什么差别。但是，根据键盘在识别键盘信号时所采用的方式，却可以将它们分为编码键盘和非编码键盘两种类型。

1. 编码键盘

在编码键盘中，按键在被按下后将产生唯一的按键信息，而键盘的控制电路则会在对信息进行编码后直接送入计算机，再由计算机对比字符编码表，从而得出所输入的字符，实现录入字符的目的，如图 9-20 所示。

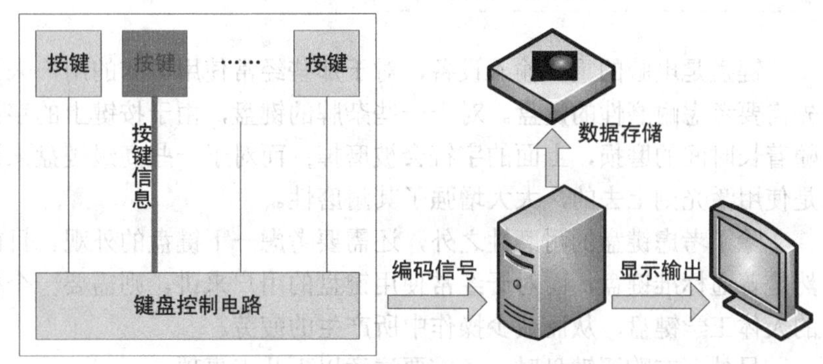

图 9-20　编码键盘的工作原理

可以看出，编码键盘在完成字符录入工作时，中间步骤极少，这使得编码键盘的响应极快。但是，为了使每个按键都能够产生一个独立的编码信号，编码键盘的硬件结构较为复杂，并且其复杂程度会随着按键数量的增多而不断增加。

2．非编码键盘

非编码键盘的特点在于，按键无法产生唯一的按键信息，因此键盘的控制电路还需要通过一套专用的程序来识别按键的位置。在这个过程中，硬件需要在软件的驱动下完成诸如扫描、编码、传送等功能，而这个程序便被称为键盘处理程序。

键盘处理程序由查询程序、传送程序和译码程序三部分组成。在一个完整的字符录入过程中，键盘首先调用查询程序，在通过查询接口逐行扫描键位矩阵的同时，检测行列的输出，从而确定矩形内闭合按键的坐标，并得到该按键所对应的扫描码；接下来，键盘在传送程序和译码程序的配合工作下得到按键的编码信号；最后，将按键编码信息传送至主机后，完成相应字符的录入工作，如图 9-21 所示。

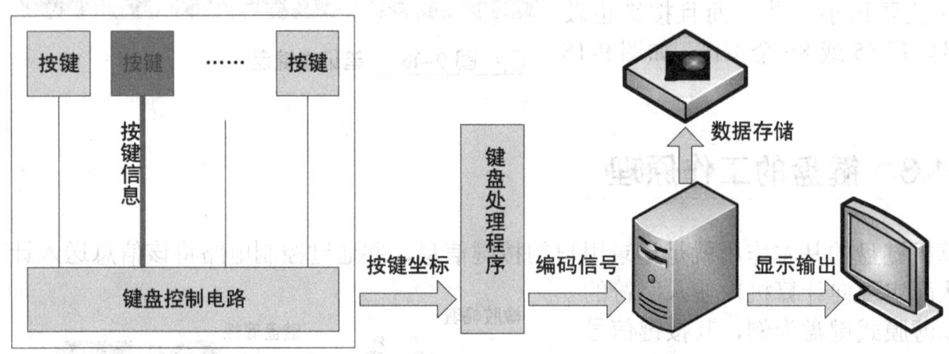

图 9–21 非编码键盘的工作原理

可以看出，非编码键盘在生成编码信息时步骤繁多，因此相应速度较编码键盘要慢。不过，非编码键盘可以通过软件对按键进行重新定义，从而方便地扩充键盘的功能，因此得到了广泛的应用。

9.1.4 键盘选购指南

键盘是电脑的重要输入设备，对于那些经常使用电脑的用户来讲，在购买键盘时首先需要考虑耐磨性的键盘。对于一些杂牌的键盘，由于按键上的字都是直接印上去的，随着长时间的磨损，上面的字符会被磨掉；而对于一些高级键盘来讲，按键上的字符则是使用激光刻上去的，大大增强了其耐磨性。

除了考虑键盘的耐磨性之外，还需要考虑一下键盘的外观。目前市场中主流键盘仍然是普通标准键盘，而对于经常使用键盘的用户来讲，则需要一个根据人工学原理设计的人体工学键盘，从而减少操作中所产生的疲劳。

另外，在购买键盘时，还需要注意以下几点事项：

- **按键数量** 目前市场中主流键盘的按键数量为 108 键，也是普通用户最习惯使用的数量。

- **键盘类型** 目前市场中主要存在电容式键盘和机械式键盘两种类型，依据价格和使用方法来决定，建议购买电容式键盘。
- **键盘手感** 在购买键盘时，需要将双手放置于键盘上，敲击键盘感觉一下手感，只有双手感觉非常舒服的键盘，才是适合用户自身使用的键盘。
- **做工材质** 键盘的做工和材质直接影响到键盘的质量，购买时应仔细查看键盘的表面、边角等加工是否精细，结构是否合理。一般劣质键盘外表做工比较粗糙、按键弹性次等。
- **按键的排列** 由于不同厂家所生产键盘的按键排列方式不完全相同，所以在购买键盘时还应该查看键盘中按键的排列方式，是否符合用户的使用习惯。
- **接口类型** 键盘接口分为 AT 和 PS/2 两种，大部分主机都使用 PS/2 接口的键盘。所以，在购买键盘时应先看一下键盘接口。另外，还可以直接购买 USB 接口的键盘，既方便又不用注意接口类型。

9.2 鼠标

随着图形化操作系统的出现，单纯依靠键盘已经无法满足用户进行高效工作的需求。在这种情况下，鼠标（Mouse）应运而生，其高效、快速的屏幕指针定位功能，在图形化操作方式一统天下的今天，成为人们使用计算机时必不可少的重要设备。

9.2.1 鼠标的分类

鼠标诞生于1968年，在这40多年的发展中，经历了一次又一次的变革，其功能越来越强、使用范围越来越广、种类也越来越多。

1. 根据按键数量划分

从鼠标按键的数量来看，除了早期使用、现已被淘汰的两键鼠标外，还可以将鼠标分为三键鼠标、滚轮鼠标和多键鼠标3种类型。

其中，三键鼠标的左、右两键与传统两键鼠标完全相同，而中间的第三个按键则在 UG、AutoCAD 等行业软件内有着特殊的作用，如图 9-22 所示。

图 9-22 三键鼠标

提 示

由于只有少数程序支持三键鼠标的中键（即第三个按键），所以三键鼠标的使用范围较小。

相比之下，目前最为常见的便要数滚轮鼠标了。事实上，滚轮鼠标属于特殊的三键鼠标，两者间的差别在于滚轮鼠标使用滚轮替换了三键鼠标的中键，如图 9-23 所示。在实际应用中，转动滚轮可以方便地实现上下翻动页面（与拖动滚动条的效果相同），而在单击滚轮后则可实现屏幕自动滚动的效果。

至于多键鼠标，则是继滚轮鼠标之后出现的一种新型鼠标。多键鼠标的特点是在滚轮鼠标的基础上增加了拇指键等快捷按键，进一步简化了操作程序，如图 9-24 所示。

图 9-23 滚轮鼠标

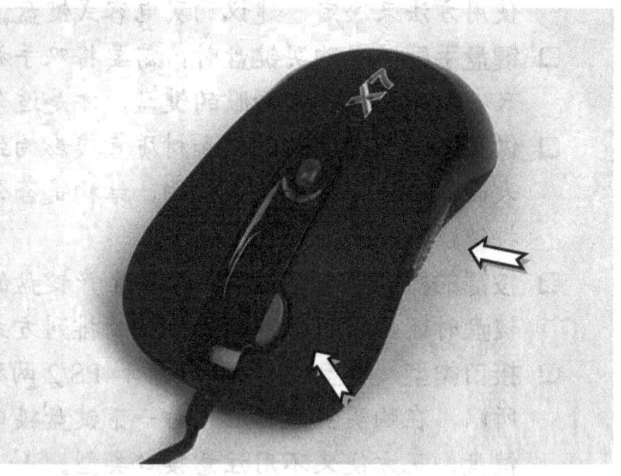

图 9-24 多键鼠标

提 示

利用专用程序，用户还可重新定义部分多键鼠标的按键操作内容。这样一来，用户便可以将一些较为简单且频繁使用的操作集成在快捷按键上，从而进一步提高操作速度。

2. 根据接口类型划分

根据鼠标与计算机连接时所用接口的不同，可以将目前的鼠标分为 PS/2 鼠标、USB 鼠标和无线鼠标 3 种类型。

其中，PS/2 接口的鼠标最为常见，特征是使用一个 6 芯的圆形接口。不过，由于 PS/2 鼠标所使用的接口与 PS/2 键盘的接口极为类似，所以在使用时需要防止插错接口，如图 9-25 所示。

图 9-25 PS/2 鼠标

现阶段，随着 USB 接口的兴起，各大外设厂商也都纷纷推出了自己的 USB 鼠标产品，如图 9-26 所示。与 PS/2 鼠标相比，由于 USB 鼠标支持热插拔，所以受到了众多用户的青睐。

提 示

由于 USB 接口的数据传输速度要高于 PS/2 接口，所以 USB 鼠标在复杂应用下的操作流畅感要优于 PS/2 鼠标。

图 9-26 USB 鼠标

无线鼠标采用了与无线键盘相同的信号发射方式，由于摆脱了线缆的限制，所以无线鼠标能够让用户更为方便、灵活地操控计算机，如图 9-27 所示。

图 9-27 无线鼠标

3. 按照内部结构划分

按内部结构的不同，鼠标可以分为机械式和光电式两种类型。

其中，机械式鼠标的特征在于底部带有一个胶质小球，此外其内部还含有两个用于识别方向的 X 方向滚轴和 Y 方向滚轴。在使用中，机械式鼠标必须通过胶质小球与桌面的摩擦来感应位置的移动，其精度有限，因此已被光电式鼠标所取代。

与机械鼠标相比，光电式鼠标由发光二级管（LED）、透镜组件、光学引擎和控制芯片组成，特点是精度较高。从底面看，光电鼠标没有滚轮，取而代之的则是一个不断发光的光孔，工作时通过不断发射和接收反射后的光线来确定指针在屏幕上的位置，如图 9-28 所示。

4. 其他类型的鼠标

除了上面我们介绍的几种鼠标之外，鼠标厂商们还设计生产了许多其他的鼠标或类鼠标式的产品。例如，轨迹球鼠标的外形像颠倒过来的机械式鼠标。该鼠标在使用时，用户只需拨动轨迹球即可向计算机发号施令，控制光标在屏幕上移动，如图 9-29 所示。

图 9-28 光电式鼠标　　图 9-29 轨迹球鼠标

此外，广泛应用于笔记本计算机上的指点杆和触摸板也是类鼠标的输入设备。在使用时，用户只需推动指点杆，或在触摸板上移动手指，屏幕上的光标便会向相应方向进行移动，如图 9-30 所示。

9.2.2 鼠标的工作原理

图 9-30 指点杆和触摸板

无论是哪种类型的鼠标，其工作方式都是在侦测当前位置的基础上，通过与之前的位置进行对比而得出移动信息，从而实现移动光标的目的。不过，由于内部构造的差异，不同鼠标在实现这一任务时所采用的方法也有所差异。

1. 机械鼠标的工作原理

之前我们曾经介绍过，机械鼠标的内部由胶质小球和 X、Y 两个不同方向的滚轴组成。实际上，X、Y 方向滚轴的末端还有一个附有金属导电片的译码盘。当用户在移动鼠标时，机械鼠标内的胶质小球会进行四向转动，并在转动的过程中带动方向滚轴进行转动，如图 9-31 所示。

在上述过程中，译码盘上的金属导电片会不断与鼠标内部的电刷进行接触，从而将物理上的位移信息转换为能够标识 X、Y 坐标的电信号，并以此来控制光标在屏幕上的移动。

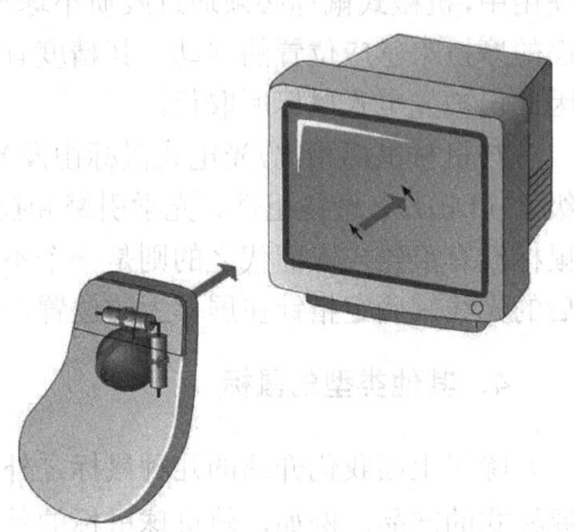
图 9-31 机械鼠标的工作原理图

2. 光电鼠标的工作原理

在光电鼠标中，鼠标在利用二极管照亮鼠标底部表面的同时，利用其内部的光学透镜与感应芯片不断接收表面所反射回来的光线，同时形成静态影像。这样一来，当鼠标移动时，鼠标的移动轨迹便会被记录为一组高速拍摄的连贯图像。此时，光电鼠标便会通过一块专用芯片（DSP）对图像进行分析，并利用图像上特征点的位置变化判断出鼠标的移动方向、移动距离及速度，从而完成对光标的定位，如图 9-32 所示。

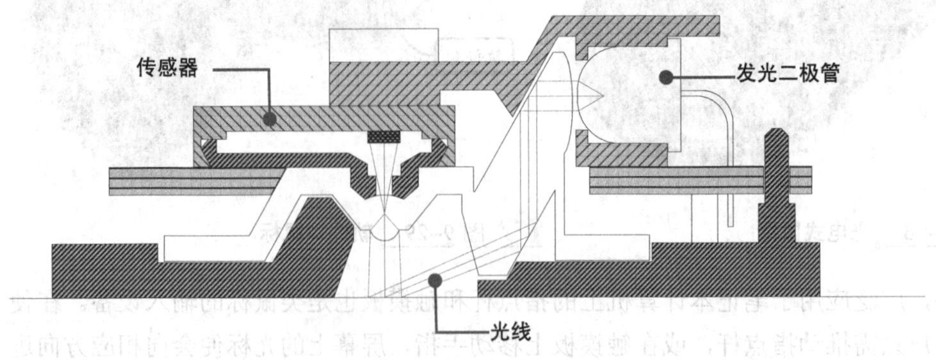

图 9-32 光电鼠标工作原理图

9.2.3 鼠标的性能指标

目前，市场上常见的鼠标产品大都属于光电鼠标。从实际使用的角度来看，能够反应光电鼠标性能的主要有分辨率、光学扫描率、接口类型等指标。

1. 分辨率（dpi）

一款光电鼠标性能优劣的决定性因素，在于每英寸长度内鼠标所能辨认的点数，也就是人们所说的单击分辨率。

鼠标的分辨率越高，其定位的精准度越高。但是，并非 dpi 越高越好，因为当鼠标的 dpi 过大时，轻微震动鼠标就可能导致光标“飞”掉，而 dpi 值小一些的鼠标反而感觉比较的“稳”。

2. 光学扫描率

光学扫描率是指鼠标感应器在一秒内所能接收光反射信号并将其转化为数字电信号的次数。也就是说，光学扫描率越高，鼠标对位置的移动越敏感，其反应速度也就越快。如此一来，当用户快速移动鼠标时便不会出现“丢帧”的现象了。

提 示

“丢帧”是指光标移动与鼠标的实际移动不同步，大都出现在快速移动鼠标时，其原因便是光学扫描率无法满足需求。

3. 接口类型

接口类型除了能够反映出鼠标与主机的连接方式外，还决定了鼠标与计算机相互传递信息的速度。以光电鼠标为例，鼠标的分辨率和光学扫描率越高，在单位时间内需要向计算机传送的数据也就越多，对接口的数据传输速度的要求也就越高。

9.2.4 鼠标选购指南

鼠标与键盘一样，也是用户经常使用的重要的输入设备。而对于选配鼠标，一般用户比较轻视，不会像选购 CPU、主板、显卡和硬盘那样上心。其实不然，鼠标在计算机的使用过程中，是最频繁操作的部件之一，也是用户最容易受伤害的身体部位之一。因此，选购一款合适且手感舒服的鼠标，是势在必行的。

1. 鼠标外形

对于长期使用鼠标进行工作的用户来讲，一款好的鼠标不仅可以缓解手部的酸累感，而且还可以缓解手腕的胀痛。早期的光电鼠标在外形上没有特殊的制作，所有产品只会存在大小不一的区别，其外形几乎都是千篇一律。

目前，厂商为游戏用户研制了新型的人体工程学鼠标，最大化地贴合手掌，缓解了用户因长时间使用鼠标而造成的酸和累。用户在市场中往往会看到一些造型怪异的鼠标，但是这些鼠标虽然外观怪异，其实使用起来确实比普通的鼠标要舒服的多。

2. 鼠标的材质

目前，市场中鼠标的材质主要有金属磨砂喷漆、光面喷漆、类肤表面、粗磨砂橡胶漆、抛光塑料表面、磨砂塑料表面、梨地纹表面和橡胶表面 8 种类型。上述 8 种材质中，最好的材质无异是光面喷漆鼠标，但是该类型材质的鼠标容易留下指纹，手汗比较多的玩家不宜选择该材质类型的鼠标。

除了光面喷漆材质的鼠标之外，类肤表面和橡胶表面材质的鼠标在手感上也不错，不仅可以解决手汗的问题，而且橡胶材质的鼠标还具有弹性，使用起来既舒服又具有防滑作用。

3. 性能参数

鼠标的性能参数直接决定了鼠标的优劣，其性能参数主要包括 DPI（分辨率）和扫描频率。其中，DPI 表示鼠标每移动 1 英寸，光标在屏幕上移动的像素距离；DPI 的单位为 dpi，因此 dip 值越高，表示鼠标移动的速度就越快，定位也就越准确。

而扫描频率则是判断鼠标的重要参数，表示每秒内鼠标的扫描次数，扫描次数越多，表示定位的精度就越高。

4. 重量和接口

现在市场中的鼠标都内置了铁块，以用来增加鼠标的重量。特别是无线鼠标，相对于有线鼠标要重的多。此时，用户在购买鼠标时，也应考虑鼠标的重量对操作造成的影响。

鼠标的接口大致可以分为 USB、PS/2 等接口类型，购买的时候一定要根据主机具体情况购买相对应的接口类型。而无线鼠标大部分属于 USB 接口，这个则不必考虑太多。

9.3 麦克风

麦克风（Microphone）学名传声器，是一种能够将声音信号转换为电信号的能量转换器件，也称话筒或微音器。

9.3.1 麦克风的结构及工作原理

麦克风出现于 19 世纪末，其目的是为了改进当时的最新发明——电话。在此后的时间里，科学家们开发出了大量的麦克风技术，并以此发展出动圈式、电容式和驻极体式等多种麦克风技术。

1. 动圈式麦克风

这是目前最为常见的麦克风类型，主要由振动膜片、音圈、磁铁等部件组成，如图 9-33 所示。工作时，当膜片在声波带动下前后颤动，从而带动音圈在磁场中做出切割磁力线的运行。根据电磁感应原理，此时的线圈两端便会产生感应电流，实现声电转换。

动圈式麦克风的特点是结构简单、稳定可靠、固有噪声小且使用方便，因此被广泛用于语言广播和扩声系统中。不过，由于机械构造的原因，动圈式麦克风对瞬时信号不是特别敏感，其灵敏度较低，且频率范围较窄，所以在还原高频信号时的精细度和准确度稍差。

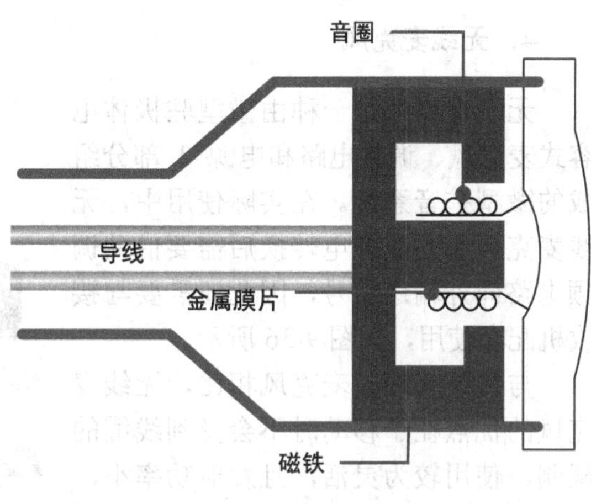

图 9-33 动圈式麦克风结构示意图

2. 电容式麦克风

电容式麦克风依靠电容量的变化进行工作，主要由电源、负载电阻，以及一块叫做刚性极板的金属薄片和张贴在极板上的导电振膜所组成，如图 9-34 所示。其中，振膜和极板的结构便是一个简单的电容器。

工作时，当膜片随声波而发生振动时，膜片与极板间的电容量发生变化，从而影响极板上的电荷。这样一来，电路中的电流也会随着出现变化，并导致负载电阻上出现相应的电压输出，从而完成声电转换。

与动圈式麦克风相比，电容式麦克风的频率范围宽、灵敏度高、失真小、音质好，但结于结构复杂、成本较高，因此多用于高质量的广播、录音等领域，如图 9-35 所示。

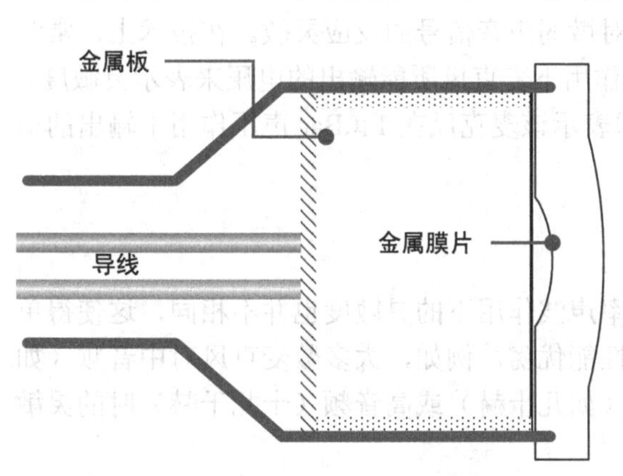

图 9-34 电容式麦克风结构示意图

图 9-35 电容式麦克风

3. 驻极体麦克风

这种麦克风的工作原理和电容式麦克风相同，不同之处在于它采用的是一种聚四氟乙烯材料作为振动膜片。该材料在经特殊处理后表面会永久地驻有极化电荷，从而取代了电容式麦克风的极板，因此又称驻极体电容式麦克风。

与其他类型的麦克风相比，驻极体麦克风具有体积小、性能优越、使用方便等优点，因此得到了广泛的推广。

4. 无线麦克风

无线麦克风是一种由微型驻极体电容式麦克风、调频电路和电源 3 部分组成的微型扩音系统。在实际使用中，无线麦克风在完成声电转换后需要借助调频电路向外输送信号，因此还需要与接收机配套使用，如图 9-36 所示。

图 9-36 无线麦克风

与传统有线式麦克风相比，无线麦克风的优点在于移动时不会受到线缆的限制，使用较为灵活，且发射功率小，因此在教室、舞台、电视摄制等方面得到广泛应用。

9.3.2 麦克风的性能指标

麦克风的性能指标是评判麦克风质量优劣的客观参数，也是选择麦克风时的重要依据。就目前来看，麦克风的性能指标主要包括灵敏度、频率特性和方向性 3 个方面。

1. 灵敏度

在一定强度的声音作用下，麦克风所能输出信号的大小被称为灵敏度。灵敏度高，表示麦克风的声电转换效率高，其效果是对微弱声音信号的反应灵敏。在技术上，常常使用 1μBar（微巴斯卡，简称微巴）声压作用下麦克风所能输出的电压来表示灵敏度。例如，某麦克风的灵敏度为 1mV/μBar，即表示该麦克风在 1μBar 声压作用下输出的信号电压为 1mV。

2. 频率特性

然而即使是同一支麦克风，在不同频率声波作用下的灵敏度也并不相同，这使得单纯谈论灵敏度根本无法客观评价麦克风的性能优劣。例如，大多数麦克风对中音频（如 1 千赫）声波的灵敏度较高，而在低音频（如几十赫）或高音频（十几千赫）时的灵敏度则会下降。

为此，人们以中音频的灵敏度为基准，将灵敏度下降为某一规定值的频率范围叫做麦克风的频率特性。这样一来，我们便可得出如下结论：

频率特性范围宽，表示该麦克风在较宽频带范围内的声音都拥有较高的灵敏度，直接表现为扩音效果好、性能可靠。

3. 方向性

该指标能够表现出麦克风灵敏度随声波入射角度的不同而发生变化的特性。例如，单方向性表示麦克风只对某一方向来的声波反应灵敏，而对其他方向来的声波则基本无输出；无方向性则表示在声波相同的情况下，无论声波来自何方，麦克风都会有近似相同的输出。

提　示

客观地说，是否具有方向性属于麦克风的特性，在选择时应根据实际需要进行选择。例如需要在嘈杂环境内录制某个人的声音，则应选择具有方向性的麦克风。

9.3.3　麦克风选购指南

随着多媒体计算机的普及，麦克风已成为计算机中不可或缺的输入设备。无论是用户唱歌，还是聊天，都离不开麦克风。在选购麦克风时，除了主要注意外观设计之外，还需要注意以下选购事项。

1．高灵敏度

高灵敏度的麦克风，可以很好地收集声音，无论用户从哪个方向发音，麦克风都会收集到声音。麦克风的灵敏度，可以在厂商报价中的“参数”栏中查看，例如得胜 SM-8B-S 麦克风的灵敏度为“-36dB±2dB (0dB=1V/Pa at 1kHz)”。

2．底座设计

选购麦克风时，还需要考虑麦克风底座的设计样式。一般具有底座的麦克风，可以在麦克风线长范围内，随意稳定地移动麦克风。

3．噪音性

在选购麦克风时，还需要关注麦克风的降噪功能。对于比较嘈杂的环境，好的麦克风可以将周围的嘈杂声降低，保持使用环境的安静，从而保证录音的质量。

4．麦克风开关

市场中的一般麦克风，都带有开关功能。当用户不需要讲话时，可以关闭麦克风，大大方便了用户的使用。因此，在购买麦克风时，应该注意选择一款携带开关的麦克风。

5．信号和接口

麦克风的信号好表示其声音传递效果也好，可以使对方非常清晰地听到麦克风所发出的声音。而目前市场中大部分麦克风的接口，都为通用接口，一般情况下不必太在意接口。但对于特殊用途的麦克风，还是需要注意一下接口类型，以防止所购买的麦克风无法使用。

9.4　摄像头

摄像头（Cameras）是一种利用光电技术采集影像，并能够进行实时传输的视频类输入设备，被广泛地运用于视频聊天、视频会议、远程医疗及实时监控等方面。下面将对安装在计算机上的各种摄像头进行分类讲解，并对它们的性能指标进行简单介绍。

9.4.1 摄像头的分类

如今市场上的摄像头品牌众多，样式也各不相同，但总体来说可以按照下面的 3 种方式对其进行简单分类。

1. 安装成像感光器件划分

现阶段，摄像头所用的成像感光器件只有两种类型，一种是 CCD，另一种则是 CMOS。

CCD 摄像头的优点是成像质量好，但价格稍贵；CMOS 摄像头的优点是价格低廉，耗电量低，但成像质量不如 CCD 摄像头。

2. 按照驱动程序划分

根据摄像头是否需要安装驱动程序，可以分为有驱型与无驱型摄像头。其中，有驱型指的是不论在哪种操作系统下，都需要安装对应的驱动程序；无驱型则是指在 Windows XP SP2 及以上的操作系统内，无需安装驱动程序，与计算机连接后即可使用的摄像头。

相比之下，无驱型摄像头显然更为方便，因此已经逐渐成为市场上的主流产品，如图 9-37 所示。

图 9-37 摄像头

提 示

无驱摄像头并不是真正不需要驱动程序，只是驱动程序不需要用户动手安装，更加人性化而已。此类设备本质上是利用了 USB 视频设备标准协议（USB Video Class，UVC），按照微软规定的统一接口方案进行设计，统一了设备的驱动程序，从而实现操作系统自动安装摄像头驱动程序的目的。

3. 按照数据传输接口划分

早期的摄像头主要使用串口（COM）和并口（LPT）与计算机进行连接，但由于传输速度较慢，所以已被淘汰。目前市场上的主流摄像头全都采用了 USB 接口，但根据型号的不同，存在 USB 1.1 接口和 USB 2.0 接口两种不同的版本类型。

图 9-38 USB 接口摄像头

相比之下，USB 1.1 接口的速度稍慢，但兼容性较好，适用于目前所有的计算机。USB 2.0 接口的优势在于速度快，在应用中不会成为高速视频传输的瓶颈，但兼容性稍差，当与计算机上的 USB 1.1 接口连接时传输速度会降至 USB 1.1 的水平，如图 9-38 所示。

9.4.2 摄像头的性能指标

对于一款小小的摄像头来说，真正影响其效果的性能指标到底有哪些呢？接下来，我们便将对其进行简单介绍。

1．像素值

像素值是衡量摄像头性能优劣的一个重要指标，直接影响着摄像头所捕获视频的分辨率。目前，主流摄像头的像素值已经达到 100～300 万像素，部分高档产品甚至能够达到 500 万以上的像素值。

从理论上讲，虽说像素值越高，摄像头所拍摄图像的画面就越清晰。但是，过高的像素值意味着产品价格会随之上涨，并且对于有限的带宽来说，较高的像素值意味着更大的数据量，而这会严重影响其他应用对带宽的正常需求。

2．分辨率

该参数用于标识摄像头解析图像时的最大能力，分辨率越大，在表现相同画面时的效果就越好，反之则越差。目前，市场上常见摄像头的最高分辨率主要有 640×480 像素、800×600 像素、1024×768 像素，以及 1280×960 像素等几种类型，用户可根据自己的使用需求进行选购。

提 示

最高分辨率和像素值是一对相互关联的参数，最高分辨率内两个数值的乘积是该分辨率标准对像素值的最低要求。简单地说，像素值大于或等于最高分辨率内两数值的乘积，才能满足摄像头在最高分辨率下工作时的像素需求。

3．帧速率

帧速率是指摄像头在 1 秒内所能传输图像的数量，通常用 fps 表示。帧速率的数值越大，所传输的图像就越连续，用户看到的影像也就越流畅。在实际应用中，帧速率至少要达到 24fps 时，人的眼睛才不会察觉到明显的停顿。

目前，主流摄像头的最大帧速率大都为 30fps，也有能够达到 60fps 的摄像头产品。但是，与像素值过大所带来的问题相同，较高的帧速率也会造成数据量的增多，因此会对数据接口的传输速度提出一定的要求。

4．色彩位数

又称彩色深度，该指标所反映的是摄像头正确记录色调的数量。色彩位数的值越高，就越能真实地还原景物亮部及暗部的细节。目前，市场主流产品的色彩位数都达到了 24 位或 32 位，足以满足用户对真彩色图像的需求。

5．镜头类型

摄像头镜头内的透镜分为塑胶透镜（Plastic）和玻璃透镜（Glass）两种类型，玻璃透镜的透光率要高于塑胶透镜，但其成本较高。

目前，常见摄像头的镜头构造分为 1G1P（G 指玻璃透镜，P 指塑胶透镜，字母前的数字表示该类型透镜的数量）、1G2P、2G2P 和 4G 等几种类型，透镜层次越多，成像越好。例如，部分厂商的高端产品甚至已经开始使用 5G 的镜头结构。

9.4.3 摄像头选购指南

对于多媒体计算机来讲，摄像头也是必不可少的输入设备。用户在聊天时会经常使用摄像头，而 QQ 登录功能也增加了摄像头的脸部识别功能，从而大大提升了用户登录的保密性。在选购摄像头时，除了注意一般性能指标之外，还需要注意以下事项。

1. 注重镜头

在选购摄像头时，用户一般会选择摄像头的分辨率，来作为衡量摄像头清晰度的重要指标。其实不然，真正影响摄像头清晰度的是镜头，所拍摄影像清晰度取决于镜头的好坏。好的摄像头的镜头是四层光学玻璃镜头，一般的摄像头的镜头是一层光学玻璃镜头，更次的镜头则是一层塑料镜头。

有些厂商为了增强滤光性，特为四层光学玻璃镜头加镀了一层虹膜。在购买时，可以从侧面看镜头，如果镜头中有紫色或者蓝绿色的（根据所镀的膜的不同折射的颜色也不同）光泽，则表明该镜头加镀虹膜了。

判断镜头优劣的重要指标就是通光系数大，目前市场中四层光学玻璃镜头的通光系数普遍在 2.0 或以上，只有极少数摄像头通光系数能达到 1.8。只有看起来成像效果既清晰又晶莹的镜头才算是好镜头，当然它的价格也会比普通镜头的价格要高很多。

2. 成像速度与帧数

成像速度快也是衡量摄像头质量的重要指标之一，成像速度一般取决于摄像头的整体配置，因此在选购摄像头时应该选择配置材质相对较好的摄像头，而非一味追求低价位的摄像头。

帧数是与成像速度相关的另一因素，它表示摄像头在一秒内所传输图片的帧数。在选购摄像头时，用户可以在摄像头前晃动一本图书，查看摄像头中的图像是否存在延迟现象，如果图像基本是连贯显示的，则表示该摄像头的帧数基本达到标准要求。

3. 调焦功能

调焦功能一直被用户所忽略，在购买时只要感觉摄像头的图形比较清晰即可。而有的用户在购买试用时感觉摄像头很清晰，一旦自己安装使用时便会发生图形模糊的现象。此时，是因为用户安装后没有调整摄像头的焦距而造成的。

摄像头的调焦效果往往以对焦范围来衡量，而对焦范围是指摄像头能够完成聚焦的最近点到最远点的范围。例如，摄像头的对焦范围为 20cm 到无限远，那么该摄像头最近的对焦距离是 20cm，而在 20cm 以内这一范围内摄像头是无法聚焦的，即使可以聚焦，所成的图像也不清晰。

9.5 课堂练习：使用麦克风录音

通过使用麦克风，不仅可以将声音进行放大输出，还可以录制成音频文件保存到计算机中。在此之中，最简单的方法就是借助 Windows 8 操作系统中的【录音机】程序，将用户的声音信息进行录制保存。

操作步骤

1 在录制声音之前，需要先将耳麦的音频输入及输出插头插入到计算机相应的音频接口内，如图 9-39 所示。

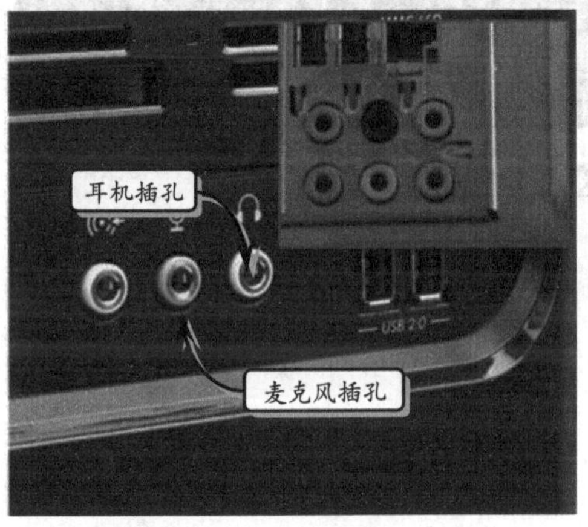

图 9-39 连接耳麦和音箱

2 打开【所有控制面板项】对话框，选择【声音】选项，如图 9-40 所示。

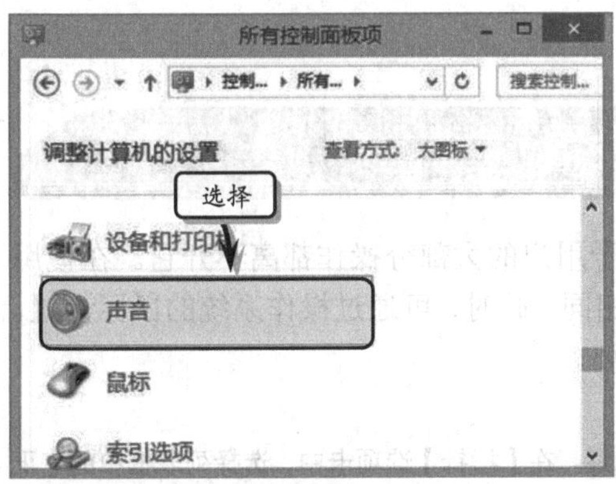

图 9-40 控制面板窗口

3 在弹出的【声音】对话框中，激活【录制】选项卡，选择【麦克风】选项，单击【设为默认值】按钮，并单击【配置】按钮，如图 9-41 所示。

图 9-41 设置默认值

4 在弹出的【语音识别】对话框中，选择【设置麦克风】选项，如图 9-42 所示。

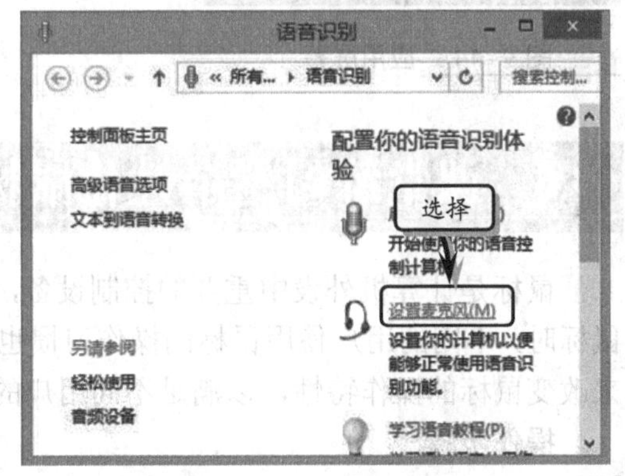

图 9-42 选择识别选项

5 在弹出的向导对话框中，选中【桌面麦克风】选项，并单击【下一步】按钮，如图 9-43 所示。然后，根据提示一步一步操作即可。

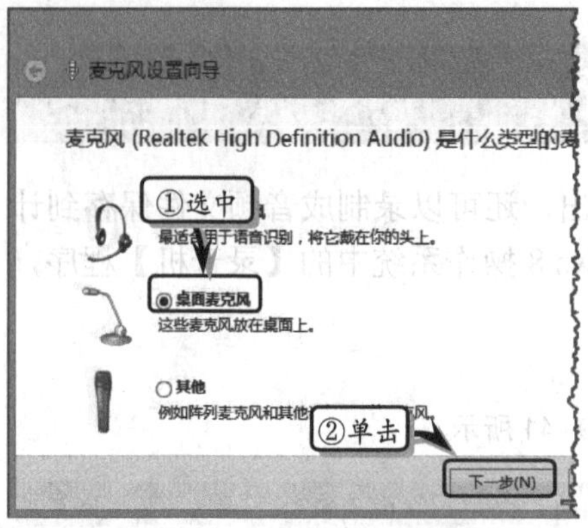

图 9-43 选择麦克风类别

6 单击 Windows 8 桌面左下角的【开始】按钮，进入到应用屏幕中，选择【录音机】选项，如图 9-44 所示。

图 9-44 应用屏幕

7 然后，在弹出的【录音机】对话框中，单击开始录音按钮。同时，单击【停止】按钮完成录音，如图 9-45 所示。

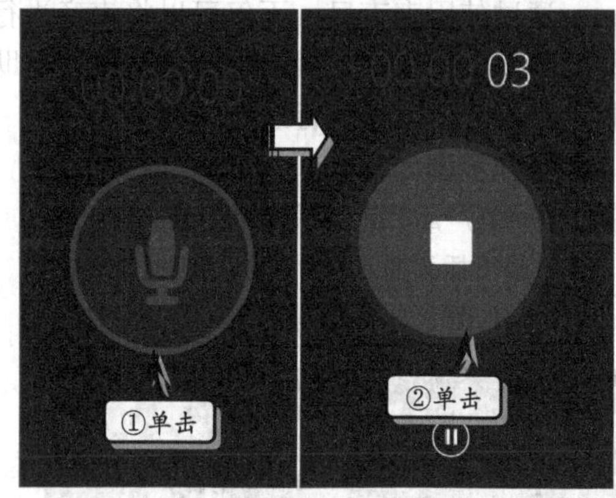

图 9-45 录音

9.6 课堂练习：个性化鼠标设置

鼠标是计算机外设中重要的控制设备，对于用户的大部分操作都离不开它。在使用鼠标时，不同的用户使用鼠标的操作习惯也不相同。此时，可通过操作系统的鼠标设置，来改变鼠标的操作特性，以满足不同用户的需要。

操作步骤

1 打开【控制面板】窗口后，选择【鼠标】选项，如图 9-46 所示。

2 在弹出的【鼠标属性】对话框中，启用【切换主要和次要的按钮】复选框，并向左调整【速度】滑块。然后，启用【启用单击锁定】复选框，如图 9-47 所示。

3 在【指针】选项卡中，选择列表框中的【正常选择】选项，并单击【浏览】按钮，如图 9-48 所示。

4 在弹出的【浏览】对话框中，选择一种指针类型，并单击【打开】按钮，如图 9-49 所示。同时，单击【应用】按钮。

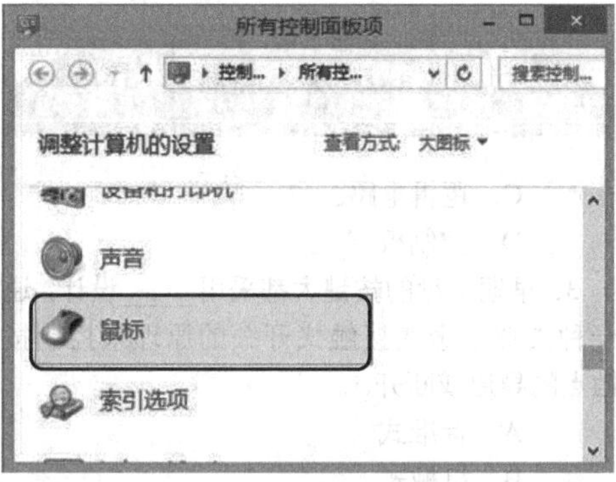

图 9-46　控制面板窗口

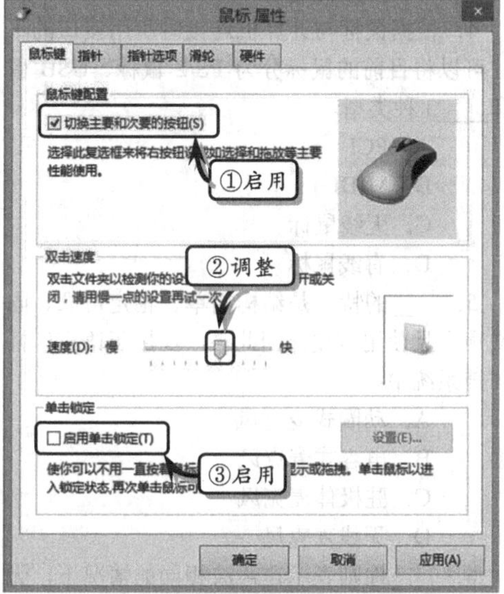

图 9-47　设置鼠标键

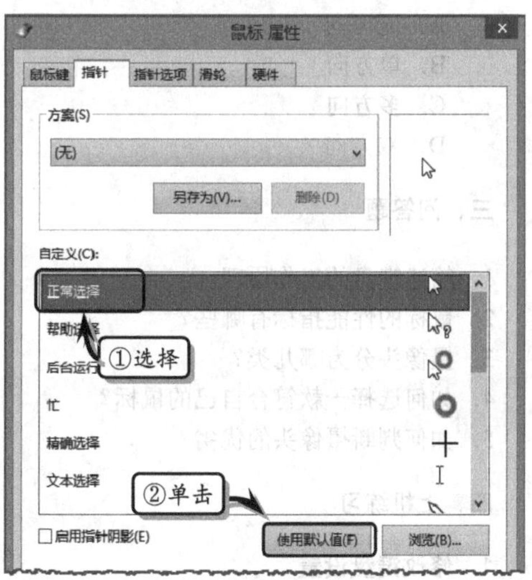

图 9-48　选择指针选项

图 9-49　选择指针类型

5　在【指针选项】选项卡的【移动】栏中，向右拖动滑块后。在【可见性】栏内启用【显示指针轨迹】复选框，如图 9-50 所示。

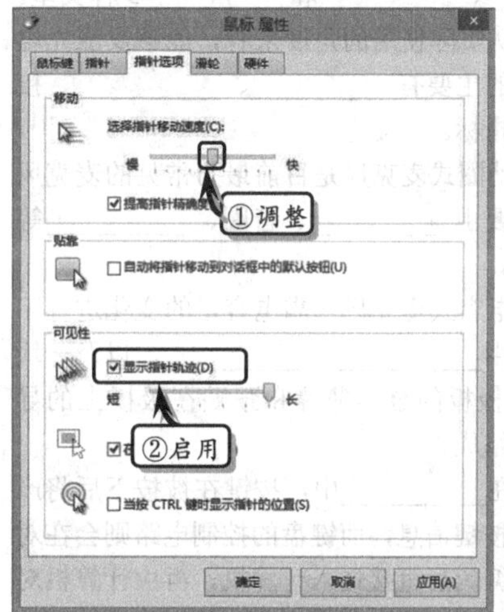

图 9-50　设置指针选项

6　选择【滑轮】选项卡，将【一次滚动下列行数】设置为 5 行，如图 9-51 所示。

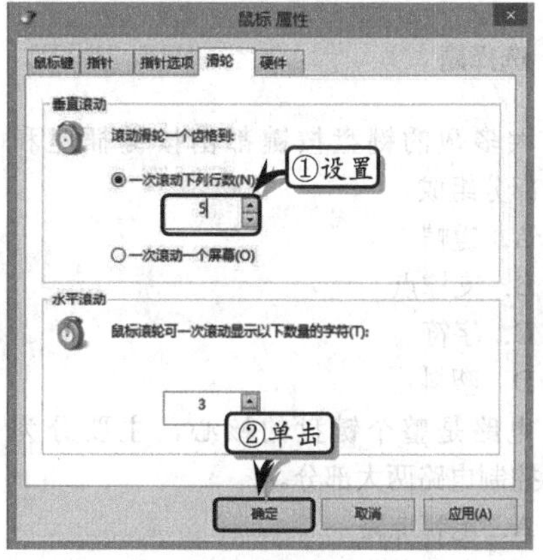

图 9-51　设置轮选项

9.7 思考与练习

一、填空题

1. 计算机键盘发展至今，其间虽然经历了不断地变化，但依然由外壳、__________和__________三大部分所组成。

2. 从不同键盘在按键方式上的差别来看，可以将其分为__________、__________、薄膜式和__________键盘四种类型。

3. 从鼠标按键的数量来看，除了早期使用、现已被淘汰的两键鼠标外，还可将鼠标分为__________、__________和__________3 种类型。

4. 从实际使用的角度来看，能够反应光电鼠标性能的主要有__________、__________、接口类型等指标。

5. 动圈式麦克风是目前最为常见的麦克风类型，主要由__________、音圈、__________等部件组成。

6. 电容式麦克风依靠电容量的变化进行工作，主要由__________、__________，以及一块叫做刚性极板的金属薄片和张贴在极板上的导电振膜所组成。

7. 在__________中，按键在被按下后将产生唯一的按键信息，而键盘的控制电路则会在对信息进行编码后直接送入计算机，再由计算机对比字符编码表，从而得出所输入的字符，实现录入字符的目的。

8. __________的特点在于，按键无法产生唯一的按键信息，因此键盘的控制电路还需要通过一套专用的程序来识别按键的位置。

二、选择题

1. 大多数的键盘按键都由按键插座和______两部分组成。

   A. 键帽
   B. 支撑点
   C. 字符
   D. 塑料

2. 电路是整个键盘的核心，主要分为______和控制电路两大部分。

   A. 电容电路
   B. 内部电路
   C. 逻辑电路
   D. 控制板

3. 早期键盘的按键大都采用______设计，通过一种类似于金属接触式开关的原理来控制按键触点的导通或断开。

   A. 标准式
   B. 机械式
   C. 人体工程学
   D. 异形键盘

4. 根据鼠标与计算机连接时所用接口的不同，可以将目前的鼠标分为 PS/2 鼠标、USB 鼠标和____3 种类型。

   A. PCI
   B. MIDI
   C. 无线鼠标
   D. 有线鼠标

5. ____的特点是结构简单、稳定可靠、固有噪声小且使用方便，因此被广泛用于语言广播和扩声系统中。

   A. 动圈式麦克风
   B. 电容式麦克风
   C. 驻极体麦克风
   D. 无线麦克风

6. ____性则表示在声波相同的情况下，无论声波来自何方，麦克风都会有近似相同的输出。

   A. 无方向
   B. 单方向
   C. 多方向
   D. 双方向

三、问答题

1. 简述键盘的工作原理。
2. 鼠标的性能指标有哪些？
3. 摄像头分为哪几类？
4. 如何选择一款符合自己的鼠标？
5. 如何判断摄像头的优劣？

四、上机练习

1. 修改键盘设置

在本练习中，将介绍使用系统内置功能，来修改键盘的常用设置，如图 9-52 所示。首先，打开 Windows 系统内的控制面板，并双击【键盘】图标。然后，在弹出的【速度】选项卡中，设置键盘按键的灵敏性和反应速度即可。

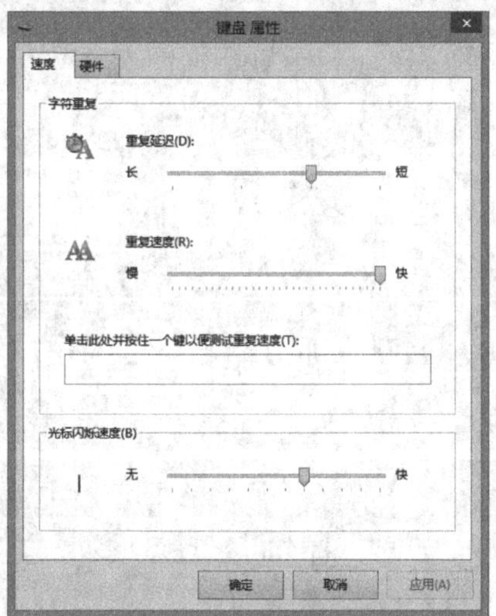

图 9-52 修改键盘设置

2. 设置系统程序声音

在本实例中，将运用 Windows 系统内置的功能，来设置系统运行程序的提示音，如图 9-53 所示。首先，打开 Windows 系统内的控制面板，并双击【声音】图标。然后，激活【声音】选项卡，在【程序事件】列表框中选择一种程序，单击【测试】按钮，预听程序事件的声音。最后，单击【预览】按钮，在弹出的【预览新的 NFP 连接 声音】对话框中，选择相应的音频文件即可。

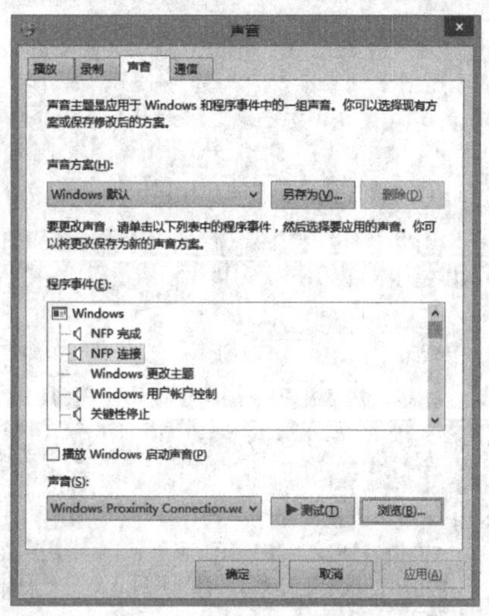

图 9-53 设置系统程序声音

第 10 章

DIY 实践——组装计算机

通过前面几章的介绍，用户已对计算机的各种硬件有了一定的了解和认识。但是，面对一堆计算机配件，如何将它们组装在一起，使其成为一台能够正常工作的计算机呢？此时，便需要用户动手将各个配件按照一定的规格组装在一起了。

本章将通过演示组装计算机的完整流程来介绍各个计算机配件的连接方式，以及将它们组装在一起的方法和其他相关知识。

本章学习内容：

- 装机准备工作
- 安装机箱与电源
- 安装 CPU 与内存
- 安装主板
- 安装显卡
- 安装光驱与影片
- 连接各设备
- 安装机箱侧面板

10.1 装机准备工作

组装计算机是一项细致而严谨的工作，不仅需要组装人员了解相关的计算机知识，还应当在组装前做好充足的准备工作。

10.1.1 准备工具

虽然市场中已出现一些免工具拆装的机箱，但是为了预防用户购买的机箱为普通机箱，以及安装过程中出现其他情况，还需要准备一些必备的装机工具，以提高装机的效率与质量。一般情况下，组装计算机时需要用到螺丝刀、尖嘴钳、镊子和导热硅脂等工具。

1．螺丝刀

螺丝刀（又称螺丝起子或改锥）是安装和拆卸螺丝钉的专用工具，建议用户准备两把，一把十字螺丝刀，一把一字螺丝刀（又称平口螺丝刀），如图 10-1 所示。装机时主要使用十字螺丝刀，一字螺丝刀的作用是拆卸产品包装盒或包装封条等。

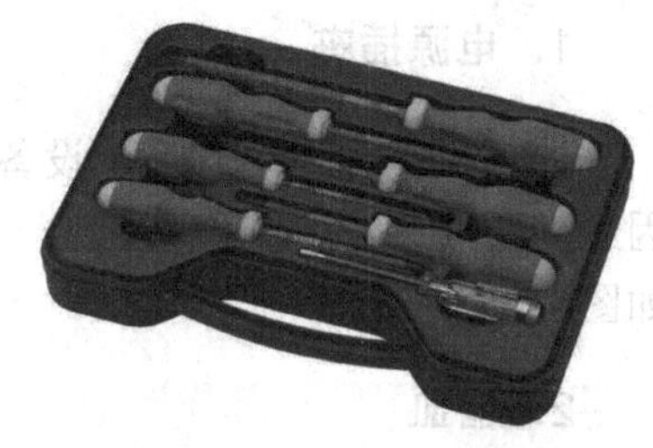

图 10-1 螺丝刀

提 示

螺丝刀应准备带有磁性的，这样便可以吸住螺丝钉，从而便于安装和拆卸螺丝钉。

2．尖嘴钳

准备尖嘴钳的目的是拆卸机箱上的各种挡板或挡片，以免机箱上的各种金属挡板划伤皮肤，如图 10-2 所示。

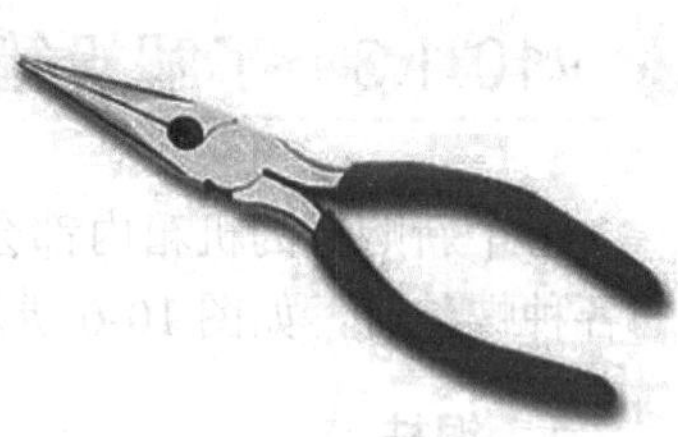

图 10-2 尖嘴钳

3．镊子

在组装计算机过程中，经常会遇到不小心将小螺丝钉掉入到主板中的情况，此时便需要使用镊子来夹取螺丝钉。另外，还可以使用镊子夹取跳线帽和其他的一些小零件，如图 10-3 所示。

提 示

主板或其他板卡上大都会有一些由二根或三根金属针组成的针式开关结构。这些针式的开关结构便称为跳线，而跳线帽则是安装在这些跳线上的帽形连接器。

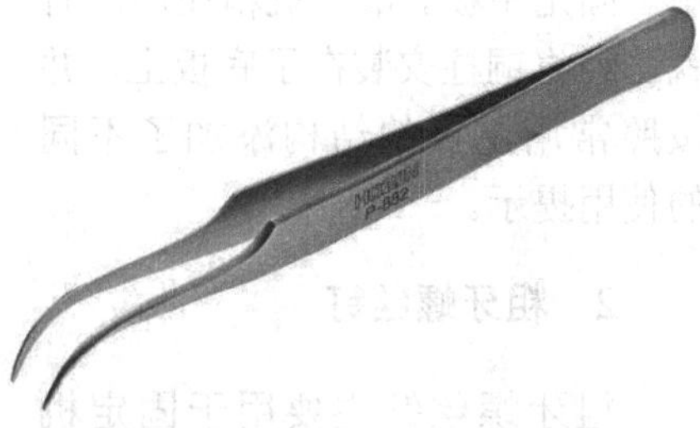

图 10-3 镊子

4．导热硅脂

导热硅脂（或散热膏）是安装 CPU 时必不可少的用品，其功能是填充 CPU 与散热器间的缝隙，帮助 CPU 更好地进行散热，如图 10-4 所示。

提 示

导热硅脂的作用是填满 CPU 与散热器之间的空隙，以便 CPU 发出的热量能够尽快传至散热片。

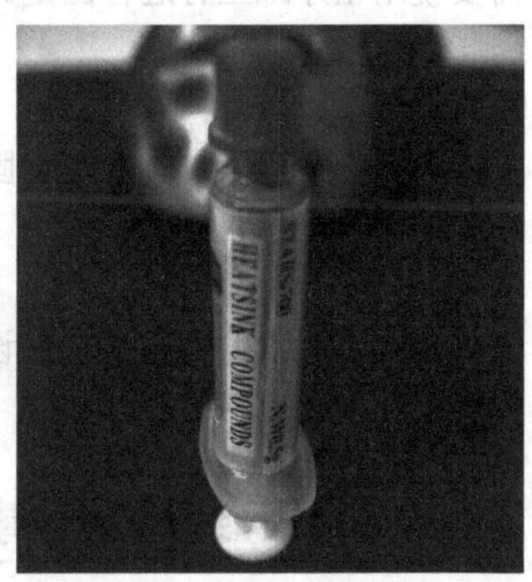

图 10-4 导热硅脂

10.1.2 辅助工具

除了上面介绍的装机必备工具以外，在组装计算机的过程中往往还会用到一些辅助工具。如果事先能够准备好这些物品，会使整个装机过程更为顺利。

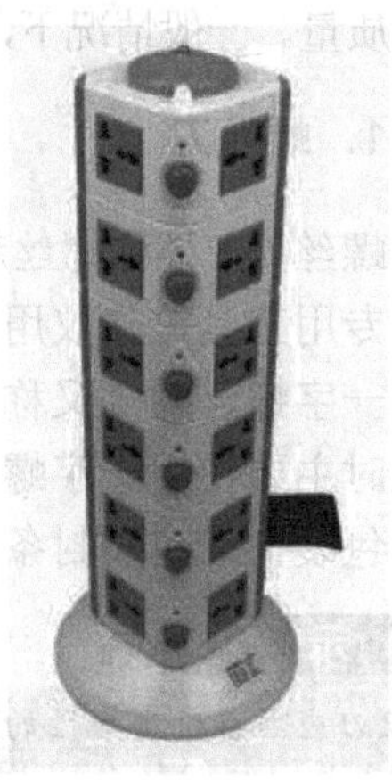

图 10-5 电源插座

1. 电源插座

计算机硬件系统有多个设备都需要直接与市电进行连接，因此需要准备万用多孔型插座一个，以便在测试计算机时使用，如图 10-5 所示。

2. 器皿

在拆卸和组装计算机的过程中会用到许多螺丝钉及其他体积较小的零件，为了防止这些东西丢失，用一个小型器皿将它们盛放在一起是个不错的方法。

10.1.3 了解机箱内的配件

每个新购买的机箱内都会带有一个小小的塑料包，里面装有组装计算机时需要用到的各种螺丝钉，如图 10-6 所示。

图 10-6 各种螺丝钉

1. 铜柱

铜柱安装在机箱底板上，主要用于固定主板。部分机箱在出厂时就已经将铜柱安装在了底板上，并按照常用主板的结构添加了不同的使用提示。

2. 粗牙螺丝钉

粗牙螺丝钉主要用于固定机箱两侧的面板和电源，部分板卡也需要使用粗牙螺丝钉进行固定。

3. 细牙螺丝钉（长型）

长型细牙螺丝钉主要用于固定声卡、显卡等安装在机箱内部的各种板卡配件。

4. 细牙螺丝钉（短型）

在固定硬盘、光驱等存储设备时，必须使用较短的细螺丝钉，以避免损伤硬盘、光驱等配件内的电路板。

10.1.4 装机注意事项

组装计算机是一项比较细致的工作，任何不当或错误的操作都有可能使组装好的计算机无法正常工作，严重时甚至会损坏计算机硬件。因此，在装机前还需要简单了解一下组装计算机时的注意事项。

1. 释放静电

静电对电子设备的伤害极大，它们可以将集成电路内部击穿造成设备损坏。因此，在组装计算机前，最好用手触摸一下接地的导体或通过洗手的方式来释放身体所携带的静电荷。

2. 防止液体流入计算机内部

多数液体都具有导电的能力，因此在组装计算机的过程中，必须防止液体进入计算机内部，以免造成短路而使配件损坏。建议用户在组装计算机时，不要将水、饮料等液体摆放在计算机附近。

3. 避免粗暴安装

必须遵照正确的安装方法来组装各配件，对于不懂或不熟悉的地方一定要在仔细阅读说明书后再进行安装。严禁强行安装，以免因用力不当而造成配件损坏。

此外，对于安装后位置有偏差的设备不要强行使用螺丝钉固定，以免引起板卡变形，严重时还会发生断裂或接触不良等问题。

4. 检查零件

将所有配件从盒子内取出后，按照安装顺序排好，并查看说明书是否有特殊安装需求。

10.2 组装机箱内配件

计算机的主要部件大都安装在机箱内部，其重要性不言而喻。因此，主机内各配件安装方法的正确与否决定了组装完成后的计算机是否能够正常使用。在本小节中，将详细介绍主机机器内部配件的安装方法。

10.2.1 安装机箱与电源

机箱和电源的安装，主要是对机箱进行拆封，并将电源安装在机箱内。从目前计算机的散装配件市场来看，虽然机箱的品牌、型号众多，其内部构造却大致相同，只是箱体的材质、外形及细节设计的略有不同而已。

机箱上的免工具拆卸螺丝钉可以直接用手将其拧下，在拧下机箱背面的 4 颗免工具螺丝钉后，向后拉动机箱侧面板即可打开机箱，如图 10-7 所示。

对于有经验的用户来说，在机箱背面稍加观察便可以大致评定机箱的优劣：高质量机箱所采用的板材较厚，且全都进行了卷边处理，可有效避免机箱钢板划伤用户。

卸下机箱侧面板后，将机箱平放，并将电源摆放至机箱左上角处的电源仓位处。然后，使用粗牙螺丝钉将其与机箱固定在一起，如图 10-8 所示。在将电源放入机箱时，要注意电源放入的方向。部分电源拥有两个风扇或排风口，在安装此类电源时应将其中的一个风扇或排风口朝向主板。

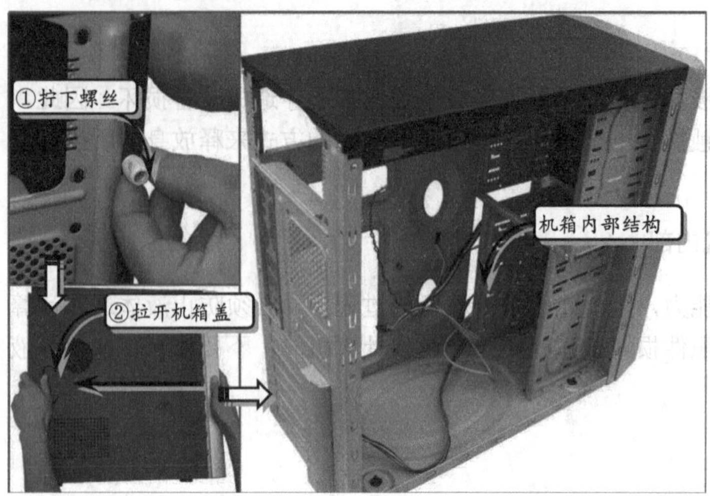

图 10-7 拆开机箱

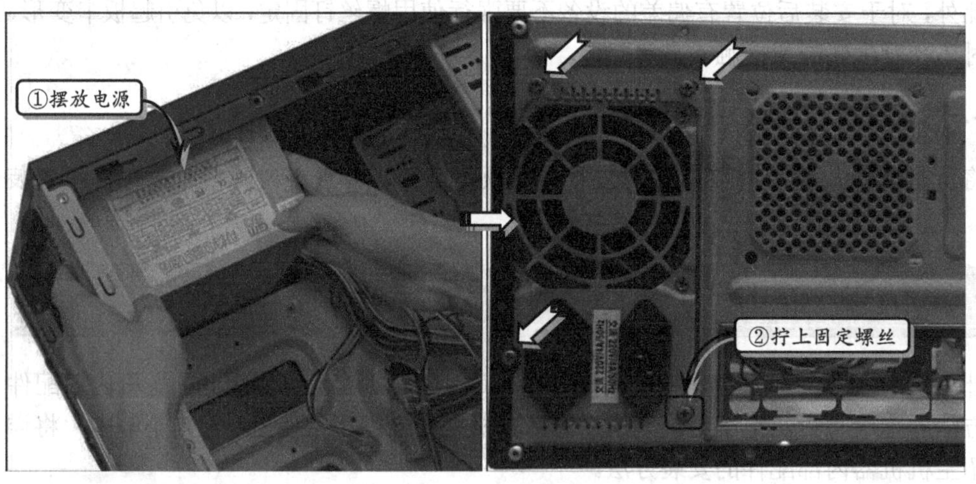

图 10-8 安装电源

10.2.2 安装 CPU 与内存

在组装计算机时，应先将 CPU 和内存安装在主板上。这样一来，便可避免先安装主板，后安装 CPU 与内存时操作空间较小的问题。

1. 安装 CPU

CPU 是计算机的核心部件，也是计算机中最为脆弱的部件之一。因此在安装时必须格外小心，以免因用力过大或其他原因而损坏 CPU。

在安装之前，需要先来认识一下所用主板上的 CPU 插座。在这里，我们所使用的主板采用了 AMD 公司推出的 AM2 CPU 插座，其针孔数量与 CPU 的针脚数量相对应，如图 10-9 所示。

安装 CPU 时，首先将固定拉杆拉起，使其与插座之间呈 90° 度夹角，如图 10-10 所示。

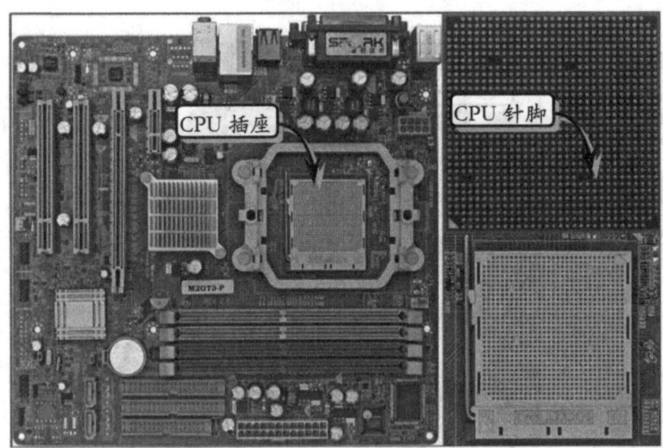

图 10-9 CPU 插座和针脚

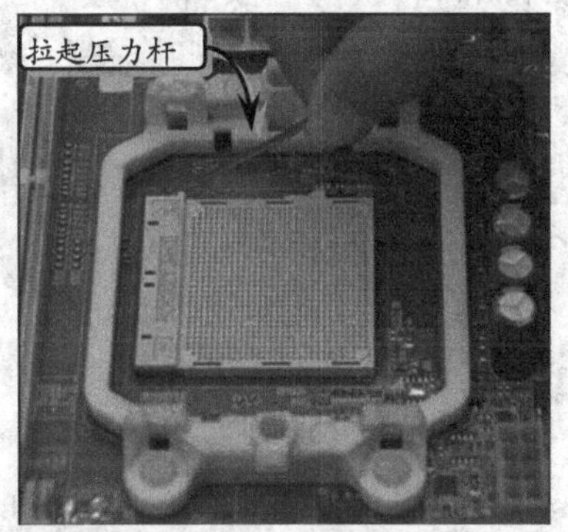

图 10-10 拉起压力杆

提 示

目前 CPU 插座上的压力杆统一采用了 ZIF（零插拔力插座），以便用户更为轻松地安装或拆卸 CPU。

然后，对齐 CPU 与插座上的三角标志后，将 CPU 放至插座内，并确认针脚是否已经全部没入插孔内，如图 10-11 所示。

待 CPU 完全放入插座后，将固定拉杆压回原来的位置即可完成 CPU 的安装，如图 10-12 所示。

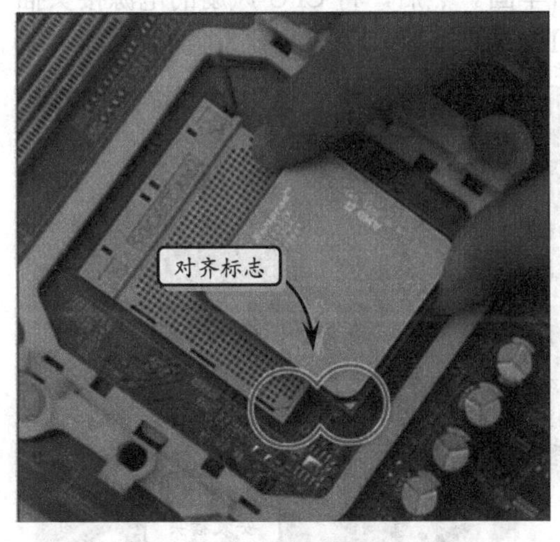

图 10-11 对齐 CPU 标志

图 10-12 压回压力杆

接下来，在 CPU 表面均匀涂抹少许导热硅脂，如图 10-13 所示。导热硅脂并不是涂的越多越好，而是在填满 CPU 与散热器之间缝隙的前提下，涂的越薄越好。

2. 安装 CPU 散热风扇

涂好导热硅脂后，将 CPU 散热器放置在支撑底座的范围内，并将散热器固定卡扣的一端扣在支撑底座上，如图 10-14 所示。然后，将散热器固定卡扣的另一端也扣在支撑底座上。

图 10-13 涂抹导热硅脂

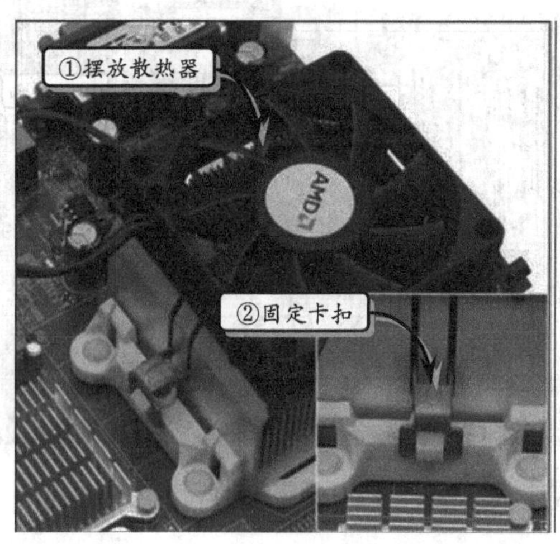

图 10-14 固定卡扣

提 示

在安装 AM2 插座 CPU 的散热器时，必须先固定没有把手的一端，再固定有把手的另一端。

接下来，沿顺时针方向旋转固定把手，锁紧散热器，确保散热器紧密接触 CPU，如图 10-15 所示。

完成上述操作之后，检查 CPU 散热器是否牢固。然后，将 CPU 风扇的电源接头插在 CPU 插座附近的 3 针电源插座上，如图 10-16 所示。

图 10-15 锁紧散热器

图 10-16 连接 CPU 风扇电源

3. 安装内存条

完成 CPU 及其散热器的安装后，便可以安装计算机内的另一重要配件——内存。安装时，需要首先掰开内存插槽两端的卡扣，如图 10-17 所示。

然后，将内存条金手指处的凹槽对准内存插槽中的凸起隔断，并向下轻压内存。在合拢插槽两侧的卡扣后，便可将内存条牢固地安装在内存插槽中，如图 10-18 所示。内存插槽中的凸起隔断将整个插槽分为长短不一的两段，其作用是防止用户将内存插反。

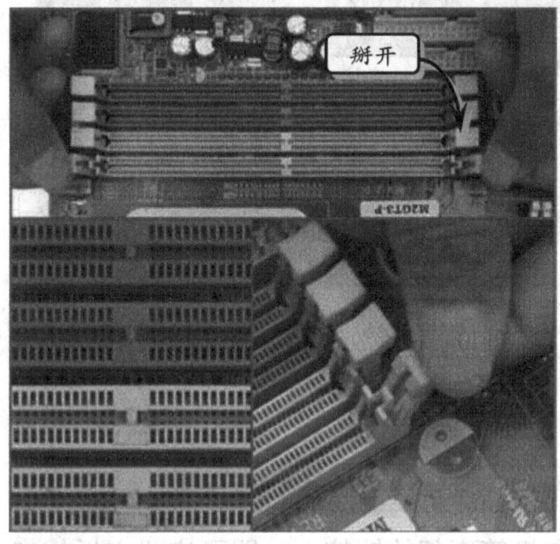

图 10-17 掰开内存卡扣

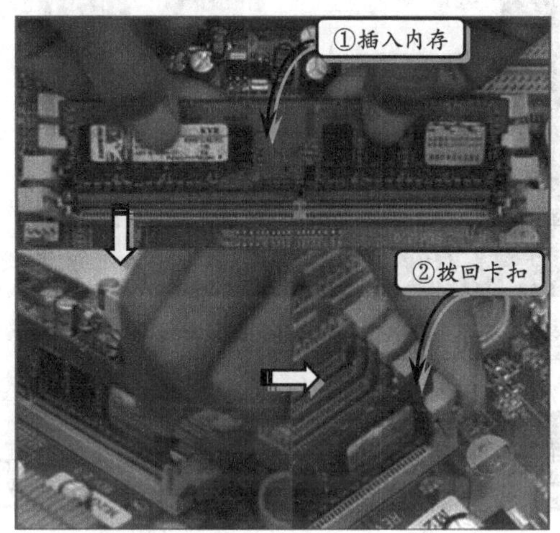

图 10-18 安装内存条

提 示

在安装相同规格的第二条内存时，将其安装在与第一条内存相同颜色的内存插槽上，即可打开双通道功能，从而提高系统性能。

10.2.3 安装主板

主板的安装主要是将其固定在机箱内部。安装时，需要先将机箱背面 I/O 接口区域的接口挡片拆下，并换上主板盒内的接口挡片，如图 10-19 所示。

提 示

由于主板自带接口挡板上的开口完全依照主板的 I/O 接口进行设计，所以较机箱上的 I/O 接口板具有更好的易用性，安装也更为方便。

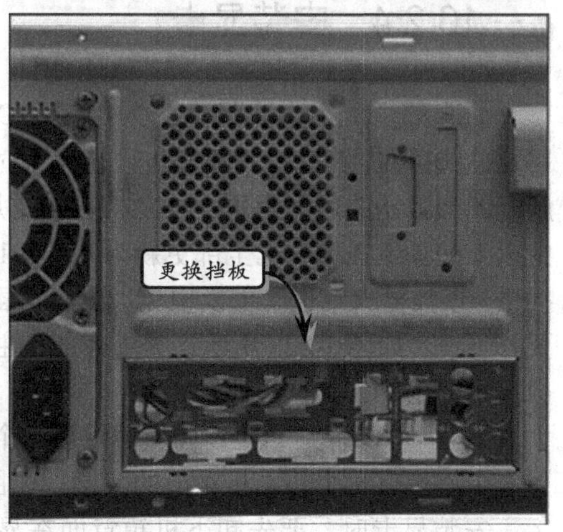

图 10-19 更换挡片

完成这一工作后，观察主板螺丝孔的位置，并在机箱内的相应位置处安装铜柱后，使用尖嘴钳将其拧紧，如图 10-20 所示。

固定好铜柱后，将安装有 CPU 和内存的主板放入机箱中。然后，调整主板位置，以便将主板上的 I/O 端口与机箱背面挡板上的端口空位对齐，如图 10-21 所示。

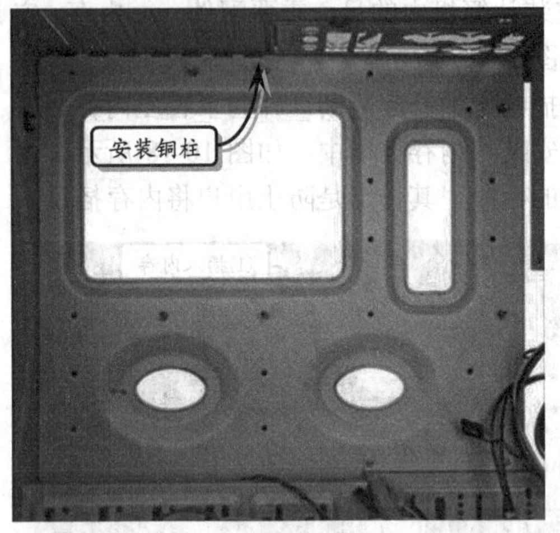

图 10-20 安装铜柱

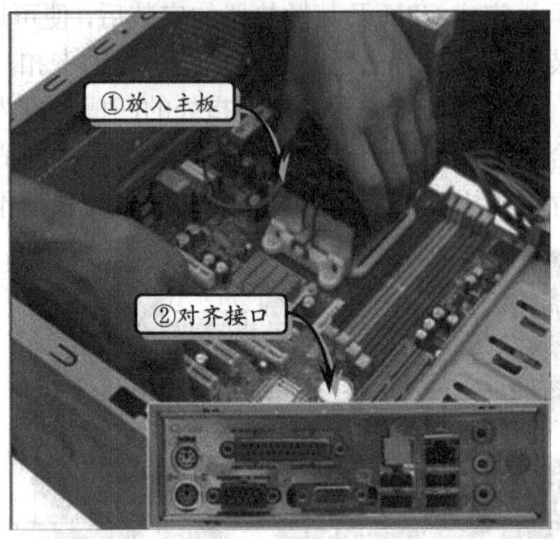

图 10-21 放入主板

提 示

安装主板时应该使主板呈水平状向下放置，并避免因磕碰等问题而造成的硬件损伤。

接下来，使用长型细牙螺丝钉将主板固定在机箱底部的铜柱上，即可完成主板的安装，如图 10-22 所示。此时，螺丝钉应拧到松紧适中的程度，太紧容易使主板变形，造成永久性的损伤；太松则有可能导致螺丝钉脱落，造成短路、烧毁计算机等情况的发生。

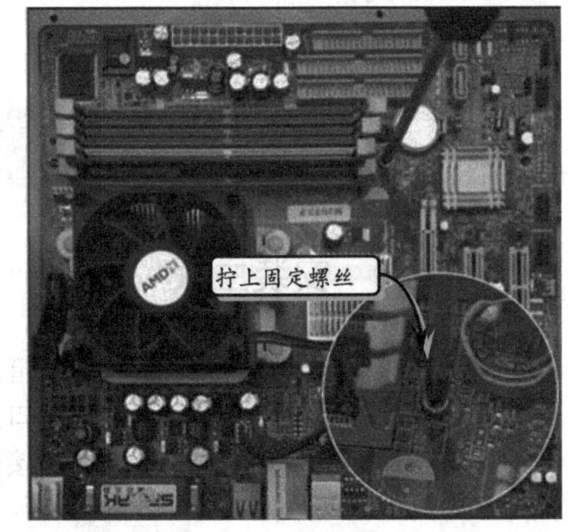

图 10-22 拧上固定螺丝

10.2.4 安装显卡

如今的主流显卡已经全部采用了 PCI-E 16X 总线接口，其高效的数据传输能力暂时缓解了图形数据的传输瓶颈。与之相对应的是，主板上的显卡插槽也已全部更新为 PCI-E 16X 插槽，该插槽大致位于主板中央，较其他插槽要长一些，如图 10-23 所示。另外，部分主板会提供两条 PCI-E 16X 插槽。

此时，可以看到 PCI-E 16X 插槽被一个凸起隔断分成长短不一的两端，而 PCI-E 16X 显卡中间也有一个与之相对应的凹槽，如图 10-24 所示。

安装显卡时，要先卸下机箱背面在显卡处的挡板。然后，将显卡金手指处的凹槽对准插槽处的凸起隔断，并向下轻压显卡，使金手指全部插入显卡插槽内，如图 10-25 所示。

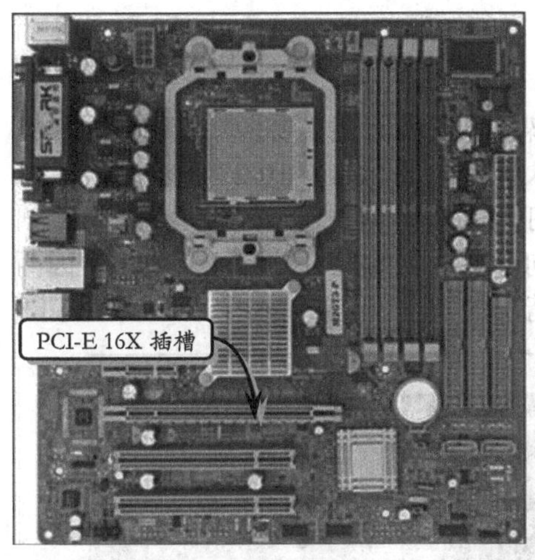

图 10-23 显卡插槽

图 10-24 **PCI-E 16X 显卡**

接下来，将显卡挡板上的定位孔对准机箱上的螺丝孔，并使用长型细牙螺丝钉固定显卡，如图 10-26 所示。

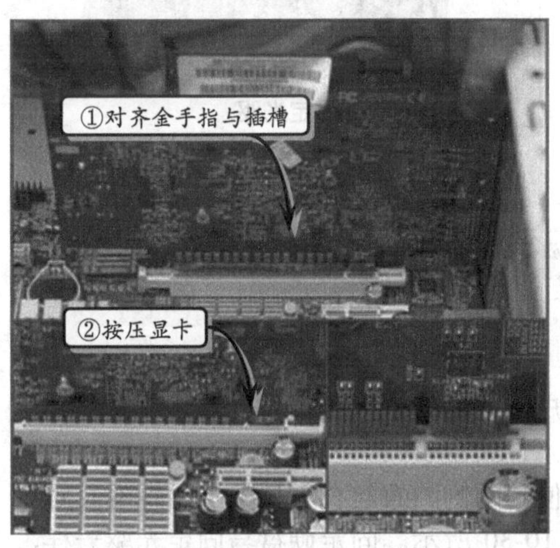

图 10-25 安装显卡

图 10-26 拧紧螺丝

拧紧螺丝钉后，便完成了显卡的安装。使用相同方法，便可安装声卡、网卡等其他板卡类设备，在此不再复述。另外，由于目前市场上的常见主板大都集成了声卡、网卡等设备，所以通常情况下无须再为计算机安装独立的声卡或网卡。

提 示

在全免工具式的机箱中，扩展卡位置的固定装也被设计为免工具的夹扣式设计。

10.2.5 安装光驱与硬盘

光驱和硬盘都是计算机中的重要外部存储设备，如果没有这些设备，用户将无法获取各种多媒体光盘上的信息，也很难长时间存储大量的数据。

1. 安装光驱

光驱安装在机箱上半部的5.25英寸驱动器托架内，安装前还需要拆除机箱前面板上的光驱挡板，然后将光驱从前面板上的缺口处放入机箱内部，如图10-27所示。

完成后，使用短型细牙螺丝钉将其固定，即可完成光驱的安装，如图10-28所示。在拧紧光驱两侧螺丝钉的过程中，应按照对角方向分多次将螺丝钉拧紧，避免光驱因两侧受力不均匀而造成设备变形，甚至损坏光驱等情况的发生。

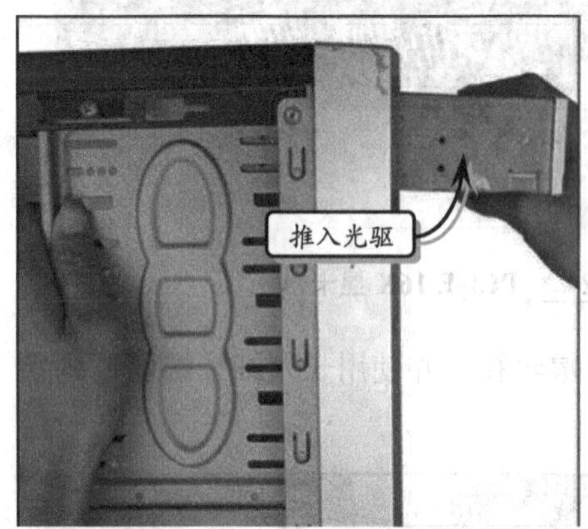

图10-27 放入光驱

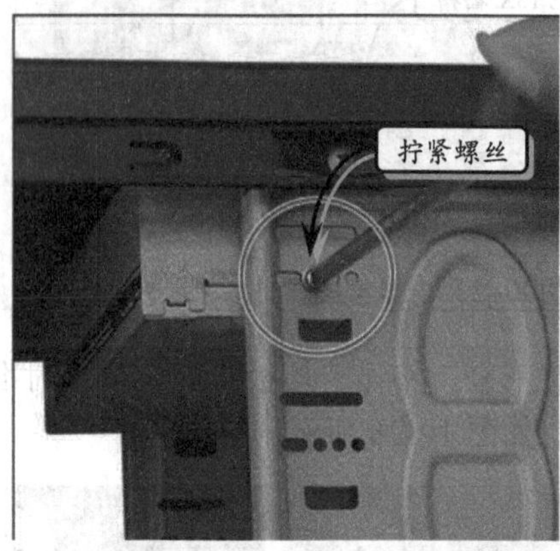

图10-28 固定光驱

提 示

光驱两侧各提供有4个螺丝孔，在固定光驱时每侧至少应拧上两颗螺丝钉才能将其稳稳地固定在机箱中。

2. 安装硬盘

硬盘的安装过程是在机箱内部进行的，用户需要将硬盘从机箱内部放入3.5英寸驱动器托架上，如图10-29所示。

然后，调整硬盘在驱动器托架内的位置，使其两侧的螺丝孔与托架上的螺丝孔对齐后，即可使用短型细牙螺丝钉进行固定，如图10-30所示。固定硬盘与固定光驱一样，最少也需要拧上两颗螺丝钉，但为了使硬盘更加稳固，最好拧紧所有的螺丝钉。

图10-29 放入硬盘

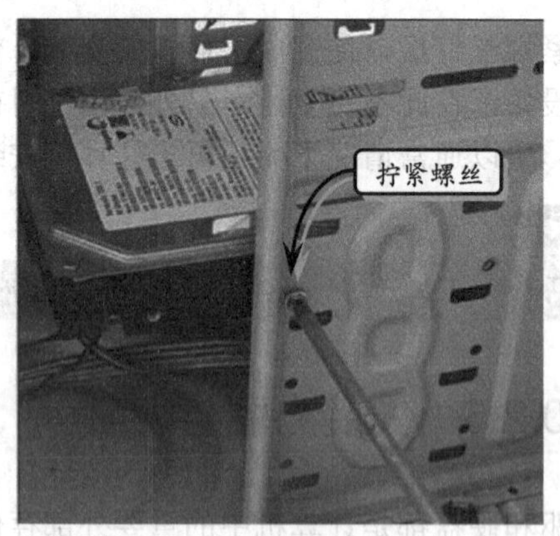

图10-30 固定硬盘

提 示

如果用户需要安装多个光驱或硬盘，重复上述操作即可。不过，安装时需要避免两个设备之间的距离过近，以免影响设备的散热。

10.2.6 连接组件线缆

在之前的安装过程中，我们已经将主机中的各种设备安装在了机箱内部。不过，组装主机的过程还并未结束，因为我们还没有为之前安装的设备连接电源线或其他信号线，而只是将其与机箱固定在了一起。

1．线缆类型

在机箱中，需要进行连线的线缆主要分为数据线、电源线和信号线 3 种类型。

1）数据线

目前，市场上常见光驱和硬盘上的数据接口主要分为两种类型，一种是SATA接口，另一种则是IDE接口，与其相对应的数据线也有所差别。其中，IDE 数据线较宽，插头由多个针孔组成，插头的一侧有一个凸起的塑料块，且数据线上会有一根颜色不同的细线。相比之下，SATA 数据线较窄，其接头内部采用了“L”型防插错设计，如图 10-31 所示。

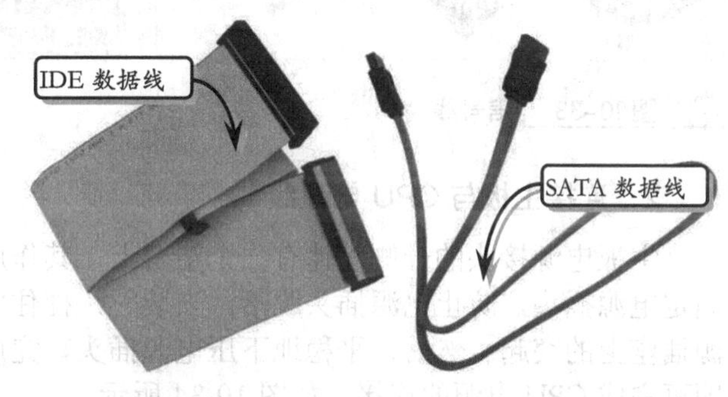

图 10-31 数据线类型

2）电源线

根据设备的不同，主机内的电源接头主要分为 5 种不同的样式，分别为主板电源接头、CPU 电源接头、IDE 设备电源接头、SATA 设备电源接头和软驱接头，如图 10-32 所示。目前由于软驱已经被淘汰，所以大多数机箱电源已不再提供软驱电源接头。

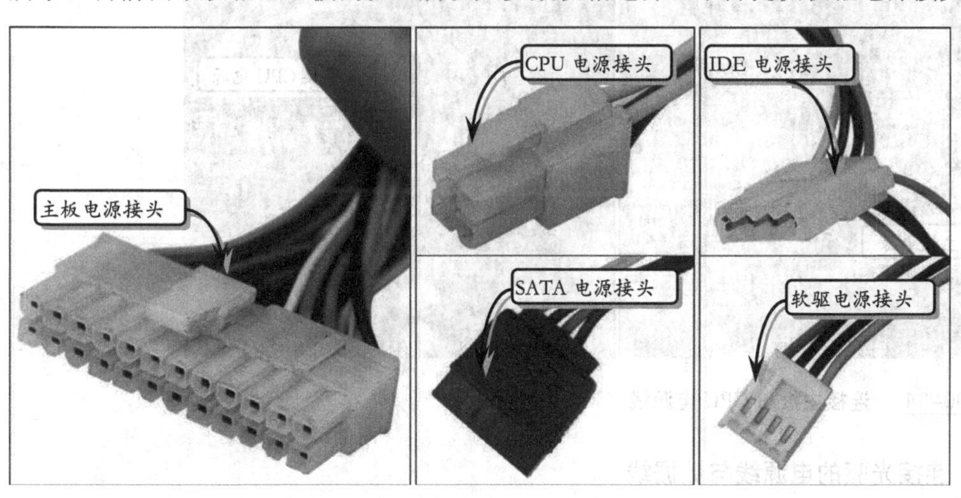

图 10-32 电源线

3）信号线

信号线主要包括主机与机箱指示灯、机箱喇叭和开关进行连接时的线缆，以及前置USB接口线缆与前置音频接口线缆等，如图10-33所示。

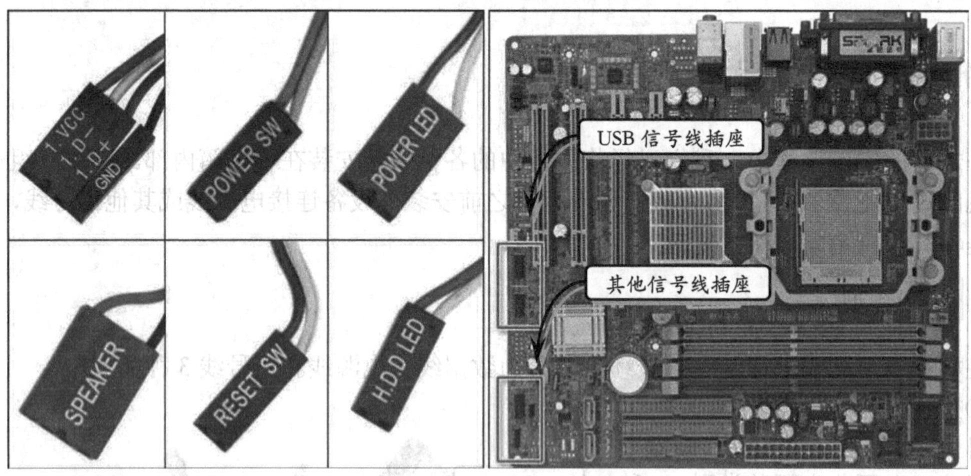

图10-33 信号线

2. 连接主板与CPU电源线

主板电源接头的一侧设计有一个塑料卡，其作用是与主板电源插座上的突起卡合后固定电源插头，防止电源插头脱落。安装时，捏住电源插头上的塑料卡，并将其对准电源插座上的突起。然后，平稳地下压电源插头，完成主板电源的连接。运用相同方法，即可完成CPU电源的连接，如图10-34所示。

提 示

主板电源使用双排24针的长方形接头，而CPU电源则使用双排4针的正方形接头。

图10-34 连接主板与CPU电源线

3. 连接光驱的电源线与数据线

在将IDE数据线与光驱进行连接时，应将IDE插头上的凸起朝上，使之与光驱IDE

接口上的缺口相对应。然后，将 IDE 插头慢慢推入光驱背部的 IDE 接口内。接下来，将 IDE 数据线的另一端压入主板上的 IDE 接口中，安装时同样应将 IDE 接头上的凸起对准相应的缺口，如图 10-35 所示。

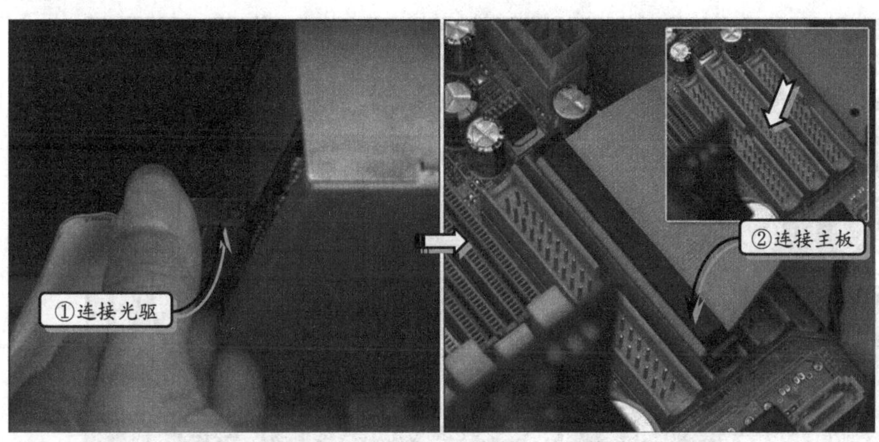

图 10-35 连接 IDE 数据线

提 示

一条标准 IDE 数据线上会有 3 个 IDE 接头，将整条数据线分为长短不一的两段。在使用时，通常将较长段一端的 IDE 接头安装在主板 IDE 插座内，而将较短一段的 IDE 接头与相应设备进行连接。

然后，将一个单排大 4 针的电源插头插光光驱的电源接口，如图 10-36 所示。此时，完成光驱电源与数据线的连接。

在连接光驱电源时，需要注意应将电源线上的红线紧邻 IDE 数据线，如果插错方向则有可能烧毁整个光驱。

4．连接硬盘的电源线与数据线

下面，开始安装硬盘的电源线。首先，需要安装电源转接头，即将一个 SATA 电源接头转换装置与单排大 4 针电源接头连接在一起，如图 10-37 所示。

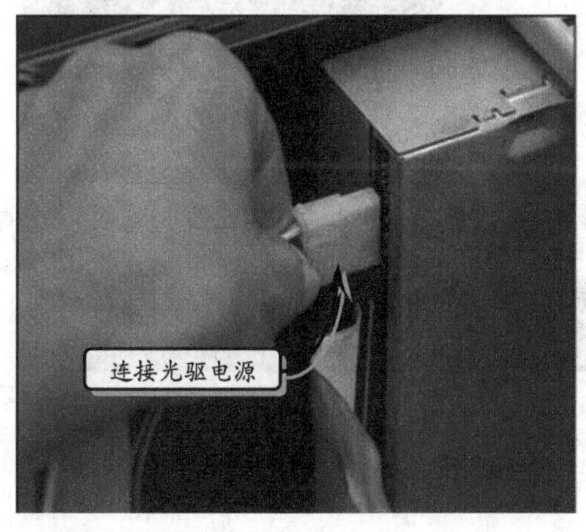

图 10-36 连接数据线

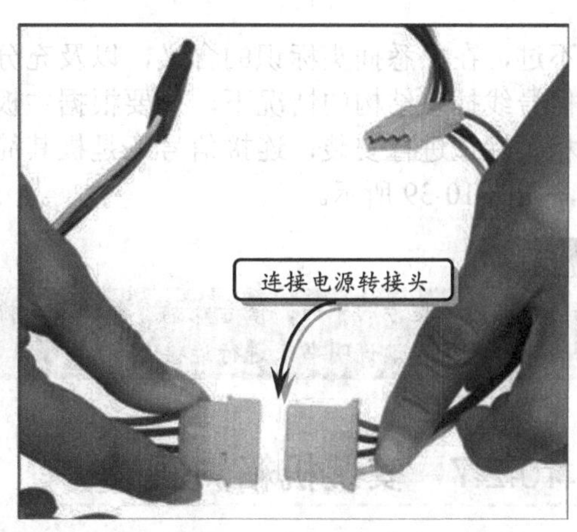

图 10-37 安装电源转接头

连接好电源接头转换装置后，将 SATA 专用电源接头插入 SATA 硬盘上的电源接口处。然后，将 SATA 数据线的两端分别插入硬盘和主板上的 SATA 插座即可，如图 10-38 所示。

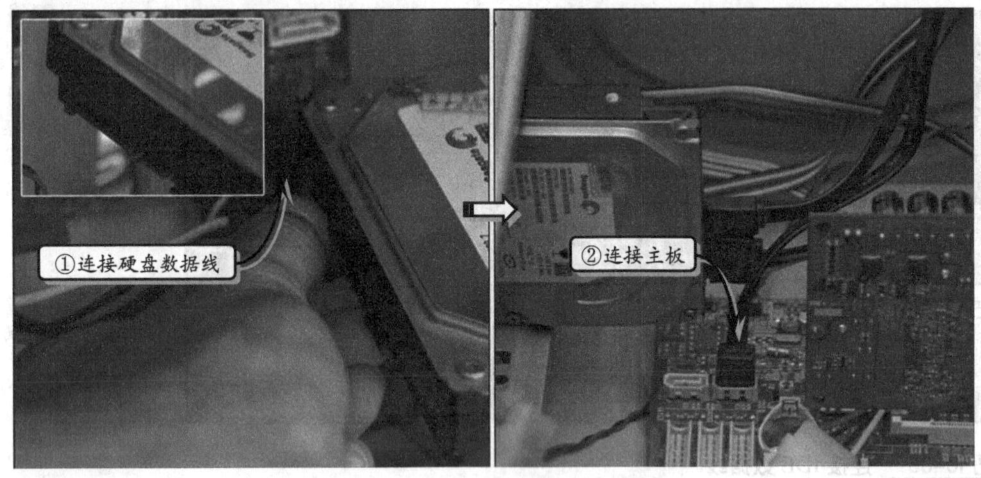

图 10-38 连接数据线

提 示

在为 SATA 硬盘安装电源线和数据线时，应先安装内侧的电源线，后安装外侧的数据线；在为 IDE 硬盘安装电源线和数据线时，安装顺序与之相反。

5. 连接信号线

信号线的插头大都较小，其插座也都较小，加上机箱内的安装空间往往有限，因此稍有不慎便会插错位置。重要的是，机箱附带的信号线不仅数量众多，种类也各不相同，这使得连接信号线成为组装计算机时较为麻烦的事情之一。

不过，在熟悉插头标识的含义，以及充分了解信号线插座结构的情况下，只要根据主板上的相关标识进行安装，连接信号还是极其简单的，如图 10-39 所示。

图 10-39 连接信号线

提 示

根据主板品牌、型号的不同，信号线插座的位置、排列方式和标识也会有一定的差别，因此在不熟悉的情况可通过阅读说明书来进行连接。

10.2.7 安装机箱侧面板

机箱侧面板即我们常说的机箱盖，其安装方法与拆卸时的流程完全相反。首先平放机箱，分清两块侧面板在机箱上的位置，带有 CPU 导风管的为机箱左侧的面板（前面板面向用户时），另一块为右侧的面板。然后，将侧面板平置于机箱上，并在使侧面板上的挂钩落入相应挂钩孔内后，向机箱前面板方向轻推侧面板，当侧面板四周没有空隙后即表明侧面板已安装到位。最后，使用相同方法安装另一块侧面板，并使用螺丝钉将它们牢牢地固定在机箱上，如图 10-40 所示。

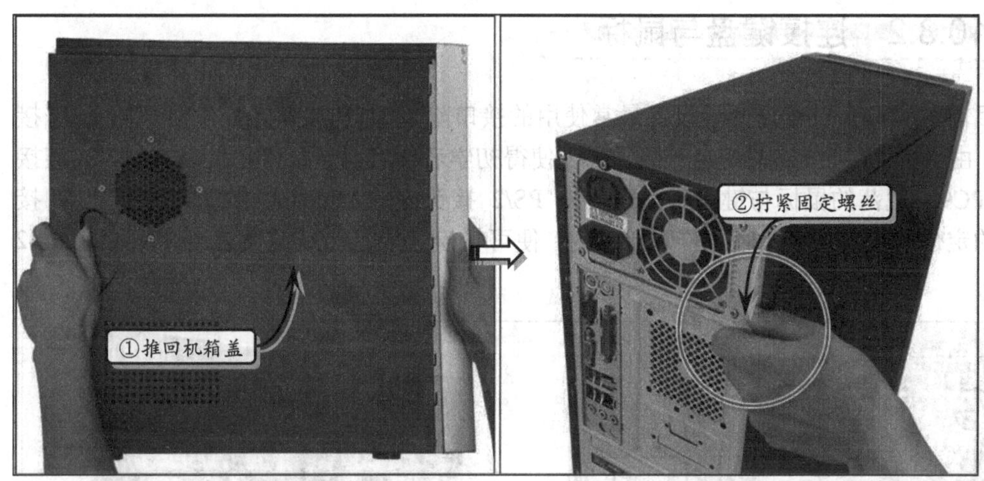

图 10-40　安装机箱侧面板

提　示

理论上来说，主机内部的各种设备和线缆在全部安装或连接完成后，便可盖上机箱盖。但是，为了组装结束后进行检测时便于解决发现的问题，建议此时先不要安装侧面板，待测试结束后再安装两侧的面板。

10.3　连接主机与外部设备

进行到这里时，最为复杂的主机已经组装完成了，接下来只需将主机与显示器、鼠标、键盘等外部设备进行连接后，便可以宣布完成计算机的组装了。

10.3.1　连接显示器

显示器不仅决定了用户所能看到的显示效果，还直接关系着用户的身体健康。正因为如此，LCD 显示器以其无闪烁、无辐射的健康理念，成为人们组装计算机时的首选显示器类型。

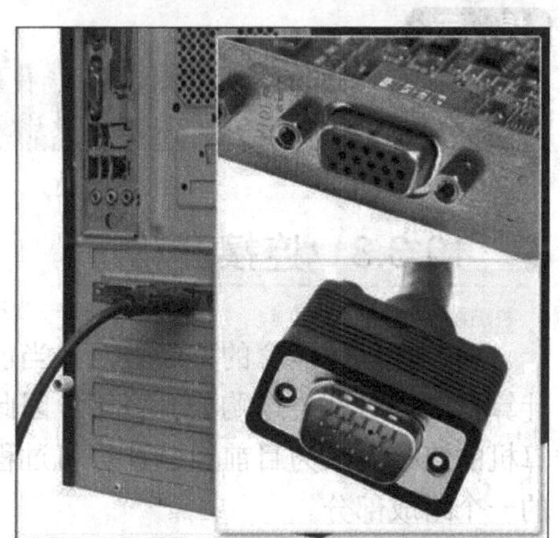

图 10-41　连接显示器信号线

连接显示器时，将视频信号线的一端与显示器背部的相应插口进行连接。然后，将信号线的另一端接至显卡上后，拧紧信号线接头上的固定螺丝，如图 10-41 所示。

提 示

VGA 数据线的接头采用了梯形的防插错设计，安装时需要注意插头的方式。

然后，取出显示器电源线，将一端插到显示器后面的电源插孔上，另一端插到电源插座上即可。

10.3.2 连接键盘与鼠标

目前，鼠标和键盘这两种设备最常使用的接口除了 USB 接口之外，便都是 PS/2 接口了。由于 PS/2 接口外型完全一致，所以使得初学者很容易便会插错。事实上，在连接符号 PC99 规范的鼠标与键盘时，只要将 PS/2 接头内的定位柱对准相同颜色 PS/2 接口中的定位孔后，将接头轻轻推入接口内，便可轻松完成鼠标或键盘的连接，如图10-42所示。

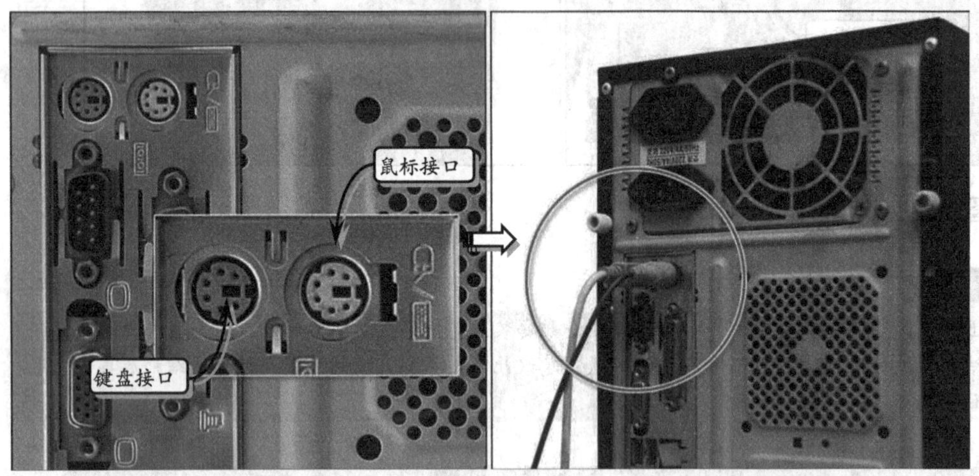

图 10-42 连接键盘和鼠标

提 示

部分主机平放后的两个 PS/2 接口为横向设计，则左侧为键盘接口，右侧为鼠标接口，不过这种设计较为少见。

10.3.3 连接音箱

随着多媒体概念的不断普及，当前用户在购买计算机的同时都会选购一套音箱。因此，音箱与计算机的连接也成为目前组装计算机过程中必不可少的一个组成部分。

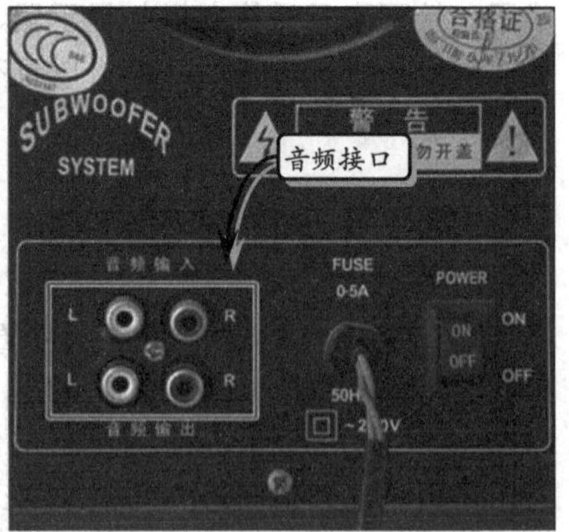

图 10-43 音箱接口

例如安装的音箱为 2.1 音箱，该音箱共由 1 个主音箱（低音音箱）和两个卫星音箱所组成。在主音箱的背面，分布着多个用于连接计算机和卫星音箱的音频接口，如图 10-43 所示。

提　示

目前常见的多媒体音箱分为 2.0 音箱、2.1 音箱、5.1 音箱等多种类型，其主音箱背后的接口数量也随整套音箱数量的不同而有所差别。

连接音箱时，首先要将卫星音箱上的音频接头连接在主音箱背面的音频输出接口上。然后，将主音箱连接线的两端分别插在主音箱上的音频输入接口与主板上的音频输出接口中，如图 10-44 所示。

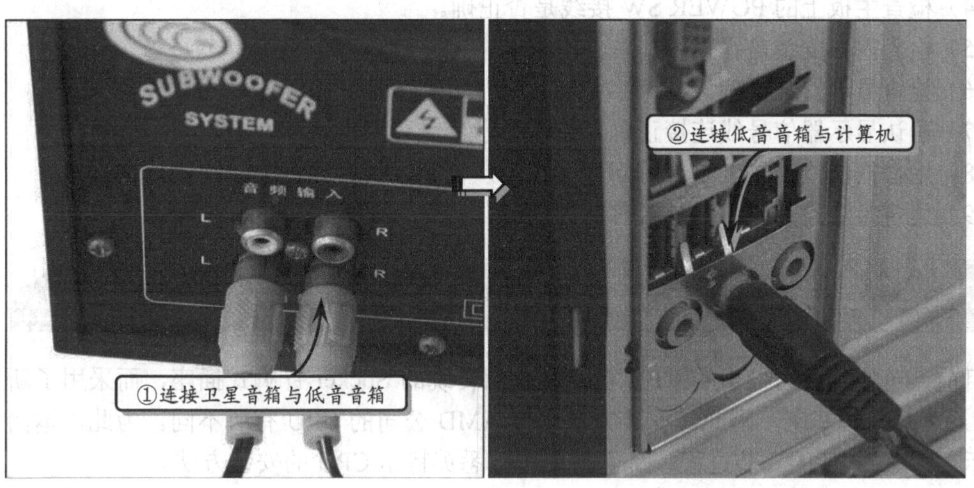

图 10-44　连接音箱

提　示

根据所连接音箱的不同，相应声卡需要提供的音频输出接口也不同。例如，当需要连接 5.1 声道的音箱时，声卡便需要为左、右、前、后、中置音箱和低音音箱提供多个音频接口。

10.3.4　开机测试

到此，一台计算机便基本组装完成了。接下来，在复查每个配件的安装与连接情况后，便可为主机、显示器等设备接通电源，进行开机测试。

开机测试主要通过 POST 自检程序会由于部分配件出错而强行中止计算机启动的原理。所以，在按下机箱上的 Power 电源开关后，如果显示器出现开机画面，并听到“滴”的一声时，便说明各个硬件的连接无误，如图 10-45 所示。

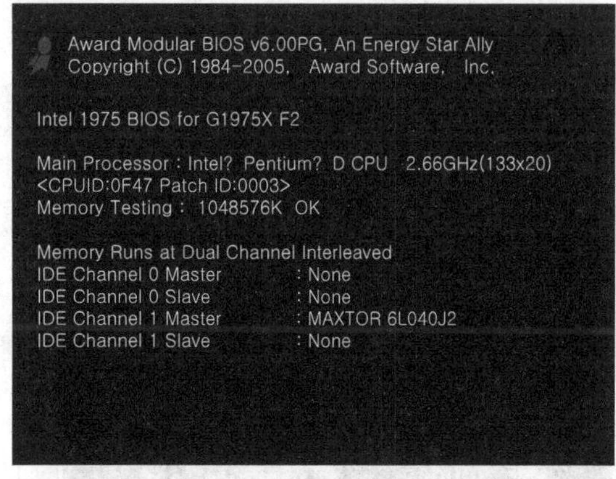

图 10-45　开机画面

提　示

每当计算机启动后，基本输入输出系统都会执行一次 POST 自检，这是一项检查显卡、CPU、内存、IDE 和 SATA 设备，以及其他重要部件能否正常工作的系统性测试。

但是，如果在打开主机电源开关后，没有任何反应，也没有提示音时，则表明计算机的组装过程出现了问题（在配件无误情况下）。此时，用户可以按照以下的顺序进行检查，以便迅速确认问题原因并排除故障。

（1）确认交流电能正常工作，检查电压是否正常。

（2）确认已经给主机电源供电。

（3）检查主板供电插头是否安装好。

（4）检查主板上的 POWER SW 接线是否正确。

（5）检查内存安装是否正确。

（6）检查显卡安装正确。

（7）确认显示器信号线连接正确，检查显示器是否供电。

（8）用替换法检查显卡是否有问题（在另一台正常的计算机中使用该显卡）。

（9）用替换法检查显示器是否有问题。

10.4 课堂练习：安装英特尔 CPU

目前，英特尔公司推出的 CPU 已不再使用传统的 Socket 针脚式插座，而采用了新型的 LGA 触点式基座，因此其安装方法也较 AMD 公司的 CPU 有所不同。为此，本例将演示英特尔 CPU 的安装过程，从而使用户熟悉英特尔 CPU 的安装方法。

操作步骤

1 首先，将主板与 CPU 分别从包装盒内取出后，向下轻压主板中的锁扣杆，将其推离插座后向上拉起锁扣杆，然后，向上掀起载荷板，并从载荷板上拆除防护罩，如图 10-46 所示。

图 10-46 掀起载荷板

2 取出 CPU 后，将 CPU 上的三角型标识与 CPU 基座上的三角型标识对齐，如图 10-47 所示。

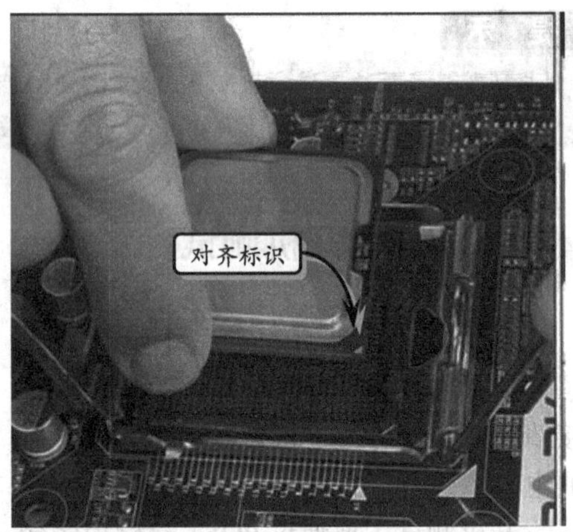

图 10-47 对齐 CPU 标识

3 然后，将 CPU 垂直放入基座内，并盖上载荷板，如图 10-48 所示。

4 将锁扣杆压回原位后，在 CPU 表面添加少量导热硅脂，并使用棉签、纸棒等物将其涂抹均匀，如图 10-49 所示。

5 安装 CPU 散执器时，将散热器上的 4 颗定位柱对准主板上的定位孔后，轻压散热器，使其完全落入定位孔内，如图 10-50 所示。

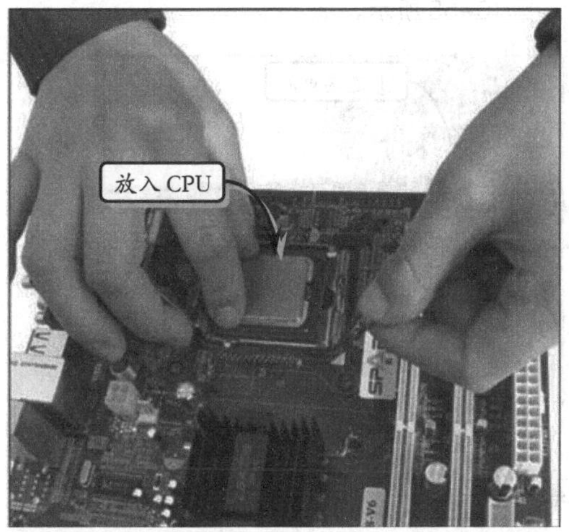

图 10-48 放入 CPU

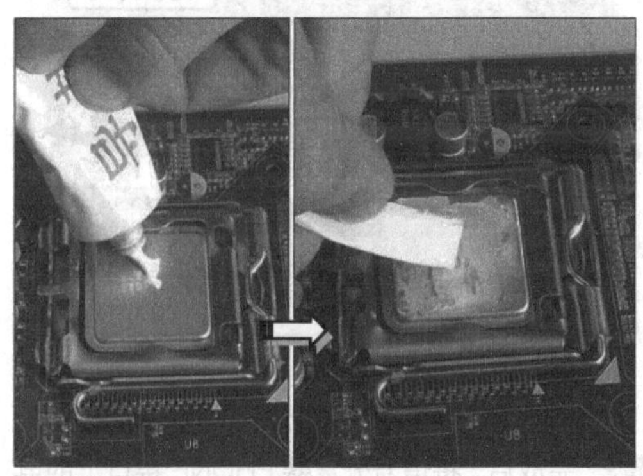

图 10-49 涂抹导热硅脂

6 顺时针旋转旋钮，以锁紧定位后，将 CPU 散热器风扇的电源插入 CPU 基座附近的三针电源插座上，即可完成英特尔 CPU 的安装，如图 10-51 所示。

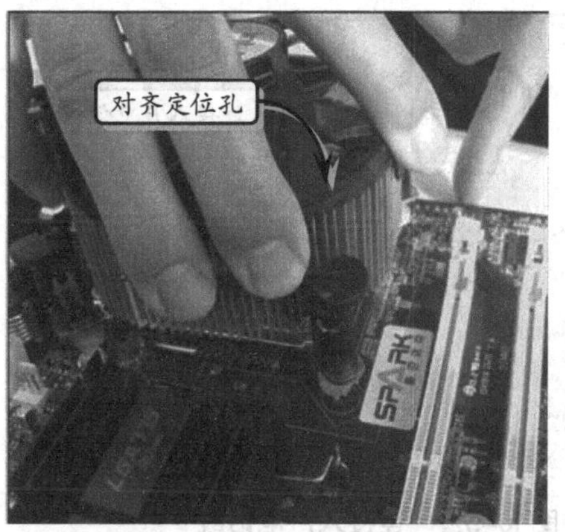

图 10-50 安装 CPU 散热器

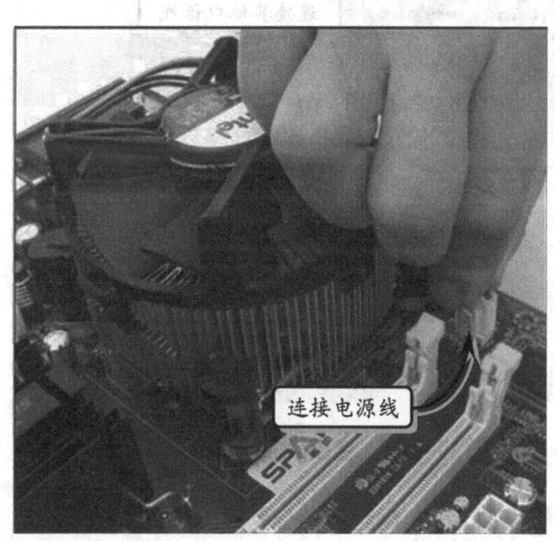

图 10-51 连接电源线

10.5 课堂练习：连接 ADSL Modem

随着宽带资费的不断降低，越来越多的用户在购买计算机时同时会申请安装宽带服务，以便尽快体验在 Internet 上冲浪的感觉。为此，下面我们将对连接 ADSL Modem 的方法进行介绍，使用户能够在计算机组装完成后，将计算机与 ADSL Modem 连接起来，从而开始互联网之旅。

操作步骤

1 首先，查看信号分离器背面三个端口所连接的线路，并将入户电话线插入到 Line 接口内，如图 10-52 所示。

2 然后，将宽带电话线和电话机电话线的一端分别插入 MODEM 接口和 PHONE 接口，如图 10-53 所示。

3 将 ADSL Modem 电源线插入 ADSL Modem 上的 Power 接口上，将宽带电话线插入 ADSL Modem 上的 Line 接口，如图 10-54 所示。

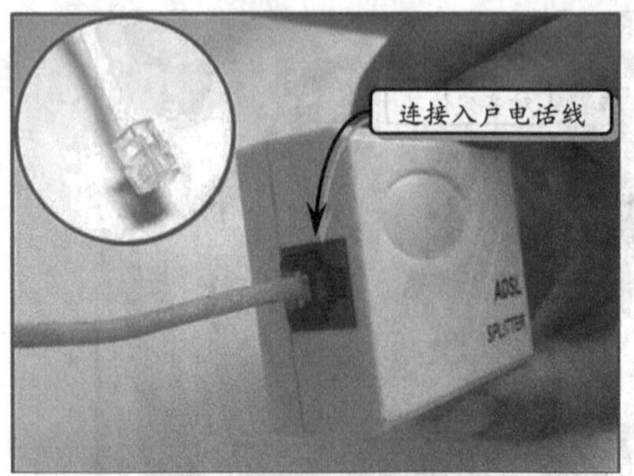

图 10-52 连接入户电话线

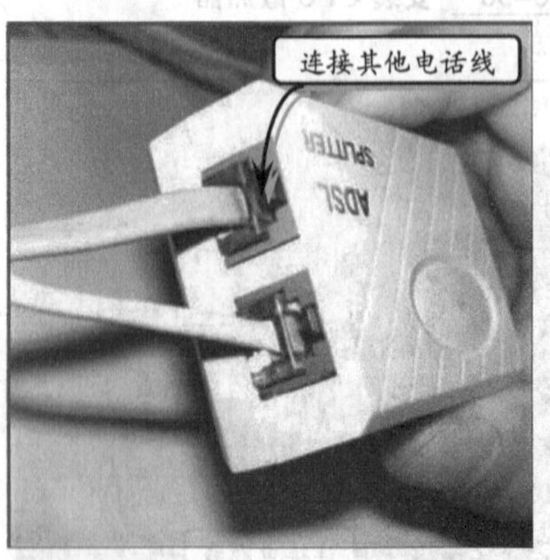

图 10-53 连接转接分线

4 然后，将网线两端分别插入计算机网卡接口和 ADSL Modem 的 Ethernet 接口，如图 10-55 所示。

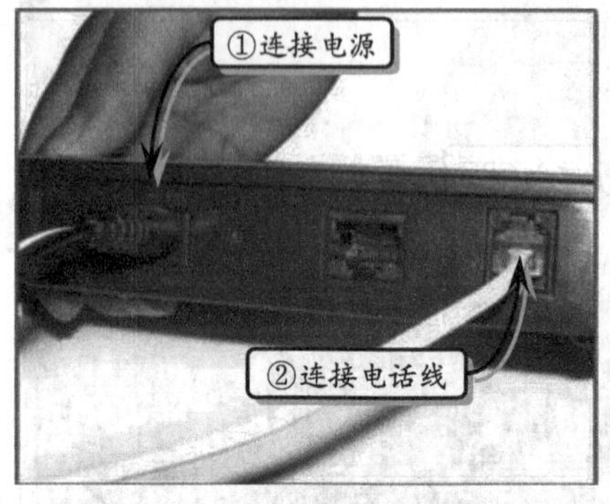

图 10-54 连接 ADSL 电源和电话线

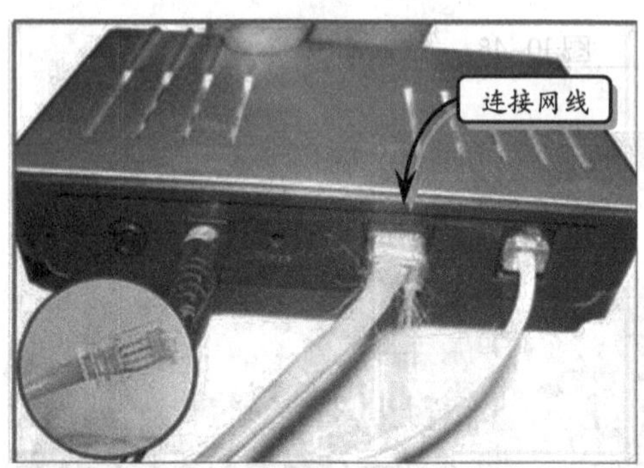

图 10-55 连接网线

5 完成后，将信号分离器 PHONE 接口上的电话线与电话机相连接即可完成 ADSL Modem 的安装。

10.6 思考与练习

一、填空题

1. 主板或其他板卡上大都会有一些由两根或三根金属针组成的针式开关结构。这些针式的开关结构便称为________，而跳线帽则是安装在这些________上的帽形连接器。

2. ________的作用是填满 CPU 与散热器之间的空隙，以便 CPU 发出的热量能够尽快传至散热片。

3. 在装机前用手触摸一下接地的导体或洗手是为了__________，以免造成设备损坏。

4. 目前 CPU 插座上的压力杆统一采用了__________（零插拔力插座），以便用户更为轻松地安装或拆卸 CPU。

5. 如今的主流显卡已经全部采用了________总线接口，其高效的数据传输能力暂时缓解了图形数据的传输瓶颈。

6. 光驱两侧各提供有 4 个螺丝孔，在固定光驱时每侧至少应拧上________颗螺丝钉才能将其稳稳地固定在机箱中。

7. 主板电源使用双排 24 针的长方形接头，而 CPU 电源则使用双排________针的正方形接头。

8. VGA 数据线的接头采用了________的

防插错设计，安装时需要注意插头的方式。

二、选择题

1. 在组装计算机的过程中，不属于必备工具的是_____。

A. 螺丝刀

B. 尖嘴钳

C. 镊子

D. 剪刀

2. 在装机时，用于拆卸该机箱两侧面板与电源的是_____。

A. 铜柱

B. 粗牙螺丝钉

C. 细牙螺丝钉（长型）

D. 细牙螺丝钉（短型）

3. 光驱安装在机箱上半部的_____英寸驱动器托架内，安装前还需要拆除机箱前面板上的光驱挡板，然后将光驱从前面板上的缺口处放入机箱内部。

A. 5.25

B. 6.25

C. 3.5

D. 5.5

4. POST 自检的目的是_____。

A. 检测计算机配件能否正常工作

B. 检测计算机配件是否完整

C. 检测计算机配置情况

D. 检测计算机配置是否发生变化

5. _____是计算机中最为脆弱的部件之一。因此在安装时必须格外小心，以免因用力过大或其他原因而损坏。

A. 主板

B. CPU

C. 硬盘

D. 内存条

6. 由于目前市场上的常见主板大都集成了_____等设备，所以通常情况下无须再为计算机安装独立的声卡或网卡。

A. 声卡、电视卡

B. 声卡、网卡

C. 存储卡、网卡

D. 电视卡、显卡

三、问答题

1. 简述 CPU 的安装流程和方法。

2. 简述计算机组件线缆的连接方法和步骤。

3. 如何开机自检？

4. 简述整个计算机的组织流程。

四、上机练习

1. 组件双通道内存模式

如今的主板大都提供了两条或 4 条内存插槽，并且具备 4 条内存插槽的主板还会将插槽分为两种不同的颜色，其目的便是为了方便用户在安装多条内存时组建双通道模式。在安装时，只需将成对的内存分别插在颜色相同的插槽内，即可使内存工作在双通道模式下，如图 10-56 所示。

图 10-56 双通道内存条模式

第 11 章

启动与检测设置——设置 BIOS

BIOS 是计算机最底层、最直接的硬件设置和控制，是安装操作系统、应用软件、更改计算机启动顺序等参数设置的载体。参数错误的 BIOS 将很有可能导致计算机硬件产生冲突，造成系统无法正常运行，或者某个硬件无法使用等多种情况。因此，了解并能够正确配置 BIOS 对于从事计算机组装与维修、维护方面的用户来讲是非常重要的一项技能。在本章中，将详细介绍正确配置 BIOS，以解决因硬件冲突而造成系统故障的方法和技巧，以便用户能够更好地进行组装和维修计算机的工作。

本章学习内容：

- BIOS 概述
- 进入 BIOS
- BIOS 分类
- BIOS 厂商
- BIOS 参数介绍
- 升级 BIOS

11.1 BIOS 概述

BIOS 是计算机领域中的一个重要参数，它的管理功能的先进性，直接决定了主板的优越与否。在本小节中，将详细介绍 BIOS 的简介、功能、启动顺序等基础知识。

11.1.1 BIOS 简介

BIOS（Basic Input Output System，基本输入输出系统）全称应该是 ROM-BIOS，意思是只读存储器基本输入输出系统。其实，它是主板上一组固化在 ROM 芯片上的程序，保存着计算机的基本输入输出程序、系统设置信息、开机后自检程序和系统自启动程序，如图 11-1 所示。

PhoenixBIOS Setup Utility
Main Advanced Security Boot Exit

System Time: [09:58:39]
System Date: [06/21/2009]
Legacy Diskette A: [1.44/1.25 MB 3½"]
Legacy Diskette B: [Disabled]
▸ Primary Master [VMware Virtual ID]
▸ Primary Slave [None]
▸ Secondary Master [VMware Virtual ID]
▸ Secondary Slave [None]
▸ Keyboard Features
System Memory: 640 KB
Extended Memory: 261120 KB
Boot-time Diagnostic Screen: [Disabled]

Item Specific Help
<Tab>, <Shift-Tab>, or <Enter> selects field.

F1 Help ↑↓ Select Item -/+ Change Values F9 Setup Defaults
Esc Exit ↔ Select Menu Enter Select ▸ Sub-Menu F10 Save and Exit

图 11-1 **BIOS 界面**

BIOS 程序被保存在主板上的一块 ROM 芯片内，其设计初衷是为计算机提供最底层、最直接的硬件设置和控制，如图 11-2 所示。586 时代的主板 BIOS 芯片采用 EPROM 芯片，其特点是只能一次性写入，而无法再对其进行修改。此后，主板 BIOS 芯片开始采用 Flash ROM（快速可擦可编程只读存储器）作为载体，优点是可通过主板跳线开关或专用软件对 Flash ROM 进行重写，从而实现对 BIOS 的升级。

图 11-2 **BIOS 芯片**

11.1.2 BIOS 的功能

BIOS 主要由自诊断程序、CMOS 设置程序、系统自举装载程序、主要 I/O 设备的驱动程序和终端服务等信息组成，其功能分为自检及初始化程序、硬件中断处理和程序服务请求三部分。

1. 自检及初始化程序

该部分又称加电自检（Power On Self Test，POST），作用是在为硬件接通电源后检测 CPU、内存、主板、显卡等设备的状态，以确定计算机能否正常运行。

2. 硬件中断处理和程序服务请求

这是两个完全独立的内容，但在使用上却是密切相关的。程序服务请求主要为应用程序和操作系统服务，其功能是让程序能够脱离具体硬件进行操作。待程序发出硬件操作请求后，硬件中断处理便会进行计算机硬件方面的相关操作，并最终达成用户的操作目的。因此，只有当两者相互配合、有机地结合在一起时，计算机系统才能够正常运行。

11.1.3 BIOS 与 CMOS

简单地说，BIOS 是固化在 ROM 芯片内的一组程序，正常状态下其内容是不可改变的。而 CMOS（Complementary Metal Oxide Semiconductor，互补金属氧化物半导体）则是指计算机主板上的一块可擦写 RAM 芯片，其功能是存储 BIOS 程序内的各种信息，特点是必须依靠持续供应的电力才能够维持内部信息不会丢失。

提　示

随着技术的不断发展，如今的 CMOS 芯片已经能够集成在 BIOS 芯片内，因此便无法从此类主板上找到独立的 CMOS 芯片了。

11.1.4　BIOS 的启动流程

BIOS 掌握着系统的启动、部件之间的兼容和程序管理等多项重任。当启动计算机后，BIOS 便开始进行计算机的自检工作。BIOS 启动流程图，如图 11-3 所示。

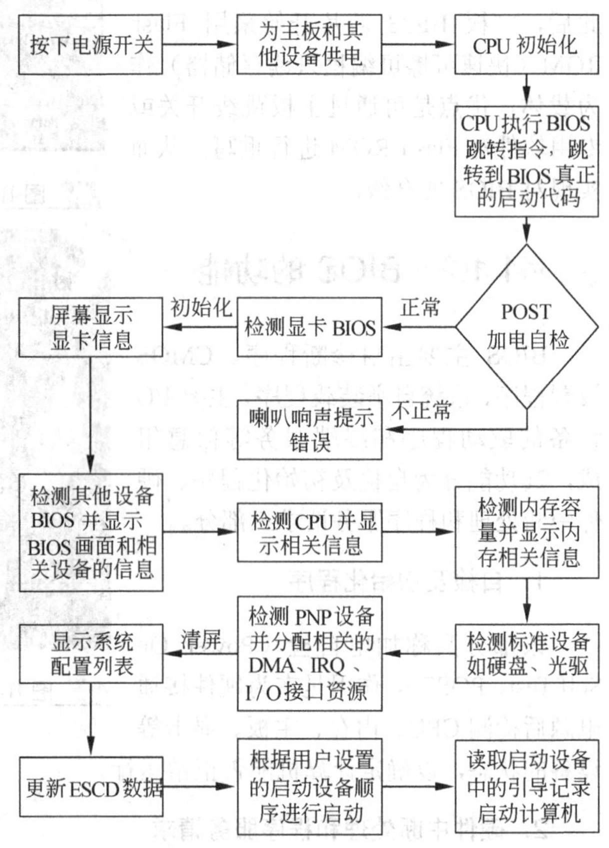

按下电源开关
为主板和其他设备供电
CPU 初始化
CPU执行BIOS跳转指令，跳转到BIOS真正的启动代码
POST 加电自检
正常
检测显卡 BIOS
初始化
屏幕显示显卡信息
不正常
喇叭响声提示错误
检测其他设备BIOS并显示BIOS画面和相关设备的信息
检测CPU并显示相关信息
检测内存容量并显示内存相关信息
检测标准设备如硬盘、光驱
检测PNP设备并分配相关的DMA、IRQ、I/O接口资源
清屏
显示系统配置列表
更新ESCD数据
根据用户设置的启动设备顺序进行启动
读取启动设备中的引导记录启动计算机

图 11-3　BIOS 启动流程

11.2　BIOS 分类

BIOS 是计算机中的重要参数，是保证计算机正常运行的根本。在掌握进入 BIOS 进行各项设置之前，还需要先了解一下 BIOS 的分类和进入 BIOS 的方法等一些基础知识。

11.2.1　BIOS 分类

台式计算机所使用 BIOS 程序根据制造厂商的不同分为 AWARD BIOS、AMI BIOS 和 PHOENIX BIOS 三大类型，此外还有一些品牌机特有的 BIOS 程序，如 IBM 等。

由于 PHOENIX 已经被 AWARD 公司所收购，因此新型主板上的 BIOS 只有 AWARD 和 AMI 两家提供商。

1. AWARD BIOS

Award BIOS 是由 Award Software 公司开发的 BIOS 产品，特点是功能完善，支持众多新硬件。AWARD BIOS 的选项大都采用双栏的形式进行排列，界面排列形式较有亲和力，如图 11-4 所示。

2. AMI BIOS

AMI BIOS 是 AMI 公司出品的 BIOS 系统软件，开发于 20 世纪 80 年代中期，曾广泛应用于 286、386 时代的主板，其特点是对各种软、硬件的适应性较好，能保证系统的稳定运行，如图 11-5 所示。

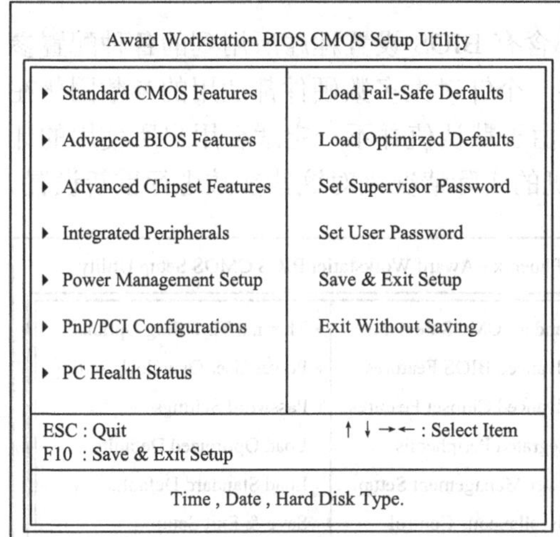

图 11-4 Award BIOS

AMIBIOS SIMPLE SETUP UTILITY-VERSION 1.45
（C）2001 **American Megatrends, Inc. All Rights Reserved**

Standard CMOS Features
Advanced BIOS Features
Advanced Chipset Features
Power Management Setup
PnP/PCI Configurations
Integrated Peripherals
Hardware Monitor Setup

Load High Performance Defaults
Load BIOS Setup Defaults
Supervisor Password
User Password
IDE HDD AUTO Detection
Save & Exit Setup
Exit Without Saving

ESC : Quit
F10 : Save & Exit Setup
↑ ↓ →← : Select Item

IRQ settings , Latency Timers ...

图 11-5 AMI BIOS

11.2.2 进入 BIOS

根据主板的不同，进入 BIOS 的方法也会有所差别。不过，通常进入 BIOS 设置程序的方法有以下三种。

1. 开机启动时按热键

在开机时按下特定的热键可以进入 BIOS 设置程序，但不同主板在进入 BIOS 设置程序时的按键会略有不同。例如，AMI BIOS 多通过按 Del 键或 ESC 键进入设置程序，而 Award BIOS 则多通过按 Del 键或 Ctrl+Alt+ESC 组合键进入设置程序，也有部分 BIOS 设置程序通过按 F2 键才能进入，如图 11-6 所示。

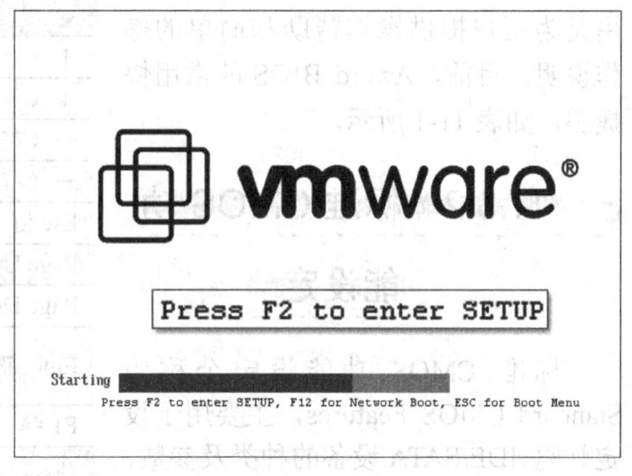

图 11-6 进入界面

2. 使用系统提供的软件

目前很多主板都提供了在 DOS 下进入 BIOS 设置程序，并进行程序的设置。

3. 通过可读写 CMOS 的应用软件

部分应用程序，如 QAPLUS 提供了对 CMOS 的读、写、修改功能，通过它们可以对一些基本系统配置进行修改。

11.3 BIOS 参数介绍

CMOS 是主板上的一块存储芯片，其内部含有 BIOS 设置程序所用到的各种配置参数和部分系统硬件信息。主板在出厂时，会将一个针对大多数硬件都适用的参数固化在 BIOS 芯片内，该值被称为默认值或缺省值。由于默认值并不一定适合用户所使用的计算机，所以在很多情况下还需要根据当前计算机的实际情况来对这些参数进行重新设置。

在本节中，我们将以 Award BIOS 6.00PG 为例，在介绍 BIOS 界面及各个选项的同时，讲解设置 CMOS 参数的方法。

11.3.1 BIOS 主界面

进入 BIOS 设置程序后，首先看到的是 6.00PG 版 BIOS 的主界面。界面中间部分为菜单选项，从其名称上也可以了解到该选项的主要功能与设置范围。左侧带有三角形标记的选项包含有子菜单，选择这些选项并按 Enter 键即可进入相应的子菜单，如图 11-7 所示。

Phoenix - Award WorkstationBIOS CMOS Setup Utility

▸ Standard CMOS Features	▸ Thermal Throttling Options
▸ Advanced BIOS Features	▸ Power User Overclock Settings
▸ Advanced Chipset Features	▸ Password Settings
▸ Integrated Peripherals	Load Optimized Defaults
▸ Power Management Setup	Load Standard Defaults
▸ Miscellaneous Control	Save & Exit Setup
▸ PC Health Status	Exit Without Saving

Esc : Quit　　↑ ↓ → ← : Select Item
F10 : Save & Exit Setup

Time , Date , Hard Disk Type.

图 11-7 BIOS 主界面

菜单选项的下方为操作说明区，作用是为用户提供操作帮助和简单的操作说明。目前，Award BIOS 的常用快捷键，如表 11-1 所示。

表 11-1 Award BIOS 的常用功能键

功　能　键	描　　述
↑（上）	用于移动到上一个项目
↓（下）	用于移动到下一个项目
←（左）	用于移动到左边的项目
→（右）	用于移动到右边的项目
Esc 键	用于退出当前设置界面
Page Up 键	用于改变设定状态，或增加数值内容
Page Down 键	用于改变设定状态，或减少数值内容
Enter 键	用于进入当前选择设置项的次级菜单界面
F1 键	用于显示当前设定的相关说明
F5 键	用于将当前设置项的参数设置恢复为前一次的参数设置
F6 键	用于将当前设置项的参数设置为系统安全默认值
F7 键	用于将当前设置项的参数设置为系统最佳默认值
F10 键	保存 BIOS 设定值并退出 BIOS 程序

11.3.2 标准 CMOS 功能设定

标准 CMOS 功能设定全称为 Standard CMOS Features，主要用于设定软驱、IDE/SATA 设备的种类及参数，以便顺利启动计算机。除此之外，该选项界面内还含有设置系统日期和时间的一些选项，如图 11-8 所示。

1. Date（mm:dd:yy）

该选项用于设置系统日期（通常为当前日期），格式为“星期，月/日/年”。用户可以使用 Page Up 或 Page Down 键调整月、日或者年等设置，也可以直接输入数字。

2. Time（hh:mm:ss）

该选项用于设置系统时间（通常为当前时间），格式为“小时/分钟/秒”。用户既可使用 Page Up 或 Page Down 键进行调整，也可直接输入相应数值。

3. IDE Channel 0/1 Master/Slave

该选项用于查看 IDE 通道上的 IDE 设备，其选项内容为设备名称。在选择 IDE 设备的名称后，按 Enter 键可进入相应设备的状态界面，查看其详细信息，如图 11-9 所示。如果所选 IDE 通道上无任何设备，则选项显示为 None。

提 示

在 BIOS 中，我们所能查看到的硬盘信息包括硬盘容量、磁头数量、柱面数量和扇区数量等。

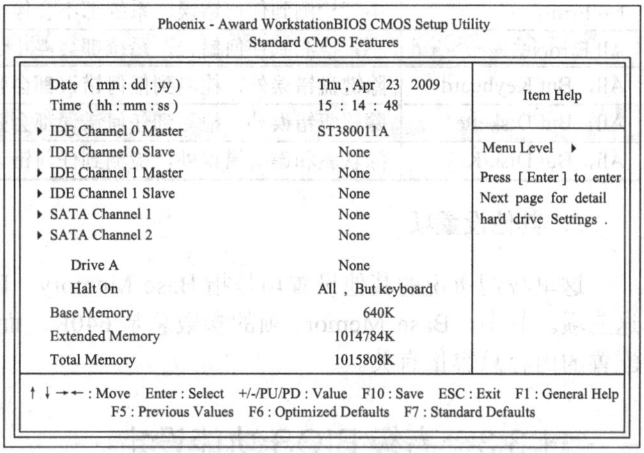

Phoenix - Award WorkstationBIOS CMOS Setup Utility
Standard CMOS Features

Date（mm : dd : yy）	Thu , Apr 23 2009	Item Help
Time（hh : mm : ss）	15 : 14 : 48	
▸ IDE Channel 0 Master	ST380011A	Menu Level ▸
▸ IDE Channel 0 Slave	None	Press [Enter] to enter Next page for detail hard drive Settings .
▸ IDE Channel 1 Master	None	
▸ IDE Channel 1 Slave	None	
▸ SATA Channel 1	None	
▸ SATA Channel 2	None	
Drive A	None	
Halt On	All , But keyboard	
Base Memory	640K	
Extended Memory	1014784K	
Total Memory	1015808K	

↑ ↓ →← : Move Enter : Select +/-/PU/PD : Value F10 : Save ESC : Exit F1 : General Help
F5 : Previous Values F6 : Optimized Defaults F7 : Standard Defaults

图 11-8 **Standard CMOS Features 选项**

需要指出的是，IDE Channel 后的 0 或 1 用于表示主板上的 IDE 接口编号。其中，IDE Channel 0 表示主板上的第 1 个 IDE 接口，而 IDE Channel 1 则表示主板上的第 2 个 IDE 接口。至于 IDE 接口编号后的 Master 和 Slave，则用于标识 IDE 设备在当前接口上的主从关系。

例如，IDE Channel 1 Master 表示主板第 2 个 IDE 接口上的主设备，而 IDE Channel 0 Slaver 则表示主板第 1 个 IDE 接口上的从设备。

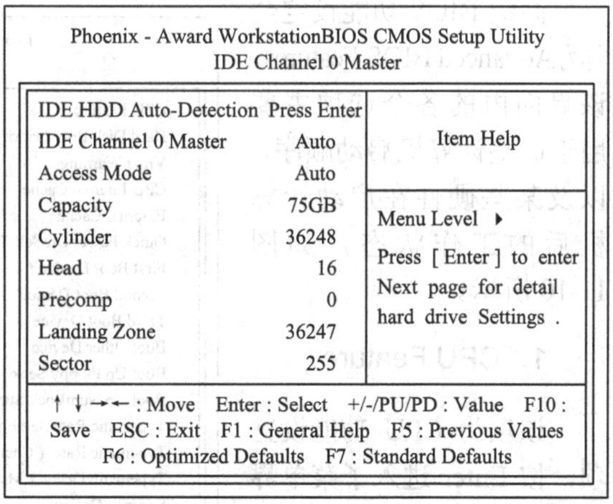

Phoenix - Award WorkstationBIOS CMOS Setup Utility
IDE Channel 0 Master

IDE HDD Auto-Detection	Press Enter	Item Help
IDE Channel 0 Master	Auto	
Access Mode	Auto	
Capacity	75GB	Menu Level ▸
Cylinder	36248	Press [Enter] to enter Next page for detail hard drive Settings .
Head	16	
Precomp	0	
Landing Zone	36247	
Sector	255	

↑ ↓ →← : Move Enter : Select +/-/PU/PD : Value F10 : Save ESC : Exit F1 : General Help F5 : Previous Values
F6 : Optimized Defaults F7 : Standard Defaults

图 11-9 **查看 IDE 设备**

4. SATA Channel 1/2

该选项用于查看 SATA 接口所连接的设备，其选项内容为设备名称。与 IDE Channel 相同的是，在选择相应设备的名称后，BIOS 将切换至所选设备的状态界面。

提 示

当前新型号主板大都只提供了 1 个 IDE 接口，因此该项已变为 IDE Channel Master/Slaver。

提 示

SATA Channel 后的编号数量与主板 SATA 接口的数量相对应，其通道编号与接口顺序相符。

5. Drive A

该选项用于设置软驱接口的设备连接情况。如果计算机上没有连接软驱，则应将其设置为 None；如果连接有软驱，则应根据软驱类型调整该选项的参数。

6. Halt On

此设置项用于控制 POST 检测出现异常时，是否提示并等候用户处理，共包括五个选择项，如表 11-2 所示。

表 11-2 Halt On 选项简介

选项名称	作　用
No Errors	不管检测到任何错误，系统都不会停止运行
All Errors	不管检测到任何错误，系统都会停止运行，并等候处理
All，But Keyboard	除键盘错误外，检测到任何错误都会强制系统停止运行
All，But Diskette	除软驱错误外，检测到任何错误都会强制系统停止运行
All，But Disk/Key	除软驱和键盘错误外，检测到任何错误都会强制系统停止运行

7. 其他设置项

这里我们所说的其他设置项是指 Base Memory、Extended Memory 和 Total Memory 这三项。其中，Base Memory 项的参数总是 640K，而 Total Memory 则于当前计算机所配置的内存总容量有关。

11.3.3 高级 BIOS 功能设定

高级 BIOS 功能设定全称为Advanced BIOS Features，该界面内的各个选项主要用于调整计算机启动顺序，以及某些硬件在启动计算机后的工作状态，如图 11-10 所示。

Phoenix - Award WorkstationBIOS CMOS Setup Utility
Advanced BIOS Features

		Item Help
CPU Feature	Press Enter	
Hard Disk Boot Priority	Press Enter	
Virus Warning	Disabled	
CPU Internal Cache	Enabled	Menu Level ▸
External Cache	Enabled	
Quick Power On Self Test	Enabled	
First Boot Device	First Boot Device	
Second Boot Device	Second Boot Device	
Third Boot Device	Third Boot Device	
Boot Other Device	Enabled	
Boot Up Floppy Seek	Enabled	
Boot Up NumLock Status	On	
Typematic Rate Setting	Disabled	
Typematic Rate（Chars/Sec）	6	
Typematic Delay（Msec）	250	
Security Option	Setup	
APIC Mode	Enabled	
MPS Version Control For OS	1.4	
OS Select For DRAM > 64MB	Non-OS2	
HDD S.M.A.R.T. Capability	Disabled	
Report No FDD For Win 95	Yes	

↑↓→←: Move Enter : Select +/-/PU/PD : Value F10 : Save ESC : Exit F1 : General Help
F5 : Previous Values F6 : Optimized Defaults F7 : Standard Defaults

图 11-10 **Advanced BIOS Features 选项**

1. CPU Feature

该项为 CPU 功能设置项，按 Enter 进入子菜单界面后，其子选项会根据所用 CPU 的不同而有所变化。例如在使用 AMD 公司的 CPU 时，CPU Feature 选项界面内只有 AMD K8 Cool&Quiet Control 项，含义为是否开启 CPU 的节能与降温技术。

2. Hard Disk Boot Priority

该项为硬盘引导优先设置项，在使用多块硬盘时用于调整先从哪块硬盘启动。

3. Virus Warning

该项为病毒警告项，开启后任何企图修改系统引导扇区或硬盘分区表的操作都会使系统暂停并出现错误提示信息。默认情况下，该项设置处于 Disabled（关闭）状态。

4. Date（mm:dd:yy）

该项为快速自检控制项，设为 Enabled 时 POST 自检只对内存进行一遍检测，当设为 Dibabled 时则会检测三遍内存。

提 示

由于 POST 自检程序也较为完善，所以多数情况下没有检测三遍内存的必要，通常应将其设置为 Enabled 后加快计算机启动速度。

5. First/Second/Third Boot Device

这 3 个选项分别用于设置第一、第二和第三启动设备，其设置项包含 Hard Disk（从硬盘）、CDROM（从光驱）、Legacy LAN（从网络）和 Disabled（禁用）。

例如，当第一、第二启动设备依次为 Hard Disk 和 CDROM 时，计算机会首先尝试从硬盘引导操作系统，如果不成功便开始尝试从光驱引导操作系统。假如经过上述过程后计算机还未能引导至操作系统，计算机便会从第三启动设备尝试引导操作系统。

提 示

当第一、第二和第三启动设备中的任意两个或三个启动设备相同时，对于计算机来说没有任何意义，因为计算机无法从一个已经确认不能引导操作系统的设备内进行启动。

6. Boot Other Device

当计算机无法从用户指定的 3 种设备引导操作系统时，控制计算机是否尝试从其他设备进行启动。当设置为 Enabled 时，计算机会尝试通过所有已连接的设备进行启动，直到成功启动或确认无法启动为止。

7. Boot Up Floppy Seek

当设置 Enable 时，计算机启动时 BIOS 将对软驱进行寻道操作。

8. Boot Up Numlock Strtus

该选项用来设置小键盘的缺省状态。当设置为 ON 时，小键盘在系统启动后默认为数字状态；设为 OFF 时，小键盘在系统启动后默认为箭头状态。

9. Typematic Rate Setting

该项可选 Enable 和 Disable。当置为 Enable 时，如果按下键盘上的某个键不放，计算机会按照用户重复按下该键进行对待；当置为 Disable 时，如果按下键盘上的某个键不放，计算机会按照只按下该键一次进行对待。

10. Typematic Rate （Chars/Sec）

如果将 Typematic Rate Setting 选项置为 Enable，那么可以用此选项设定某一按键被持续按下一秒后，相当于重复按下该键的次数。

11. Typematic Delay （Msec）

将 Typematic Rate Setting 选项置为 Enable 后，可用此选项设定按下某一个按键时，延迟多长时间后开始视为重复键入该键。该项可选 250、500、750、1000 多个参数值，单位为毫秒。

12. Security Option

选择 System 时，每次开机启动时都会提示你输入密码，选择 Setup 时，仅在进入 BIOS 设置时会提示你输入密码。

13. APIC Mode

“APIC”是“Advanced Programmable Interrupt Controller（高级程序中断控制器）”的缩写。在 Windows 2000/XP 这样拥有 APIC 的操作系统下，它具有全部 23 个中断，而它的前任 PIC（程序中断控制器）只有 16 个中断。这是为了保证，即使在 PCI 插槽全部插满时，也不会出现中断短缺引起的冲突。

提 示

当系统中的设备较多时，开启 APIC 模式是个不错的选择。但要注意的是，一旦操作系统安装完成后，任何更改 APIC Mode 选项的设置都有可能造成计算机无法正常工作。

14. MPS Version Control For OS

MPS 是 Multi Processor Specification（多处理器规格）的缩写，这个设置只在系统中拥有两个或多个 CPU 时才有意义。目前，该规格只有 1.1 和 1.4 两个版本。在使用 Windows 2000 及以上操作系统时，建议将其参数值设为 1.4。

提 示

如果该项设置错误，则第二个 CPU 将被关闭，但不会对 CPU 本身造成任何影响。

15. OS Select For DRAM > 64MB

选择内存大于 64MB 的操作系统。此选项有两个参数值，当操作系统不是 OS/2 时应选择 Non-OS/2；而当操作系统是 OS/2，且内存大于 64MB 时则应选择 OS/2。

OS/2（Operating System/2）是由微软和 IBM 公司共同创造，后来由 IBM 单独开发的一套操作系统。

16. HDD S.M.A.R.T. Capability

SMART（Self-Monitoring, Analysis and Reporting Technology，自动监测、分析和报

告技术）是一种硬盘保护技术。将该选项设置为 Enabled 后能够实时监控硬盘的工作状态，报告应该可能会出现的问题隐患，从而有利于提高对硬盘的保护，以及提高系统的可靠性。

17. Report No FDD For Win95

该选项的功能是在 Win9x 操作系统内禁用软驱中断，并将其返还给操作系统。其实际效果是在计算机未配备软驱的情况下，消除 Win9x 操作系统内的软盘盘符。

提 示

在 BIOS 内将软驱设为 None 后，Win9x 操作系统仍旧会对软驱进行例行检测，因此会出现 Windows 启动时出现“假死”的状态。只有将 Report No FDD For Win95 设置为 Yes 后，才能解决这一问题。

11.3.4 高级芯片功能设定

高级芯片功能又称为 Advanced Chipset Features，该界面内的选项主要用于控制 CPU、内存等重要计算机配件的工作状态，是调整和优化计算机性能的必设项目之一，如图 11-11 所示。

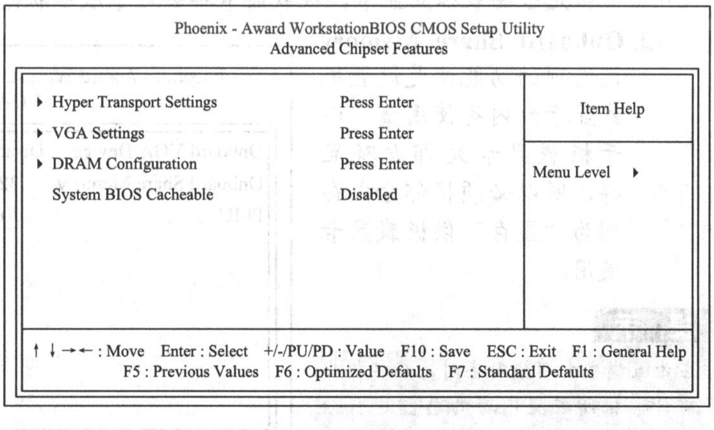

Phoenix - Award WorkstationBIOS CMOS Setup Utility
Advanced Chipset Features

▸ Hyper Transport Settings	Press Enter	Item Help
▸ VGA Settings	Press Enter	
▸ DRAM Configuration	Press Enter	Menu Level ▸
System BIOS Cacheable	Disabled	

↑↓→←: Move Enter : Select +/-/PU/PD : Value F10 : Save ESC : Exit F1 : General Help
F5 : Previous Values F6 : Optimized Defaults F7 : Standard Defaults

图 11-11 Advanced Chipset Features 选项

1. Hyper Transport Settings

Hyper Transport 是 AMD 公司提出的一项总线技术，现已全面应用于 AMD 平台的 CPU、芯片组之上。在 Hyper Transport Settings 设置界面中，我们可分别就 CPU 与主板、主板与北桥芯片的 HT 总线速度和位宽进行调整，从而优化系统性能，如图 11-12 所示。

其中，Hyper Transport Settings 中的各设置的具体含义，如下所述：

- **K8 <-> NB HT Speed** 用于调整 CPU 与主板之间的 HT 总线速度。例如，当 CPU 外频为 200MHz，K8 <-> NB HT Speed 为 × 5 时，其速度便是 1GHz。
- **K8 <-> NB HT Width** 用于调整 HT 总线的数据宽度，有↑8↓8、↑16↓16 和 Auto 三种参数值。当 HT 总线速度为 1GHz，数据位宽为双向 8bit（↑8↓8）模式时，其带宽计算方法为 1GHz × 2 × 2 × 8bit ÷ 8=4GB/s。

提 示

HT 总线的工作方式类似于 DDR，即能够在时序的上下沿分别传送数据，此外由于 HT 技术能够在一个总线内模拟出两个独立的数据链进行数据的双向传输，所以其工作频率相当于实际频率的 4 倍。

- ❑ **NB <-> SB HT Speed** 用于设置主板与北桥芯片间的HT总线速度，其速度越快，对计算机整体性能的提升效果越好。

2. VGA Settings

Phoenix - Award WorkstationBIOS CMOS Setup Utility Hyper Transport Settings		
K8 < - > NB HT Speed	Auto	Item Help
K8 < - > NB HT Width	Auto	
NB < - > SB HT Speed	Auto	Menu Level ▸▸
↑ ↓ →← : Move Enter : Select +/-/PU/PD : Value F10 : Save ESC : Exit F1 : General Help F5 : Previous Values F6 : Optimized Defaults F7 : Standard Defaults		

图 11-12 **Hyper Transport Settings** 选项

该选项组内的调整项全部与板载显卡有关，但根据主板及板载显卡的不同会略有差别，如图11-13所示。

其中，VGA Settings中的各选项的具体含义，如下所述：

- ❑ **Onboard VGA Device** 该选项共有Disable if plug VGA和Always Enable两个参数值。设置为前者时，当计算机安装独立显卡后，BIOS便会自动屏蔽板载显卡；设置为后者时，无论计算机是否安装独立显卡，板载显卡都会处于激活状态。
- ❑ **Onboard Share Memory** 该选项的功能便是设置板载显卡的内存使用量。由于板载显卡大都没有显存，所以必须将部分内存划为“显存”供板载显卡使用。

Phoenix - Award WorkstationBIOS CMOS Setup Utility VGA Settings		
Onboard VGA Device	Disable if plug VGA	Item Help
Onboard Share Memory	32M	
PMU	Auto	Menu Level ▸▸ Disable if plug VGA : When detect PCIE VGA card will disable onboard VGA .
↑ ↓ →← : Move Enter : Select +/-/PU/PD : Value F10 : Save ESC : Exit F1 : General Help F5 : Previous Values F6 : Optimized Defaults F7 : Standard Defaults		

图 11-13 **VGA Settings** 选项

提 示

在为板载显卡划分内存时，应根据当前计算机所配置内存的总量进行分配，切不可为板载显卡划分过多内存，导致剩余内存不足，影响系统运行速度。

- ❑ **PMU** 用于控制电源管理单元的开启与否，按照默认值将其设置为Enabled即可。

3. DRAM Configuration

该菜单项的名称为“存储器配置项”，其间的所有设置选项都与内存有关。通过调整DRAM Configuration选项的具体参数，可以实现降低内存延时、提升内存性能的目的，如图11-14所示。

在 DRAM Configuration 中，Auto Configuration 项用于确定内存从哪里获取工作参数。当设为 Auto 时，BIOS 从内存的 SPD 芯片内获取内存工作参数，而当设为 Manual 时，则由用户指定内存工作参数。

```
Phoenix - Award WorkstationBIOS CMOS Setup Utility
DRAM Configuration

Auto Configuration                      Auto          Item Help
DRAM CAS Latency                        Auto
Min RAS# active time ( Tras )           Auto          Menu Level  ▸▸
Row precharge Time ( Trp )              Auto          Auto : control by
RAS# to CAS# delay ( Trcd )             Auto          SPD .
DRAW Bank Interleaving                  Enabled       Manual : control
Memory Hole Remapping                   Enabled       by user .
Bottom of UMA DRAM [ 31:24 ]            FC
Dram command rate                       2T ( Default )

↑ ↓ →← : Move   Enter : Select   +/-/PU/PD : Value   F10 :
Save   ESC : Exit   F1 : General Help   F5 : Previous Values
F6 : Optimized Defaults   F7 : Standard Defaults
```

图 11-14　DRAM Configuration 选项

当 Auto Configuration 项的参数值被设置为 Manual 时，DRAM CAS Latency、Min RAS# active time（Tras）、Row precharge Time（Trp）和 RAS# to CAS# delay（Trcd）这四项都将被激活，其功能是分别设置内存的行地址控制器延迟时间、列地址控制器预充电时间、行地址控制器预充电时间和列地址至行地址延迟时间。在内存能够稳定工作的基础上，这 4 个选项的参数值越小，内存的性能越好。

- **DRAW Bank Interleaving**　用于控制 Bank Interleaving 功能的开启与否。当参数设为 Enabled 时，系统能够同时对内存 Bank 做寻址，因此能够提高系统性能。
- **Memory Hole Remapping**　用于控制是否开启内存黑洞机制，默认将其设置为 Enabled 即可。
- **Bottom of UMA DRAM [31:24]**　用于设定底层内存，默认将其设置为 TC 即可。
- **Dram command rate**　用于控制内存的首命令延迟，即内存在接收到 CPU 指令后，延迟多少个时钟周期后才能真正开始工作。理论上，该参数值越短越好，但随着主板上内存模组的增多，控制芯片组的负载也会随之增加，过短的命令间隔可能会影响稳定性，因此通常按照默认参数将其设置为 2T 即可。

4. System BIOS Cacheable

该选项用于确定是否将 BIOS 映射在内存中，以便提高系统在进行某些需要运行 BIOS 操作时的速度。理论上来说，将 BIOS 映射至内存中可以提高部分操作的效率，但对于目前计算机的性能而言，其效率提升微乎其微，因此是否开启该功能都不会对系统性能产生多大的影响。

11.3.5　集成外部设备设定

集成外部设备选项又称为 Integrated Peripherals 选项，该菜单内的选项主要用于控制主板上的 USB 接口、IDE/SATA 接口、集成网卡等设备，此外在板载设备与独立安装的板卡设备产生某些冲突时，也可通过调整该菜单内的某些选项来解决问题，如图 11-15 所示。

Integrated Peripherals 中各选项的具体含义，如下所述：

❑ **IDE Function Setup** 此项用于调整IDE端口设置，在选择该项并按下Enter键后，即可在弹出界面内进行激活IDE通道等操作。

❑ **RAID Config** 当用户准备利用多块硬盘组装磁盘阵列时，便需要在该选项内调整磁盘阵列的各项参数。如果计算机内只有一块硬盘，则无须调整该项。

❑ **OnChip USB** 此选项用于控制USB接口所要执行的标准，默认设置为1.1+2.0，也就是即支持1.1标准的USB设备，也支持2.0标准的设备。

Phoenix - Award WorkstationBIOS CMOS Setup Utility
Integrated Peripherals

		Item Help
▸ IDE Function Setup	Press Enter	Menu Level ▸
▸ RAID Config	Press Enter	
OnChip USB	V1.1+V2.0	
USB Memory Type	SHADOW	
USB Keyboard/Storeage Supp	Disabled	
USB Mouse Support	Disabled	
HD Audio	Auto	
Auto Onboard Lan Control	Enabled	
IDE HDD Block Mode	Enabled	
POWER ON Function	Button Only	
KB Power On Password	Enter	
Hot Key Power On	Ctrl+F1	
Onboard FDC Controller	Enabled	
Onboard Serial Port 1	3F8/IRQ4	
Onboard IR Port	Disabled	
UART Mode Select	IRDA	
UR2 Duplex Mode	Half	
Onboard Paralled Port	378/IRQ7	
Paralled Port Mode	SPP	
ECP Mode Use DMA	6	

→←: Move Enter : Select +/-/PU/PD : Value F10 : Save ESC : Exit F1 : General Help
F5 : Previous Values F6 : Optimized Defaults F7 : Standard Defaults

图11-15 **Integrated Peripherals** 选项

❑ **USB Memory Type** 通过该项能够设置USB接口所识别USB设备的内存类型，默认设置为SHADOW。

❑ **USB Keyboard/Storeage/Mouse Supp** 此项用于设置USB键盘、USB存储设备、USB鼠标的支持情况。如果在不支持USB或者没有USB驱动的操作系统（如DOS）下使用USB键盘、存储器或鼠标，便需要将此项设置为Enabled。该项默认设置为Disabled。

❑ **HD Audio** 该项用于调整HD音效，按照默认参数将其设置为Auto即可。

❑ **Auto Onboard Lan Control** 此项用于对板载网卡的设置，当参数值为Enabled时将会启用板载网卡；而当将其设置为Disabled时则会禁用板载网卡。在安装独立网卡后如果总是出现未知问题，可尝试禁用板载网卡，并观察问题是否已经解决。

❑ **IDE HDD Block Mode** 该项用于设置IDE硬盘是否采用快速交换的模式来传输数据。如果将其关闭，则有时候将会出现IDE硬盘无法引导操作系统的问题。

❑ **POWER ON Function** 该项用来设置开机方式，共有Password和Button Only两个设置项。当设置为Password时，KB Power On Password设置项将被激活。在将KB Power On Password设置为Enter后，直接输入密码就能够打开计算机。如果将POWER ON Function设置为Button Only，则Hot Key Power On设置项将被激活，在设置相应的组合键后，用户便可利用组合键打开计算机。默认情况下，系统会将组合键设置为Ctrl+F1。

- ❑ **Onboard FDC Controller** 该选项用于启用或禁用软驱控制器，默认设置为Enabled，即开启软驱控制器。
- ❑ **Onboard Serial Port 1** 该项用于设置主板串口1的基本I/O端口地址和中断请求号。当设置为Auto时，BIOS将自动为其分配至适当的I/O端口地址。
- ❑ **Onboard IR Port** 此项用于启用或禁用板载的红外线端口，从而实现计算机与其他设备之间的红外线传输。
- ❑ **UART Mode Select** UART模式允许用户选择常规的红外线传输协议IRDA或ASKIR，IRDA协议能够提供115Kbps的红外传输速率；ASKIR协议提供57.6Kbps的红外线传输速率。
- ❑ **UR2 Duplex Mode** 该项用于设置红外线端口的工作模式，所提供的设置选项有Full和Half。Full为全双工工作模式，能够同步双向传送和接收数据；Half为半双工工作模式，能够异步双向传送和接收数据。
- ❑ **Onboard Paralled Port** 此项规定板载并行端口的基本I/O端口地址，设置为Auto时，BIOS将自动为其分配I/O端口地址。
- ❑ **Paralled Port Mode** 此项用来设置并行端口的工作模式，所提供的设置项共有SPP、EPP、ECP、ECP+EPP和Normal五种。其中，SPP指标准并行端口工作模式、EPP指增强并行端口工作模式、ECP指扩展性能端口工作模式、ECP+EPP为扩展性能端口+增强并行端口工作模式。
- ❑ **ECP Mode Use DMA** 在ECP模式下使用DMA通道，只有当用户选择ECP工作模式的板载并行端口时，才能够对该设置项进行设置。此时，用户可以在DMA通道3和1之间选择，默认设置为3。
- ❑ **Pwron After Pwr-Fail** 该项决定了计算机意外断电并来电后，计算机的状态。默认设置为Off，即意外断电并来电时，计算机处于关机状态。

11.3.6 电源管理设定

电源管理选项又称为Power Management Setup选项，在该界面中用户能够对系统的电源管理进行调整，如ACPI挂起模式、电源管理方式、硬盘电源关闭方式、软关机方法等，如图11-16所示。

Phoenix - Award WorkstationBIOS CMOS Setup Utility
Power Management Setup

ACPI Function	Enabled	Item Help
ACPI Suspend Type	S1 (POS)	
Power Management	User Define	Menu Level ▸
Video Off Method	DPMS	
HDD Power Down	Disabled	
HDD Down In Suspend	Disabled	
Soft - Off by PBTN	Instant - Off	
WOL (PME#) From Soft - Off	Disabled	
WOR (RI#) From Soft - Off	Disabled	
Power - On by Alarm	Disabled	
Day of Month Alarm	0	
Time (hh : mm : ss) Alarm	0 : 0 : 0	
ACPI XSDT Table	Disabled	
ACPI AWAY Mode	Disabled	
HPET Support	Enabled	
ACPI SRAT	Enabled	

↑↓→←: Move Enter : Select +/-/PU/PD : Value F10 : Save ESC : Exit F1 : General Help
F5 : Previous Values F6 : Optimized Defaults F7 : Standard Defaults

图11-16 **Power Management Setup 选项**

Power Management Setup中各选项的具体含义，如下所述：

- ❑ **ACPI Function** 该项用于开启或关闭ACPI（高级配置和电源管理

接口)功能,只有当BIOS和操作系统同时支持时才能正常工作,默认设置为Enabled。

- **ACPI Suspend Type** 该项用来设置ACPI功能的节电模式。S1(POS)是一种低能耗休眠模式,在该模式下不会存在系统上下文丢失的情况,原因是硬件(CPU或芯片组)维持着所有的系统上下文。而S3(STR)也是一种低能耗休眠模式,但在这种模式下还要对主要部件进行供电,如内存和可唤醒系统设备。在该模式中,系统上下文被保存在主内存中,一旦有“唤醒”事件发生,存储在内存中的这些信息将被用来恢复系统到以前状态。
- **Power Management** 该选项用于设置电源的节能模式。当被设置为Max Saving(最大省电管理)时,计算机会在停用10秒后进入省电模式;如果将其设置为Min Saving(最小省电管理),则会在计算机停用1小时后进入省电模式;如果设置为User Define(用户自定义),则由用户自行对电源的省电模式启发时间进行设置。
- **Video Off Method** 此项用来设置视频关闭方式,提供的设置选项有V/HYNC+Blank、Blank Screen和DPMS。其中,V/HYNC+Blank的作用是将屏幕变为空白并停止垂直和水平扫描;Blank Screen能够将屏幕变为空白;而DPMS则是通过BIOS来控制那些支持DPMS节电功能的显卡。
- **HDD Power Down** 该项用来开启或关闭硬盘电源节能模式计时器。在计算机开启的状态下,一旦系统停止读写硬盘,计时器便开始计时,并在超过一定时间后进入硬盘节能状态,直到CPU再次发出磁盘读写命令时,系统才会重新“唤醒”硬盘。
- **HDD Down In Suspend** 该项用来设置是否在挂起硬盘后切断其电源,默认设置为Disabled。
- **Soft-Off by PBTN** 通过此项用户能够设置软关机的方法,提供的设置选项为:Instant-Off(立即关闭计算机)、Delay 4 Sec(延迟4秒后关闭计算机)。默认设置为Instant-Off(立即关闭计算机)。
- **WOL(PME#)From Soft-Off** 为软关机网络唤醒设置,当设置为Enabled时,用户能够实现网络远程打开计算机,并在执行相关操作后,远程关闭计算机;如果设置为Disabled,则会禁用网络唤醒功能。
- **WOR(RI#)From Soft-Off** 为软关机Modem唤醒设置,当设置为Enabled且不切断Modem电源的情况下,只要给Modem所连接的电话打电话,便可唤醒计算机;当设置为Disabled时则会禁用Modem唤醒功能。
- **Power-On by Alarm** 该项用于设置系统的自动启动时间,在将其设置为Enabled后,便可对Day of Month Alarm(启动日期)项和Time(hh: mm: ss)(启动时间)项进行调整。
- **ACPI XSDT Table** 该设置项为电源管理XSDT列表项,默认设置为Disabled,但在装64位操作系统时需要将其设置为Enabled。
- **ACPI AWAY Mode** ACPI电源管理的离开模式,默认为Disabled关闭状态。
- **ACPI SRAT** 此设置项为ACPI静态资源关联表,该表提供了所有处理器和内存的结构。提供的设置选项有Disabled和Enabled,默认设置为Enabled。
- **HPET Support** 通过此项设置用户能够启用或禁用主板对HPET的支持。

提 示

HPET由Intel所制订,用于替代传统的8254(PIT)中断定时器与RTC的定时器,全称叫作高精度事件定时器。

11.3.7 杂项控制

杂项控制又称为Miscellaneous Control，如同其字面含义一样，Miscellaneous Control界面中的各项设置并没有具体针对某方面或某设备，而是将一些零散的设置项整合在一起，如图 11-17 所示。

Phoenix - Award WorkstationBIOS CMOS Setup Utility
Miscellaneous Control

CPU Spread Spectrum	Disabled	Item Help
PCIE Spread Spectrum	Disabled	
SATA Spread Spectrum	Disabled	Menu Level ▸
HT Spread Spectrum	Disabled	
Flash Write Protect	Enabled	
Reset Configuration Data	Disabled	
IRQ Resources	Press Enter	
PCI/VGA Palette Snoop	Disabled	
PCI Express relative items		
Maximum Payload Size	4096	

→← : Move　Enter : Select　+/-/PU/PD : Value　F10 : Save　ESC : Exit
F1 : General Help　F5 : Previous Values　F6 : Optimized Defaults　F7 : Standard Defaults

图 11-17　Miscellaneous Control 选项

其中，Miscellaneous Control中各选项的具体含义，如下所述：

- **CPU Spread Spectrum**　该选项用于确定是否允许用户对CPU进行扩频操作，通常该项为不可调整的未激活状态。
- **SATA Spread Spectrum**　该选项用于确定是否允许用户对 SATA 设备进行扩频操作，默认为 Disabled。
- **HT Spread Spectrum**　用于确定是否允许用户对 HT 总线进行扩频操作，默认为 Disabled。
- **PCIE Spread Spectrum**　用于确定是否允许用户对 PCIE 设备进行扩频操作，默认为 Disabled。
- **Flash Write Protect**　是否开启 BIOS 芯片的写保护控制，平常应将其设置为 Enabled，以免病毒或其他原因造成 BIOS 程序损坏。如果需要刷新 BIOS，则应将其设置为 Disabled，并在完成刷新后恢复为 Enabled。

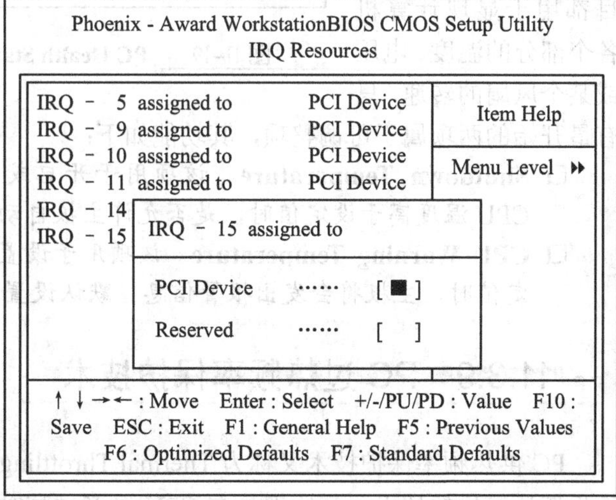

图 11-18　IRQ Resources 选项

- **Reset Configuration Date**　是否允许刷新配置信息，默认为 Enabled。该选项的作用在于，计算机在每次启动时都会对配置信息进行校验，如果该数据错误或硬件有所变动，便会对计算机进行检测，并将结果数据写入 BIOS 芯片进行保存。如果关闭此项功能，BIOS 将无法对计算机的配置信息进行更新。也就是说，即使用户已经更新了硬件，计算机仍然会按照更新前的配置信息来启动计算机，轻则无法使用或无法充分发挥新硬件的信息，严重时还会导致计算机故障。

- ❑ **PCI/VGA Palette Snoop** 该选项用于控制是否允许多种 VGA 设备利用不同视频设备调色板处理来自 CPU 的数据，建议将其设置为 Enabled，以提高硬件设备的兼容性。
- ❑ **Maximum Payload Size** 此项可让用户设置 PCI Express 设备的最大 TLP（传输层数据包）有效负载值，设定值有 128、256、512、1024、2048 和 4096。
- ❑ **IRQ Resources** IRQ（中断号）资源设置项，按 Enter 键进入该菜单的选项界面后，能够分别对 IRQ5、IRQ9、IRQ10、IRQ11、IRQ14 和 IRQ15 这 6 个中断号的分配进行设置，确定是将其分配给 PCI 设备，还是将其保留，如图 11-18 所示。

11.3.8 PC 安全状态设定

PC 安全状态又称为 PC Health Status，主要是对整个系统的温度、风扇转速、电压进行监控，此外还可调整计算机的自动安全防护设置，如超过一定温度后进行报警或关机，如图 11-19 所示。

Phoenix - Award WorkstationBIOS CMOS Setup Utility
PC Health Status

		Item Help
Shutdown Temperature	Disabled	Item Help
CPU Warning Temperature	Disabled	
Current System Temp	28°C / 82° F	Menu Level ▸
Current CPU Temperature	40°C / 104° F	
Current SYSFAN Speed	2934RPM	
Current CPUFAN Speed	3335RPM	
Vcore	1.33V	
VDIMM	1.07V	
1.2VMCP	1.27V	
+5V	5.05V	
5VDUAL	5.05V	
+12V	11.91V	

↑↓→←: Move Enter : Select +/-/PU/PD : Value F10 : Save ESC : Exit
F1 : General Help F5 : Previous Values F6 : Optimized Defaults F7 : Standard Defaults

图 11-19 PC Health Status

在 PC Health Status 界面中，绝大多数的项目都用于显现计算机各个部分的温度、电压或某个风扇的转速，只有最开始的两项属于可调整项，其功能如下：

- ❑ **Shutdown Temperature** 该项用于开启或关闭关机保护温度设置，也就是当 CPU 温度高于设定值时，是否允许主板自动切断计算机电源。
- ❑ **CPU Warning Temperature** 该项用于设置系统报警温度，当 CPU 温度高于设定值时，主板将会发出报警信息，默认设置为 Disabled 功能关闭状态。

11.3.9 PC 过热频率保护技术

PC 供热频率保护技术又称为 Thermal Throttling Options，这是一项防止因 CPU 过热而损坏计算机的技术，其原理是在 CPU 温度过高时自动降低 CPU 的运行频率，从而达到限制 CPU 温度的作用，如图 11-20 所示。

Thermal Throttling Options 中各选项的具体含义，如下所述：

- ❑ **CPU Thermal-Throttling** 该选项控制着 CPU 过热频率保护技术的开启与否，

默认为 Disabled。

- ❑ **CPU Thermal-Throttling Temp** 该项用于设定 CPU 的上限温度，从而以此来判定 CPU 温度是否过高，是否需要启动过热频率保护技术对 CPU 进行降温或其他保护操作。
- ❑ **CPU Thermal-Throttling Beep** 是否开启 CPU 过热频率保护的保警铃声，Disabled 为关闭，Enabled 为开启。
- ❑ **CPU Thermal-Throttling Duty** 该项用于确定降频幅度，以百分值来表现。理论上来说，降频幅度越大，降低 CPU 温度的效果越好；当降频幅度过小时，则对降低 CPU 温度的帮助较小。

Phoenix - Award WorkstationBIOS CMOS Setup Utility
Thermal Throttling Options

CPU Thermal-Throttling	Disabled	Item Help
CPU Thermal-Throttling Temp	85°C	
CPU Thermal-Throttling Beep	Enabled	Menu Level ▸
CPU Thermal-Throttling Duty	50.0%	

↑ ↓ → ← : Move Enter : Select +/-/PU/PD : Value F10 : Save ESC : Exit F1 : General Help F5 : Previous Values F6 : Optimized Defaults F7 : Standard Defaults

图 11-20 **Thermal Throttling Options** 选项

11.3.10 高级用户超频设置

高级用户超频又称为 Power User Overclock Settings，这是专门针对 CPU 超频用户而设定的核心硬件微调菜单，其内部含有 CPU 外频调整、电压调整、主板频率调整等多项内容，以便那些熟悉 CPU 超频技术的用户能够根据不同硬件配置来优化各项设置，从而实现更好的超频效果，如图 11-21 所示。主要选项如下。

Phoenix - Award WorkstationBIOS CMOS Setup Utility
Power User Overclock Settings

Current HOST Frequency is 200MHz		Item Help
CPU Clock at next boot is	200MHz	
Current DRAM Frequency is DDR533		Menu Level ▸
DRAM Clock at NEXT boot is	Auto	
CPU Vcore	Default ( )	
CPU Vcore 7- Shift	Normal (Default)	
NB Voltage	1.25V (Default)	
LDT Voltage	1.20V	
VRAM Output	1.90V (Default)	

↑ ↓ → ← : Move Enter : Select +/-/PU/PD : Value F10 : Save ESC : Exit F1 : General Help F5 : Previous Values F6 : Optimized Defaults F7 : Standard Defaults

图 11-21 **Power User Overclock Settings** 选项

- ❑ **CPU Clock at next boot is** 该选项用于调整 CPU 主频，按 Enter 键后，可以输入 200~400 的数值，保存并重启后 CPU 便会以指定主频运行，如图 11-22 所示。
- ❑ **DRAM Clock at NEXT boot is** 该选项用于调整内存模块的工作频率，在完成频率设置后，会在下次启动计算机时生效。
- ❑ **CPU Vcore** 此项用于调整 CPU 的核心电压，其电压设定越高，超频后的稳定性越好。不过，一旦电压设定超过 CPU 的限制数值，将造成计算机无法启动或损坏 CPU 等故障。

提 示

CPU 的电压越高，其发热量就越大。因此，在提高电压以便进行超频的同时，必须制定适当的散热方案，以免因温度过高而影响计算机的稳定性。

- **CPU Vcore 7-shift** 7 段式 CPU 核心电压调整选项，与 CPU Vcore 选项的功能相同，差别仅在于 CPU Vcore 7-shift 使用百分比进行调节而已。
- **NB Voltage** 该选项用于调节主板电压，在部分情况下提升主板电压能够提升超频的成功率。
- **LDT Voltage** 此选项用于调节 CPU 与 HT 总线之间的终结电压，是 AMD 平台主板所特有。在部分老型号的主板上，通过提高该电压值能够改善 CPU 超频时的主板瓶颈。

Phoenix - Award WorkstationBIOS CMOS Setup Utility
Power User Overclock Settings

Current HOST Frequency is 200MHz
CPU Clock at next boot is 200MHz
Current DRAM Frequency is DDR533
DRAM Clock at NEXT boot is Auto
CPU Vcore
CPU Vcore -
NB Voltage
LDT Voltage
VRAM Output
Item Help
Menu Level ▸▸
CPU Clock at next boot is
Min= 200
Max= 400
Key in a DEC number : [ ]
↑↓→←: Move Enter : Select +/-/PU/PD : Value F10 : Save ESC : Exit F1 : General Help F5 : Previous Values F6 : Optimized Defaults F7 : Standard Defaults

图 11-22 指定主频运行

提 示

由于 CPU 电压与北桥芯片的电压都是由 LDT 电压分压后得来的，所以不可过分提高 LDT 电压值，以免造成主板无法正常工作。

- **VRAM Output** 该字段允许用户设定 DDR 内存模块的电压，从而便于用户提高内存的工作频率。

11.3.11 BIOS 内其他设置项

在 Award BIOS 设置中，除了前面介绍过的常用设置外，还有载入安全默认值、载入优化默认值、设置管理员密码、设置用户密码设置，以及退出 Award BIOS 设置程序这些选择。主要选项如下。

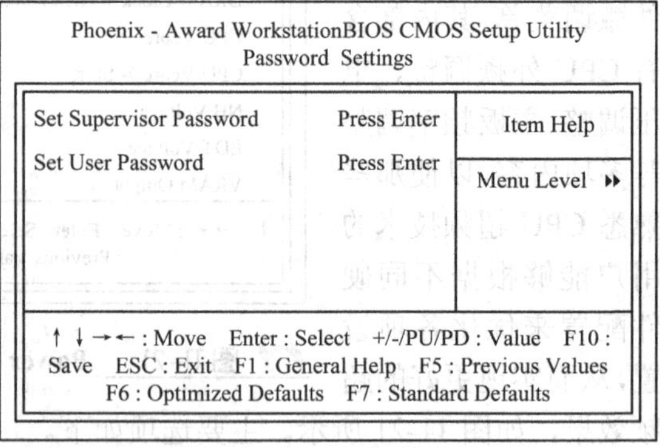

图 11-23 Password Settings 选项

- **Password Settings** 该选项用于设置普通用户密码和管理员密码，两者间的差别在于普通用户只能查看 BIOS 设置，而管理员却可对其进行修改，如图 11-23 所示。其中，Setup Supervisor Password 项用于设置管理员密码，而 Setup User Password 项用于设置普通用户密码。
- **Load Optimized Defaults** 载入主板制造商为优化主板性能而设置的默认值，选择该项后按下 Enter 键，并在按 Y 键后，再次按 Enter 键，即可将其载入 BIOS。
- **Load Standard Defaults** 当在设置 BIOS 参数后，计算机出现不稳定或其他异常情况下，可通过执行 Load Standard BIOS 命令载入 BIOS 默认设置，即可解决因 BIOS 设置错误而引起的计算机故障。

- **Save & Exit Setup** 保存并退出 BIOS 设置程序，功能是在保存用户对 BIOS 参数所进行的修改后，退出 BIOS 设置程序并重新启动计算机。
- **CPU Clock at next boot is** 当用户没有设置 BIOS 参数，或放弃对 BIOS 参数的修改时，则应选择该项，即采用不保存所修改 BIOS 参数的方式退出 BIOS 设置程序并重新启动计算机。

提 示

在 BIOS 设置程序中，直接按 Ctrl+Alt+Del 键，也可起到放弃修改直接退出 BIOS 设置程序的目的。

11.4 BIOS 常识

在设置 BIOS 程序时，难免会出现一些错误，如丢失 BIOS 密码、无法引导操作系统等。除此之外，还有一些硬件故障需要确定蜂鸣器发出的报警后才能进行排除。此时，便要求我们掌握一定的 BIOS 常识，以解决上述问题。

11.4.1 清除 BIOS 设置

当为计算机更换硬件或 CMOS 设置出现错误造成计算机无法启动时，便需要将 BIOS 中的设置恢复为原始信息。然后，由计算机重新测试并保存硬件信息。接下来，便将介绍清除 CMOS 设置的操作方法。

1. 取下 CMOS 电池

首先，关闭计算机后切断电源，用螺丝刀拧下机箱挡板的螺丝。打开机箱后，适当整理一下机箱内的连接线缆，以便让主板上的 CMOS 电池显露出来，如图 11-24 所示。

然后，在 CMOS 电池安装位置的侧面找到一个金属片，轻轻按下该金属片后即可弹出 CMOS 电池。

提 示

给 CMOS 放电的时间长短需要视计算机而定，通常需要 3 分钟左右，最少也需要 30 秒。

2. 跳线短接放电法

BIOS 芯片附近大都有一个 3 针的跳线插座，默认状态下跳线帽连接在标识为 Pin 1 和 Pin 2 的针脚上，即正常连接状态，如图 11-25 所示。要使用短接法恢复参数，必须先用镊子或其他工具将跳线帽从 Pin 1 和 Pin 2 的针脚上拔出，然后再将其套在标识为 Pin 2 和 Pin 3 的针脚上。经过短暂的接触后，再将跳线帽重新插回到 Pin 1 和 Pin 2 上，即可完成恢复 CMOS 默认参数的目的。

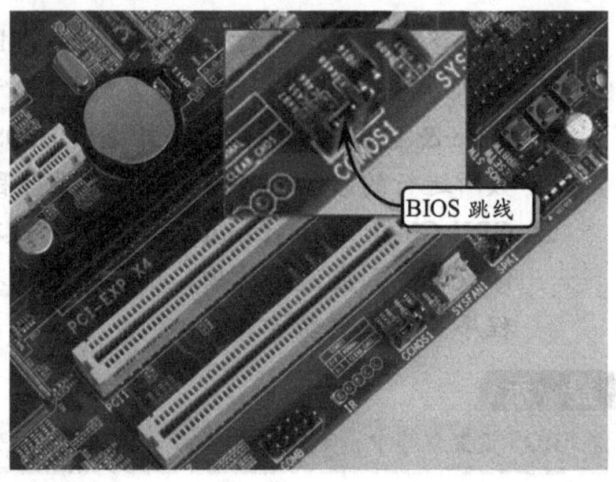

图 11-24 显示 CMOS 电池　　图 11-25 BIOS 跳线

11.4.2 BIOS 自己响铃的含义

在 POST 开机自检过程中，如果 BIOS 发现某一硬件出现故障或设置不符时，计算机便会发出响铃报警。由于不同的响铃代表不同的错误信息，所以只需了解这些信息的含义，便可轻松确认故障原因。下面就以较常见的 BIOS 为例，来介绍开机自检响铃代码的具体含义。

1. Award BIOS 的自检响铃及其意义

Award BIOS 常见自检响铃及其具体含义，如下所述：

- **1 短**　系统正常启动。
- **2 短**　常规错误，请进入 CMOS Setup，重新设置不正确的选项。
- **1 长 1 短**　RAM 或主板出错。换一条内存试试，若还是不行，只好更换主板。
- **1 长 2 短**　显卡错误，通常是由于显卡未插紧或损坏。
- **1 长 3 短**　键盘控制器错误，检查主板。
- **1 长 9 短**　主板 Flash RAM 或 EPROM 错误，BIOS 损坏。
- **不断地响（长声）**　内存条未插紧或损坏。重插内存条，若还是不行，只有更换一条内存。
- **不停地响**　电源、显示器未和显卡连接好，检查所有插头的连接状况。
- **重复短响**　电源问题。
- **无声音无显示**　电源问题。

2. AMI BIOS 的自检响铃及其意义

AMI BIOS 常见自检响铃及其具体含义，如下所述：

- **1 短**　内存刷新失败，更换内存条。
- **2 短**　内存 ECC 校验错误。在 CMOS Setup 中将内存关于 ECC 校验的选项设为 Disabled 即可以解决，不过最根本的解决办法还是更换一条内存。
- **3 短**　系统基本内存（第 1 个 64kB）检查失败，换内存。
- **4 短**　系统时钟出错。

- ❑ **5 短**　中央处理器（CPU）错误。
- ❑ **6 短**　键盘控制器错误。
- ❑ **7 短**　系统实模式错误，不能切换到保护模式。
- ❑ **8 短**　显示内存错误。显示内存有问题，更换显卡试试。
- ❑ **9 短**　ROM BIOS 检验和错误。
- ❑ **1 长 3 短**　内存错误，原因为内存损坏，应更换内存。
- ❑ **1 长 8 短**　显示测试错误，显卡未插紧或损坏。

3. Phoenix BIOS 的自检响铃及其意义

Phoenix BIOS 常见自检响铃及其具体含义，如下所述：

- ❑ **1 短**　系统启动正常。
- ❑ **1 短 1 短 1 短**　系统加电初始化失败。
- ❑ **1 短 1 短 2 短**　主板错误。
- ❑ **1 短 1 短 3 短**　CMOS 或电池失效。
- ❑ **1 短 1 短 4 短**　ROM BIOS 校验错误。
- ❑ **1 短 2 短 1 短**　系统时钟错误。
- ❑ **1 短 2 短 2 短**　DMA 初始化失败。
- ❑ **1 短 2 短 3 短**　DMA 页寄存器错误。
- ❑ **1 短 3 短 1 短**　RAM 刷新错误。
- ❑ **1 短 3 短 2 短**　基本内存错误。
- ❑ **1 短 4 短 1 短**　基本内存地址线错误。
- ❑ **1 短 4 短 2 短**　基本内存校验错误。
- ❑ **1 短 4 短 3 短**　EISA 时序器错误。
- ❑ **1 短 4 短 4 短**　EISA NMI 口错误。
- ❑ **2 短 1 短 1 短**　前 64K 基本内存错误。
- ❑ **3 短 1 短 1 短**　DMA 寄存器错误。
- ❑ **3 短 1 短 2 短**　主 DMA 寄存器错误。
- ❑ **3 短 1 短 3 短**　主中断处理寄存器错误。
- ❑ **3 短 1 短 4 短**　从中断处理寄存器错误。
- ❑ **3 短 2 短 4 短**　键盘控制器错误。
- ❑ **3 短 1 短 3 短**　主中断处理寄存器错误。
- ❑ **3 短 4 短 2 短**　显示错误。
- ❑ **3 短 4 短 3 短**　时钟错误。
- ❑ **4 短 2 短 2 短**　关机错误。
- ❑ **4 短 2 短 3 短**　A20 门错误。
- ❑ **4 短 2 短 4 短**　保护模式中断错误。
- ❑ **4 短 3 短 1 短**　内存错误。
- ❑ **4 短 3 短 3 短**　时钟 2 错误。
- ❑ **4 短 3 短 4 短**　时钟错误。
- ❑ **4 短 4 短 1 短**　串行口错误。
- ❑ **4 短 4 短 2 短**　并行口错误。
- ❑ **4 短 4 短 3 短**　数字协处理器错误。

11.5　升级 BIOS

随着计算机硬件的飞速发展，新的硬件技术会越来越多，此时主板厂商便会向用户发布 BIOS 升级程序，从而使一些旧型号的主板能够通过升级 BIOS 实现支持新硬件、新技术的目的。在本节中，将介绍升级主板 BIOS 的方法，以及 BIOS 升级前的准备工作和一些注意事项。

11.5.1　升级前的准备工作

在升级 BIOS 程序前需要做的准备工作主要有以下 4 项。

1. 更改 BIOS 的设置参数

为了在更新 BIOS 的过程中不会受到其他条件的干扰，应该关闭所有关于 BIOS 保护设定、病毒警告等方面的设置项，以保证更新操作的顺利进行。

提 示

在更新 BIOS 之前，最好能够将 BIOS 还原为默认设置，并关闭并不存在的硬件项，如软驱。

2. 更改 BIOS 的写保护跳线

目前许多主板厂商都在主板上加入了 BIOS 防写跳线，以防病毒破坏 BIOS 程序。因此，当更新 BIOS 之前必须确认这些跳线已经关闭，否则将影响更新操作的正常进行。

提 示

某些 BIOS 程序内含有 BIOS 防写设置，在更新前也应将其关闭。

3. 为计算机连接 UPS

在刷新 BIOS 的整个过程中，稍有电压不稳引起的机器关机、重启甚至死机，都会造成 BIOS 升级失败，严重时还会造成主板无法使用。因此，在刷新 BIOS 前最好能够为计算机配备一台 UPS，避免上述原因影响 BIOS 刷新。

4. 下载新的 BIOS 文件包及升级工具

目前获取最新 BIOS 文件包及升级工具的方法便是通过网络下载，例如在主板厂商的主页上下载适合自己主板的相应 BIOS 文件与刷新工具。

提 示

Award BIOS 的刷新工具为 Awdflash，AMI BIOS 的刷新工具为 Amiflash。此外，尽量不要使用非官方网站上提供的 BIOS 文件包与刷新工具，以防出现不完整或不兼容的问题。

11.5.2 升级注意事项

在 BIOS 升级时需要注意的事项，主要包括 BIOS 的版本、写入工具的版本、BIOS 文件包的兼容性三个方面。

1. BIOS 的版本

主板厂商的产品种类、型号繁多，部分产品即使同一型号也有多种不同的版本，而其中某些版本之间有可能是完全不兼容的。因此，在下载和刷新 BIOS 之前一定要确认当前主板所采用 BIOS 的版本号，以便选择那些能够与当前主板完全兼容的 BIOS 版本。

例如，可通过 CTBIOS、BIOS Wizard 等软件查看 BIOS 的版本号，如图 11-26 所示。

2. 写入工具的版本

BIOS 的写入工具往往会有许多版本，但在使用时并不是版本越高越好，相反老式主板使用老版本写入工具的升级效果会更好。其原因在于，高版本写入工具大都会加入较多的新型校验功能，但由于老式主板不完全支持或不能很好地支持这些功能，所以在刷新时可能会出现一些未知状况。

图 11-26　查看 BIOS 的版本

3. BIOS 文件包的兼容性

由于不同厂商的主板产品均有许多不同之处，所以不要因为两者所采用的芯片组或其他部件基本相同就轻易尝试不同厂商所提供的BIOS文件包。此外，当厂商为部分主板提供了两个或两个以上版本的 BIOS 文件包时，一定要选择与当前主板最适合的进行升级。

提　示

如果主板本身没有什么问题，或不是由于某些原因而必须升级 BIOS，则不推荐刷新 BIOS，更不应频繁刷新 BIOS。

11.5.3　备份并刷新 BIOS 文件

在经过前面充分的准备与了解后，接下来便可进行 BIOS 的升级操作，其方法如下：

在软驱内放入软盘后，将其格式化为空白磁盘，并在将 DOS（如 Io.sys、Msdos.sys、Command.com）系统文件传递至软盘中后，将 BIOS 升级文件包和刷新工具复制到软驱内。

使用软盘启动计算机，在 DOS 提示符下输入 BIOS 刷新工具的程序名称后（如 Awdflash），按下 Enter 键。在弹出的刷新工具界面中，输入所要更新的 BIOS 文件包名称（如 NBIOS.bin），如图 11-27 所示。

按下 Enter 键后，BIOS 刷新工具将弹出 Do You Want To Save Bios（Y/N）提示信息界面。选择 Y 后输入 BIOS 备份文件的名称（如 YBIOS.bin），如图 11-28 所示。

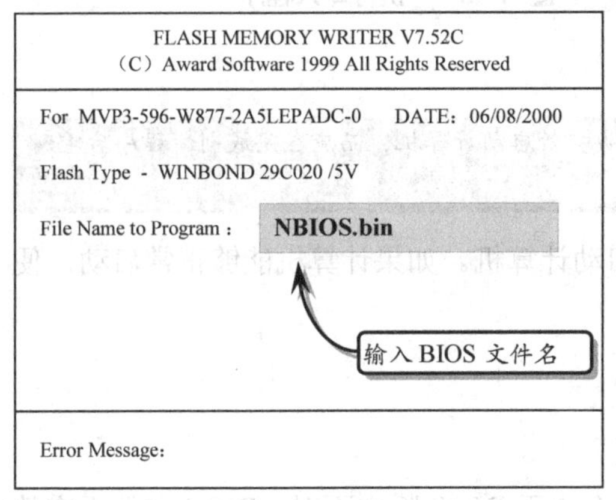

图 11-27　输入 BIOS 文件名

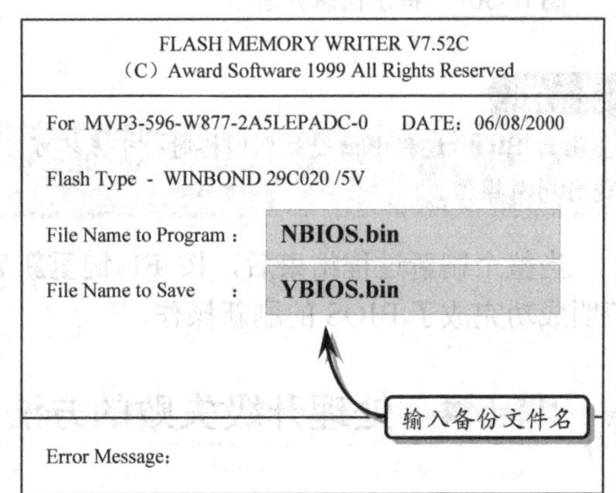

图 11-28　输入备份文件名称

再次按下 Enter 键后，Awdflash 将开始备份当前的 BIOS 文件，并在刷新工具界面内显示备份进度，如图 11-29 所示。

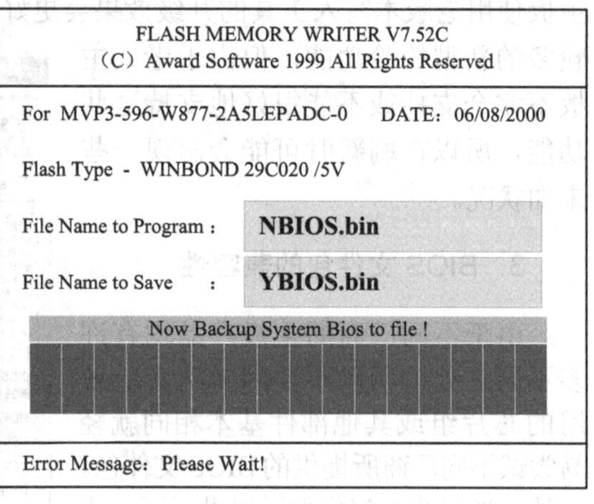

图 11-29　备份 BIOS 文件

提　示

在开始刷新前，BIOS 刷新程序会对新的 BIOS 文件包与主板进行校验，如果出现"The Program File's Part Number does not match with your system."（该 BIOS 文件包不符合主板使用）的提示信息，则应马上终止升级操作。

在原 BIOS 程序备份完成后，刷新程序将弹出带有 Are you sure to program (Y/N) 提示信息的界面，询问用户是否要开始刷新 BIOS，如图 11-30 所示。

选择 Y 后，刷新工具便会执行写入程度。此时，会有 3 种状态符号即时报告刷新情况，其中的白色网络为刷新完毕，蓝色网格为不需要刷新的内容，而红色网络则表示刷新错误，如图 11-31 所示。

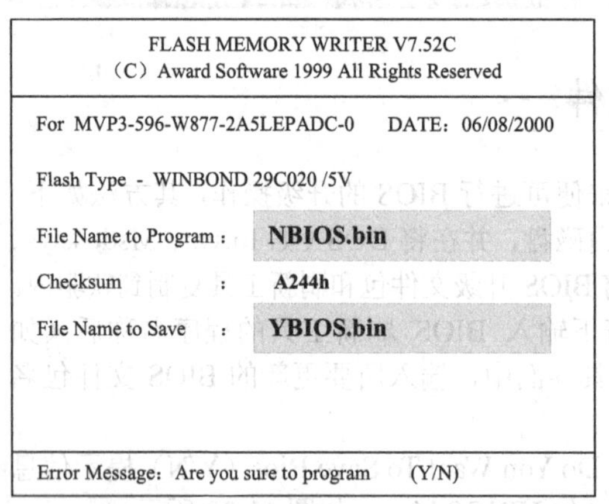

图 11-30　提示信息界面

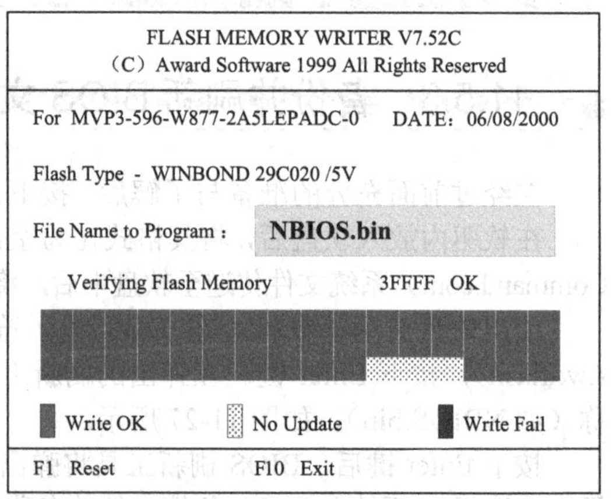

图 11-31　执行写入程序

提　示

当刷新 BIOS 过程中出现红色网格时，千万不可轻易重新启动计算机，而应在完成刷新程序后重新进行刷新操作。

当整个刷新过程结束后，按 F1 键重新启动计算机。如果计算机能够正常启动，便表明成功完成了 BIOS 的刷新操作。

11.5.4　处理升级失败的方法

升级 BIOS 是一种存在风险的操作，往往会由于 BIOS 版本不对、BIOS 文件不完整或本身存在错误，或者在升级过程中出现断电现象等原因而导致升级失败。此时，可使用以下方法进行补救处理。

1. 更换BIOS芯片及重写BIOS

这是最有效也是最简单的一种方法，用户可以向代理商或主板生产厂商寻求所需要的 BIOS 芯片，并用它替换损坏的芯片。此外，用户还可以将 BIOS 芯片拔下来，并到计算机市场上用专业设备重写 BIOS，然后再装回主板上即可。

2. 使用热插拔法恢复BIOS

找一台 BIOS 芯片和升级失败的 BIOS 芯片完全相同的计算机，并在将该计算机引导至 DOS 状态后，使用损坏的 BIOS 芯片换下其正常的 BIOS 芯片。然后，刷新 BIOS 程序，并将修复后的 BIOS 芯片安装至最初的主板，完成整个 BIOS 芯片的修复工作。

11.6 课堂练习：设置计算机启动密码

计算机安全一直是人们头痛的问题之一，于是各种能够“保障”计算机信息不被窃取的安全软件层出不穷。事实上，BIOS 便可以为我们的计算机设置第一道安全防线，使未经授权的使用者无法开启计算机，自然也就使得盗窃信息变为不可能的事情。

操作步骤

1 启动计算机后，按 F2 键进入 BIOS 设置程序，如图 11-32 所示。

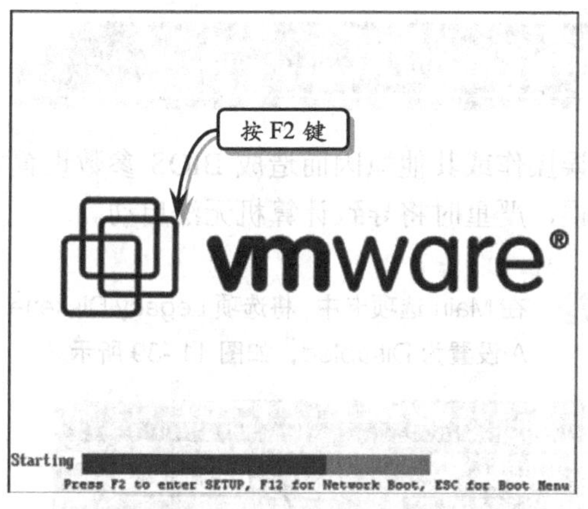

图 11-32 进入 BIOS

2 然后，在 Security 选项卡中，设置管理员密码，如图 11-33 所示。

3 选择 Set User Password 项后，为普通用户设置访问密码，如图 11-34 所示。

4 同时，将 Password on boot 选项设置为 Enabled，如图 11-35 所示。

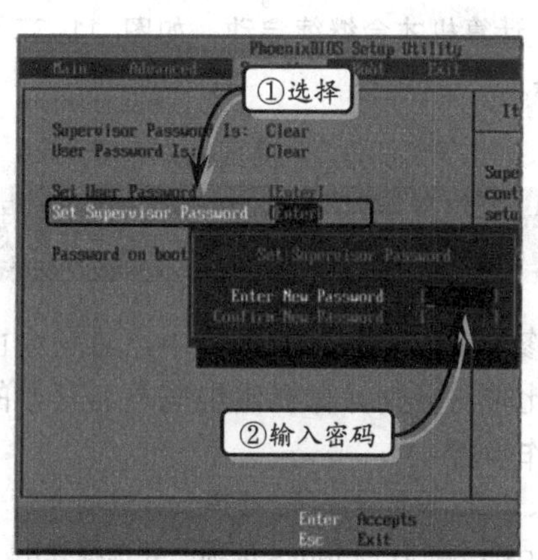

图 11-33 设置管理员密码

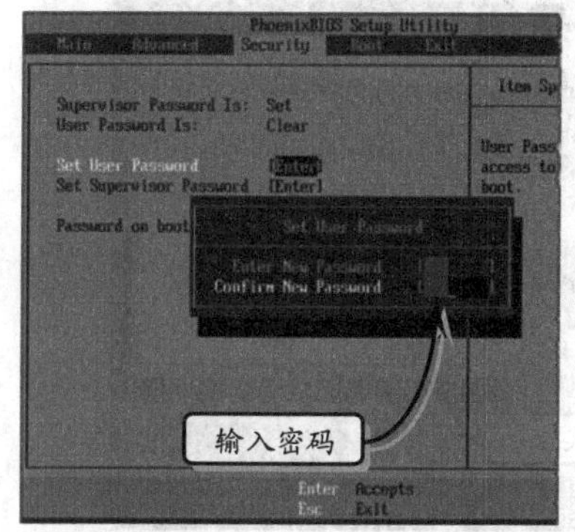

图 11-34 设置访问密码

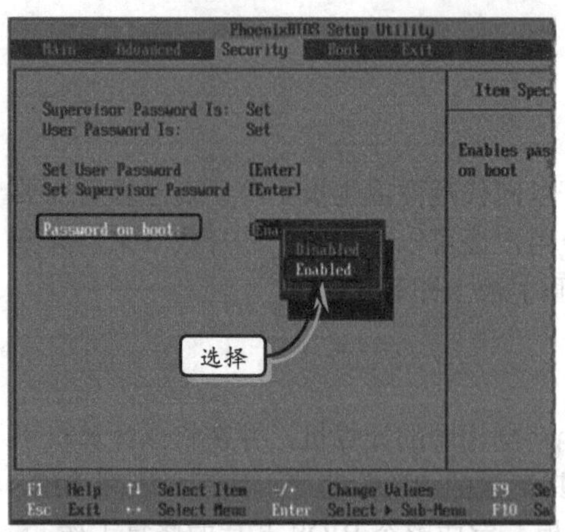

图 11-35　设置 Password on boot 选项

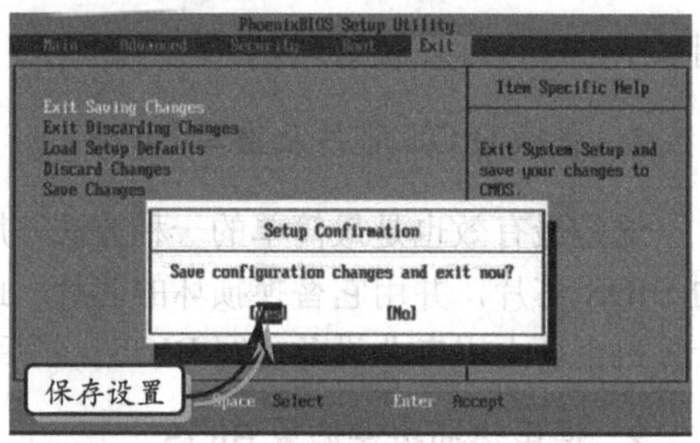

图 11-36　保存设置

5 在 Exit 选项卡中，选择 Exit Saving Changes 选项，并选择 YES 选项，系统将重新启动计算机，如图 11-36 所示。

6 计算机启动时，会暂停在一个密码输入界面内，此时只有在输入管理员或普通用户密码后，计算机才会继续启动，如图 11-37 所示。

图 11-37　输入启动密码

11.7　课堂练习：修复错误的 BIOS 设置

在修改 BIOS 参数的过程中，难免会由于误操作或其他原因而造成 BIOS 参数设置错误。此时，轻则计算机出现些莫名其妙的错误，严重时将导致计算机无法启动。

操作步骤

1 进入 BIOS 设置程序后，选择 Exit 选项卡内的 Load Setup Defaults 选项，并选择弹出提示信息内的 Yes 选项，如图 11-38 所示。

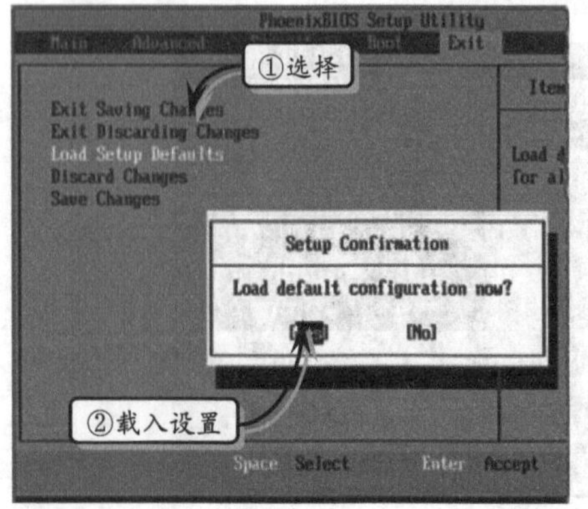

图 11-38　设置 Load Setup Defaults 选项

2 在 Main 选项卡中，将选项 Legacy Diskette A 设置为 Disabled，如图 11-39 所示。

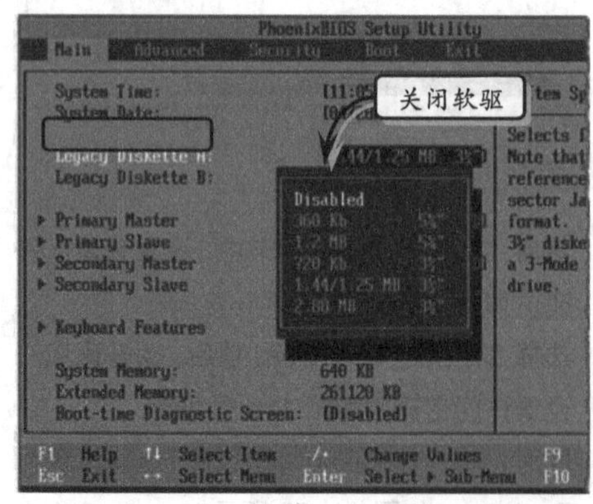

图 11-39　设置 Legacy Diskette A 选项

3 进入 Advanced 选项卡后，选择 I/O Device Configuration 选项，如图 11-40 所示。

4 将 I/O Device Configuration 选项界面内的 Floppy disk controller 选项设置为 Disabled，如图 11-41 所示。

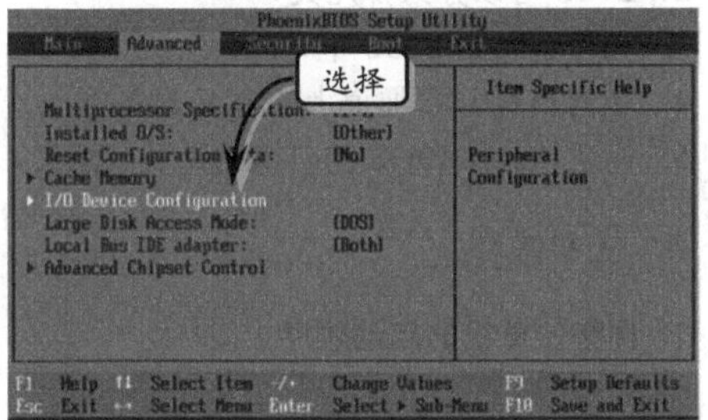

图 11-40 选择相应的选项

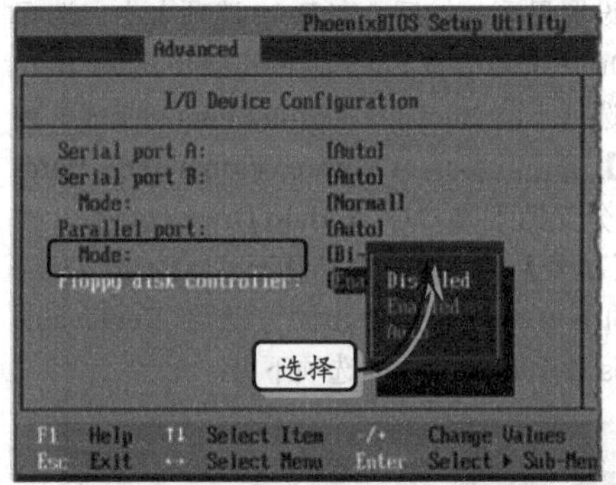

图 11-41 设置 Floppy disk controller 选项

5 进入 Boot 选项卡后，将 Hard Drive 设置为第 1 启动设备，如图 11-42 所示。

6 选择 Exit 选项卡内的 Exit Saving Changes 选项，并选择弹出信息内的 Yes 选项，如图 11-43 所示。

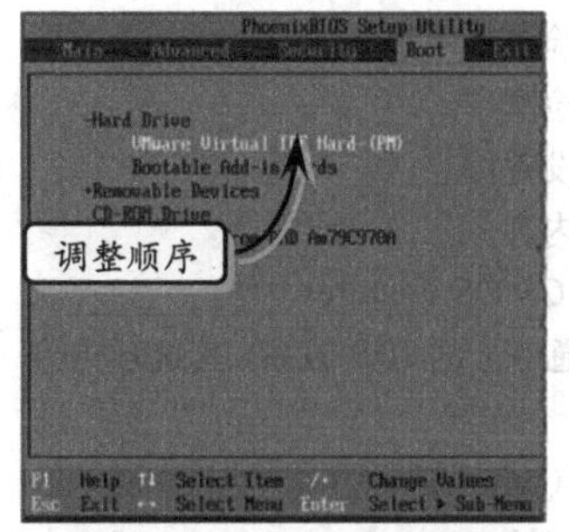

图 11-42 设置 Hard Drive 选项

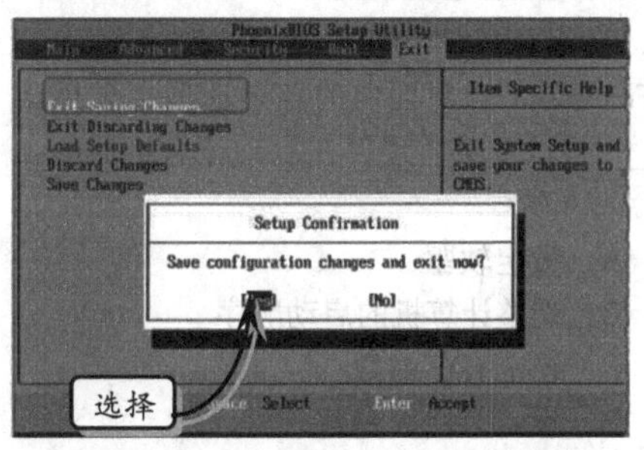

图 11-43 设置 Exit Saving Changes 选项

11.8 思考与练习

一、填空题

1．BIOS（Basic Input Output System，基本输入输出系统）全称应该是________，意思是只读存储器基本________。

2．主板 BIOS 芯片开始采用________（快速可擦可编程只读存储器）作为载体，优点是可通过主板跳线开关或专用软件对 Flash ROM 进行重写，从而实现对 BIOS 的升级。

3．BIOS 主要由自诊断程序、________、________、主要 I/O 设备的驱动程序和终端服务等信息组成，其功能分为自检及________、硬件中断处理和________三部分。

4．CMOS（Complementary Metal Oxide Semiconductor，互补金属氧化物半导体）则是指计算机主板上的一块________芯片，其功能是________，特点是必须依靠持续供应的电力才能够维持内部信息不会丢失。

5．台式计算机所使用 BIOS 程序根据制造厂商的不同分为________、________和 PHOENIX BIOS 三大类型，此外还有一些品牌机特有的 BIOS 程序，如 IBM 等。

6．标准 CMOS 功能设定全称为 Standard CMOS Features，主要用于________、________/SATA 设备的种类及参数，以便顺利启动计算机。

二、选择题

1. BIOS 是主板上一组固化在 ROM 芯片上的程序，保存着计算机的基本输入输出程序、________、开机上电自检程序和系统启动自举程序。

A．硬件检测

B．软件检测

C．系统设置信息

D．系统内存

2．Standard CMOS Features 中的________选项用于查看 IDE 通道上的 IDE 设备，其选项内容为设备名称。

A．Date（mm:dd:yy）

B．Time（hh:mm:ss）

C．IDE Channel 0/1 Master/Slave

D．SATA Channel 1/2

3．高级 BIOS 功能设定全称为 Advanced BIOS Features，该界面内的各个选项主要用于________，以及某些硬件在启动计算机后的工作状态。

A．设定软驱

B．调整计算机的启动顺序

C．设定 IDE 参数

D．设定 SATA 参数

4．高级芯片功能又称为 Advanced Chipset Features，该界面内的选项主要用于________、内存等重要计算机配件的工作状态，是调整和优化计算机性能的必设项目之一。

A．控制硬盘

B．控制 CPU

C．控制光驱

D．控制电源

5．集成外部设备选项又称为 Integrated Peripherals 选项，该菜单内的选项主要用于控制主板上的 USB 接口、IDE/SATA 接口、________等设备。

A．集成显卡

B．集成网卡

C．集成声卡

D．PIC 接口

6. 在________选项中可以设置 CPU 运行的主频值。

A．Standard CMOS Features

B．Advanced BIOS Features

C．Power User Overclock Settings

D．Advanced Chipset Features

三、问答题

1．简述 BIOS 的功能。

2．BIOS 可以分为哪几类？

3．如何进入到 BIOS 中？

4．如何查看 IDE 通道上的 IDE 设备？

5．简述 Award BIOS 的自检响铃及其意义。

四、上机练习

1. 调整计算机的启动顺序

在本练习中，将通过 BIOS 来调整计算机的启动顺序，使计算机在启动时先读写光盘，如图 11-44 所示。首先，启动计算机后，按 F2 键进入 BIOS 设置界面。然后，在 Boot 选项卡中，选择 Hard Drive 选项后按 Enter 键将其展开。选择 Hard Drive 选项下的 Bootable Add-in Cards 分支后，按【减号】键使其移至 VMware Virtual IDE Hard-（PM）分支的下方。）折叠 Hard Drive 选项后，按两次【减号】键，从而使其移至 CD-ROM Drive 选项的下方。然后，用相同方法将 Removable Devices 移至 Hard Drive 选项下方。

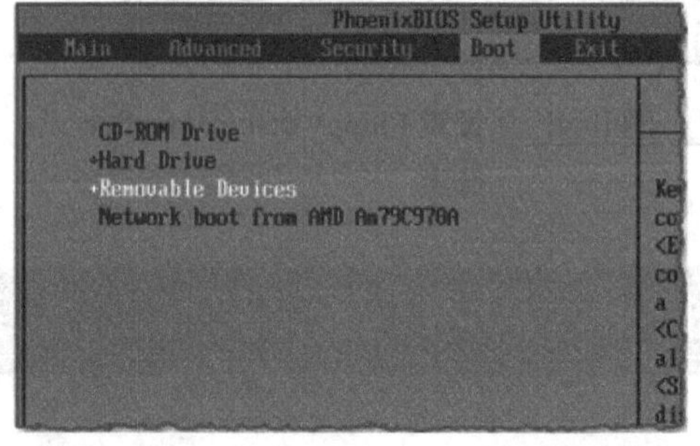

图 11-44　调整计算机的启动顺序

2. 关闭软驱控制器

在本实例中，将通过 BIOS 设置来解决因设置 BIOS 而导致的计算机启动时间过长的问题，如图 11-45 所示。在设置 BIOS 后启动计算机时间过长，此时计算机仍然能够启动，说明 BIOS 设置没有出太大的问题。首先，检查 BIOS 设置，发现软驱和软驱控制器都处于开启状态，故障分析结果为：BIOS 在检测根本不存在的软驱时时间消耗太多，从而造成计算机启动时间延长。然后，进入 BIOS 设置界面后关闭软驱、关闭软驱控制器，并保存退出即可。

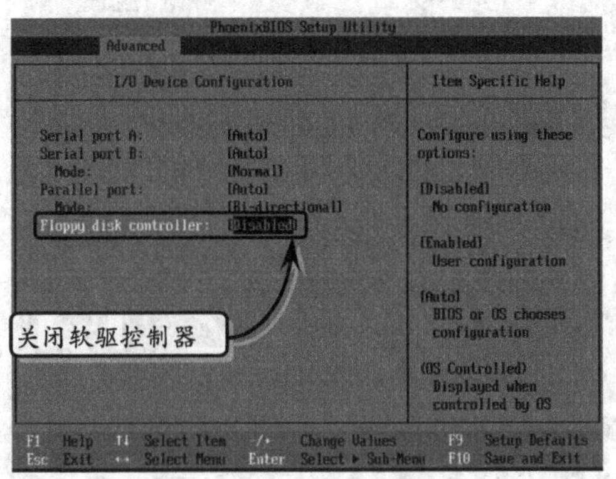

图 11-45 关闭软驱控制器

第 12 章

系统操作——安装和备份操作系统

操作系统是计算机的灵魂，是完成“人机对话”的重要步骤。目前，安装操作系统相对比较简单了，用户不需要过多地了解安装的详细步骤，通过 GHOST 方式只需一键操作即可完成。安装完操作系统之后，为了避免会因操作或者软件、硬件等问题损坏系统从而造成计算机无法运行的危险，还需要对操作系统进行应有的备份和恢复操作。在本章中，将详细介绍 Windows 操作系统的安装、备份和还原的操作方法，以帮助用户完全掌控计算机中的操作系统，以及整个计算机的运行状况。

本章学习内容：

- 安装 Windows 8 操作系统
- 安装驱动程序
- 备份和还原操作系统
- 备份和还原数据文件

12.1 安装 Windows 8 操作系统

Windows 8 是继 Windows 7 操作系统之后最新的 Windows 系列的操作系统，并且 Windows 8 操盘系统中增添了许多新的功能。在本小节中，将详细介绍 Windows 8 操作系统的基础知识，以及安装方法。

12.1.1 Windows 8 系统概述

在安装 Windows 8 操作系统之前，用户需要先来了解所安装的操作系统是否是自己所喜欢和需要的系统，该系统是否能满足工作、学习的需求，以及计算机硬件能否满足系统的需求等。

1. 了解 Windows 8 操作系统

全新的 Windows 8 将支持 Intel、AMD 和 ARM 架构。Windows 8 将拥有 Windows 8、Windows 8 Pro 和 Windows RT 三个版本。

- **Windows 8** 是面向用户的基础版产品，拥有 Windows 8 的基础功能，主要用于消费者的 PC 产品。
- **Windows 8 Pro** 是一个添加了加密、虚拟化、计算机管理工具和域的产品。同时，它还带有一个 Windows Media Center 应用。
- **Windows RT** 是一个工作在 ARM 平台下的独立版本，大量平板设备将会安装这款系统。虽然同样采用 Metro 界面，但它们的应用程序兼容性将面临很大考验。

2. 安装 Windows 8 操作系统的硬件要求

Windows 8 能够在支持 Windows 7 的相同硬件上平稳运行。但是，在安装之前，用户需要知道系统对硬盘的一些要求。

- **处理器** 1GHz 或更快，推荐 64 位双核以上等级处理器。
- **内存** 至少 1GB RAM（32 位）或 2 GB RAM（64 位），推荐超过 2GB 的内存。
- **硬盘空间** 至少 16GB（32 位）或 20GB（64 位），推荐 30GB 以上硬盘空间。
- **图形卡** Microsoft Direct X 9 图形设备或更高版本。
- 若要使用触控，需要支持多点触控的平板计算机或显示器。
- 若要访问 Windows 应用商店并下载和运行程序，需要有效的 Internet 连接及至少 1024 × 768 的屏幕分辨率；若要拖曳程序，需要至少 1366 × 768 的屏幕分辨率。
- 根据安装环境不同，可能需要配备 DVD-ROM 光驱或 U 盘，以便顺利完成安装。

3. 安装前的准备工作

Windows 8 系统比较庞大，安装文件已经超过 2.5GB，需要放在一张 DVD 光盘上发售或通过网络下载安装。

Windows 8 有多种安装方式，可以从旧的 Windows 7 升级安装而来，也可以全新安装 Windows8；既可以从光盘安装，也可以将光盘镜像解压到硬盘上然后从硬盘上安装。还可以写入 U 盘里，然后从 U 盘上安装。

12.1.2 从光盘安装 Windows 8 系统

当用户启动计算机时，将 Windows 8 安装光盘放入光驱中。并进入 BIOS 界面，设置指定计算机从光驱启动，重启计算机。或者，在计算机启动时，指定从光驱启动，如启动时按 F12 或 F9 键，选择 CD-ROM Drive 选项，并从光驱启动，如图 12-1 所示。

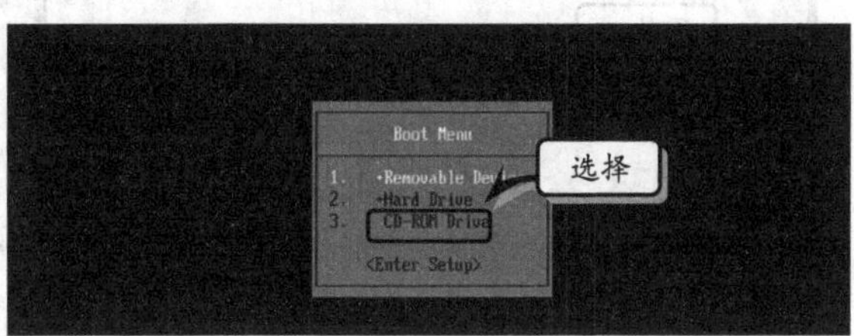

图 12-1 选择从光驱启动

此时，在界面中将提示“Press any

key to boot from CD or DVD…”等信息，并按任意键，从光盘上启动 Windows 8 的安装程序，如图 12-2 所示。

图 12-2 光盘启动信息

接下来，计算机从光盘上读取基本安装程序，稍等便弹出语言选择对话框，并直接单击【下一步】按钮即可，如图 12-3 所示。

此时将弹出安装系统界面，并在中间位置显示【现在安装】按钮。例如，在该对话框中，直接单击该按钮，如图 12-4 所示。

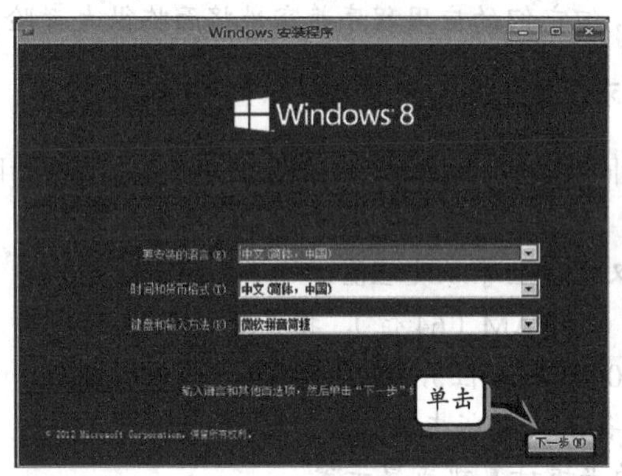

图 12-3 指定语言和货币选项

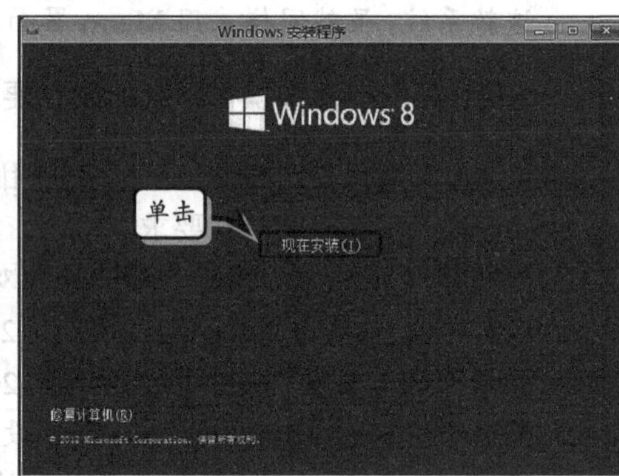

图 12-4 开始安装操作系统

提 示

如果是对安装过的 Windows 8 进行修复处理，则直接单击左下角的【修复计算机】选项即可。

在弹出的【输入产品密钥以激活 Windows】对话框中，用户可以输入 25 位产品密钥内容，并单击【下一步】按钮，如图 12-5 所示。

在弹出的【许可条款】对话框中将显示安装该程序的条款内容，并启用【我接受许可条款】复选框，并单击【下一步】按钮，如图 12-6 所示。

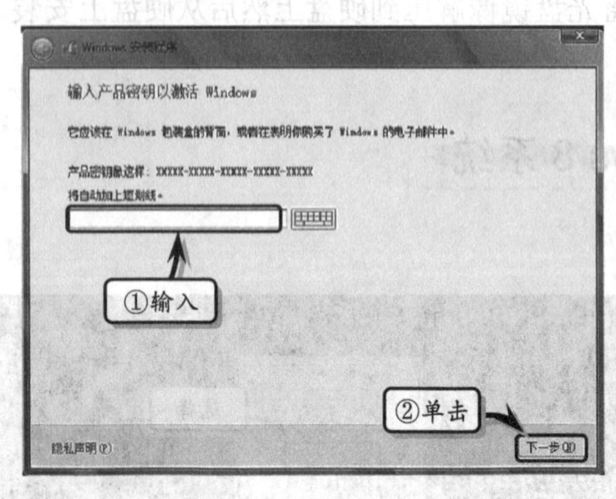

图 12-5 输入产品秘钥

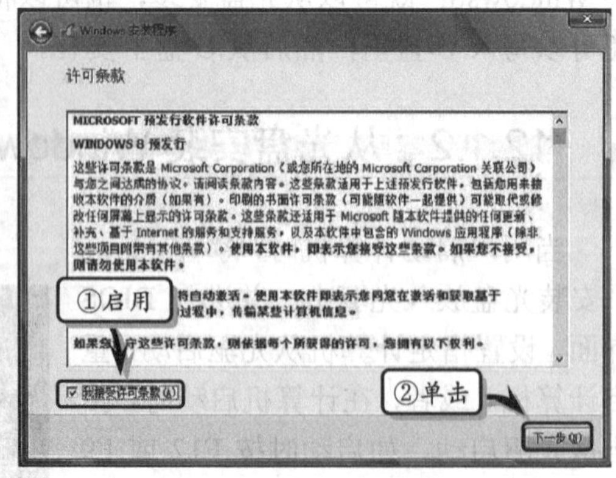

图 12-6 接受许可条款

接受条款后，将弹出【你想执行哪种类型的安装？】页面，并列出“升级”和“自定义”两种安装方式。此时，可以选择【自定义：仅安装 Windows（高级）】选项，并按 Enter 键，如图 12-7 所示。

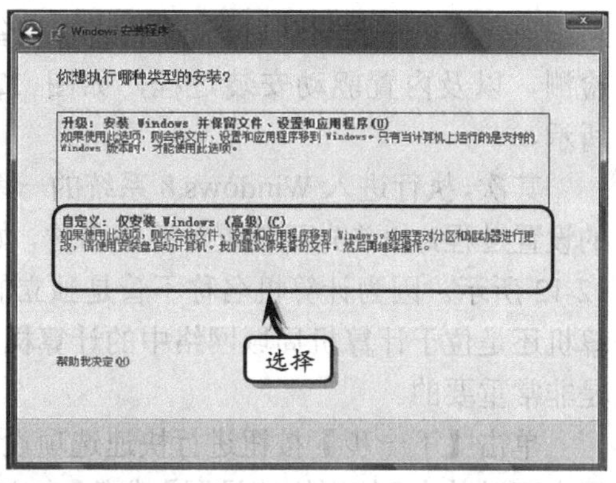

图 12-7 自定义全新安装

此时，如果用户还没有进行硬盘分区，将弹出【你想将 Windows 安装在哪里？】页面，并显示硬盘信息。此时，可以单击【新建（E）】按钮，根据自己需求对硬盘进行逻辑分区操作，如图 12-8 所示。分区过程中，系统会给出提示“Windows 可能要为系统文件创建额外的分区”信息，并单击【确定】按钮即可。

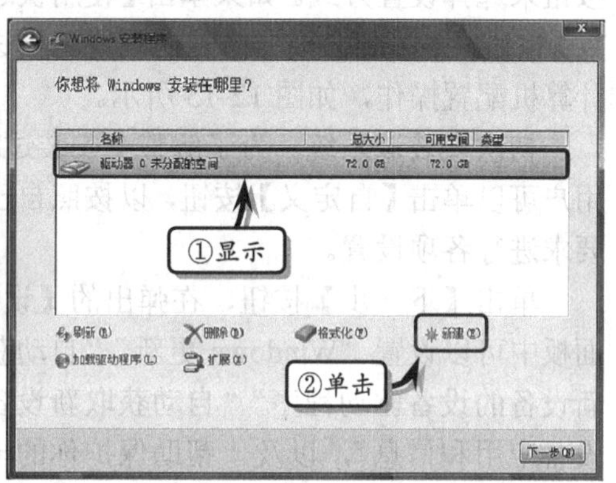

图 12-8 显示硬盘信息

提 示

Windows 独立出来的这一部分空间用来辅助安装过程顺利完成，同时保存引导启动项，这个保留的额外分区读取优先性高于 C：(启动盘)，也就是说如果计算机受到干扰无法进入到桌面，那么系统至少可以保留出一部分文件让计算机进入到另外的一个界面中，使用户可能进行系统还原等基本操作。

分区操作完成后，可以对分区进行格式化操作，以保证 Windows 8 的顺利安装。此时，依次选择各个分区后，并单击【格式化】按钮，完成硬盘的格式化。

同样，在格式化过程中，将弹出“此分区可能包含你的计算机制造商提供的重要文件或应用程序。如果格式化此分区，其中保存的所有数据都会丢失”提示信息，并单击【确定】按钮即可，如图 12-9 所示。

完成各个分区的格式化后，单击【下一步】按钮，进入文件复制与安装过程。用户只需耐心等待，系统依次完成“复制 Windows 文件”“准备要安装的文件”“安装功能”“安装更新”等操作，然后计算机将重新启动，如图 12-10 所示。

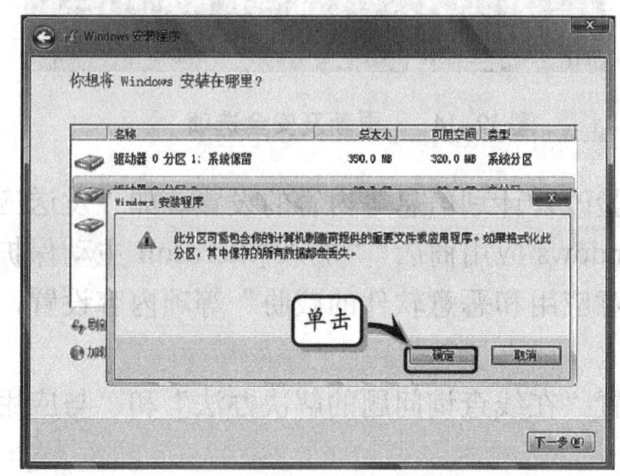

图 12-9 格式化磁盘分区警告

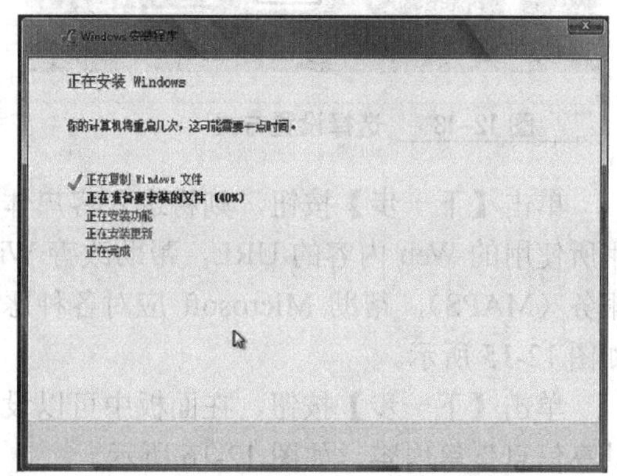

图 12-10 复制文件与基本安装

当计算机重新启动后，首先将进行设备的检测，以及内置驱动安装过程，如图 12-11 所示。

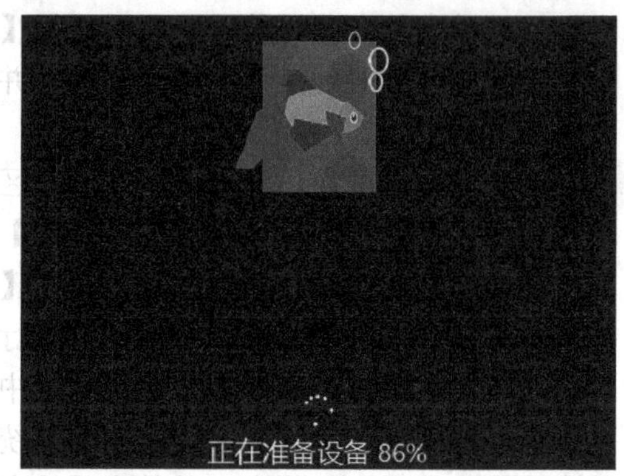

图 12-11　硬件检测与内置驱动安装

其次，执行进入 Windows 8 系统的一系列的设置过程，如首先要设置计算机名称，如图 12-12 所示。因为计算机名称不管是独立的计算机还是位于计算机局域网络中的计算机，都是非常重要的。

图 12-12　设置计算机名称

单击【下一步】按钮进行快速选项设置，用户可以单击【使用快速设置】或者【自定义】按钮来选择设置方式。如果单击【使用快速设置】按钮，则系统会根据内置的设置流程进行计算机配置操作，如图 12-13 所示。

初次安装该系统，为了解整个安装过程，用户可以单击【自定义】按钮，以按照自己的要求进行各项设置。

单击【下一步】按钮，在弹出的【设置】面板中可以设置“Windows 更新”“自动获取新设备的设备驱动程序”“自动获取新设备的设备应用和信息”，以及“帮助保护你的电脑免受不安全内容、文件和网站的威胁”等相关内容，如图 12-14 所示。

图 12-13　选择设置方式

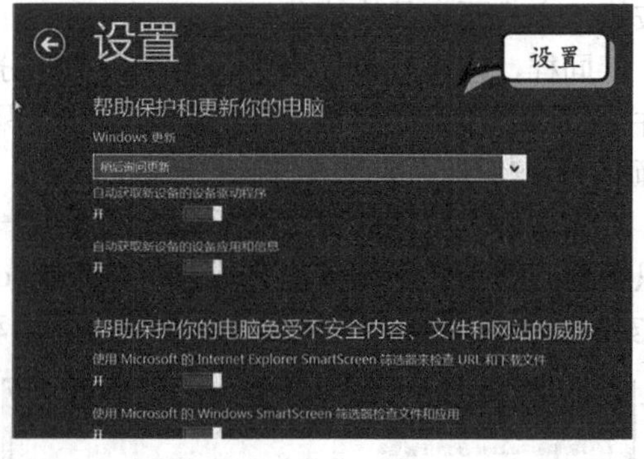

图 12-14　更新及安全选项

单击【下一步】按钮，则将进入客户体验改善计划信息等内容的设置，如“发送应用所使用的 Web 内容的 URL，帮助改善 Windows 应用商店”“加入 Microsoft 主动保护服务（MAPS），帮助 Microsoft 应对各种恶意应用和恶意软件的威胁”等项内容设置，如图 12-15 所示。

单击【下一步】按钮，在面板中可以设置“在线查询问题的解决办法”和“与应用共享信息”等内容，如图 12-16 所示。

单击【下一步】按钮，在【登录到电脑】面板中需要对用户输入“电子邮件地址”

等个人资料进行验证注册，以联络用户并帮助用户获得更多应用更新动态，如图 12-17 所示。

单击【下一步】按钮进行最后的整理，可能需要重启计算机。当计算机重新启动后，即可显示 Windows 8 操作系统的登录界面。然后，单击用户图标，并输入登录密码，即可见到 Windows 8 全新的 Metro 界面，如图 12-18 所示。

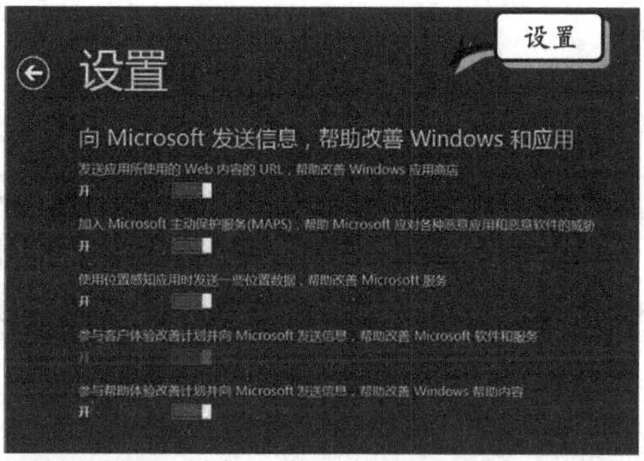

图 12-15　客户体验改善计划信息选项

提　示

如果使用触摸屏设备，可以用手指触击屏幕，然后输入密码即可登录系统，Metro 屏幕上铺满了矩形的程序图标，屏幕可以左右拖动以显示更多内容。

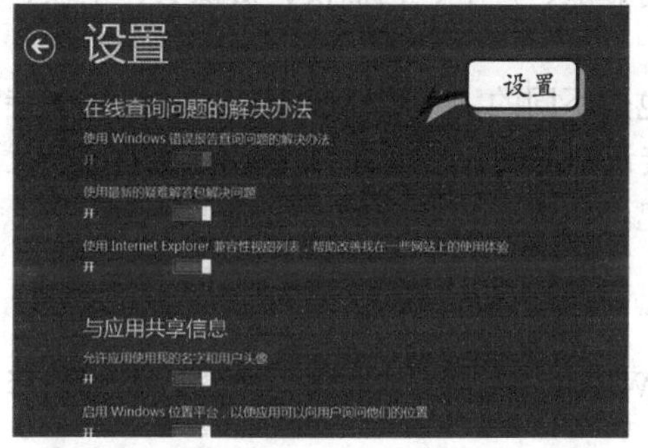

图 12-16　联网查询及应用分享选项

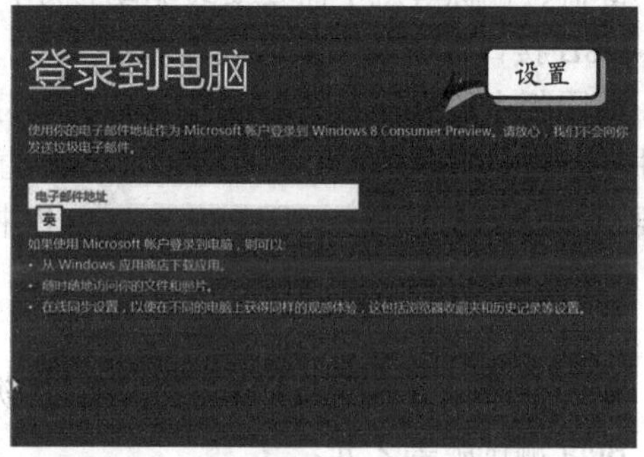

图 12-17　注册用户信息

拖动屏幕到【开始屏幕】分组，单击【显示桌面】图标，或者按 Ctrl+D 组合键，即可切换到 Windows 传统桌面状态，如图 12-19 所示。

图 12-18　Metro 界面

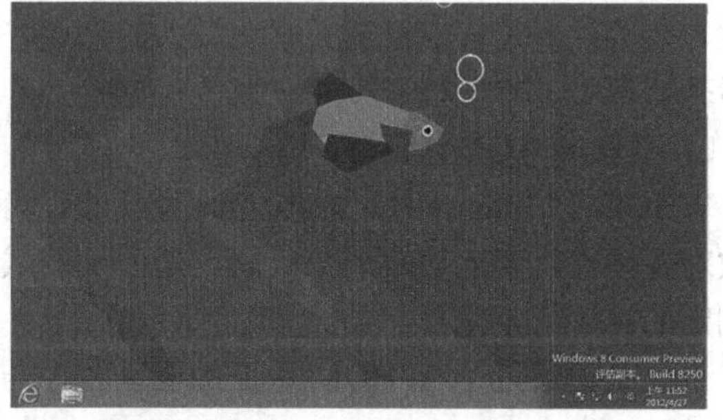

图 12-19　Windows 传统桌面

12.2　安装驱动程序

驱动程序是一段能够让操作系统与硬件设备进行通信的程序代码，是一种能够直接工作在硬件设备上的软件，其作用是辅助操作系统使用并管理硬件设备。

12.2.1 了解驱动程序

简单地说，驱动程序（Device Driver，全称为“设备驱动程序”）是硬件设备与操作系统之间的桥梁，由它将硬件本身的功能告诉操作系统，同时将标准的操作系统指令转化为硬件设备专用的特殊指令，从而帮助操作系统完成用户的各项任务。

1. 驱动程序概述

从理论上讲，计算机内所有的硬件设备都要在安装驱动程序后才能正常工作。因为驱动程序提供了硬件到操作系统的一个接口以及协调二者之间的关系，所以驱动程序有如此重要的作用。

不过，大多数情况下并不需要安装所有硬件设备的驱动程序，如硬盘、显示器、光驱、键盘、鼠标等就不需要安装驱动程序，而显卡、声卡、扫描仪、摄像头、主板、磁盘、USB 接口等就需要安装驱动程序。

不同版本的操作系统对硬件设备的支持也是不同的，一般情况下版本越高所支持的硬件设备也越多，如 Windows XP 中不能直接识别的硬件，而在 Windows 8 中可能就不需要额外安装驱动程序。因为 Windows 8 中已经集成了较新硬件的驱动程序。

2. 驱动程序的版本

驱动程序可以界定为官方正式版、微软 WHQL 认证版、第三方驱动、发烧友修改版、Beta 测试版等之分。

- **官方正式版**

该驱动是指按照芯片厂商的设计研发出来的，经过反复测试、修正，最终通过官方渠道发布出来的正式版驱动程序，又称“公版驱动”。

通常官方正式版的发布方式包括官方网站发布及硬件产品附带光盘这两种方式。稳定性、兼容性好是官方正式版驱动最大的亮点，同时也是区别于发烧友修改版与测试版的显著特征。

- **微软 WHQL 认证版**

WHQL（Windows Hardware Quality Labs，解释为“Windows 硬件质量实验室”）是微软对各硬件厂商驱动的一个认证，是为了测试驱动程序与操作系统的相容性及稳定性而制定的。

也就是说通过了 WHQL 认证的驱动程序与 Windows 系统基本上不存在兼容性的问题。

- **第三方驱动**

一般是指硬件产品 OEM 厂商发布的基于官方驱动优化而成的驱动程序。第三方驱动拥有稳定性、兼容性好，基于官方正式版驱动优化并比官方正式版拥有更加完善的功能和更加强劲的整体性能的特性。

对于品牌机用户来说，首选驱动是第三方驱动；对于组装机用户来说，官方正式版驱动仍是首选。

- **发烧友修改版**

该驱动最先是出现在显卡驱动上。发烧友修改版驱动是指经修改过的驱动程序，能够更大限度地发挥硬件的性能，但可能不能保证其兼容稳定性。

- **Beta 测试版**

该驱动是指处于测试阶段，还没有正式发布的驱动程序。这样的驱动往往存在稳定性不够、与系统的兼容性不够等 bug，但可以满足尝鲜猎新心理，尽早享用最新的设备和性能。

3．驱动程序的安装过程

安装驱动一般也有一个先后的顺序，这是为了保障驱动能够相互兼容。不按顺序安装很有可能导致某些软件安装失败，其安装的顺序如下所示。

第一步，安装操作系统。

首先应该装上操作系统，并对系统进行更新 Service Pack（SP）补丁。驱动程序直接面对的是操作系统与硬件，所以首先应该用 SP 补丁解决操作系统的兼容性问题。

第二步，安装主板驱动。

主板驱动主要用来开启主板芯片组内置功能及特性，主板驱动里一般是主板识别和管理硬盘的 SATA 驱动程序或一些接口驱动，如 PCI-E 驱动、USB 3.0 驱动等。

第三步，安装 DirectX 驱动。

DirectX（Direct eXtension，DX）是由微软公司创建的多媒体编程接口。由 C++编程语言实现，遵循 COM。目前，DirectX 的最新版本是 DirectX 11。

DirectX 加强 3D 图形和声音效果，并提供设计人员一个共同的硬件驱动标准，让游戏开发者不必为每一品牌的硬件写不同的驱动程序，也降低了用户安装及设置硬件的复杂度。

从字面意义上说，Direct 就是直接的意思，而后边的 X 则代表了很多的意思，从这一点上可以看出 DirectX 的出现就是为众多软件提供直接服务的。

第四步，这时再安装显卡、声卡、网卡、调制解调器等插在主板上的板卡类驱动。

第五步，最后就可以装打印机、扫描仪、读写机这些外设驱动。

这样的安装顺序就能使系统文件合理搭配，协同工作，充分发挥系统的整体性能。另外，显示器、键盘和鼠标等设备也是有专门的驱动程序的，特别是一些品牌比较好的产品。

12.2.2 获取驱动程序

要安装驱动程序，首先得要知道硬件的型号，只有这样才能对症下药，根据硬件型号来获取驱动程序，然后进行安装。假如所安装的硬件驱动程序与硬件型号不一致，硬件还是无法正常发挥其性能，或者所安装的驱动和硬件发生冲突，从而使得计算机无法正常运行。

1．识别硬件型号

识别硬件型号通常有以下几种途径。

❑ 查看硬件说明书

通过查看硬件的包装盒及说明书一般都能够查找到相应硬件型号的详细信息。这是一个最简单、快捷的方法。

❑ 观察硬件外观

在一些硬件的外观上通常会印有自己的型号，如主板的 PCB 板上。如果没有，通过查看硬件上的芯片也可以看出该产品的型号，如显卡的核心芯片、主板的北桥芯片等。

❑ 通过开机自检画面

通过开机自检画面同样可以看出硬件设备的型号。在开机时，计算机会自动检测各个硬件，然后显示出一些硬件信息，如电脑刚启动时显示的第一幅画面就包含有显卡的信息。

❑ 通过第三方软件检测识别

在用户的硬件说明书找不到的情况下还可以采用第三方软件检测的方法来识别。这是一个比较简单和准确的方法。

通常都有许多检测硬件的软件，如优化大师、超级兔子、EVEREST、HWINFO、Cpu-Z 等，这些软件的功能都非常的强大。

2．获取驱动程序

目前，用户可以通过以下几种途径获取驱动程序。

❑ 使用操作系统提供的驱动程序

操作系统本身附带了大量的通用驱动程序，用户在安装操作系统的过程中，安装程序会自动检测计算机内的硬件配置情况，并会在自带驱动库内找到相应驱动程序后自动进行安装。这便是在安装操作系统后很多硬件无须用户安装驱动程序也可直接使用的原因。

不过操作系统所附带的驱动程序毕竟数量有限，所以在系统附带的驱动程序无法满足用户需求时，便需要用户自己获取并安装驱动程序了。

❑ 使用硬件附带的驱动程序

一般来说，每个硬件设备生产商都会针对自己硬件设备的特点开发专门的驱动程序，并在销售硬件设备的同时免费提供给用户。这些由设备厂商直接开发的驱动程序大都具有较强的针对性，其性能无疑比 Windows 附带的通用驱动程序要高一些。

❑ 通过网络下载

随着网络的不断普及，硬件厂商开始将驱动程序放在 Internet 上供用户免费下载。与购买硬件时所赠送的驱动程序相比，Internet 上的驱动程序往往是最新的版本，其性能与稳定性大都较赠送的驱动程序要好。

因此，有条件的用户应经常下载这些最新版本的硬件驱动程序，以便在重新安装操作系统后能够迅速完成驱运程序的安装。特别值得一提的是，可以通过“驱动精灵”之类的专用工具进行驱动程序的下载与安装，简单方便。

12.2.3 安装驱动程序

根据提供驱动程序方式的不同，用户也需要采取不同的方式进行安装。一般来讲，主要有以下 3 种方式进行安装。

1. 通过可执行程序安装

该方法适用于驱动程序的源文件本身就是后缀名为“.exe”的可执行文件时。这就使得软件程序的安装步骤越来越趋于简单化、傻瓜化，驱动程序的安装也不例外。

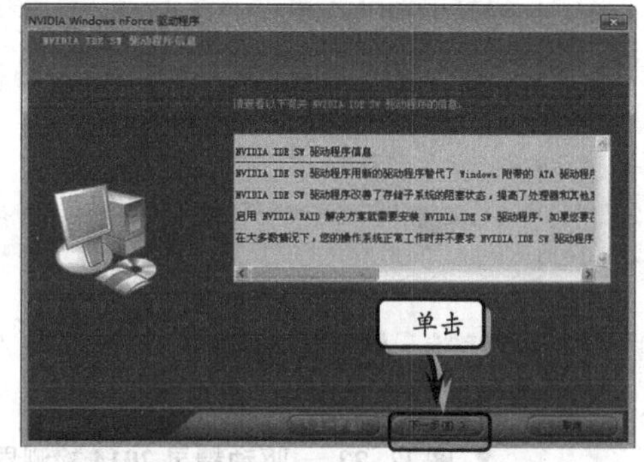

图 12-20 通过可执行程序安装

安装时，首先双击可执行程序，并在弹出的向导对话框中直接单击【下一步】按钮，直至在对话框中显示【完成】按钮，并单击该按钮即可完成驱动程序的安装。

如图 12-20 所示，即为 Windows 7 中的安装 NVIDIA 芯片主板驱动程序所弹出的安装向导对话框。

2. 获取驱动程序

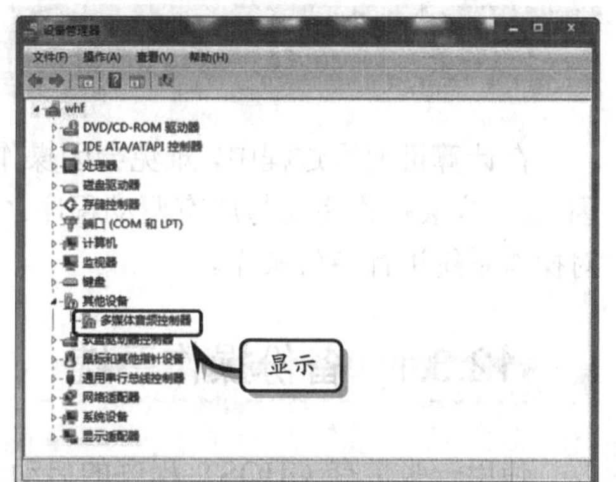

图 12-21 显示安装错误的设备

首先，在【设备管理器】窗口中找到驱动程序安装不正确的设备（其前面有一黄色小问号或感叹号图标），如图 12-21 所示。

右击该选项，并执行【更新驱动程序】或【安装驱动程序】命令。在弹出的【更新驱动程序软件】对话框的【浏览计算机上的驱动程序软件】面板中单击【浏览】按钮，指定系统寻找驱动的路径，并启用【包括子文件夹】复选框，如图 12-22 所示。

然后，单击【下一步】按钮，系统开始寻找驱动，一般这样即可顺利完成安装，只要操作系统内置了设备驱动程序。

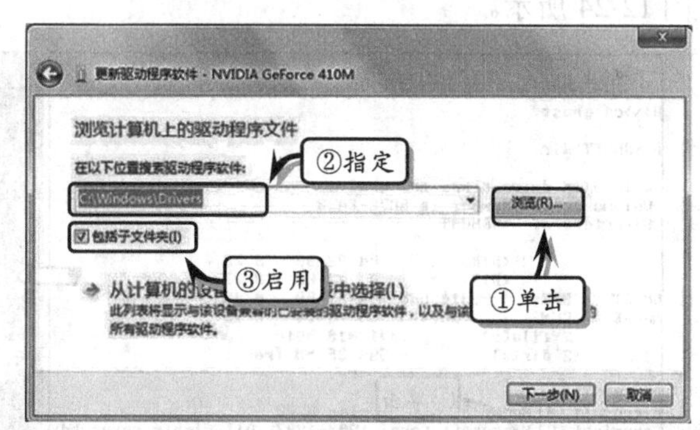

图 12-22 指定驱动路径

3. 获取驱动程序

通过“驱动精灵”之类的第三方软件进行硬件驱动检查与更新是最为方便快捷的驱动升级安装方式。安装并启动软件后，首先进行驱动程序的检查，如果发现新的驱动程序存在，或者某硬件没有安装驱动程序，它会以列表的形式将所有可选驱动列出来，并给出版本说明。此时，用户只需选择需要安装的驱动程序，单击其后的【安装】按钮，即可安装该驱动，如图 12-23 所示。

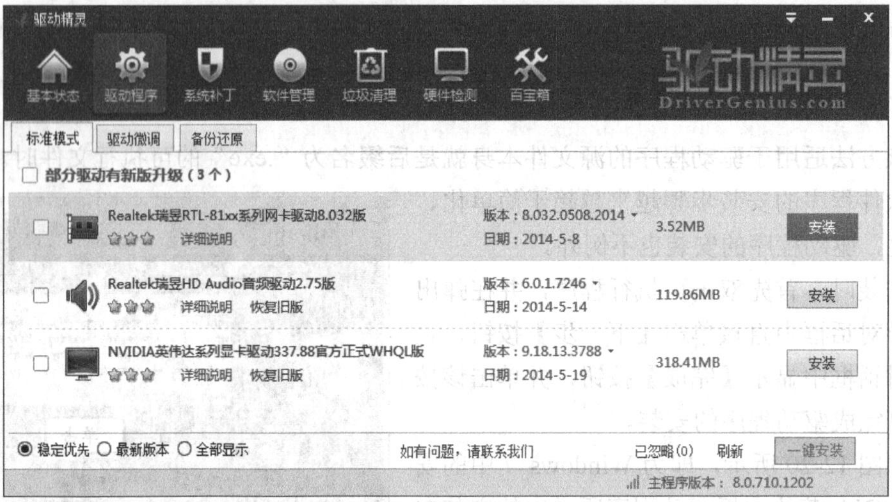

图 12-23　驱动精灵 2014 检测界面

12.3　备份和还原操作系统

在计算机使用过程中，难免会因操作或者软件、硬件等问题而造成操作系统的崩溃。因此，在安装操作系统与所有驱动程序之后，为了防止系统出现崩溃，还需要利用 GHOST 对操作系统进行备份操作。

12.3.1　备份操作系统

使用一张带有 GHOST 程序的启动光盘将计算机启动至 DOS 操作系统，并在进入 GHOST 程序所在目录后，输入 ghost。然后，在 GHOST 启动界面内单击 OK 按钮，如图 12-24 所示。

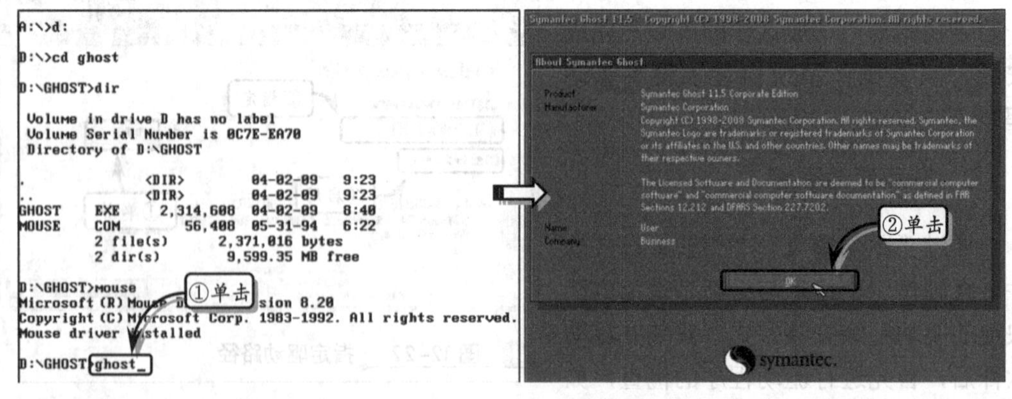

图 12-24　启动 GHOST 程序

执行 Local|Partition|To Image 命令，在弹出的选择源磁盘界面中，选择 Drive 1，并单击 OK 按钮，如图 12-25 所示。

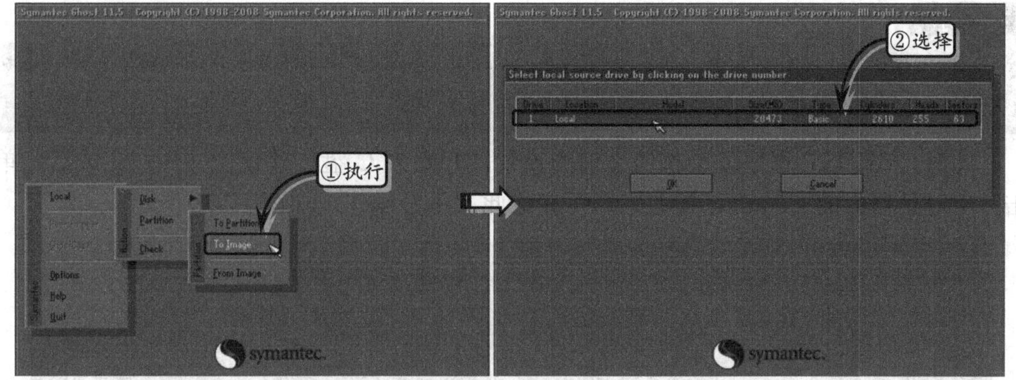

图 12-25 选择源磁盘

在接下来弹出的选择源分区界面中，选择 Part 编号为 1 的主 DOS 分区，并单击 OK 按钮。然后，在弹出的对话框中，设置镜像文件的名称，如图 12-26 所示。

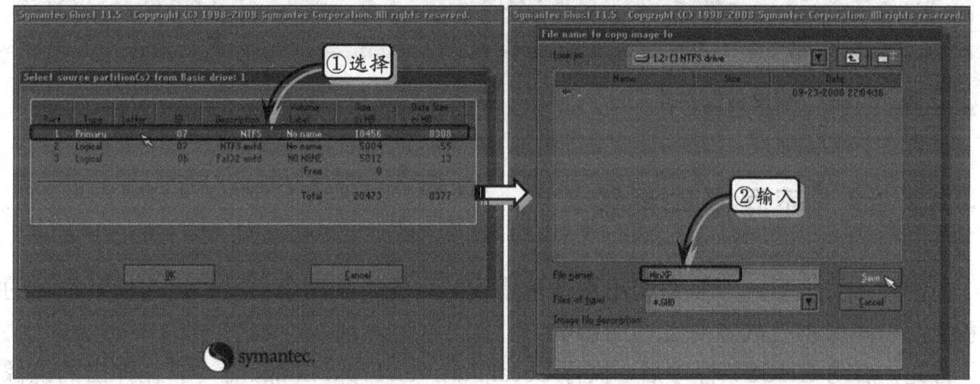

图 12-26 设置镜像文件

完成镜像文件名称的设置后，单击 Save 按钮，并单击弹出界面内的 Fast 按钮，使用快速压缩的方式来保存镜像文件。然后，在出现的确认操作对话框中，单击 Yes 按钮，如图 12-27 所示。

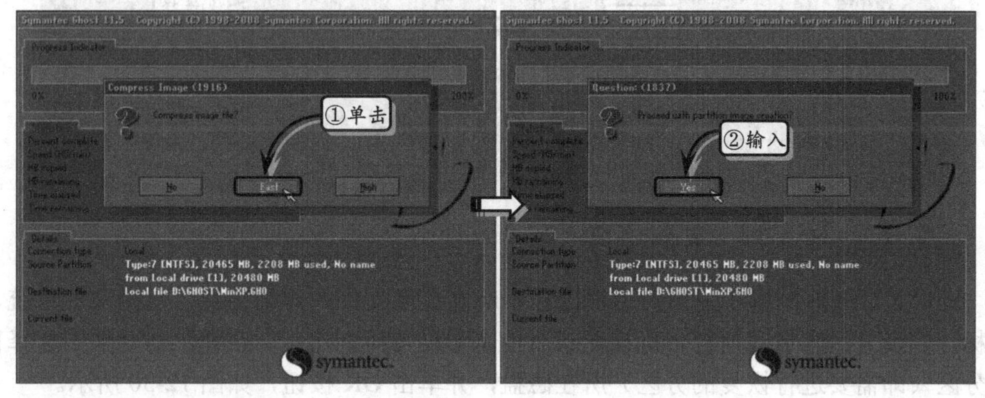

图 12-27 保存镜像文件

提　示

单击 Save 按钮，在弹出界面内中会出现 NO、Fast、High 选项，其中 NO 表示不压缩镜像文件，Fast 表示快速压缩镜像文件，而 High 则表示高比例压缩镜像文件。

此时，GHOST 程序便会按照之前的设置，开始为 C 盘创建镜像文件。完成后，单击弹出对话框内的 Continue 按钮，即可完成此次备份操作，如图 12-28 所示。

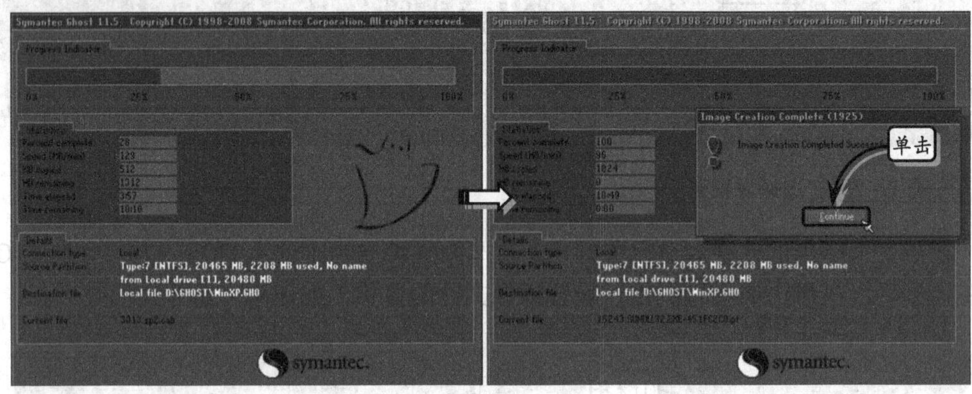

图 12-28　创建镜像文件

12.3.2　还原操作系统

在创建备份之后，一旦系统出现严重错误时，便可使用备份文件迅速恢复损坏的操作系统，以降低系统故障对工作的影响。

首先，启动 GHOST 程序后，执行 Local|Partition|From Image 命令，在弹出的镜像文件选择对话框中，选择 WinXP.GHO，并单击 Open 按钮，如图 12-29 所示。

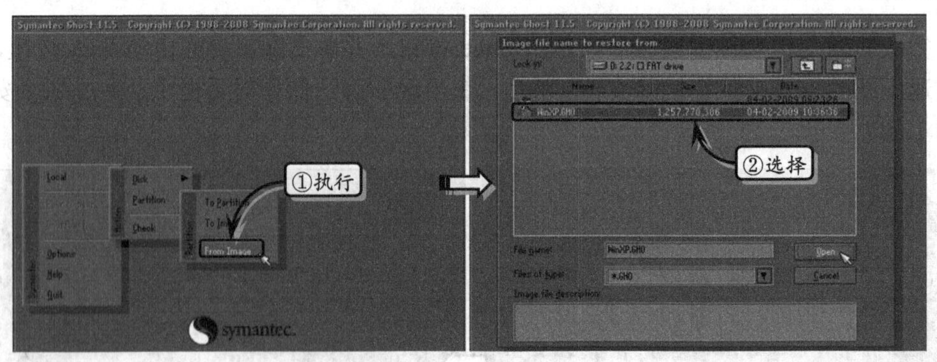

图 12-29　准备恢复操作系统

此时，GHOST 将在弹出对话框内显示所选镜像文件的详细信息，包括文件系统、卷标，以及分区容量等内容，确认无误后单击 OK 按钮。然后，在弹出对话框中选择目标分区（即需要进行恢复的分区）所在磁盘，并单击 OK 按钮，如图 12-30 所示。

选择目标磁盘后，在弹出的对话框内选择目标分区。单击该对话框内的 OK 按钮后，在弹出对话框内单击 Yes 按钮，确认恢复操作，如图 12-31 所示。

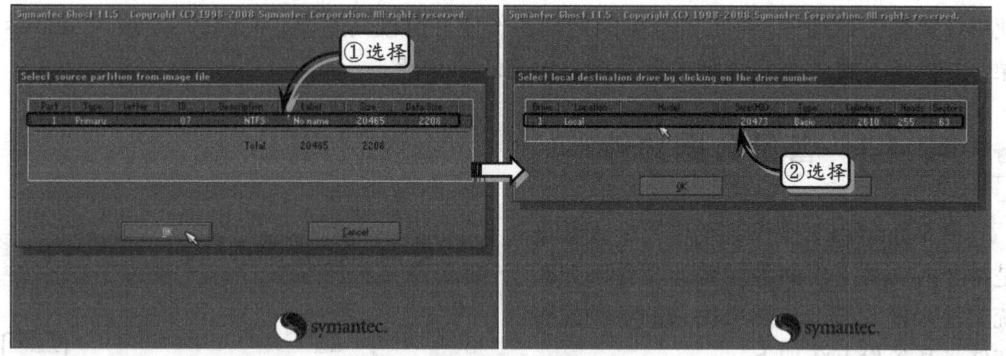

图 12-30　选择镜像文件和磁盘

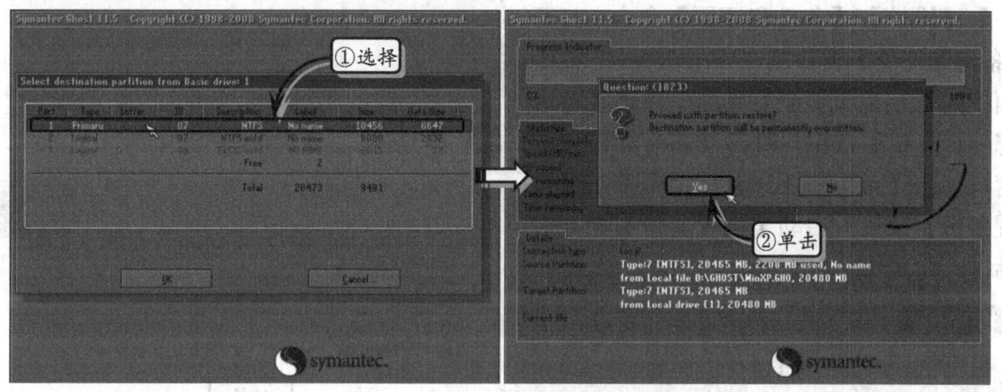

图 12-31　选择目标分区

完成上述操作后，GHOST 便开始从镜像文件内恢复操作系统。完成后，单击弹出对话框内的 Reset Computer 按钮，重新启动计算机后即可完成恢复操作，如图 12-32 所示。

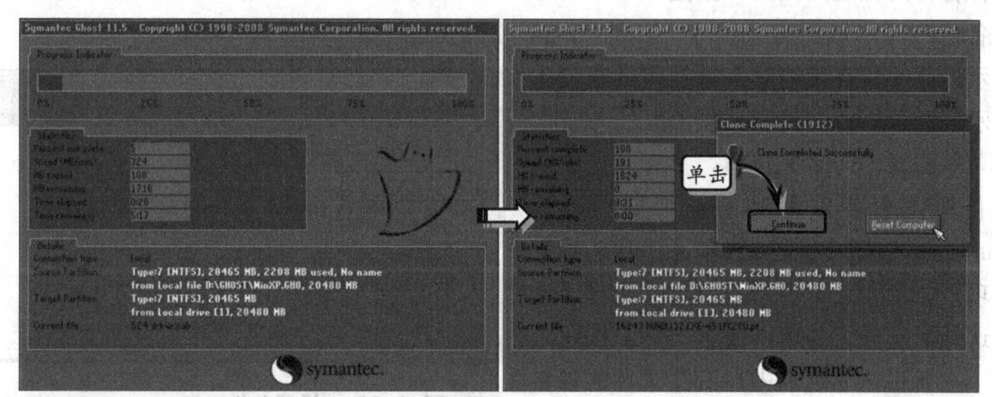

图 12-32　恢复操作系统

12.4　备份和还原数据文件

在计算机系统中，数据的重要性往往要大于硬件或应用程序的价值。因此，在日常使用计算机的过程中，对重要数据的定期备份便显得极其重要。Windows 7 或 Windows 8 操作系统本身就带有非常强大的系统备份与还原功能。

12.4.1 备份数据文件

在 Windows 7 操作系统中，个人数据是指个人文件夹内的各种普通文件（非系统文件），以及与用户账户相关的各种配置文件，其备份方法如下。

单击【开始】按钮后，执行【所有程序】|【维护】|【备份和还原】命令，打开【备份和还原】窗口或在 Windows 7 控制面板的【系统和安全】界面里单击【备份您的计算机】按钮，打开【备份和还原】窗口。在【备份和还原】窗口中单击【设置备份】链接，启动【设置备份】向导对话框。如图 12-33 所示。

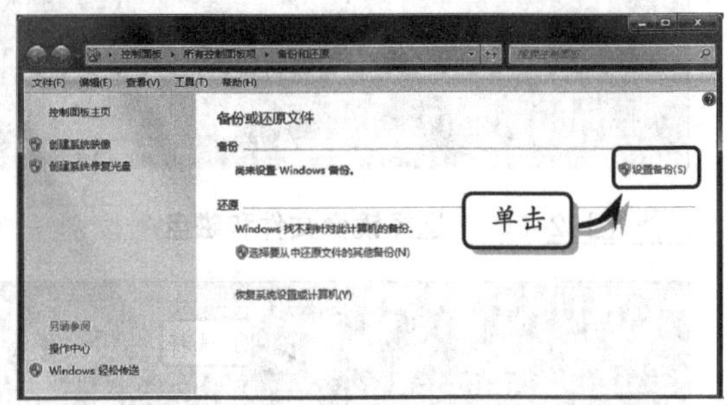

图 12-33 备份和还原中心

提 示

通过 Windows 7 的备份和还原功能可以设置备份与还原任务，对系统进行备份与还原操作也可以制订备份计划，让系统在指定的时间自动运行备份任务。

其次，在【保存备份的位置】列表中选择备份的位置。例如，指定 Windows 7 将备份到【本地磁盘（J:）】，如图 12-34 所示。此时，在【刷新】按钮下面将显示提示信息。

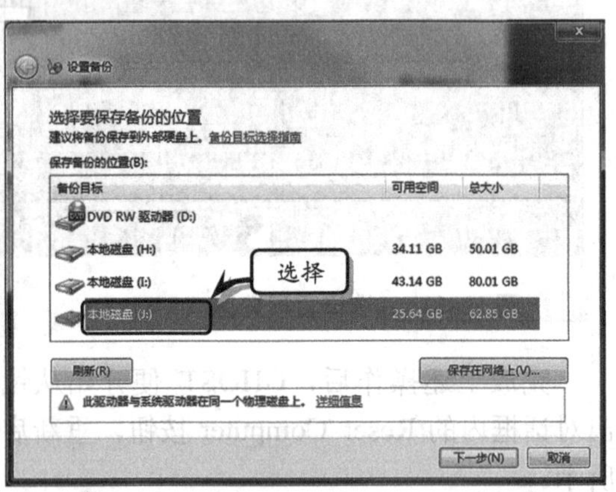

图 12-34 选择备份位置

单击【下一步】按钮，并在【您希望备份哪些内容？】对话框中显示【让 Windows 选择（推荐）】和【让我选择】选项，如图 12-35 所示。例如，选择【让我选择】选项，并单击【下一步】按钮。

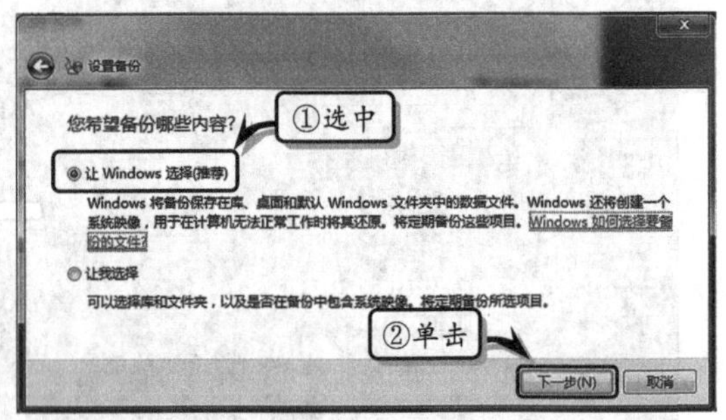

图 12-35 设置备份内容

在备份内容选项中，两个选项的各自含义如下。

1．选择【让 Windows 选择（推荐）】选项

选择该选项，则由 Windows 7 系统自动选择需要备份的内容。Windows 7 将会备份在库、桌面上以及在计算机上拥有用户账户的所有人员的默认 Windows 文件夹中所保存

的数据文件，如默认 Windows 文件夹包括 AppData、“联系人”“桌面”“下载”“收藏夹”“链接”“保存的游戏”和“搜索”等。

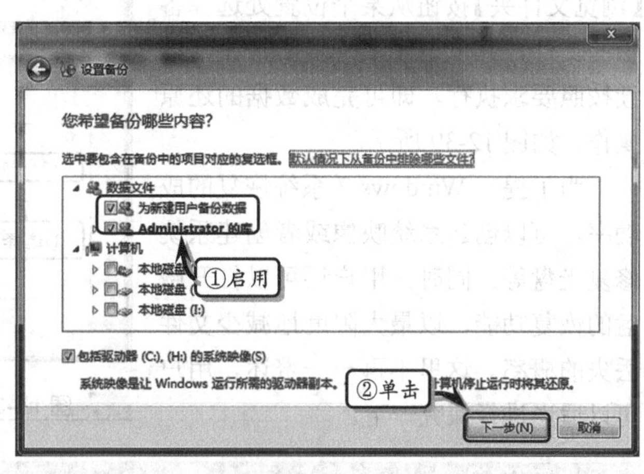

图 12-36　选择备份项目

2. 选择【让我选择】选项

选择该选项，则在该对话框中将列出可以进行备份的内容，并供用户自己选择。

此时，将弹出【您希望备份哪些内容？】对话框，并选择要备份的项目内容，如可以选择备份个别文件夹、库或驱动器（磁盘），并单击【下一步】按钮，如图 12-36 所示。

弹出【查看备份设置】对话框，可以查看备份设置。此时，如果要按时自动进行备份，可以创建备份计划，单击列表框下方的【更改计划】链接，在弹出的【您希望多久备份一次？】对话框中设置备份频率、哪一天及时间选项，并单击【确定】按钮，返回上级对话框，如图 12-37 所示。

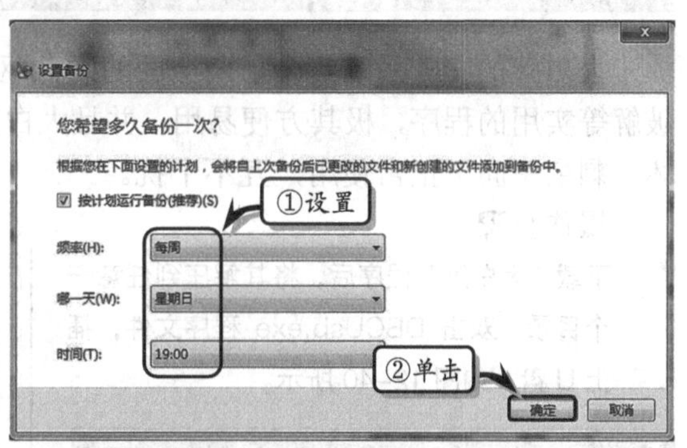

图 12-37　备份计划选项

提　示

该项任务计划在默认状态下会自动在每个星期日的晚上 7 点钟开始执行备份操作。事实上这个执行时间往往不符合实际工作要求，用户应该根据实际情况进行设置。

在【查看备份设置】对话框中单击【保存设置并退出】按钮，则系统立即进行备份，直到完成备份。

12.4.2　还原数据文件

如果 Windows 7 系统出现了问题，需要还原到早期备份的数据时，可以使用 Windows 7 的还原功能来完成。

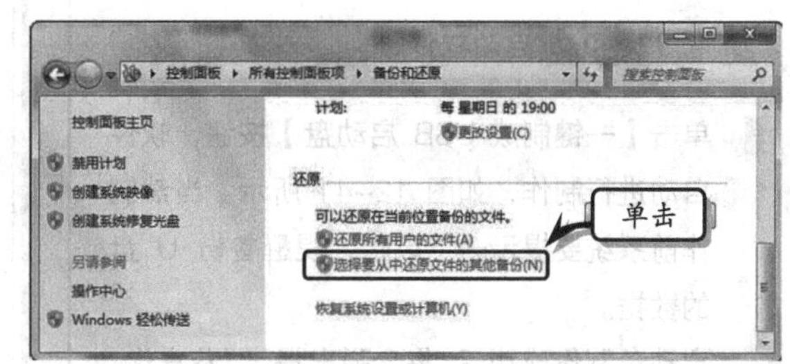

图 12-38　开始还原操作

打开 Windows 7 系统的【备份和还原】窗口，单击【选择要从中还原文件的其他备份】链接，如图 12-38 所示。

在弹出的【还原文件】向导对话框

中选择之前备份的文件选项；或者单击【浏览文件夹】按钮从某个位置处选择备份的文件，并单击【下一步】按钮，继续按照要求执行，即可完成数据的还原操作，如图 12-39 所示。

为了提高 Windows 7 系统恢复的成功率，可以创建系统映像或者创建系统修复光盘等。同时，用户还可以打开磁盘的恢复功能，以最大限度地减少文件丢失的概率。这里不再一一赘述，用户可以适当进行探究一下。

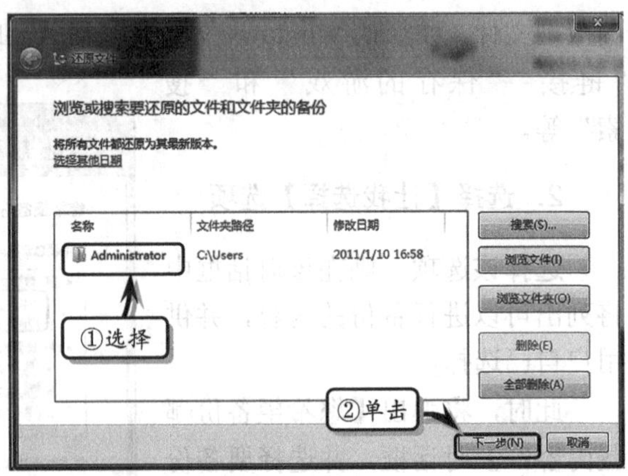

图 12-39 选择还原文件

12.5 课堂练习：制作 WinPE 启动 U 盘

大白菜的 PE 系统整合了最全面的硬盘驱动、集成一键装机、硬盘数据恢复、密码破解等实用的程序，极其方便易用；并且大白菜超级 U 盘的启动区自动隐藏，防病毒破坏，剩余空间可正常使用，互不干扰。

操作步骤

1 下载“大白菜”程序后，将其解压到任意一个目录，双击 DBCUsb.exe 程序文件，插上 U 盘，如图 12-40 所示。

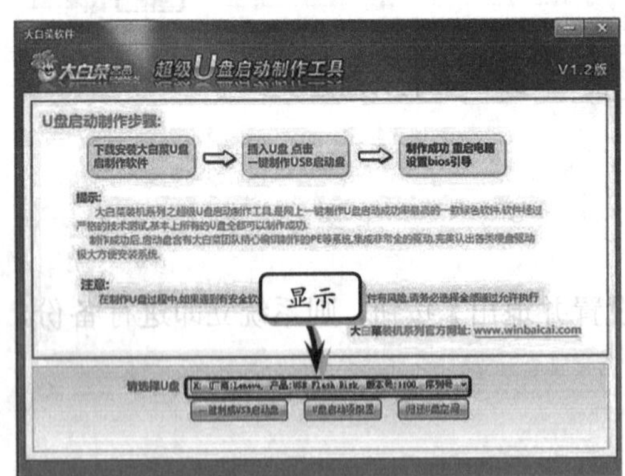

图 12-40 启动软件

2 单击【一键制成 USB 启动盘】按钮，软件自动进行制作，如图 12-41 所示。当然制作前系统要提示一下风险，提醒备份 U 盘的数据。

3 启动盘制作成功后，将会弹出提示“恭喜你，制作完成！”，如图 12-42 所示。

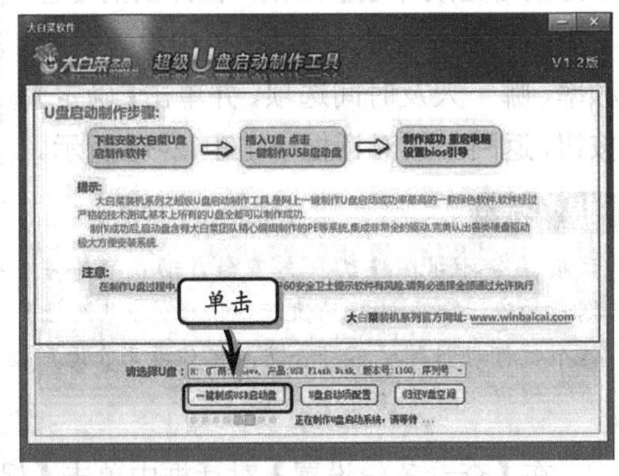

图 12-41 制作 U 盘

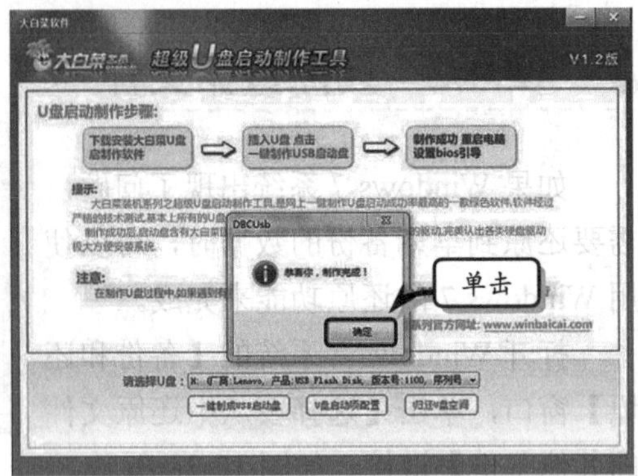

图 12-42 超级 U 盘制作完成

4 现在重新启动计算机（注意设置成从 U 盘启动），可以看到大白菜启动 U 盘的启动界面，如图 12-43 所示。

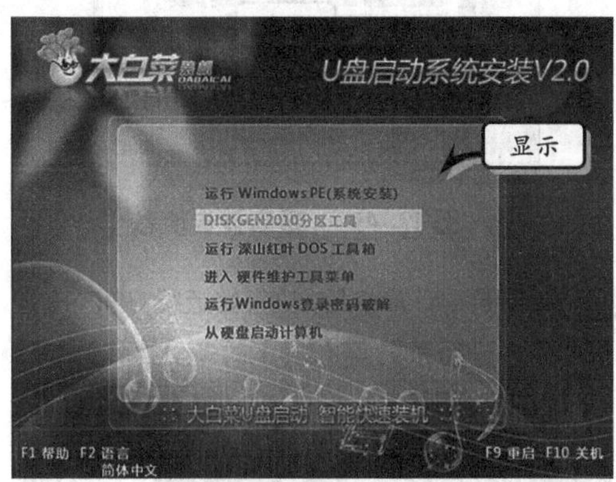

图 12-43 启动界面

5 选择第一个【运行 Windows PE(系统安装)】选项，并按 Enter 键，即可从 U 盘上启动成功 Windows PE，并显示 WinPE 界面，如图 12-44 所示。

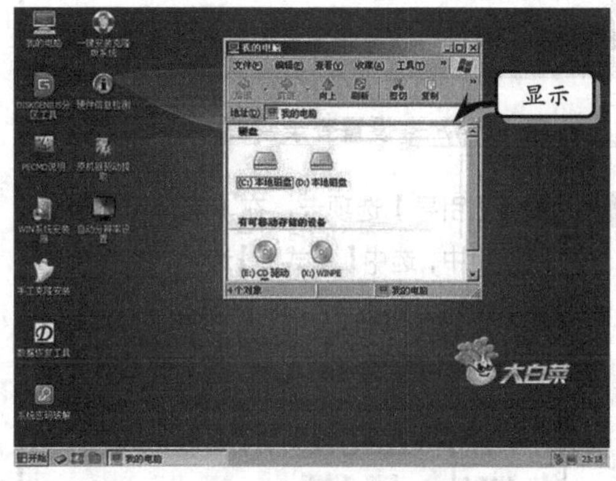

图 12-44 大白菜 WinPE 界面

12.6 课堂练习：一键 GHOST 的使用方法

计算机在使用过程中，操作系统难免会因病毒或其他原因而被破坏，此时便需要重新安装操作系统。不过，使用光盘安装操作系统会消耗大量时间，而使用一键 GHOST 备份恢复软件即可快速解决此类问题。

操作步骤

1 下载一键 GHOST 硬盘版安装程序，并解压压缩文件，然后双击解压文件夹中的可执行文件，如图 12-45 所示。

图 12-45 安装一键 GHOST 硬盘版

2 根据安装向导提示安装该软件。然后，双击界面中的【一键备份系统】快捷方式，并弹出【一键备份系统】对话框，如图 12-46 所示。

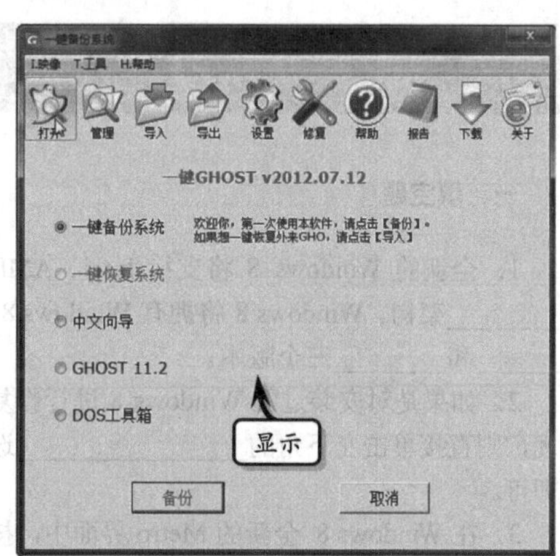

图 12-46 一键备份系统主界面

3 在主界面上单击【设置】按钮，在弹出的对话框中，激活【密码】选项卡，并输入密码，单击【确定】按钮，如图 12-47 所示。

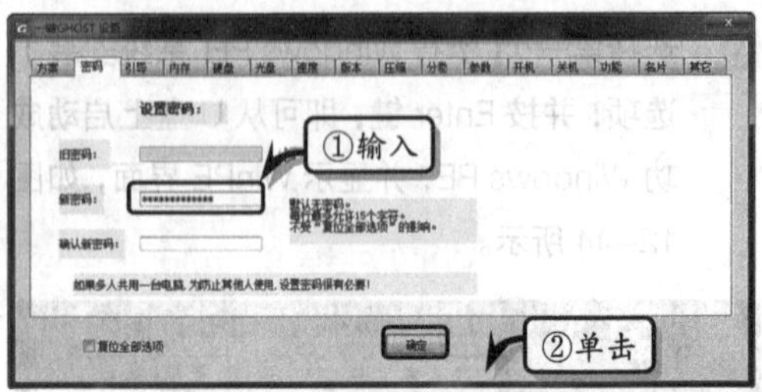

图 12-47　设置登录密码

4　激活【引导】选项卡，在【选择引导模式】选项组中，选中【模式 2】选项，并单击【确定】按钮，如图 12-48 所示。

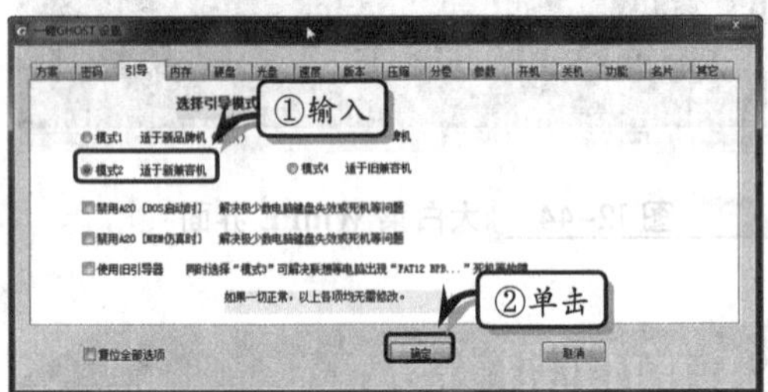

图 12-48　选择引导模式

5　返回到主界面，单击【一键备份系统】选项，单击【备份】按钮。此时，系统提示“电脑必须重新启动才能运行【备份】程序，请保存和关闭正在使用的其他窗口”等信息，单击【确定】按钮，如图 12-49 所示。

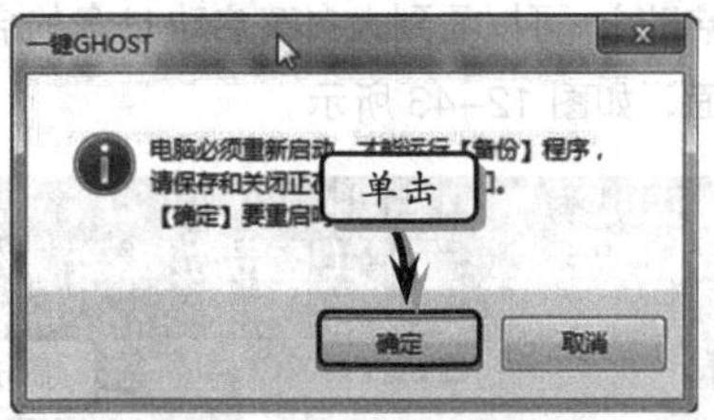

图 12-49　重启警告信息

6　重新启动计算机后，则开始运行 GHOST 程序，进行系统盘（C:）的备份操作，如图 12-50 所示。

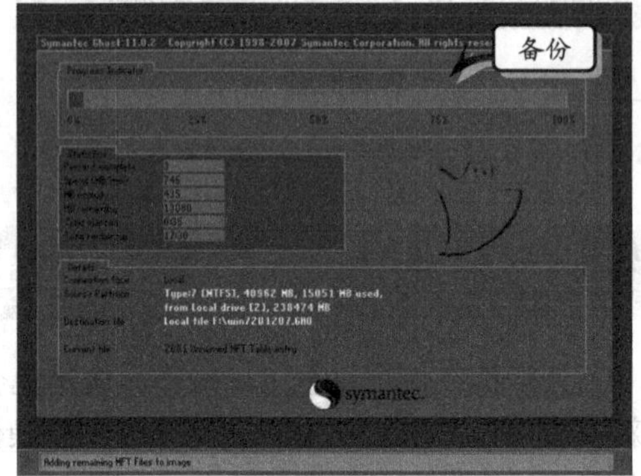

图 12-50　开始一键备份

12.7　思考与练习

一、填空题

1．全新的 Windows 8 将支持 Intel、AMD 和________架构。Windows 8 将拥有 Windows 8、________和________三个版本。

2．如果是对安装过的 Windows 8 进行修复处理，则直接单击左下角的____________选项即可。

3．在 Windows 8 全新的 Metro 界面中，按________组合键，即可切换到 Windows 传统桌面状态。

4．驱动程序可以界定为官方正式版、____________、____________、发烧友修改版、Beta 测试版等之分。

5．根据提供驱动程序方式的不同，用户也需要采取不同的方式进行安装。一般来讲，主要有________、________、________3 种方式进行安装。

6．在安装操作系统与所有驱动程序之后，为了防止系统出现崩溃，还需要利用________对操作系统进行备份操作。

二、选择题

1．对于 Windows 8 操作系统安装的硬件要求，下列选项中描述错误的为_____。

A．推荐 64 位双核以上处理器

B．推荐 2GB 的内存

C．至少需要 2GB 以上硬盘空间

D．以上都不对

2．在使用光盘安装 Windows 8 时，用户应

该首先进行下列哪项操作？________

A．将光驱设置为第一启动设备

B．关闭所有共享文件夹

C．向网络管理员询问本机 IP 地址

D．更改计算机名称

3．在备份操作系统时，单击 Save 按钮，在弹出界面内中会出现 NO、Fast、_______选项。

A．YES

B．High

C．Smal

D．More

4．通过 Windows 7 的备份和还原功能可以设置备份与还原任务，对系统进行备份与还原操作；也可以___________，让系统在指定的时间自动运行备份任务。

A．制定备份时间

B．制定备份间隔

C．制定备份计划

D．制定备份任务

5．Windows 8 有多种安装方式，可以从旧的 Windows 7 升级安装而来，也可以全新安装 Windows8；既可以从光盘安装，也可以从硬盘上安装，以及从_________上安装。

A．C 盘

B．U 盘

C．镜像

D．以上都不对

6．DirectX（Direct eXtension，DX）是由微软公司创建的多媒体编程接口，它由_______编程语言实现，遵循 COM。

A．C+

B．C++

C．VC++

D．VB

三、问答题

1．简述 Windows 8 系统安装的硬件要求。

2．简述驱动程序的安装过程。

3．如何备份操作系统？

4．如何备份数据文件？

四、上机练习

安装 Linux 操作系统

Linux 是一套允许用户免费使用和自由传播的类 UNIX 操作系统，是除微软 Windows 操作系统、苹果 Mac OS 之外的另一重要桌面操作系统。首先，使用红旗 Linux 安装光盘启动计算机后，在欢迎界面按 Enter 键安装图形模式，如图 12-51 所示。

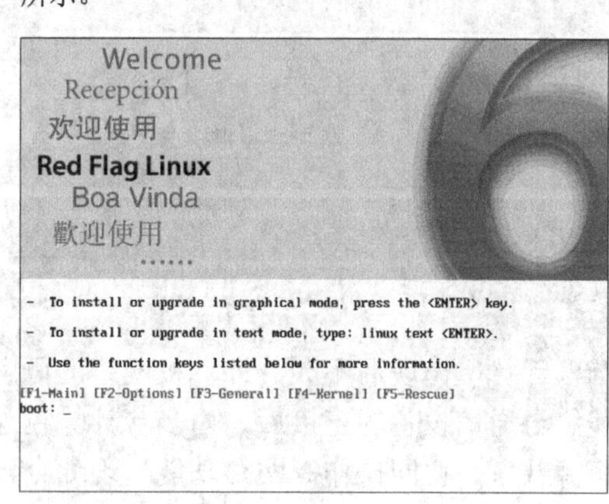

图 12-51 准备安装 Red Flag Linux

然后，Red Flag Linux 会依次进行“选择语言”“磁盘分区”及其他安装操作，用户只需按照向导进行操作即可，如图 12-52 所示。

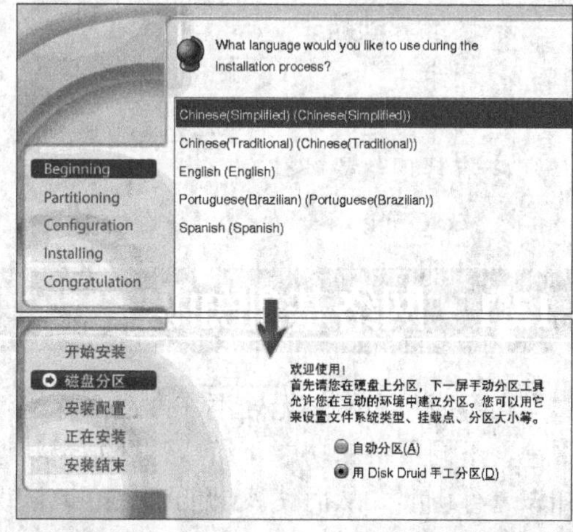

图 12-52 Red Flag Linux 安装过程

第 13 章

沟通法宝——计算机网络

计算机出现后不久，计算机网络的概念便在当时的计算机界流传开来。在通过各种线缆与通信设备的连接后，由多台计算机连接在一起的计算机网络由此诞生，并实现了资源共享、协同操作等网络功能。现如今，随着人们步入信息社会的速度不断加快，计算机网络逐渐普及，并成为人们生活中的一部分。

在本章中，我们将对计算机网络内的各种通信介质与设备进行介绍，以便用户了解计算机网络，从而更好地使用计算机网络。

本章学习内容：

- 网络基础知识
- 网卡
- 网络传输介质
- 有线网络设备
- 无线网络设备

13.1 网络基础知识

当今时代，网络无处不在，已深深地渗入到工作与生活中，如电网、交通网、教育网等。不同网络的功能、组成都区别于其他网络。为此，本节便将对计算机网络的基础知识进行讲解，从而使我们能够更好地认识计算机网络。

13.1.1 网络的功能

计算机网络是由通信线路将位于不同地理区域的计算机及专用设备连接起来所形成的网络系统，其目的是使众多计算机之间能够方便地互相传递信息、共享信息资源。一般来说，计算机网络具有数据通信、资源共享、综合信息服务等功能。

1. 负载均衡与分布处理

负载均衡是网络的一大特长。例如，一个大型 ICP（Internet 内容提供商）为了支持更多的用户访问他的网站，在全世界的多个地方放置了相同内容的 WWW 服务器，并通过一定技巧使不同地域的用户看到的都是距离他（用户）最近服务器上的相同内容。这样一来，即实现了各个服务器的负载均衡，同时也让用户省了不少冤枉路，从而加快了网络访问速度。

2. 数据通信

数据通信是计算机网络的主要功能之一，用来在计算机系统之间传送各种信息，如通过网络传送电子邮件或发布新闻消息等，如图 13-1 所示。

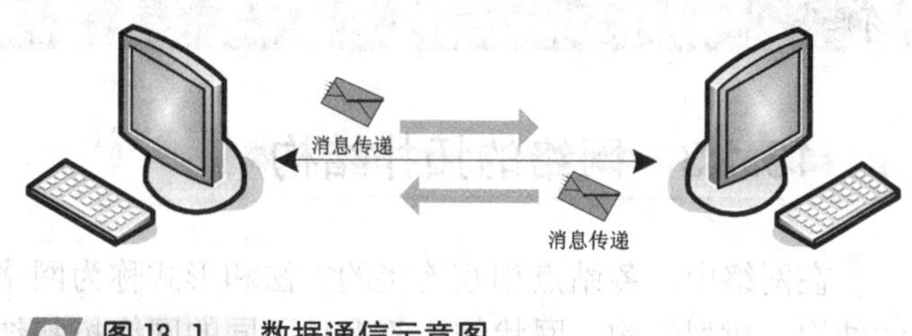

图 13-1 数据通信示意图

3. 资源共享

网络的出现使资源共享变得很简单，交流的双方可以跨越时空的障碍，随时随地传递信息。

4. 综合信息服务

网络的一大发展趋势是多维化，即在一套系统上提供集成的信息服务，包括来自政治、经济等各方面的资源，甚至同时还提供多媒体信息，如图像、语音、动画等。在多维化发展的趋势下，许多网络应用的新形式不断涌现，如电子邮件、网上交易、视频点播、联机会议等。

13.1.2 网络的分类及组成

在不同的分类原则下，我们可以将计算机网络分为多种不同的类型。不过在此之中，最常用的便是按照计算机网络所覆盖面积和各机器之间相隔的距离进行分类，从而将计算机网络分成局域网、城域网和广域网。

1. 局域网 LAN（Local Area Network）

局域网地理范围一般在十千米以内，属于一个部门或一个单位的小范围网络。局域网的特点是距离短、延迟小、数据速率高、传输可靠，因此成为目前计算机网络发展中最活跃的一个分支。

2. 城域网 MAN（Metropolitan Area Network）

城域网属于大型网络，所采用的技术与局域网类似。不过，其网络范围通常可以覆盖一个城市，网络内不仅支持数据和声音，还可能涉及当地的有线电视网。

3. 广域网 WAN（Wide Area Network）

广域网又称远程网，其连接地理范围非常大，常常是一个国家或是一个洲，功能是为了让分布较远的各局域网互连。因此，广域网的结构又分为末端结构（两端的用户集合）和通信系统（中间链路）两部分。

提 示

广域网与局域网的区别在于：线路通常需要付费，大多数企业不可能自己架设线路，而需要租用已有链路。

13.1.3 网络的拓扑结构

在网络中，各站点相互连接的方法和形式称为网络拓扑，目前主要有星型结构、总线结构、树型结构、网状结构等多种不同的网络拓扑结构类型。

1. 总线结构

总线结构采用一条称为总线的中央主电缆，将相互之间以线性方式连接的工作站连接起来，如图13-2 所示。

在总线结构中，所有计算机都通过硬件接口直接连在总线上，任何一个节点的信息都可以沿着总线向两个方向传输，并且能被总线中任何一个节点所接收。因此，总线网络也被称为广播式网络。

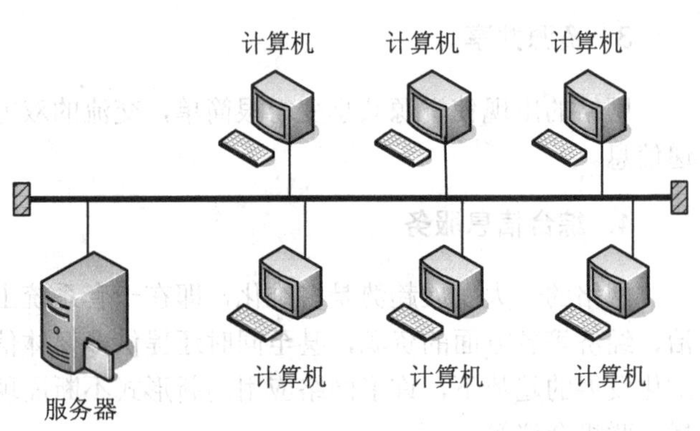

图 13-2 总线结构

2. 星型结构

星型结构是以中央节点为中心，且其他节点全部与之进行点对点连接而组成的网络连接方式，如图 13-3 所示。

星型拓扑结构的优点是结构简单，便于管理；控制简单，便于建网；网络延迟时间较小，传输误差较低。但是，成本高、可靠性低、资源共享能力差等缺点也较为明显。

3. 环型拓扑

环型结构由网络中若干节点通过点到点的首尾相连而成，该结构使得公共传输电缆组成环型连接，而数据在环路中沿着一个方向在

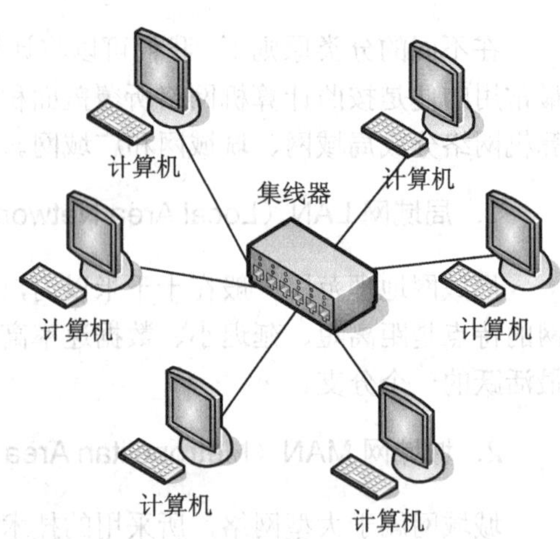

图 13-3 星型结构

各个节点间传输，信息从一个节点传到另一个节点，如图 13-4 所示。

环型拓扑结构的特点在于，信息流在网络中是沿着固定方向流动，两个节点之间仅有一条道路，故简化了路径选择的控制。而且，环路上各节点都是自举控制，因此简化了控制软件的设计方法。

不过，由于信息源会在环路上串行地穿过各个节点，所以当环中的节点较多时，势必会影响信息传输速率，从而延长网络的响应时间。此外，封闭的环状结构不利用扩充。最重要的是，环型网络的可靠性较低，一旦一个节点发生故障，势必会造成全网的瘫痪，并且对分支节点的故障定位也极为困难。

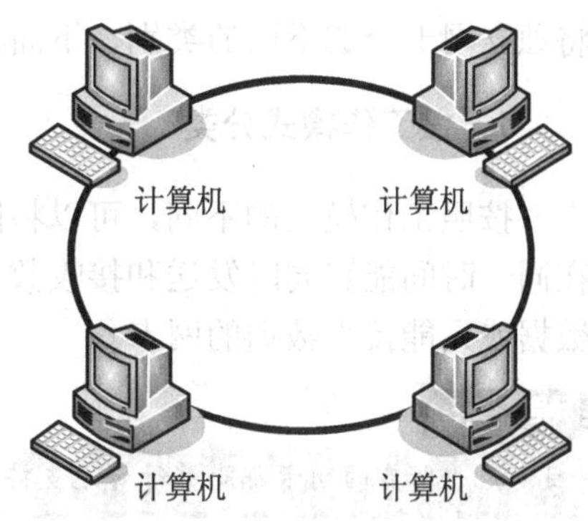

图 13-4 环型结构

4．树型拓扑

树型拓扑结构属于总线型网络的扩展，是在总线网的基础上添加分支形成的，其传输介质可以有多条分支，但不形成闭合回路。从形式上看，该树型拓扑是一种层次网，其结构可以采取对称方式，节点连接固定，具有一定容错能力。一般情况下，一个分支和节点的故障不会影响另一分支节点的工作，并且任何一个节点送出的信息都可以传遍整个传输介质，因此采用树形拓扑结构的网络也属于广播式网络。

13.2 网卡

网卡（Network Interface Card，NIC）也叫网络适配器，是计算机连接网络中各设备的接口。在网络中，网卡的工作是双重的：一方面它负责接收网络上的数据；另一方面将本地计算机上的数据打包后送入网络。在本小节中，将详细介绍网卡的分类和网卡的工作原理等网卡的基础知识。

13.2.1 网卡的分类

在市场上，常见的网卡有独立式网卡和集成网卡两种类型。随着主板集成度的提高，越来越多的主板开始集成网卡，因此目前计算机中使用集成网卡数量的很多，集成网卡也逐渐成为网卡市场的主流。

集成网卡是将网卡芯片整合到主板上，而芯片的数据运算则交给 CPU 或者是南桥芯片处理，如图 13-5 所示。至于网卡接口，则设置在主板的 I/O 接口中。

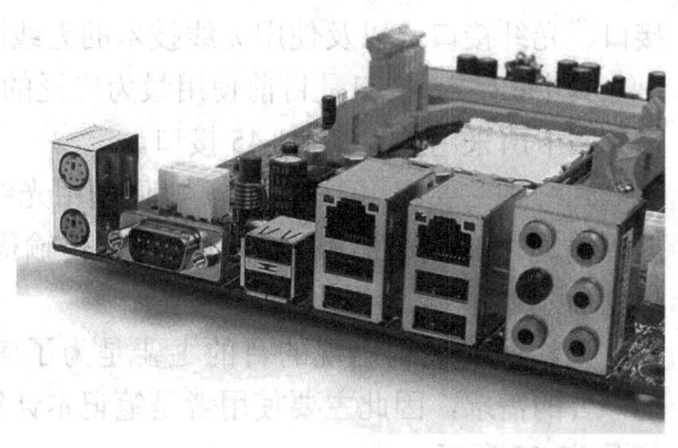

图 13-5 集成网卡

独立式网卡的特点是使用和维护都比较灵活。并且按照不同的分类原则，还可将独立网卡分成不同的类别，下面将对其分别进行介绍。

1. 按工作模式分类

按照工作模式的不同，可以将网卡分为全双工网卡和半双工网卡。全双工网卡是指在同一时间能够同时发送和接收数据的网卡，而半双工网卡则是指同一时间内只能发送数据或只能接收数据的网卡。

提 示

目前几乎所有的网卡都能够很好地支持全双工、半双工的工作模式。

2. 按总线接口类型分类

根据网卡所用总线接口的不同，可将目前的网卡分为 PCI 网卡、PCI-E 网卡、PCMCIA 网卡和 USB 网卡。

其中，PCI 网卡采用 PCI 总线与计算机进行通信。该类型的网卡是我们最为常见的网卡之一，主要应用于普通用户的台式计算机内。

PCI-E 网卡采用了 PCI Express 总线，目前主要应用于服务器，也有部分面向普通用户的网卡应用了 PCI-E 接口，如图 13-6 所示。

图 13-6 PCI-E 接口网卡

由于 PCMCIA 接口是笔记本才拥有的接口类型，因此 PCMCIA 接口的网卡主要应用于笔记本计算机，如图 13-7 所示。

图 13-7 PCMCIA 接口网卡

至于 USB 网卡，则是目前便携性最好，且使用方便的网卡类型。应用时只要将其插在计算机的 USB 接口内，便可使用，如图 13-8 所示。

图 13-8 USB 接口网卡

3. 按网络接口类型分类

随着计算机网络的发展，网络陆续采用过多种不同的网络接口。目前，网卡主要采用的接口主要是 RJ-45 接口、光纤接口，以及使用无线技术的无线网卡。

其中，RJ-45 接口是目前使用最为广泛的网络接口，常见网卡所采用的也是 RJ-45 接口。

光纤则主要应用于服务器，以便利用光纤超高的数据传输速率来满足服务器的海量数据传输需求，如图 13-9 所示。

无线网卡最初出现的目的主要是为了满足人们移动办公的需求，因此主要使用者是笔记本计算机用户，如图 13-10 所示。

4．按传输速率划分

从网卡工作时的传输速率来看，可以将网卡分为 100Mbps 网卡、10/100Mbps 自适应网卡和 1000Mbps 网卡这 3 种类型。其中，以 10/100Mbps 自适应网卡居多，不过随着网络的不断发展，1000Mbps 网卡必然会成为未来网卡的主流。

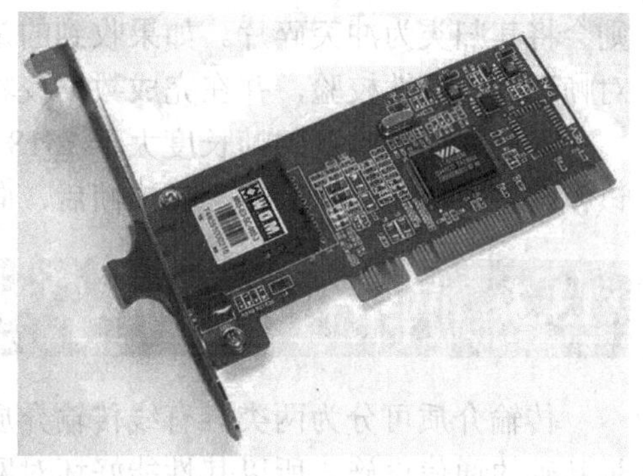

图 13-9　光纤接口网卡

5．按应用领域分类

根据应用领域的不同，可以将网卡分为普通网卡和服务器网卡两种类型，如图 13-11 所示。相比之下，服务器网卡无论是在带宽、接口数量、稳定性、纠错等方面都有比较明显的优势。此外，服务器网卡还支持冗余备份、热插拔等功能。

图 13-10　无线网卡

13.2.2　网卡的工作原理

计算机发送数据时，网卡会首先侦听介质上是否有载波（载波由电压指示）。如果有，则认为其他站点（计算机或网络设备）正在传送信息，而当通信介质在一定时间段内（通常为 9.6 微秒）没有载波时，则认为线路空闲。此时，便开始发送帧数据，同时继续侦听通信介质，以检测信号冲突。

在这一过程中，如果检测到冲突，便会立刻停止此次发送，并向介质发送一个“阻塞”信号，告知其他站点已经发生冲突，从而使其丢弃那些可能已经损坏的帧数据。在等待一定时间后，网卡将会再次进行新的发送，即重传。但是，如果在重传多次后仍旧无法完成数据传输任务，网卡便会放弃发送，如图 13-12 所示。

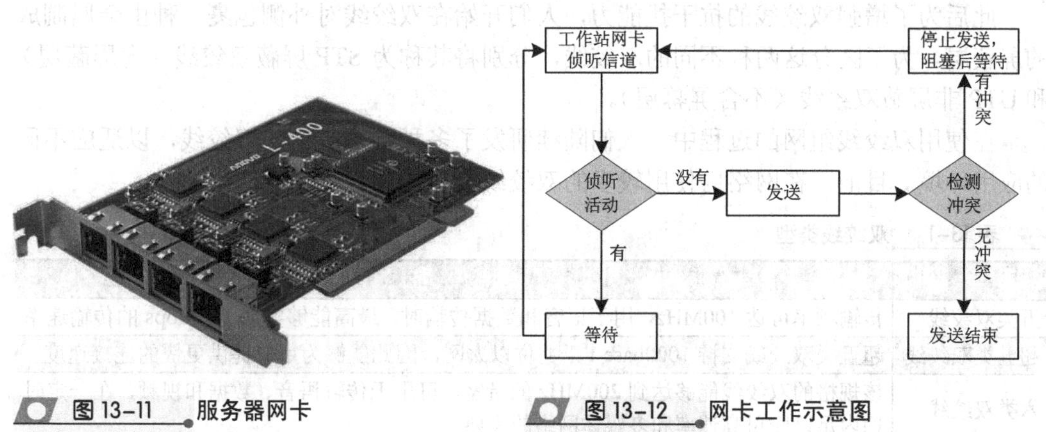

图 13-11　服务器网卡　　图 13-12　网卡工作示意图

计算机在接收数据时，网卡会浏览介质上传输的每个帧，如果其长度小于 64 字节，则会将其归类为冲突碎片。如果收到的是完整的帧数据，并且目的的地址是本机，则会对帧进行完整性校验，并在完成数据校验与数据重组工作后，将其传送至计算机。

不过，如果收到的帧长度大于 1518 字节（超长帧）或未能通过 CRC 校验，则认为该帧发生了畸变，从而在丢弃该帧后，向数据发送端重新索要该帧数据。

13.3 网络传输介质

传输介质可分为两类：有线传输介质和无线传输介质。由于传输介质是计算机网络最基础的通信设施，所以其性能好坏对网络的性能影响很大。

13.3.1 有线传输介质

有线传输介质又可分为双绞线和光纤两种类型，其具体情况如下所述。

1. 双绞线

双绞线又称为双绞线电缆，是局域网布线中最常用到的一种有线传输介质，尤其在星型网络拓扑中，双绞线是必不可少的布线材料。

双绞线一般由绝缘铜导线相互缠绕而成，每根铜导线的绝缘层上分别涂有不同的颜色，以示区别。在将多对双绞线放在一个绝缘套管后，我们便将这个绝缘套管及其中的双绞线统称为双绞线电缆，如图 13-13 所示。

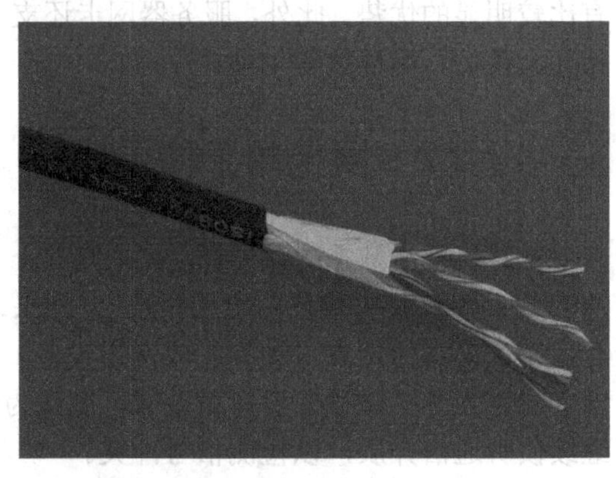

图 13-13 双绞线

提 示

目前几乎所有的网卡都能够很好地支持全双工、半双工的工作模式。

此后为了增强双绞线的抗干扰能力，人们开始在双绞线对外侧包裹一种由金属制成的屏蔽层。为了区分这两种不同的双绞线，分别将其称为 STP 屏蔽双绞线（含屏蔽层）和 UTP 非屏蔽双绞线（不含屏幕层）。

在使用双绞线组网的过程中，人们陆续研发了多种不同规格的双绞线，以适应不同的应用环境。目前，在网络内使用较多的双绞线类型，如表 13-1 所示。

表 13-1 双绞线类型

类　型	特　征
五类双绞线	传输频率可达 100MHz，用于语音和数据传输时，最高能够实现 100Mbps 的传输速率
超五类双绞线	超五类双绞线支持 1000base-t 千兆位以太网，因此能够为用户提供更快的连接速度
六类双绞线	该规格的双绞线能够达到 200MHz 的带宽，可用于传输语音、数据和视频，在一定时期内足以应付高速率和多媒体网络的需要

在实际组网过程中，无论使用哪种双绞线，都需要在其两端安装相应的RJ-45连接器（俗称“水晶头”），如图13-14所示。连接时，双绞线一端的RJ-45连接器接入计算机的网卡接口，另一端接入网络设备或其他计算机的相应接口内，即可完成一个简单的物理连接。

图13-14 水晶头

按照国际标准，水晶头与双绞线的连接方法共有EIA/TIA 568A和EIA/TIA 568B两种。以五类双绞线为例，其4个双绞线对的颜色分别为橙与橙白、绿与绿白、蓝与蓝白和棕与棕白，其线序排列，如表13-2所示。

表13-2 双绞线颜色排序

线序标准	导线排列顺序
EIA/TIA 568A	绿白、绿、橙白、蓝、蓝白、橙、棕白、棕
EIA/TIA 568B	橙白、橙、绿白、蓝、蓝白、绿、棕白、棕

在使用双绞线连接网络内的各个设备或计算机时，共有直通线和交叉线两种连接方法。其中，直通线是指一条双绞线的两端都采用EIA/TIA 568A标准或EIA/TIA 568B标准来制作。此类双绞线用于计算机与网络设备普通口、网络设备普通口与级联口的连接。而交叉线是指线缆两端分别采用EIA/TIA 568A标准和EIA/TIA 568B标准来制作的双绞线，此类双绞线用于计算机与计算机，以及网络设备普通口与普通口的连接。

2．光纤

光纤又称光导纤维或光缆，利用从激光器或发光二极管发出的光波来进行数据传输，是目前在技术上最为先进的网络传输介质。

光纤分为许多不同的类型，但总体来说分为两大类：单模光纤和多模光纤，如图13-15所示。单模光缆携带单个频率的光将数据从光缆的一端传输到另一端。通过单模光缆，数据传输的速度更快，并且距离也更远。但是这种光缆开销太大，因此不被考虑用于一般的数据网络。相反，多模光缆可以在单根或多根光缆上同时携带几种光波。这种类型的光缆通常用于数据网络。

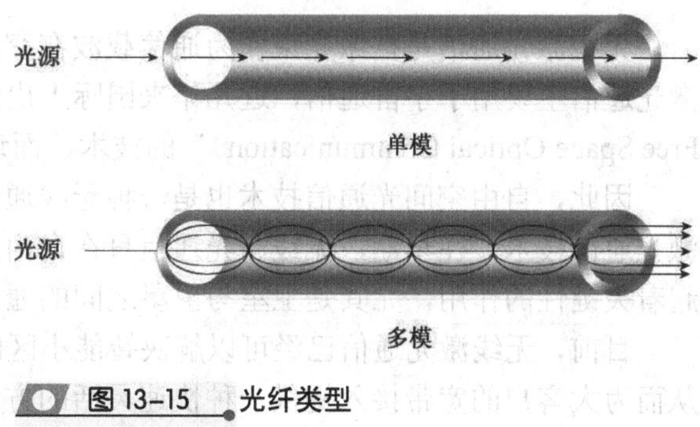

图13-15 光纤类型

13.3.2 无线传输介质

无线传输介质是指利用电波或光波充当传输导体的传输介质，例如无线电波、微波、红外线等。下面我们来介绍一下无线局域中一种常见的传输介质。

1．红外线

红外线采用波长小于 1 微米的红外线作为传输媒体，由于采用了低于可见光的部分频谱作为传输介质，所以在使用时不会受到无线电管理部门的限制。

红外线传输的优点是保密性好，且对邻近区域的类似红外线不会产生干扰。但是，红外信号要求视距（直观可见距离）传输，而且其传输距离通常被限制在 15 米（50 英尺）以内，因此实用性稍差。

2．无线电波

无线局域网的传输介质中应用最广泛的是无线电波。这主要是因为无线电波的覆盖范围较广，应用较广泛。

在使用扩频方式通信，特别是直接序列扩频调制方法因发射功率低于自然的背景噪声时，具有很强的抗干扰、抗噪声和抗衰落能力。这一特点使得通信非常安全，基本避免了通信信号的偷听和窃取，具有很高的可用性。

在传输时，无线电发射天线和接收天线可通过自由空间波、对流层反射波、电离层波和地波等多种方式来传输无线电波，如图 13-16 所示。

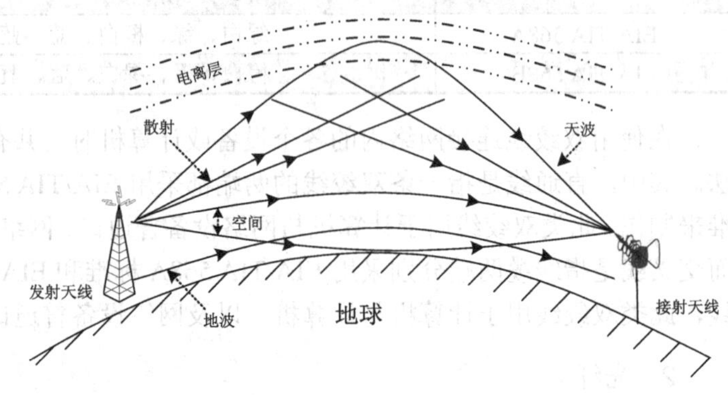

图 13-16　无线局域网

3．激光

无线激光通信是把激光束作为通信载波在空间传输信息的一种通信方式。早期无线激光通信主要用于宇宙通信，近几年来国际上出现了被称作“自由空间光通信（FSOC，Free Space Optical Communication）”的技术，而这里所说的“自由空间”便是指大气。

因此，自由空间光通信技术也是一种无线通信技术，其信息载体为激光，属于无线激光通信技术。在早期，无线激光通信只在自由空间通信（军事应用）和宇宙通信方面起着关键性的作用，尤其是卫星与卫星之间的通信。

目前，无线激光通信已经可以解决智能小区的宽带接入、大企业的 Intranet 的互连，从而为大客户的宽带接入提供一种快速灵活的方式。例如，当两座楼宇之间的办公室需要建立一条通信链路，其他通信方式不能较好地解决时（带宽、价格、线路资源），采用无线激光通信可快速解决。

13.4　有线网络设备

由于网络结构与类型的不同，网络设备的种类与型号极其繁多。但是，由于普通用户接触最多的只有局域网，所以下面将主要针对局域网的部分常用设备进行介绍。

13.4.1 交换机

交换机（Switch）是一种高性能的集线设备，在网络中起到连接多台计算机或者其他设备的作用。在使用交换机组成的交换式网络中，数据传输速率最高可达吉比特每秒，随着交换机价格的不断降低，及其具备的较高数据传输速率，交换机逐渐取代了集线器，成为局域网中最常见的网络设备，如图 13-17 所示。

图 13-17 交换机

1. 交换机的分类

在交换机发展的过程中，由于使用环境、用户需求及其他因素的影响，交换机陆续出现了下列不同的类型：

- **按照网络的规模划分** 可以将交换机分为广域网交换机和局域网交换机。广域网交换机主要应用于电信领域，为用户提供基础的通信平台；局域网交换机工作用于局域网环境，用来连接终端设备，如计算机及网络打印机等。
- **根据传输速度划分** 交换机可以分为以太网交换机、快速以太网交换机、千兆以太网交换机、万兆以太网交换机、FDDI 交换机、ATM 交换机等多种类型。
- **根据应用规模划分** 可以将交换机分为企业级交换机、部门级交换机和工作组交换机。在划分时，通常将支持 500 个信息点以上的交换机称为企业级交换机，支持 300 个信息点的交换机为部门级交换机，而支持 100 个信息点以内的交换机为工作组交换机。

2. 交换机的接口类型

作为局域网的主要连接设备，随着交换机功能的不断增强，各种各样的连接端口不断添加到交换机中。一般情况下，交互机可分为 RJ-45 接口、SC 光纤接口、FDDI 接口和 Console 接口等接口类型。

RJ-45 接口是现在最常见的网络设备接口，专业术语称为 RJ-45 连接器，属于双绞线以太网接口类型，如图 13-18 所示。

图 13-18 RJ-45 接口

如图 13-19 所示，光纤接口类型很多，SC 光纤接口主要用于局域网交换环境。一些高性能千兆交换机提供这种接口，它与 RJ-45 接口看上去很相似，不过 SC 接口显得更扁些。其明显区别还是里面的触片，RJ-45 接口内部为 8 根细的铜触片，SC 光纤接口内部为一根铜柱。

FDDI 接口（光纤分布式数据接口）是目前局域网技术中传输速率较高的一种接口类型，支持多种拓扑结构，使用光纤作为传输介质，如图 13-20 所示。

Console 接口又称为控制台端口，如图 13-21 所示，该端口是管理和配置交换机最基本的连接端口（首次配置必须通过控制台端口进行）。该接口一般在高端的交换机中可以看到，而普通交换机则没有包含 Console 接口（因为无须配置）。

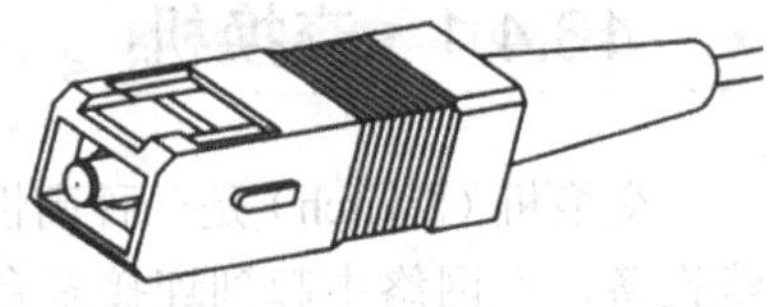

图 13-19　光纤接口

13.4.2　路由器

宽带路由器是近几年来新兴的一种网络产品，随着宽带技术的普及应运而生。目前，多数宽带路由器都针对中国宽带网络的状况与应用进行了优化设计，可满足不同的网络流量环境。

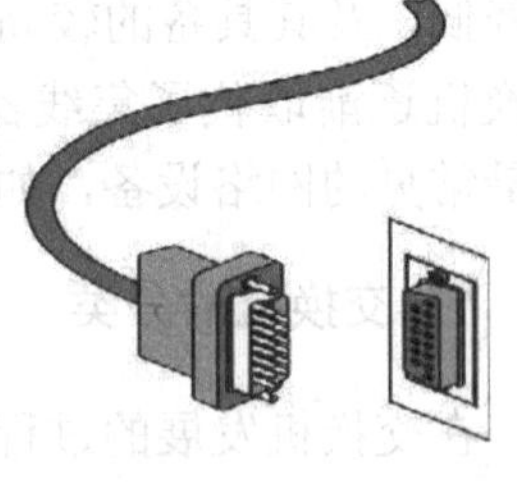

图 13-20　FDDI 接口

如图 13-22 所示，宽带路由器采用了高度集成式的设计，在一个紧凑的盒子内集成了路由器、防火墙、带宽控制和管理等功能，并具备快速转发能力。此外，还集成了 10/100Mbps 宽带以太网 WAN 接口、并内置多口 10/100Mbps 自适应交换机，方便多台机器连接内部网络与 Internet，可以广泛应用于家庭、学校、办公室、网吧、小区接入、政府、企业等场合。

图 13-21　Console 接口

在实际工作中，宽带路由器的 WAN 接口能够自动检测或手工设定宽带运营商的接入类型，具备宽带运营商客户端发起功能。例如，即可作为 PPPoE 客户端，也可以做为 DHCP 客户端，或者是分配固定的 IP 地址。其中，宽带路由器常见的一些功能及作用，如下所述。

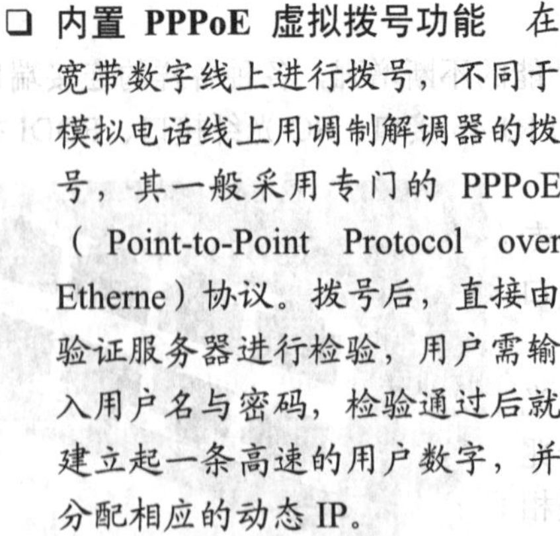

- **内置 PPPoE 虚拟拨号功能**　在宽带数字线上进行拨号，不同于模拟电话线上用调制解调器的拨号，其一般采用专门的 PPPoE（Point-to-Point Protocol over Etherne）协议。拨号后，直接由验证服务器进行检验，用户需输入用户名与密码，检验通过后就建立起一条高速的用户数字，并分配相应的动态 IP。

图 13-22　宽带路由器

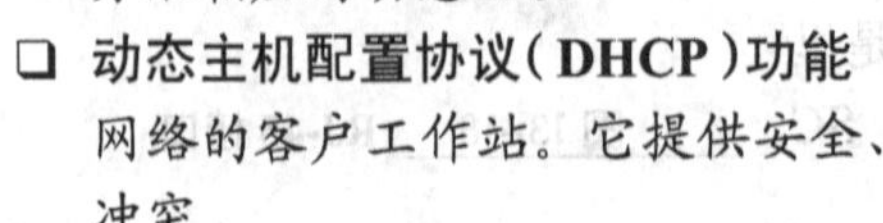

- **动态主机配置协议（DHCP）功能**　DHCP 能自动将 IP 地址分配给登录到 TCP/IP 网络的客户工作站。它提供安全、可靠、简单的网络设置，能够有效避免地址冲突。
- **网络地址转换（NAT）功能**　此功能可以将局域网内的计算机 IP 地址转换成合法注册的 Internet 实际 IP 地址，从而使内部网络的每台计算机可直接与 Internet

上的计算机进行通信。

- **虚拟专用网（VPN）功能** VPN能利用Internet公用网络建立一个拥有自主权的私有网络，一个安全的VPN包括隧道、加密、认证、访问控制和审核技术。对于企业用户来说，这一功能非常重要，不仅可以节约开支，而且能保证企业信息安全。
- **DMZ功能** 减少为不信任客户提供服务而引发的危险。DMZ能将公众主机和局域网络中的计算机分离开来。大部分宽带路由器只可选择单台计算机开启DMZ功能，也有一些功能较为完善的宽带路由器可以设置多台计算机提供DMZ功能。
- **MAC功能** 带有MAC地址功能的宽带路由器可将网卡上的MAC地址写入，让服务器通过接入时的MAC地址验证，以获取宽带接入认证。
- **DDNS功能** DDNS是动态域名服务，能将用户的动态IP地址映射到一个固定的域名解析服务器上，使IP地址与固定域名绑定，完成域名解析任务。DDNS可以帮用户构建虚拟主机，以自己的域名发布信息。
- **防火墙功能** 防火墙可以对流经它的网络数据进行扫描，从而过滤掉一些攻击信息。防火墙还可以关闭不使用的端口，从而防止黑客攻击。而且，它还可以禁止特定端口流出信息，并禁止来自特殊站点的访问。

13.4.3 ADSL Modem

ADSL是一种利用当前电话线路完成高速Internet连接技术，而ADSL Modem则是连接计算机与电话线路的中间设备。用户在使用电话或通过ADSL浏览Internet时，经过ADSL Modem编码的信号在进入电话局后，局端ADSL设备会首先对信号进行识别与分离。如果是语音信号就传至电话程控交换机，进入电话网；如果是数字信号就直接接入Internet，如图13-23所示。

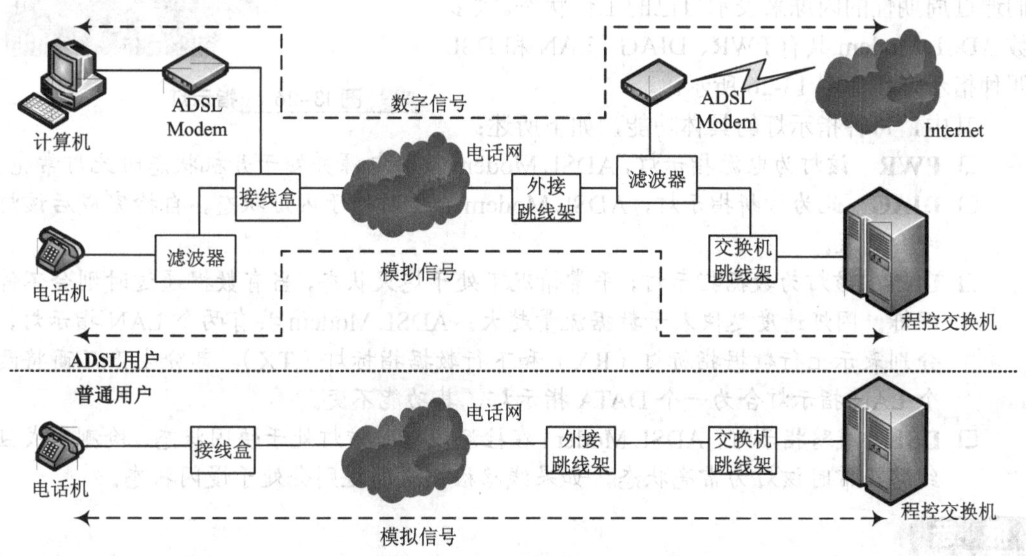

图13-23 ADSL Modem运行示意图

作为使用ADSL连接Internet的必备硬件设备之一，下面将从外部结构、内部结构和类型等方面来介绍一下ADSL Modem。

1. 外部结构

从外观来看，ADSL Modem包括有背部的背板接口、电源部分、复位孔和前面板的指示灯组成，如图13-24所示。

图13-24 ADSL Modem

其中，ADSL Modem背板接口包括DSL接口和LAN接口两种。DSL接口通过电话线与信号分离器相连接，LAN接口通过双线线与计算机进行连接，如图13-25所示。

图13-25 ADSL Modem背板接口

提　示

不同厂商生产的ADSL Modem的背板接口名称也有所差异。例如，也有部分ADSL Modem的背板接口名称分别为Line（接电话线）和Ethernet（接双绞线）。

ADSL Modem背板上除了上面介绍的两种接口外，还包括电源接口、电源按钮和一个复位孔。通过该复位孔可以接触到ADSL Modem内部的复位按钮。当用户错误地配置ADSL Modem内部参数造成网络通信异常时，只需通过复位孔按一下复位按钮，即可将ADSL Modem的内部参数恢复至出厂时的默认值。

指示灯通常分布在ADSL Modem的正面，它们通过周期性的闪烁来表示自己的工作状态。大多数ADSL Modem共有PWR、DIAG、LAN和DSL四种指示灯，如图13-26所示。

图13-26 指示灯

其中，每种指示灯的具体功能，如下所述：

- **PWR** 该灯为电源指示灯，ADSL Modem接通电源并处于开机状态时此灯常亮。
- **DIAG** 此为诊断指示灯，ADSL Modem自检时处于闪烁状态，自检完成后该灯即会熄灭。
- **LAN** 该灯为数据指示灯，平常情况下处于熄灭状态，当有数据通过时则会不停闪烁。闪烁速度越快表示数据流量越大。ADSL Modem共有两个LAN指示灯，分别表示上行数据指标灯（RX）和下行数据指标灯（TX），部分生产厂商将两个LAN指示灯合为一个DATA指示灯，其功能不变。
- **DSL** 线路指示灯，ADSL Modem在检测线路时该灯处于快闪状态，检测完成且线路正常时该灯为常亮状态，如果线路检测未通过则会处于慢闪状态。

提　示

不同品牌的ADSL Modem指示灯名称也不相同。例如，DIAG指示灯与TEST指示灯、DSL指示灯与LINE指示灯等，这些指示灯名称虽然不同，但它们表示的内容其实一样。

2. 内部结构

ADSL Modem 内部主要为一块 PCB 电路板，ADSL Modem 的网络处理器、ROM 芯片、RAM 内存、AFE 芯片和网络芯片及其他内部元件都集成在这块电路板上。

- ❑ **ADSL Modem 的网络处理器** 它是 ADSL Modem 的主芯片，负责配置路由、服务管理等信息的控制。
- ❑ **ROM 芯片** 用于存储那些支持 ADSL Modem 工作的各种程序代码，据有可擦写性。也就是说，用户可以通过专用程序刷新其内部的 Firmware 固件，扩展 ADSL Modem 的功能或增强工作稳定性。
- ❑ **RAM 内存芯片** 用于保存 ADSL Modem 实时文件。内存的大小在一定程度上决定了 ADSL Modem 单位时间内处理数据的能力，是影响其性能的重要指标。
- ❑ **AFE（Analog Front End，前端模拟）芯片** 用于完成多媒体数字信号的编解码、数/模信号的相互转换、线路驱动及接收等功能。
- ❑ **网络芯片** 又称为以太网控制芯片，主要负责与计算机网卡之间的数据交换。

3. ADSL Modem 的类型

随着 ADSL 技术的不断发展，市场上已经开始出现多种不同类型的 ADSL Modem。按照 ADSL Modem 与计算机的连接方式，可以将其分为以太网 ADSL Modem、USB ADSL Modem 和 PCI ADSL Modem 三种。

- ❑ **以太网 ADSL Modem** 是通过以太网接口与计算机进行连接的 ADSL Modem，常见的 ADSL Modem 大都属于这种类型。这种 ADSL Modem 的性能最为强大，功能也较为丰富，有的还带有路由和桥接功能，其特点是安装与使用都非常简单，只要将各种线缆与其进行连接后即可开始工作。
- ❑ **USB ADSL Modem** 是在以太网 ADSL Modem 的基础上增加了一个 USB 接口，用户可以选择使用以太网接口或 USB 接口与计算机进行连接。
- ❑ **PCI ADSL Modem** 它属于内置式 ADSL Modem。相对于上面的两种外置式产品，该产品的安装稍微复杂一些，用户不仅需要打开计算机主机箱才能进行安装；而且它只有一个电话线接口，线缆的连接较为简单，并且还需要安装相应的硬件驱动程序。

13.5 无线网络设备

无线网络是利用无线电波作为信息传输媒介而构成的无线局域网（WLAN），而组建无线网络所使用的设备便称为无线网络设备。

13.5.1 无线网卡

无线网卡与普通网卡的功能相同，只是在工作时利用无线传输介质与其他无线设备进行连接，如图 13-27 所示。在与计算机的连接方式上，无线网卡与有线网卡的差别不大，也提供了 PCI 接口、USB 接口和 PCMCIA 接口等多种类型的无线网卡。

无线网卡所提供的传输速率不是有线网卡的 10/100/1000Mbps 等规格，而是根据网卡所使用无线网络传输标准的不同，提供了 11Mbps、54Mbps，以及 108Mbps 等“非常规”的传输速率。

在和无线网络传输相关的 IEEE802.11 系列标准中，无线网卡支持较广的标准主要有 802.11a、802.11b、802.11g 和新一代 802.11n 标准。

图 13-27 无线网卡

其中，802.11a 标准和 802.11g 标准的传输速率都是 54Mbps。但是，工作于 5GHz 工作频段的 802.11a 标准很容易和其他信号冲突，而工作在 2.4GHz 的 802.11g 标准则由于信号不易受到干扰，实际使用效果要好很多。

此外，工作在 2.4GHz 频段的还有 802.11b 标准。但是，由于其传输速率只有 11Mbps，所以随着 802.11g 标准产品的大量降价，802.11b 标准已经逐渐走入末流。

至于 Super G，则是一种基于 802.11g 传输标准，并采用 Dual-Channel Bonding 技术将两个无线通讯管道“结合”为一条模拟通讯管道进行数据传输，从而在理论上达到 108Mbps（两倍于 54Mbps）传输速率的技术。

13.5.2 无线 AP

无线 AP（Access Point 即无线接入点）是用于无线网络的无线交换机，也是无线网络的核心。无线 AP 是移动计算机用户进入有线网络的接入点，主要用于宽带家庭、大楼内部以及园区内部，典型距离覆盖几十米至上百米，目前主要技术为 802.11 系列。大多数无线 AP 还带有接入点客户端模式（AP Client），可以和其他 AP 进行无线连接，延展网络的覆盖范围。

1. 单纯型 AP 与无线路由器

单纯型 AP 的功能较为简单，只相当于无线交换机。无线 AP 主要提供无线工作站对有线局域网和从有线局域网对无线工作站的访问，在访问接入点覆盖范围内的无线工作站都可以通过它进行相互通信。

通俗地讲，无线 AP 是无线网和有线网沟通的桥梁。由于无线 AP 的覆盖范围是一个向外扩散的圆形区域，所以，组网时应尽量把无线 AP 放置在无线网络的中心位置，而且各无线客户端与无线 AP 的直线距离最好不要超过 30 米，以避免因通讯信号衰减过多而导致通信失败。

相比之下，无线路由器除了拥有 WAN 接口外（广域网接口），还有 4 个有线 LAN 接口（局域网接口）。它借助于路由器功能，可实现家庭无线网络中的 Internet 连接共享，实现 ADSL 和小区宽带的无线共享接入。另外，无线路由器可以把通过它进行无线和有线连接的终端都分配到一个子网，这样子网内的各种设备交换数据时就会变得非常方便，如图 13-28 所示。

2．组网拓扑图

图 13-28　单纯型 AP 无线路由器

无线路由器可以将 WAN 接口直接与 ADSL 中的 Ethernet 接口连接，然后将无线网卡与计算机连接，并进行相应的配置，实现无线局域网的组建，如图 13-29 所示。

由于单纯型无线 AP 接点没有拨号功能，所以只能在与有线局域网中的交换机或者宽带路由器连接后，才能实现无线局域网的组建，如图 13-30 所示。

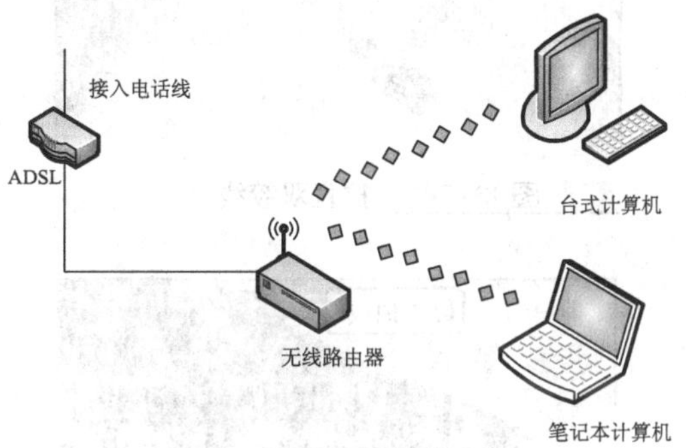

图 13-29　无线路由器组网拓扑图

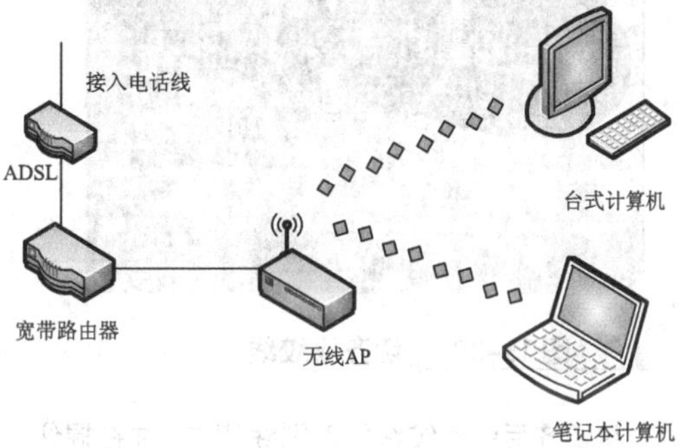

接入电话线
ADSL
台式计算机
宽带路由器
无线AP
笔记本计算机

图 13-30　单纯型无线 AP 组网拓扑图

13.5.3　无线上网卡

无线网卡和无线上网卡似乎是用户最容易混淆的无线网络产品，实际上它们是两种完全不同的网络产品。无线上网卡的作用、功能相当于调制解调器，可以在拥有无线电话信号覆盖的任何地方连接网络。

最早阶段，无线上网卡主要利用手机的 SIM 卡来连接到互联网，目前有中国移动推出的 GPRS 和中国联通推出的 CDMA 1X 两种不同类型。目前，无线上网卡主要应用在笔记本上，其接口主要有 USB 接口、PCMCIA 接口和 Express Card 接口等不同类型，如图 13-31 所示。

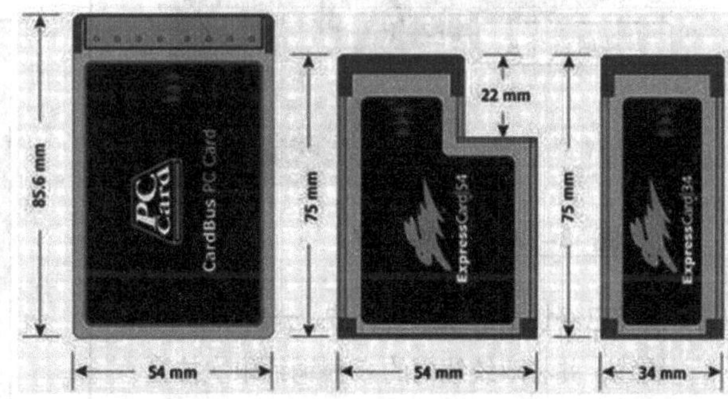

图 13-31　无线上网卡

13.6　课堂练习：制作交叉网线

双绞线是目前网络中最为常见的网络传输介质，制作时需要将其与专用的 RJ-45 连接器（俗称“水晶头”）进行连接。根据双绞线两端与水晶头连接方式的不同，利用双绞线可以制作出直通线和交叉线两种不同类型的网络，分别用于实现计算机与网络设备、计算机与计算机的连接。

操作步骤

1 首先，选择一根网线，将网线的一端置于网钳的切割刀片下后，切齐双绞线，如图 13-32 所示。

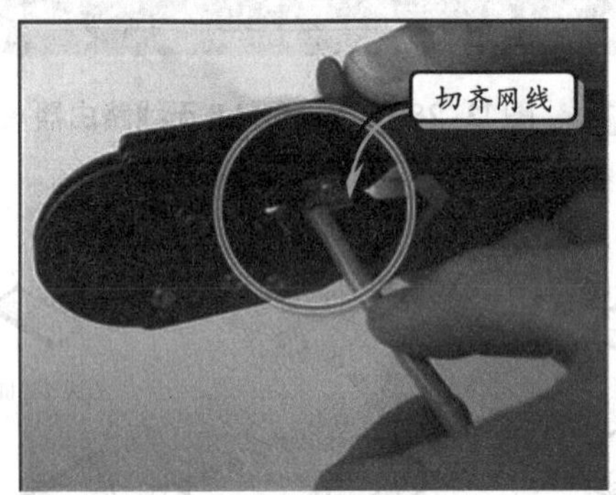

图 13-32 切齐双绞线

2 将切齐后的双绞线放入剥线槽内，并在握住网钳后轻微合力，再扭转网线，切下双绞线的外皮，如图 13-33 所示。

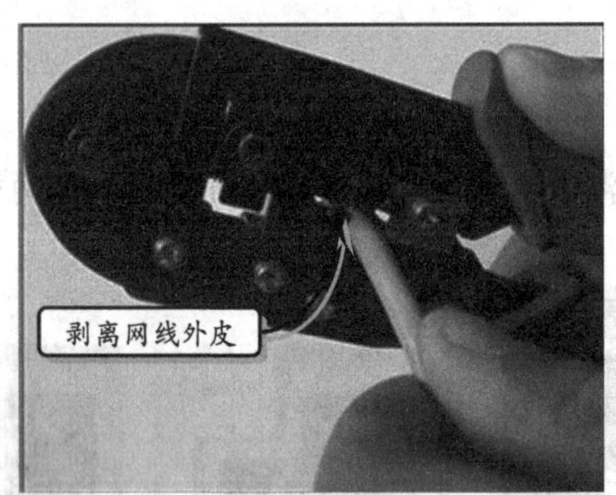

图 13-33 切除外皮

3 拔掉已经切下的双绞线外皮，分离所有的双绞线，并将双绞线内的 8 根铜线依次拉直，如图 13-34 所示。

4 按照 EIA/TIA 568A 的标准线序对 8 根铜线进行排列后，将铜线置于网钳切割片下，握住网钳合力将线端切齐，如图 13-35 所示。

5 用手捏住切齐后的 8 根铜线后，将水晶头裸露铜片的一面朝上，并将排列好的 8 根铜线推入水晶头内的线槽中，如图 13-36 所示。

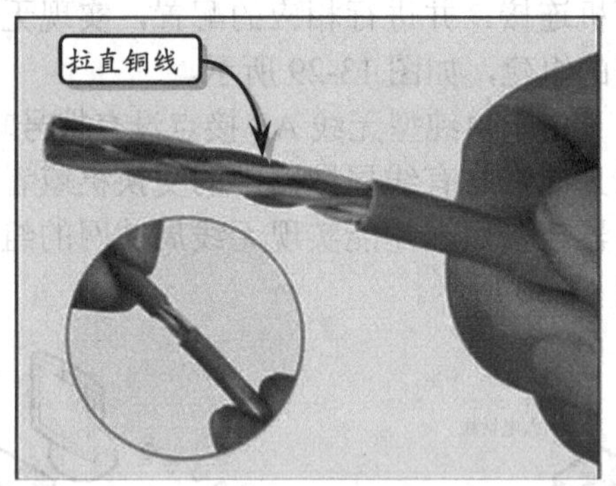

图 13-34 拉直双绞线

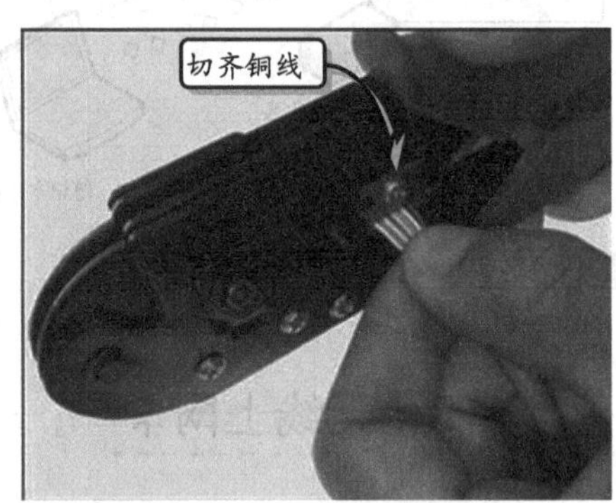

图 13-35 切齐铜线

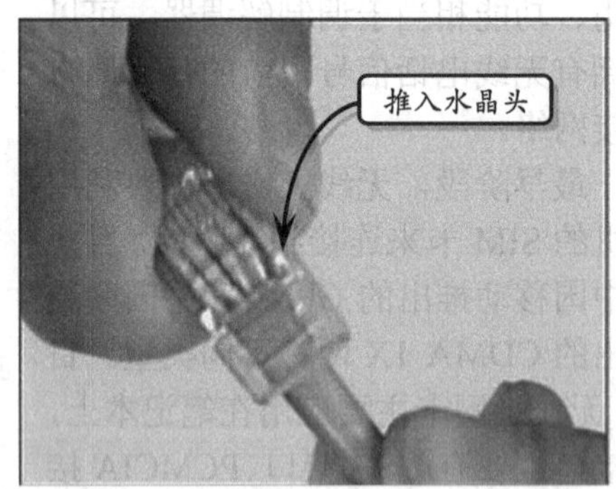

图 13-36 铜线插入水晶头中

6 确认 8 根铜线已经全部插入至水晶头线槽的顶端后，将其放入网钳的 RJ-45 压线槽内，并合力挤压网钳手柄，如图 13-37 所示。

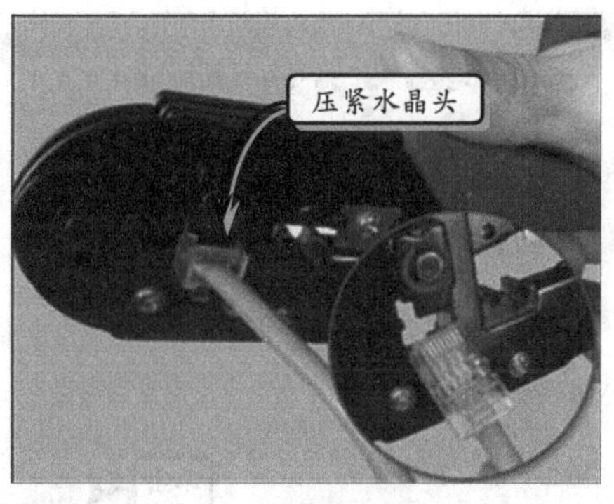

图 13-37 挤压水晶头

7 使用相同方法制作线序为 EIA/TIA 568B 的双绞线另一端，完成后即可得到一根可直接连接两台计算机的交叉线。

13.7 课堂练习：配置无线宽带路由器

随着无线网络的日益普及，越来越多的家庭用户开始使用无线路由器来连接网络，从而在多台计算机共享一条宽带线路的同时减少复杂的网络连线。在本练习中，将详细介绍配置无线宽带路由器的操作步骤。

操作步骤

1 启动 IE 浏览器，在地址栏中输入“192.168.1.1”或“192.168.1.0”地址，并按 Enter 键，进入登录页面，输入用户名和密码，如图 13-38 所示。

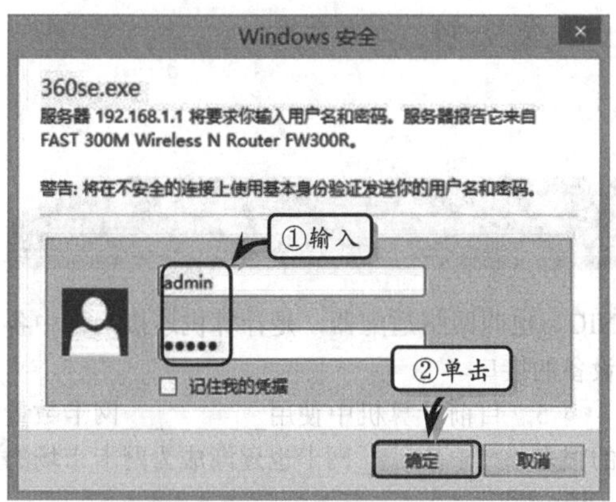

图 13-38 登录页面

2 在主界面中，选择左侧的【设置向导】选项，并单击【下一步】按钮，如图 13-39 所示。

3 在展开的列表中，选择以太网接入方式，在此选中【让路由器自动选择上网方式（推荐）】选项，并单击【下一步】按钮，如图 13-40 所示。

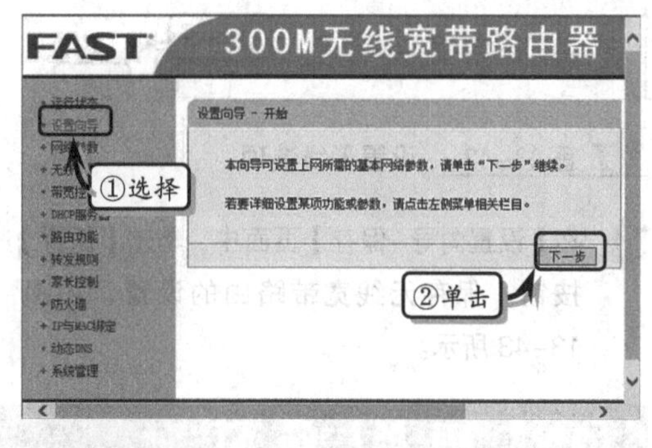

图 13-39 启动设置向导

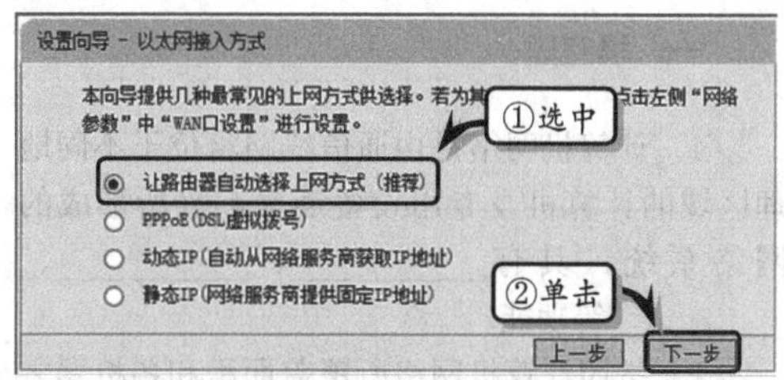

图 13-40 选择接入方式

4 此时，系统会自动检测网络环境，并显示【设置向导-PPPoE】页面，输入用户名和密码，并单击【下一步】按钮，如图 13-41 所示。

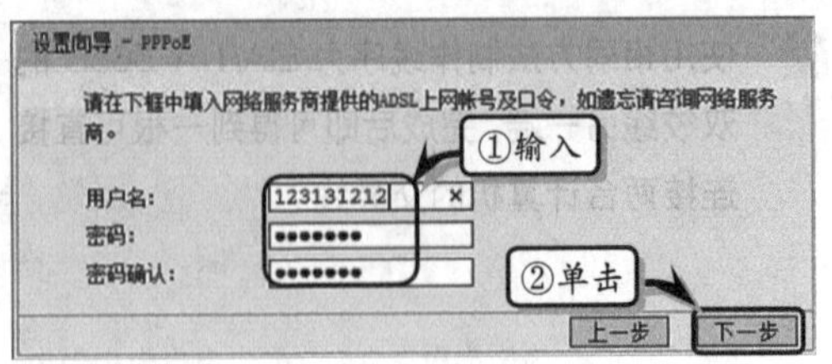

图 13-41 输入用户名和密码

5 在【设置向导-无线】页面中，设置无线网络的基本参数和加密方式，并单击【下一步】按钮，如图 13-42 所示。

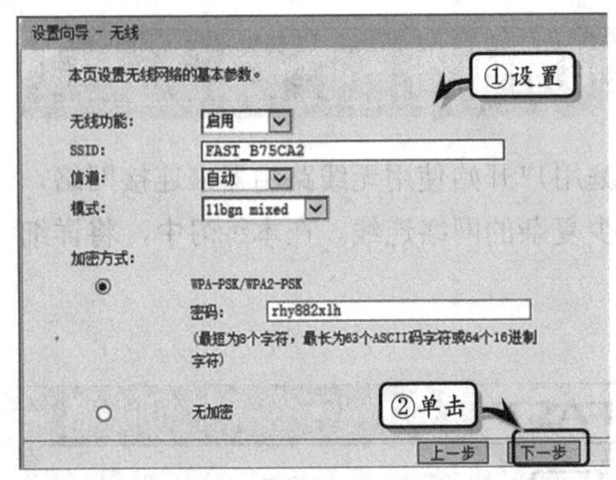

图 13-42 设置无线选项

6 在【设置向导-保存】页面中，单击【保存】按钮，保存无线宽带路由的设置，如图 13-43 所示。

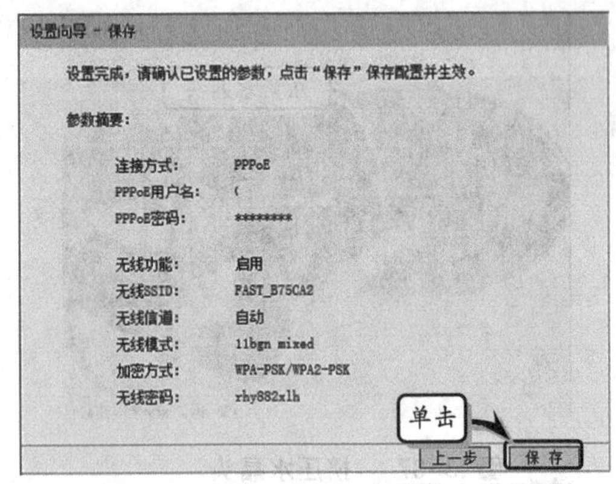

图 13-43 保存设置

7 此时，系统会自动设置无线路由器中的一些状态，单击【完成】按钮，完成无线路由器的配置，如图 13-44 所示。

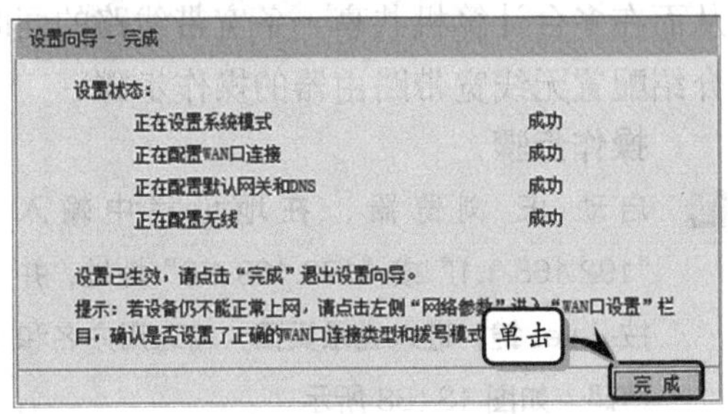

图 13-44 完成配置

13.8 思考与练习

一、填空题

1．计算机网络是由通信线路将位于不同地理区域的计算机及专用设备连接起来所形成的网络系统，具有________、________、________等功能。

2．按照计算机网络所覆盖面积和各机器之间相隔的距离进行分类，从而将计算机网络分成________、________和________。

3．在网络中，各站点相互连接的方法和形式称为________，目前主要有________、________、________、网状结构等多种不同的网络拓扑结构类型。

4．________（Network Interface Card，NIC）也叫网络适配器，是计算机连接网络中各设备的接口。

5．目前计算机中使用________网卡数量的很多，________网卡也逐渐成为网卡市场的主流。

6．传输介质可分为两类：________和________。

二、选择题

1．按照工作模式的不同，可以将网卡分为全双工网卡和______网卡。

A．单双工

B．半双工

C．双倍双工

D．三双工

2．网卡主要采用的接口主要是 RJ-45 接口、_______，以及使用无线技术的无线网卡。

A．光纤接口

B．网线接口

C．数据接口

D．PCI 接口

3．无线局域网的传输介质中应用最广泛的是______。

A．无线电波

B．红外线

C．激光

D．光电

4．宽带路由器是近几年来新兴的一种网络产品，具有动态主机配置协议、网络地址转换和_____等功能。

A．虚拟专用网

B．杀毒

C．备份数据

D．存储数据

5．光纤又称光导纤维或光缆，利用从_____或发光二极管发出的光波来进行数据传输，是目前在技术上最为先进的网络传输介质。

A．电阻

B．电容

C．激光器

D．红外线

6．_____传输的优点是保密性好，且对邻近区域的类似红外线不会产生干扰。

A．红外线

B．激光

C．光纤

D．无线电波

三、问答题

1．简述网络的功能。

2．网卡可分为哪几类？

3．什么是无线传输介质？

4．路由器具有哪些功能？

四、上机练习

使用 IPConfig 查看网络配置信息

IPConfig 实用程序可用于显示当前的 TCP/IP 配置信息，以便检验人工配置的 TCP/IP 设置是否正确，其应用方法如下。

在 Windows 8 系统中，右击【开始】按钮，执行【运行】命令，并在弹出的【运行】对话框中输入 cmd 命令，单击【确定】按钮，如图 13-45 所示。

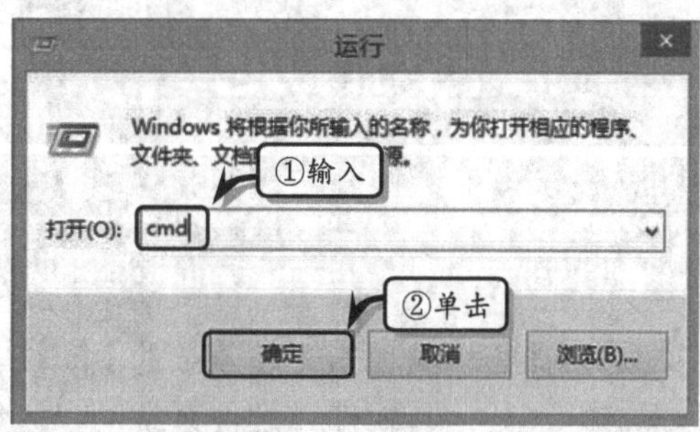

图 13-45　输入运行命令

在弹出的对话框中输入 ipconfig 命令，并按 Enter 键即可显示当前计算机的网络配置信息，如图 13-46 所示。

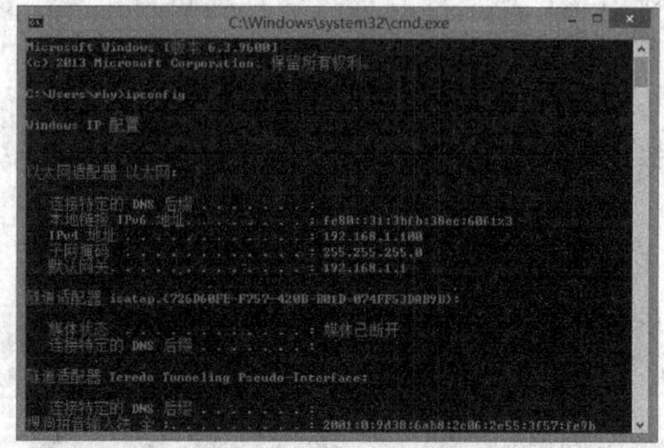

图 13-46　显示配置信息

第 14 章

保障措施——系统维护及故障排除

对于计算机这种精密而复杂的电子设备来讲，在使用过程中除了使用环境对其造成一定影响之外，其软件和硬件系统的一些细微故障也会影响计算机的正常运行。因此，在日常使用过程中，不仅需要注意对计算机进行必要的日常保养，还需要从硬件和软件这两个方面对其进行维护和故障排除。

在本章中，将对计算机的维护、优化方法，以及一些常见软硬件故障的产生原因、分析与排除方法等保障措施进行讲解，使每位用户都能够熟练掌握计算机维护与故障排除方法，从而更好地使用计算机。

本章学习内容：

- 日常维护须知
- 优化操作系统
- Windows 注册表
- 软件故障检测与排除
- 硬件故障检测与排除

14.1 日常维护须知

在使用计算机的过程中，计算机的日常维护极其重要。如果此项工作没有做好，轻则频繁出现各种各样的小故障，重则导致问题的集中爆发，此时不但会影响正常工作，还会造成很多难以估量的损失。

14.1.1 计算机对环境的要求

为保证计算机的正常运行，必须对温度、湿度及其他与外部环境有关的各种情况进行控制，以免因运行环境欠佳而导致计算机无法正常运行或损坏。

1. 保持合适的温度

计算机在启动后，其内部的各种元器件（尤其是各种芯片）都会慢慢升温，并导致周围环境内的温度上升。而且，过高的温度会加速电路内各个部件的老化，或引起芯片插脚脱焊，严重时还将烧毁硬件设备。

因此，在有条件的情况下应在机房内配置空调，否则应尽量保持室内空气的流通，以保证计算机的正常运行。

2. 保持合适的湿度

为了保证计算机的正常运行，计算机周围环境的空气湿度应保持在30%~80%的范围内。如果湿度过大，潮湿的空气不但会腐蚀计算机内的金属物质，还会降低计算机配件的绝缘性能，严重时还会造成短路，从而烧毁部件。

但是，如果湿度过低，则在关机后不利于计算机内部所存储电量的释放，从而产生大量静电。这些静电不但是计算机吸附灰尘的主要原因，严重时还会在某些情况下（如与人体接触）产生放电现象，从而击穿电路中的芯片，损坏计算机硬件。

3. 保持合适的温度

计算机在运行时，其内部产生的静电及各种磁场很容易吸附灰尘。这些灰尘不仅会影响计算机的散热，还会在湿度较大的情况下成为导电物质，从而引起短路，造成电路板的烧毁。

因此，对计算机及其周围环境的清洁极其重要，建议用户根据周围环境定期清理，以免因灰尘过多造成计算机损坏。

4. 保持稳定的电压

保持计算机正常工作的电压需求为220V，过高的电压会烧坏计算机的内部元件，而电压过低则会影响电源负载，导致计算机无法正常运行。

因此，计算机不能与空调、冰箱等大功率电器共用线路或插座，以免此类设备在工作时的瞬时高压影响计算机的正常运行。

提 示

为计算机配备UPS是一种优化电源环境的常用且实用的方法。

5. 防止磁场干扰

计算机中的存储设备很多都采用磁信号作为载体来记录数据，如硬盘等。当设备位于较强磁场内时，会因为磁场干扰而无法正常工作，严重时还会使保存的数据遭到破坏。

同时，磁场干扰还会使电路产生额外的电压电流，出现显示器偏色、抖动、变形等现象。因此，在计算机工作时，应避免附近存在强电设备；不要在计算机周围放置强磁场设备，如手机。另外，在计算机周围放置的多媒体音箱也应该选择防磁效果较好的产品，并要远离显示器。

14.1.2 安全操作注意事项

将计算机置于合适的环境中，是保证计算机正常运作的前提。此外，用户还需要掌握安全操作计算机的方法，因为只有这样才能够尽量避免计算机硬件故障的发生。

1. 电源

电源是计算机的动力之源，机箱内所有的硬件几乎都依靠电源进行供电。为此，我们应在使用计算机的过程中，注意一些与电源相关的问题。

例如，在计算机开机后，电源风扇会发出轻微而均匀的转动声，若声音异常或风扇停止转动，便要立即关闭计算机。否则，便会导致机箱内部的散热不均，如果继续使用则会损坏电源。

此外，电源风扇在工作时容易吸附灰尘，所以计算机在使用一段时间后，应对电源进行清洁，以免因灰尘过多而影响电源的正常工作。

提 示

定期为电源风扇转轴添加润滑油，可增加风扇转动时的润滑性，从而延长风扇寿命。

2. 硬盘

硬盘是计算机的数据仓库，包括操作系统在内的众多软件和数据都存储在硬盘内，其重要性不言而喻。

为了保证硬盘能够正常、稳定地工作，在硬盘进行读/写操作时，严禁突然关闭计算机电源，或者碰撞、挪动计算机，以免造成数据丢失。这是因为，硬盘的磁头在工作时会悬浮在高速旋转的盘片上，突然断电或碰撞都有可能造成磁头与盘片的接触，从而造成数据的丢失与硬盘的永久损坏。

3. 光驱

光驱（如图 14-1 所示）在使用一段时间后，激光头和机芯上往往会附着有很多灰尘，从而使光驱读盘能力下降，严重时光驱完全报废。

不过，如果能够遵照下面的方式来正确使用光驱，不但可以提高光驱的读盘能力，还能够适当延长光驱的使用寿命。

图 14-1 光驱内部结构

- ❑ **读盘** 光驱在读盘时不要强行弹出光盘，以免光驱内的托盘和激光头发生摩擦，从而损伤光盘与激光头。
- ❑ **防尘** 光驱要注意防尘，禁止使用光驱读取劣质光盘和带有灰尘的光盘。并且，在每次打开光驱托盘后，都要尽快关上，以免灰尘进入光驱。

- ❑ **清洁** 用户还需要定期对光驱激光头进行清洁，并对机芯的机械部位添加润滑油，以减小其工作时产生的摩擦力。

提 示

清洁光驱激光头可使用优质的清洁盘进行，而除笔记本光盘外，清洁光驱机械部件都需要打开光驱。因此对于不太熟悉光驱构造的用户来说，应避免强行拆卸光驱。

4. 显示器

显示器是计算机的重要输出设备之一，正确和安全地使用显示器，不但能够延长显示器的使用寿命，还能够保障使用者的身体健康。为此，在使用显示器的过程中，应当注意以下几点：

远离磁场干扰 显示器应远离磁场干扰，因为如果旁边有磁性物质，则容易使屏幕磁化，造成显示器所显内容发生变形。

- ❑ **注意环境** 不能将显示器置于潮湿的环境中工作，也不要将其长时间地放置于强光照射的地方。并且，在不使用计算机时，应使用防尘罩遮盖显示器，以免灰尘进入显示器内部。
- ❑ **关闭显示器** 关闭计算机后，应当待显示器内部的热量散尽后，再为其覆盖防尘罩。
- ❑ **清洁** 在使用一段时间后，还要清洁显示器外壳和屏幕上的灰尘。清洁时，可用毛刷或小型吸尘器去除显示器外壳上的灰尘，而显示器屏幕上的灰尘可以用镜面纸或干面纸从屏幕内圈向外呈放射状轻轻擦拭。

提 示

计算机配件市场内通常会有清洁套装出售，其清洁效果大都优于普通纸巾。

5. 鼠标和键盘

鼠标和键盘是用户操作计算机时接触最为频繁的硬件，由于它们长期曝露在外，所以很容易积聚灰尘。此外，由于使用频繁，键盘和鼠标上的按键也很容易损坏，所以在使用时应当注意以下几点：

- ❑ **清洁** 首先是定期清洁键盘和鼠标的表面、按键之间，以及缝隙内的灰尘和污垢，并定期清洗鼠标垫。
- ❑ **键盘使用事项** 是在使用键盘时，按键的动作和力度要适当，以防机械部件受损后失效，并在关闭计算机后为其覆盖防尘罩。
- ❑ **鼠标使用事项** 在使用鼠标时，应尽量避免摔、碰、强力拉线等操作，因为这些操作是造成鼠标损坏的主要原因。

14.2 优化操作系统

操作系统是计算机的灵魂，是人机互动的窗户，用户的全部操作几乎都是在操作系统中进行的。因此，维护操作系统的稳定，是用户使用计算机所必不可少的一项任务。

在本小节中，将详细介绍使用操作系统内置的任务管理器、系统配置使用程序和一些优化软件，通过查看和结束一些任务、进程或调整使用程序来优化操作系统的操作方法和技巧。

14.2.1 使用任务管理器

任务管理器能够显示操作系统当前正在运行的程序、进程和服务。可以使用任务管理器监视计算机的性能或关闭没有响应的程序。例如在查看程序运行状态后，终止已经停止响应的程序进程。此外，用户还可在任务管理器内查看 CPU、内存和网络的使用情况，从而了解整个系统的运行状况。

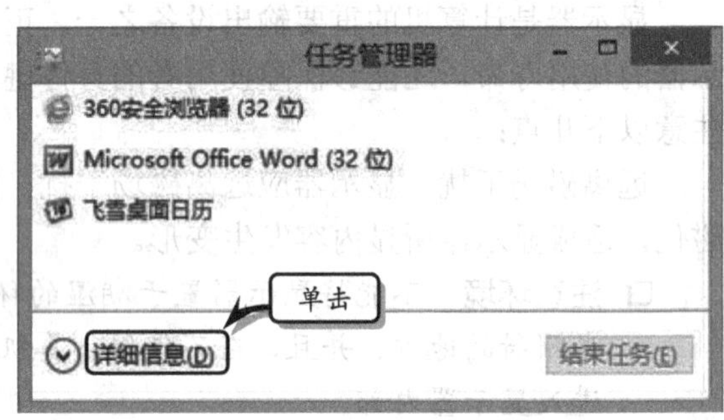

图 14-2 简略信息模式

1. 查看应用程序运行状况

启动任务管理器后，在【任务管理器】对话框中，只显示了简略信息模式，此时可以单击【详细信息】按钮，如图 14-2 所示，进入到详细信息页面中。

在详细信息模式下的【进程】选项卡中的【后台进程】组中，显示了系统内正在运行的进程，包括所有应用程序和系统服务，如图 14-3 所示。在【进程】组中，默认显示进程名称、状态、CPU、内存使用、磁盘使用及网络使用 6 项内容。

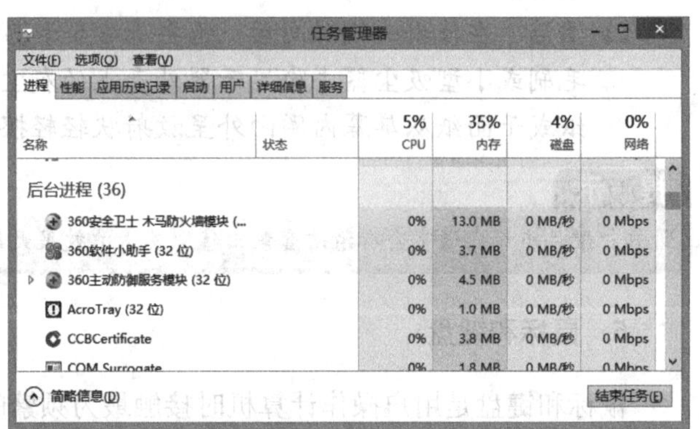

图 14-3 查看进程

2. 查看服务

在【任务管理器】对话框中的【服务】选项卡内，如图 14-4 所示，列出了系统中所有服务的名称、PID（进程标识符）、服务描述信息、工作状态和工作组信息。单击【打开服务】按钮，可在弹出的对话框内了解服务详细信息，并对其进行设置。

图 14-4 查看服务选项

3. 查看性能

在【任务管理器】对话框中的【性能】选项卡内，【CPU】两个图表显示了此刻及过去几分钟内 CPU 的使用情况，如图 14-5 所示。【内存】【磁盘】和【以太网】图表，则显示了当前及过去几分钟内所使用内存、磁盘和网络的数量（以 MB 为单位）。

另外，单击【打开资源监视器】按钮，可在弹出的【资源监视器】对话框中，查看不同进程下的 CPU、磁盘、网络和内存的使用情况，如图 14-6 所示。

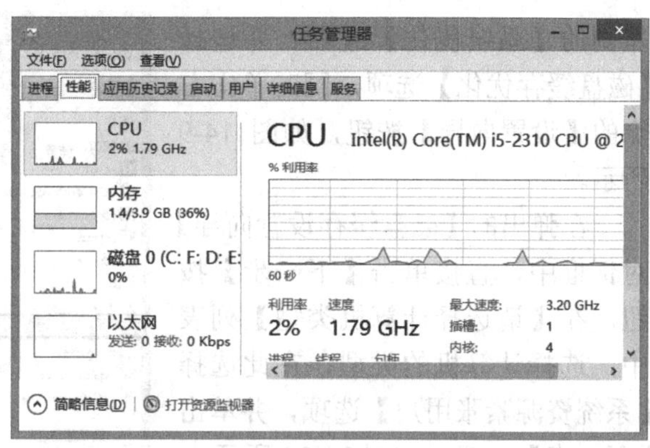

图 14-5 查看性能选项

4. 查看启动和详细信息

在【任务管理器】对话框中的【启动】选项卡内，显示了当前计算机启动时所加载的任务进程，选择列表中的某项任务，单击【禁用】按钮，可禁止该任务在启动计算机时自动运行，如图 14-7 所示。

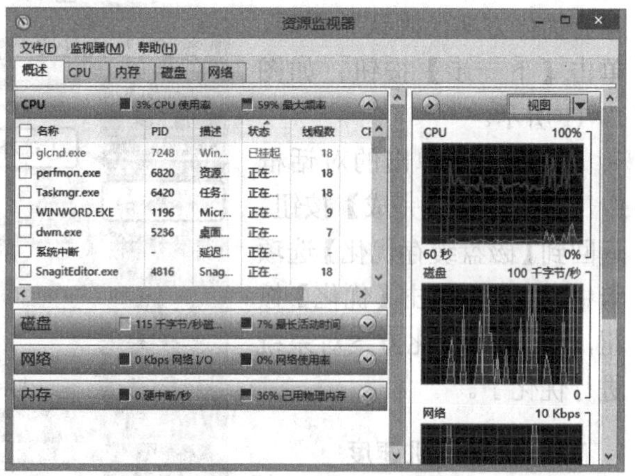

图 14-6 【资源监视器】对话框

另外，在【任务管理器】对话框中的【详细信息】选项卡内，显示了当前计算机中所有任务的名称、PID、状态、用户名、CPU、内存和描述等信息。选择某个任务，单击【结速任务】按钮，结束该任务的进程运行，如图 14-8 所示。

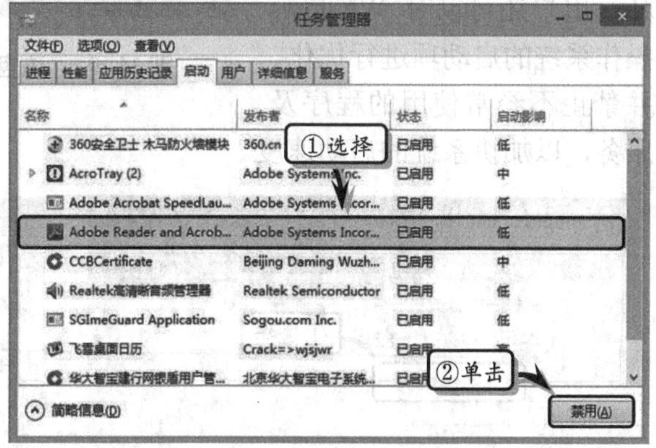

图 14-7 查看启动选项

14.2.2 使用优化软件

当今市场中，专注于系统优化功能的软件很多，较为知名的软件有 Windows 优化大师、超级兔子、鲁大师、360 安全卫士等。通过使用这些优化软件不仅可以轻松地完成优化系统设置和提升系统的启动时间，而且还可以提升系统的运行速度。在本小节中，将以 Windows 优化大师软件为例，详细介绍使用优化软件优化系统的操作方法和技巧。

1. 优化磁盘缓存

磁盘缓存是影响计算机数据读取与写入的重要因素。启动 Windows 优化大师，选择左侧的【系统优化】选项，并选择【磁盘缓存优化】选项，同时单击右侧的【设置向导】按钮，如图 14-9 所示。

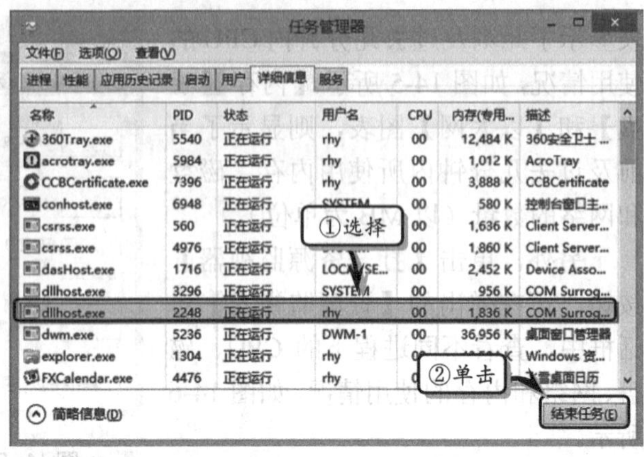

图 14-8　结束进程

在弹出的【磁盘缓存设置向导】对话框中，直接单击【下一步】按钮。在【请选择计算机类型】列表中，选择计算机的类型，在此选择【系统资源紧张用户】选项，并单击【下一步】按钮，如图 14-10 所示。

此时，Windows 大师会列出推荐的优化方案，确认无误后，单击【下一步】按钮，如图 14-11 所示。

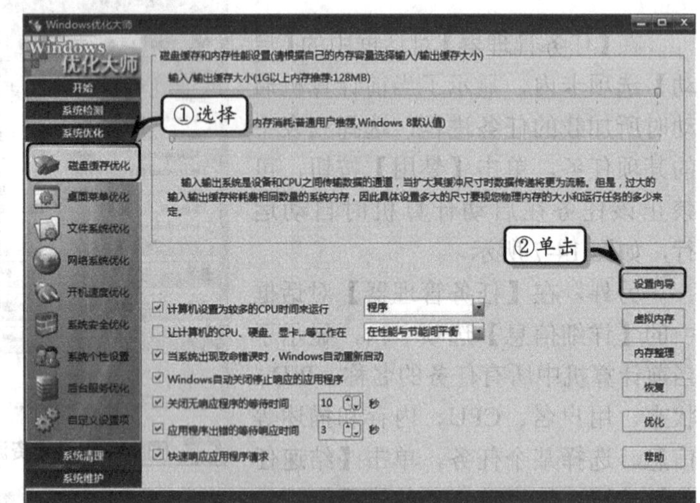

图 14-9　磁盘缓存优化选项

然后，在弹出的对话框中，直接单击【完成】按钮，返回到【磁盘缓存优化】选项卡中。此时，单击【优化】按钮，即可按照优化方案对系统进行优化了。

2．优化开机速度

通过 Windows 优化大师，用户还可以对 Windows 操作系统的启动项进行优化，并禁止不经常使用的程序及服务，以加快系统的启动速度。

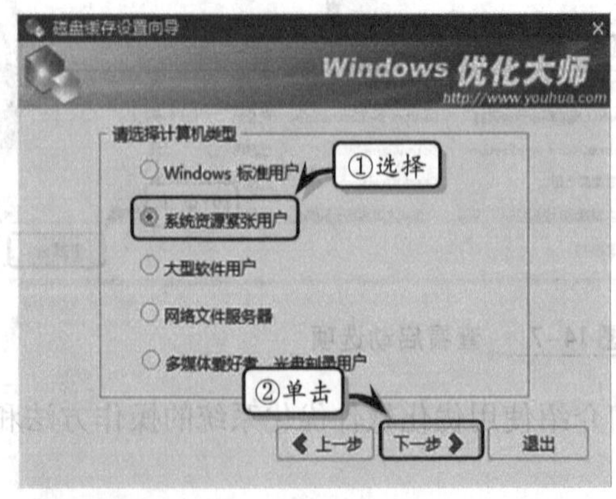

图 14-10　选择计算机类型

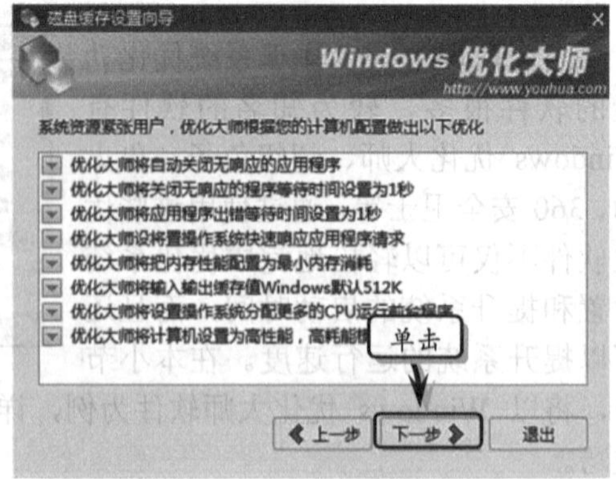

图 14-11　查看优化方案

在【Windows 优化大师】对话框中，选择左侧【系统优化】选项卡中的【开机速度优化】选项，此时系统会自动检测操作系统，并在列表框中列出开机时需要运行的项目，如图 14-12 所示。

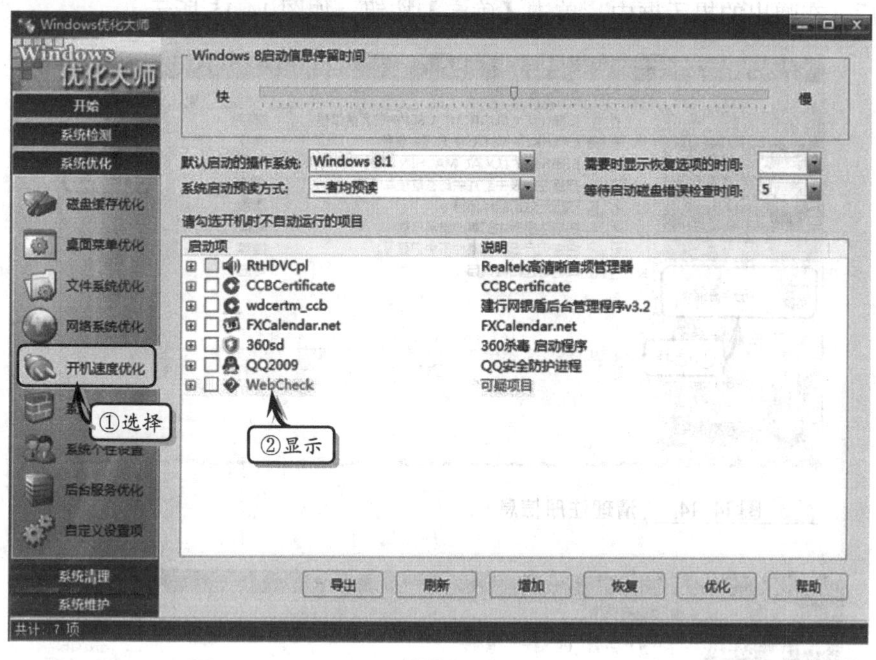

图 14-12 显示开机运行项目

此时，用户只需在【请勾选开机时不自动运行的项目】列表框中，启用相应项目前面的复选框，单击【优化】按钮，即可优化开机速度，如图 14-13 所示。

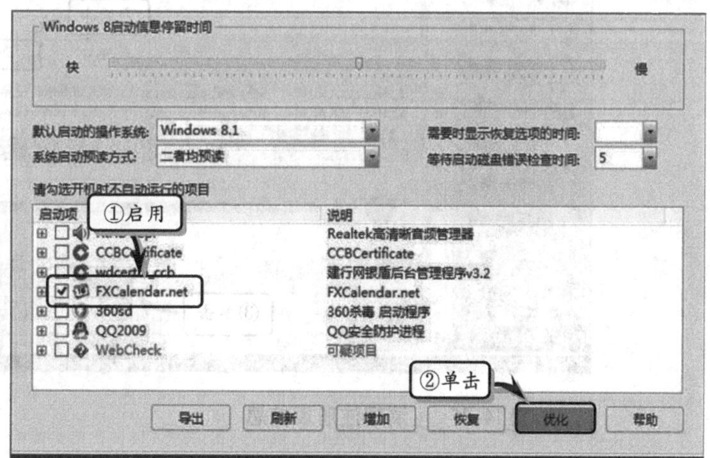

图 14-13 优化开机速度

提 示

在【Windows 优化大师】对话框中的【系统优化】选项卡中，用户还可以通过选择【后台服务】选项，对计算机的后台服务进行优化。

3. 清理注册表信息

计算机在长期运行之后，会产生一些垃圾，例如安装卸载软件时候的注册表信息垃圾，以及磁盘中的文件碎片等垃圾。此时，可在【Windows 优化大师】对话框中，选择【系统清理】选项卡中的【注册信息清理】选项，在【请选择要扫描的项目】列表框中启用需要清理的选项，并单击【扫描】按钮，如图 14-14 所示。

此时，软件会自动按照所勾选的扫描项目，进行扫描。扫描完成之后，会列出所有需要清理的注册表信息。仔细查看注册表信息，确认无误之后，单击【全部删除】按钮，删除扫描的注册表信息。并在弹出的提示对话框中，单击【否】按钮，不备份注册表信息。随后，在弹出的提示框中，单击【确定】按钮，如图 14-15 所示。

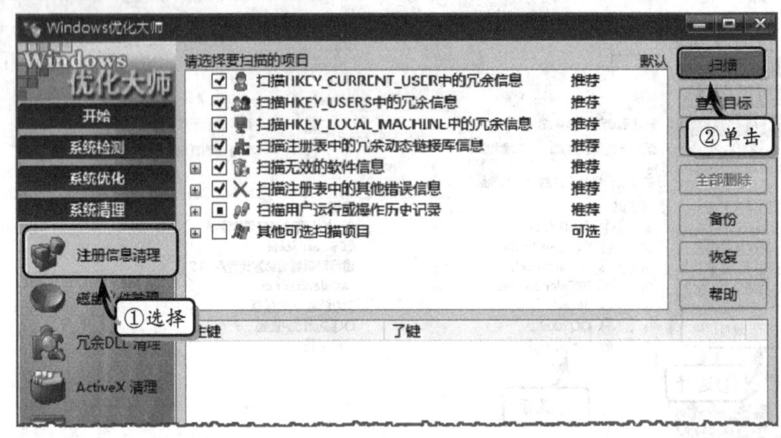

图 14-14 清理注册信息

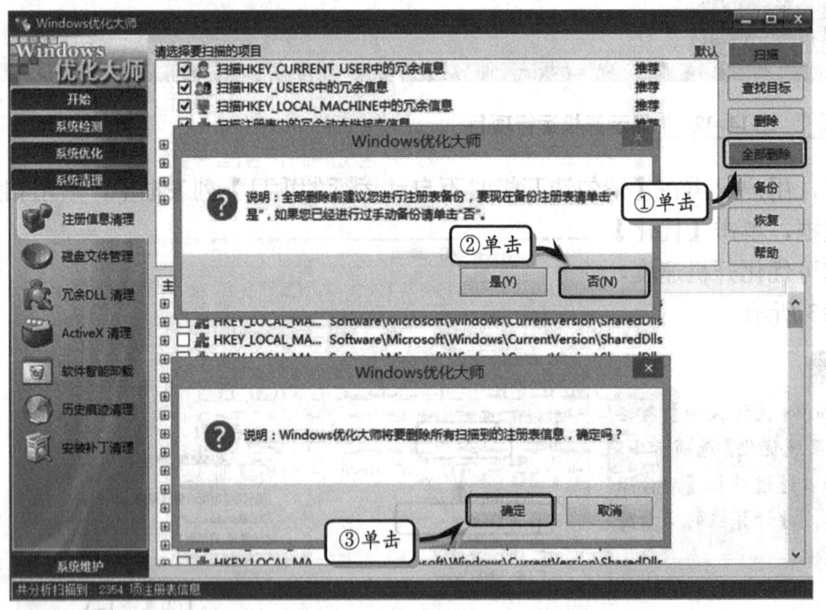

图 14-15 清理注册表信息

4．磁盘文件管理

在【Windows 优化大师】对话框中，选择【系统清理】选项卡中的【磁盘文件管理】选项，选择需要清理文件的磁盘盘符，并单击【扫描】按钮，如图 14-16 所示。

此时，Windows 大师自动分析需要扫描的磁盘，并在列表框中列出扫描后需要删除的磁盘中一些缓存文件或需要删除的 TMP 文件。单击【全部删除】按钮，在弹出的提示对话框中单击【确定】按钮，删除所有扫描后的文件，如图 14-17 所示。

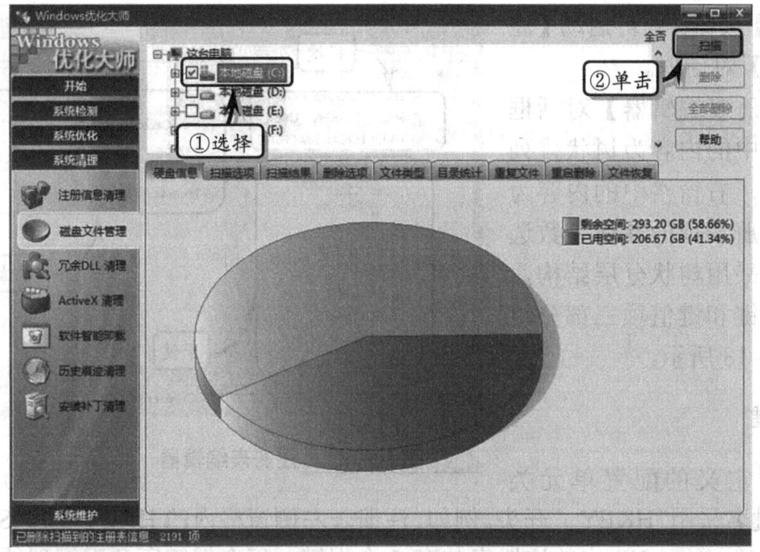

图 14-16　选择磁盘

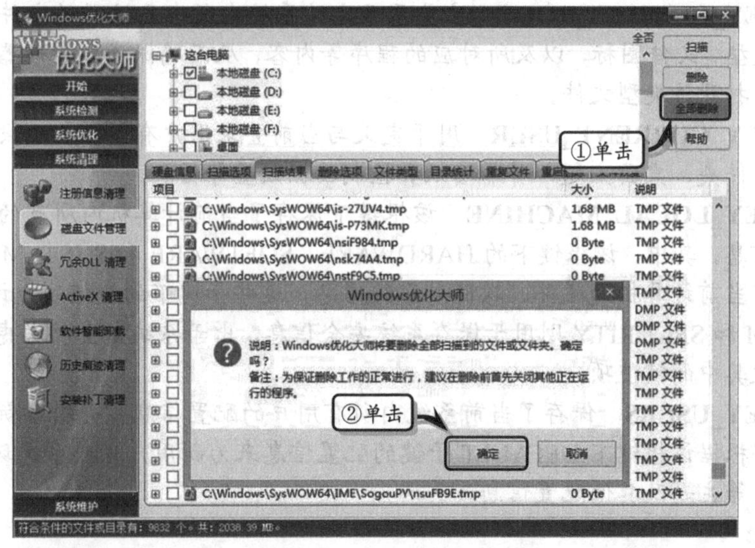

图 14-17　删除扫描文件

14.3　Windows 注册表

注册表是 Windows 操作系统的核心数据库，因此在对操作系统进行维护和设置中，很多操作都会涉及到注册表。通常情况下，注册表是由操作系统自主管理，但用户也可以通过软件或手工修改注册表信息，从而达到维护、配置和优化操作系统的目的。

14.3.1　注册表应用基础

注册表编辑器是用户修改和编辑注册表的工具，在【运行】对话框内输入 regedit 后，单击【确定】按钮，即可启动【注册表编辑器】对话框。

在【注册表编辑器】对话框中，左窗口中的内容为树状排列的分层目录，右窗格中的内容为当前所选注册表项的具体参数选项。注册表采用树状分层结构，由根键、子键和键值项三部分组成，如图 14-18 所示。

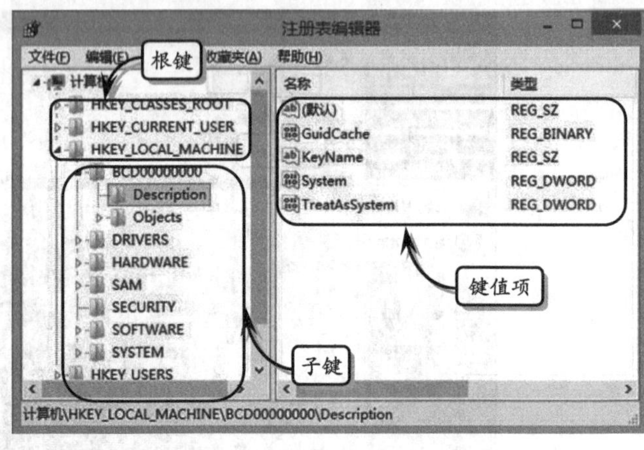

图 14-18 注册表编辑器

1. 根键

系统所定义的配置单元类别，特点是键名采用“HKEY_”开头。例如，注册表左侧窗格内的 HKEY_CLASSES_ROOT 即为根键。Windows XP 内的注册表共有 5 个根键，每个根键所负责管理的系统参数各不相同，分别如下：

- **HKEY_CLASSES_ROOT** 主要用于定义系统内所有已注册的文件扩展名、文件类型、文件图标，以及所对应的程序等内容，从而确保资源管理器能够正确显示和打开该类型文件。
- **HKEY_CURRENT_USER** 用于定义与当前登录用户有关的各项设置，包括用户文件夹、桌面主题、屏幕墙纸和控制面板设置等信息。
- **HKEY_LOCAL_MACHINE** 该根键下保存了当前计算机内所有的软、硬件配置信息。其中，该根键下的 HARDWARE、SOFTWARE 和 SYSTEM 子键分别保存有当前计算机的硬件、软件和系统信息，这些子键下的键值项允许用户修改；SAM 和 SECURITY 则用于保存系统安全信息，出于系统安全的考虑，用户无法修改其中的键值项。
- **HKEY_USERS** 保存了当前系统内所有用户的配置信息。当增添新用户时，系统将根据该根键下.DEFAULT 子键的配置信息来为新用户生成系统环境、屏幕、声音等主题及其他配置信息。

提 示

HKEY_CLASSES_ROOT 根键中的内容与 HKEY_LOCAL_MACHINE 根键内 SOFTWARE\Classes 子键下的内容相同，依次打开两者后便可以看到一模一样的内容。

- **HKEY_CURRENT_CONFIG** 该根键内包含了计算机在本次启动时所用到的各种硬件配置信息。

2. 子键

子键位于左窗格中，以根键子目录的形式存在，用于设置某些功能，本身不含数据，只负责组织相应的设置参数。

3. 键值项

位于注册表编辑器的右窗格内，包含计算机及其应用程序在执行时所使用的实际数据，由名称、数据类型和数据三部分组成，并且能够通过注册表编辑器进行修改。一般情况下，键值项的数据类型分为以下几种：

- **REG_SZ（字符串值）** 这是注册表内最为常见的一种数据类型，由一连串的字符与数字组成，通常用于记录名称、路径、标题、软件版本号和说明性文字等信息。
- **REG_MULTI_SZ（多重字符串值）** 该数据类型用于记录那些含有多个不同数据的键值项，每项之间用空格、逗号或其他标记分开。
- **REG_EXPAND_SZ（可扩充字符串值）** 这是一种可扩展的字符串类型，不过系统会将 REG_EXPAND_SZ 内的信息当作变量看待，而这是该类型键值项与 REG_SZ 所不同的一点。
- **REG_DWORD（DWORD 值）** 该类型的数据由 4 个字节的数值所组成，通常用于表示硬件设备和服务的参数。在注册表编辑器中，用户可以根据需要以二进制、十六进制或十进制的方式来显示该类型的数据，如图 14-19 所示。

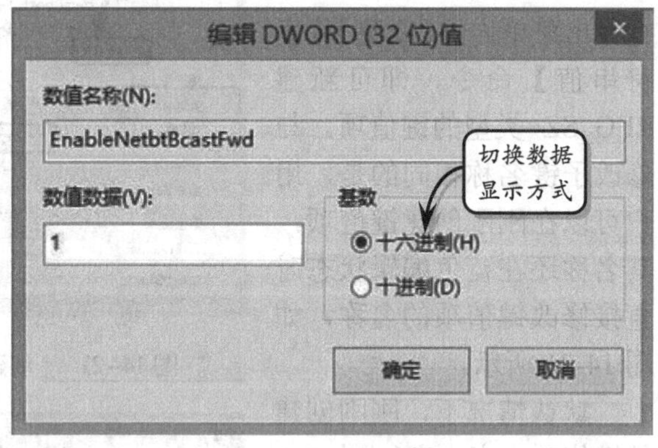

图 14-19 DWORD 值类型

- **REG_BINARY（二进制值）** 这是一种与 REG_DWORD 极其类似的数据类型，两者间的差别在于：REG_BINARY 内的数据可以是任意长度，而 REG_DWORD 内的数据则必须控制在四个字节以内。

14.3.2 编辑注册表

在对注册表和注册表编辑器有了一定认识后，接下来将学习编辑注册表的方法。

1. 新建子键

根据使用需求，用户只需右击左窗格内的树状目录选项，并在弹出的快捷菜单内执行【新建】|【项】命令，即可在所选根键或子键下创建新的子键。如果需要修改子键名称，可以在刚刚创建子键，其名称还在蓝色编辑状态时直接进行修改，如图 14-20 所示。

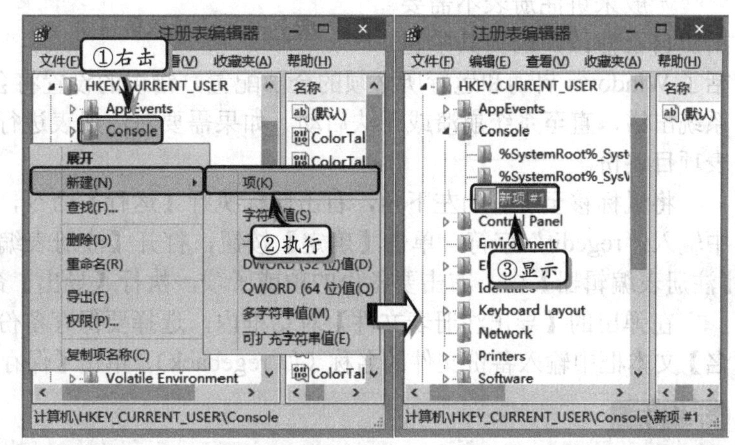

图 14-20 新建子键

提　示

在注册表编辑器中，并不是所有的根键和子键下都能够创建子键或键值项，例如除了上面所介绍的HKEY_LOCAL_MACHINE\SAM 和 HKEY_LOCAL_MACHINE\SECURITY 子键外，HKEY_USERS 根键下也不允许创建子键和键值项。不过，如果有需要，用户可以在 HKEY_USERS\DEFAULT 子键下创建新的子键或键值项。

2. 创建和修改键值项

右击根键或子键后，执行弹出菜单内的【新建】|【字符串值】命令，即可新建 REG_SZ 类型的键值项。与修改子键名称相同的是，用户可以在刚刚创建键值项，其名称还在蓝色编辑状态时直接修改键值项的名称，如图 14-21 所示。

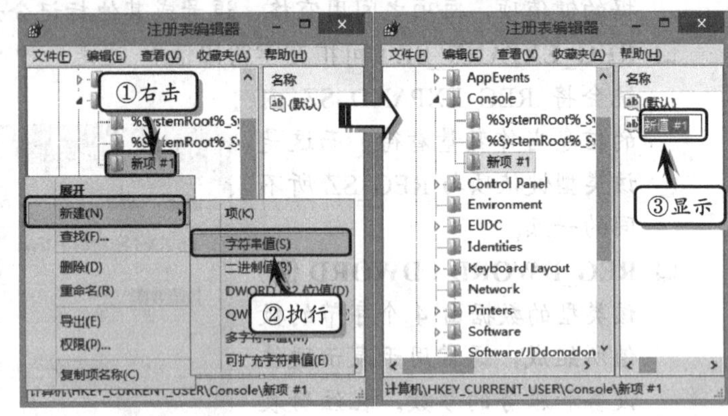

图 14-21　创建字符串值

默认情况下，刚刚创建的键值项内容为空(或为 0)。此时，双击键值项的名称，即可在弹出的对话框内修改键值项的内容，如图 14-22 所示。

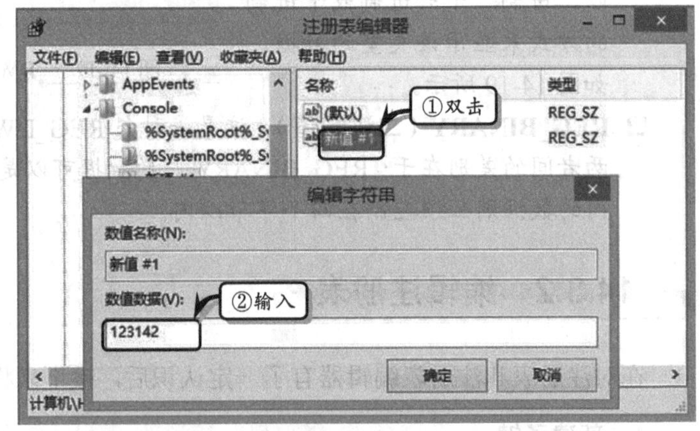

图 14-22　修改键值项

14.3.3　备份注册表

一般来讲注册表不需要用户自己修改，因为其中包括了 Windows 启动和运行所必须的全部配置，错误的设置将会导致应用程序无法运行、系统出错，直至系统崩溃或无法启动。如果需要对注册表进行编辑，务必事先进行注册表项目备份。

将鼠标移至屏幕的左下角，右击鼠标执行【运行】命令，在弹出的【运行】对话框中输入“regedit”字符，单击【确定】按钮，打开【注册表编辑器】对话框。然后，在【注册表编辑器】中，右击要备份的项或子项，执行【导出】命令，如图 14-23 所示。

在弹出的【导出注册表文件】对话框内，选择要保存备份副本的位置，并向【文件名】文本框中输入备份文件的名称（如 regeback），单击【保存】按钮，如图 14-24 所示。

提　示

备份完注册表之后，用户找到导出为.reg 格式的文件，右击执行【合并】命令，在弹出的对话框内确认操作后，即可将该注册表文件内的各项信息覆盖现有的信息。

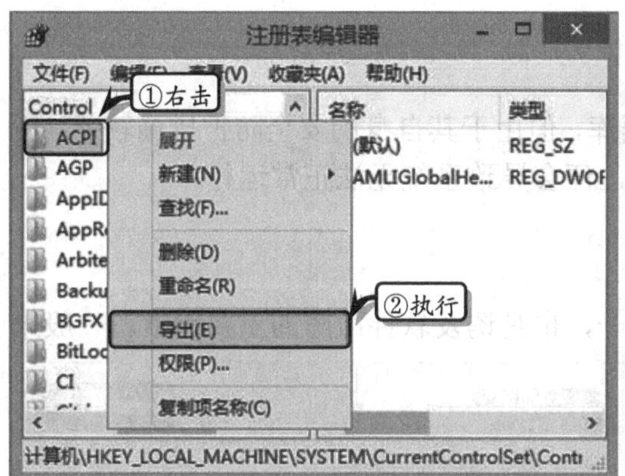

图 14-23 选择导出项

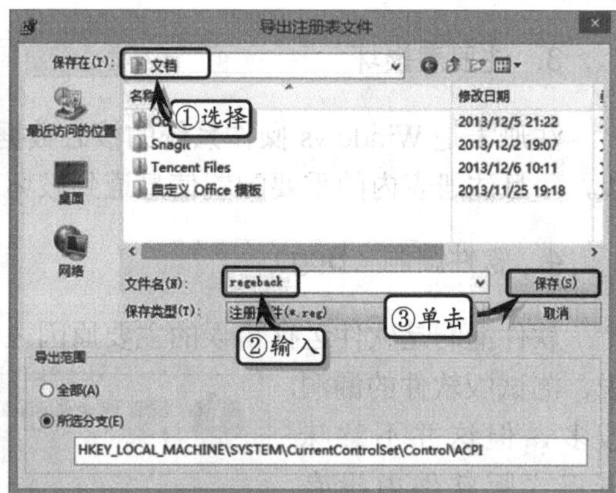

图 14-24 保存注册表信息

14.4 软件故障检测与排除

软件故障是指由软件所引起的计算机故障，主要表现为软件无法运行、屏幕上出现乱码，甚至在应用软件运行过程中出现死机等情况。一般来说，软件故障不会损坏计算机硬件，但在检测和排除故障时要复杂一些。

14.4.1 软件故障产生的原因

随着操作系统内软件数量的日益增多，不同软件间的相互干扰使得软件故障的产生原因变得越来越复杂，但大体上还是可以将其归纳为以下 5 个方面。

1. 感染病毒

计算机一旦遭到病毒的侵袭，病毒便会逐渐吞噬硬盘空间，并降低系统运行速度。此外，病毒还会修改特定类型文件的内容，而这正是导致计算机出现软件故障的重要因素之一，严重时将导致系统无法启动。

提 示

禁用注册表编辑器是很多病毒和恶意软件保护自己的惯用伎俩。

2. 系统文件丢失

绝大多数的系统文件都是操作系统在启动或运行过程中必须要用到的文件，其重要性不言而喻。因此，当用户由于误操作而导致系统文件丢失后，系统便会迅速提示（或在下次重新启动时）缺少文件。但是，如果缺失的文件较为重要，则会马上导致系统崩溃，并无法再次启动。

提 示

默认情况下，Windows XP 操作系统会将重要文件备份在“C:\windows\system32\dllcache”目录内（假设操作系统安装在 C 盘）。

3．注册表损坏

注册表是 Windows 操作系统的核心数据库，但由于其自身的安全防护措施较差。所以，一旦注册表内的重要配置信息遭到破坏，便会导致系统无法正常运行。

4．软件漏洞（Bug）

软件漏洞是软件运行错误的主要原因之一，也是诱发软件故障的重要因素。一般来说，测试版软件的漏洞较多，但这并不意味着正式版软件内没有漏洞。

此外，不同软件漏洞对计算机产生的危害也不相同。例如，普通漏洞可能只会导致软件无法正常运行，而较为严重的漏洞则会导致计算机被他人非法控制，如图 14-25 所示。

发现 19 个高危漏洞，需要立即修复。
共选择了 19 个补丁，共需下载 815.17 MB。
返回 重新扫描 立即修复

高危漏洞 19个
这些漏洞可能会被木马、病毒利用，破坏您的电脑，请立即修复。

补丁	日期	大小
KB2584052 - Office 2003远程代码执行漏洞	2011-09-14	5.34MB
KB2817491 - Office 2013 远程代码执行漏洞	2013-06-25	82.41MB
KB2810009 - Access 2013 远程代码执行漏洞	2013-09-11	4.97MB
KB2817623 - Office 2013 远程代码执行漏洞	2013-10-09	11.88MB
KB2827238 - Excel 2013 远程代码执行漏洞	2013-10-09	91.68MB
KB2837618 - Outlook 2013 信息泄露漏洞	2013-11-12	89.58MB
KB2863910 - Word 2013 远程执行代码漏洞	2014-04-08	167.20MB

推荐选项 补丁管理 导出漏洞信息 忽略 清理补丁安装包 设置

图 14-25 安全软件发现漏洞

5．系统无法满足软件需求

任何软件都会对运行环境有一定的要求，例如操作系统版本、硬件配置等。也就是说，如果计算机无法满足软件正常运行的需求，那么多数情况下该软件将无法正常运行，如图 14-26 所示的 Word 2007 对系统运行环境的需求列表。

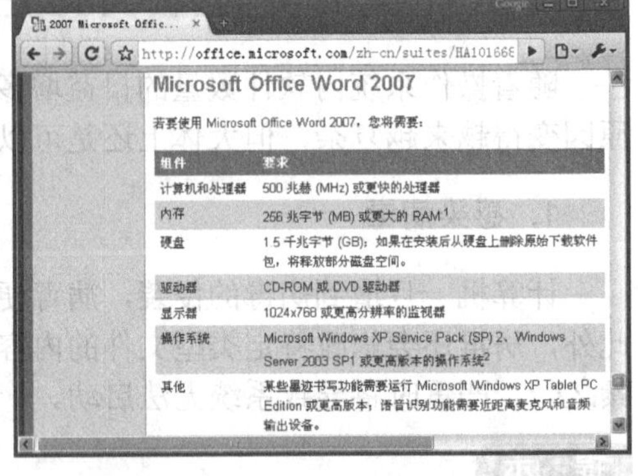

Microsoft Office Word 2007

若要使用 Microsoft Office Word 2007，您将需要：

组件	要求
计算机和处理器	500 兆赫 (MHz) 或更快的处理器
内存	256 兆字节 (MB) 或更大的 RAM[1]
硬盘	1.5 千兆字节 (GB)：如果在安装后从硬盘上删除原始下载软件包，将释放部分磁盘空间。
驱动器	CD-ROM 或 DVD 驱动器
显示器	1024x768 或更高分辨率的监视器
操作系统	Microsoft Windows XP Service Pack (SP) 2、Windows Server 2003 SP1 或更高版本的操作系统[2]
其他	某些墨迹书写功能需要运行 Microsoft Windows XP Tablet PC Edition 或更高版本；语音识别功能需要近距离麦克风和音频输出设备。

图 14-26 软件对运行环境的需求列表

14.4.2 软件故障的排除

当计算机出现软件故障时，通常情况下系统都会给出相应的提示信息。一般来说，在仔细阅读提示信息的基础上，根据提示信息所涉及的内容，适当调整软件设置，便可以确定出现故障的软件，并轻松排除软件故障。下面，便将介绍一些常见软件故障的排除方法。

1．BIOS 设置错误

❑ 故障现象

计算机在最初的 POST 自检过程中暂停，屏幕中央出现内容为“Floppy disk（s） fail（40）”的提示信息，屏幕下方的提示信息为“Press F1 to continue，DEL to enter SETUP”

（其中的“F1”和“DEL”为高亮显示）。

❑ 故障分析

第一句提示信息的字面意思为“软盘失败”，由于此时计算机处于POST自检过程，所以可以将其理解为软盘驱动器（软驱）故障。但是，由于该设备已被淘汰，绝大多数计算机上都不存在该设备，所以可以判断为BIOS设置错误。

提 示

在BIOS中，用户可以对POST自检程序的部分检测内容进行设置。因此，当计算机在未安装软驱的情况下提示软驱错误，多数是BIOS内的相关设置出现了错误。

❑ 故障排除

方法一：按F1键忽略该错误，此时计算机将继续之前所暂停的工作，直至完全启动计算机（由第二条提示信息的前半部分可知）。不过，由于未能排除故障，所以在下次启动时仍会出现该错误。

方法二：按Delete键进入BIOS设置程序，然后将Main选项卡内的Legacy Diskette A选项设置为Disabled，如图14-27所示。完成后，按F10键保存退出后即可解决该问题。

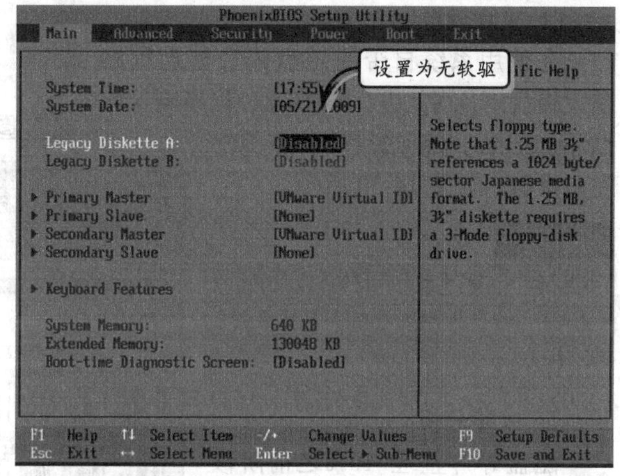

图14-27 关闭软盘驱动器

提 示

虽然不同计算机、不同BIOS的进入方法与设置方法并不相同，但上述故障的排除方式却是通用的。

2. IE浏览器运行时出现脚本错误

❑ 故障现象

使用IE浏览部分网页时弹出提示信息对话框，内容为“出现运行错误，是否纠正错误”，在单击【否】按钮后可继续浏览网页。但是，再次访问该页面时仍会出现提示信息，如图14-28所示。

❑ 故障分析

有可能是网站（页）本身有问题，多数为代码不规范所致；也可能是IE不支持部分脚本所致。

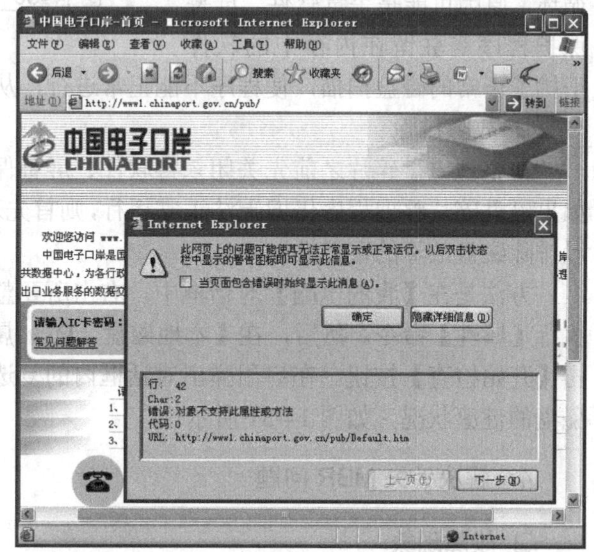

图14-28 IE浏览器错误提示对话框

❑ **故障排除**

方法一：启动 IE 浏览器后，执行【工具】|【Internet 选项】命令，然后启用【高级】选项卡内的【禁用脚本调试】复选框，最后单击【确定】按钮，如图 14-29 所示。

方法二：将 IE 浏览器更新至最新版本，以改善对脚本的支持情况。

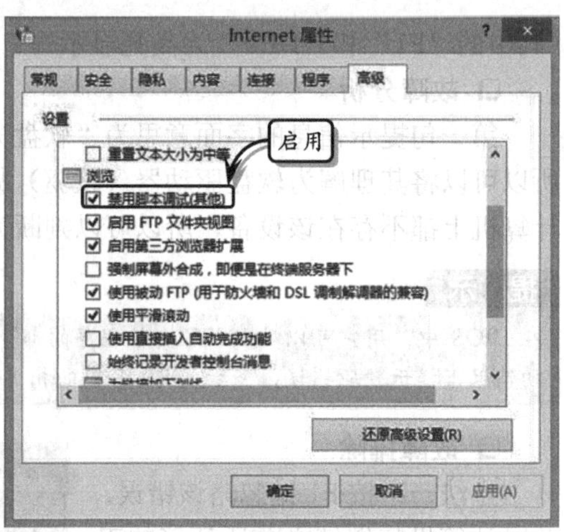

图 14-29 更改 IE 浏览器设置

3．整理磁盘碎片时陷入死循环

❑ **故障现象**

在使用系统自带的磁盘碎片整理程序整理磁盘碎片时，进行到 10%时程序陷入死循环，表现为整理进度始终在 10%左右徘徊，如图 14-30 所示。

提 示

只有当分区拥有至少 15%的空闲磁盘空间时，磁盘碎片整理程序才能够正常运行。

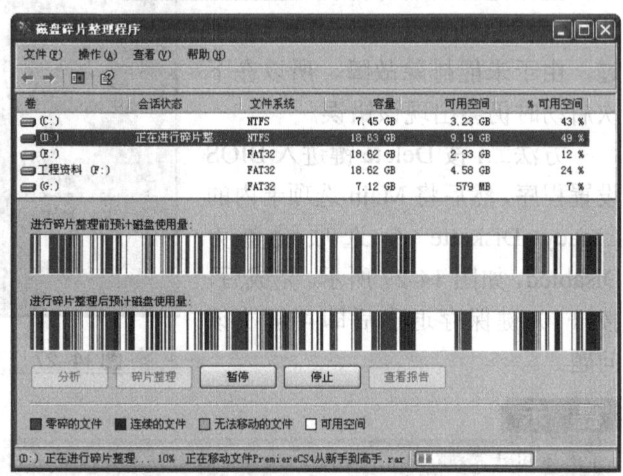

图 14-30 磁盘碎片整理程序

❑ **故障分析**

磁盘碎片整理 10%之前阶段的任务是读取驱动器信息，并检查磁盘错误，在 10%之后才会进行真正的磁盘碎片整理。因此，如果系统总是在进行到 10%之后陷入死循环，原因可能是杀毒软件、屏幕保护程序等驻留在内存中的软件干扰了正常的磁盘扫描，使程序不能正常进行，从而形成死循环。

❑ **故障排除**

在整理磁盘碎片之前先关闭杀毒软件、屏幕保护等程序，然后再进行整理。此时，如果磁盘碎片整理程序仍旧无法正常运行，则首先对磁盘进行全面检查（包括表面测试），以排除磁盘故障的可能性。

方法是在【我的电脑】对话框中，右击所要整理的分区图标（如【本地磁盘 D】），执行【属性】命令。然后，在【本地磁盘（D:）属性】对话框的【工具】选项卡中，单击【开始检查】按钮。在启用弹出对话框内的复选框后，单击【开始】按钮，扫描所选磁盘的健康状况，如图 14-31 所示。

4．解决丢失 MBR 问题

❑ **故障现象**

开机后出现类似“press F11 start to system restore”的错误提示，并且不能正常启动

Windows 7 系统。

❑ 故障分析

许多一键 GHOST 之类的软件，为了达到优先启动的目的，在安装时往往会修改硬盘 MBR。这样在开机时会出现相应的启动菜单信息，不过如果此类软件有缺陷、与 Windows 7 不兼容或卸载不彻底，就比较容易导致 Windows 7 无法正常启动，属于 MBR 故障。

❑ 故障排除

对于硬盘主引导记录(即MBR)的修复操作，利用 Windows 7 安装光盘中自带的修复工具（Bootrec.exe）即可轻松解决此故障。

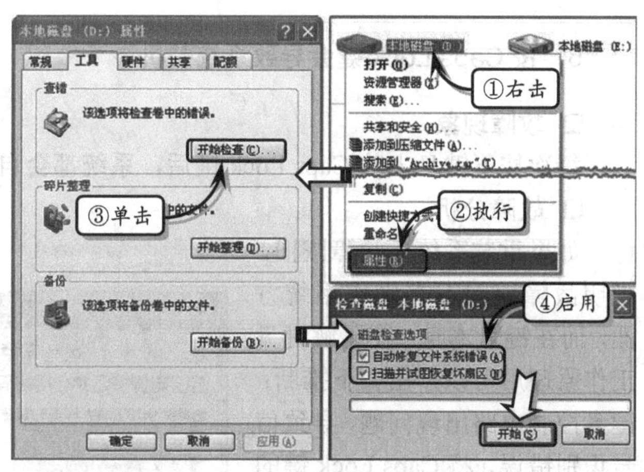

图 14-31 描磁盘健康状况

先以 Windows 7 安装光盘启动计算机，当光盘启动完成之后，按 Shift+F10 组合键，弹出【管理员：命令提示符】窗口。然后，在该窗口中输入 DOS 命令“bootrec/fixmbr”，如图 14-32 所示。

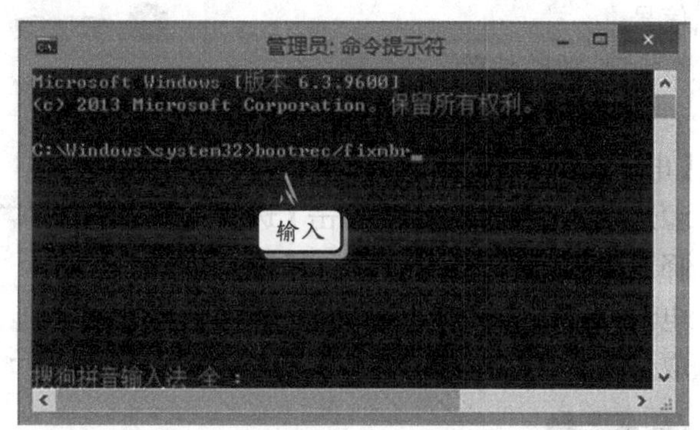

图 14-32 修复系统 MBR

最后，按 Enter 键，按照提示完成硬盘主引导记录的重写操作就可以了。

5. 解决显示分辨率过小的问题

❑ 故障现象

在安装一款显卡测试驱动程序后，桌面变为 640×480 或其他分辨率。

❑ 故障分析

Windows 7 操作系统在安装了显卡驱动后，一般会自动或推荐将屏幕分辨率设置为最佳分辨率，因此故障原因很可能是测试版显卡驱动程序存在问题。

❑ 故障排除

首先卸载测试版显卡驱动程序，更新为最新稳定版本的驱动程序。例如，右击桌面执行【屏幕分辨率】命令，在弹出的对话框中将分辨率改回最佳分辨率，如图 14-33 所示。

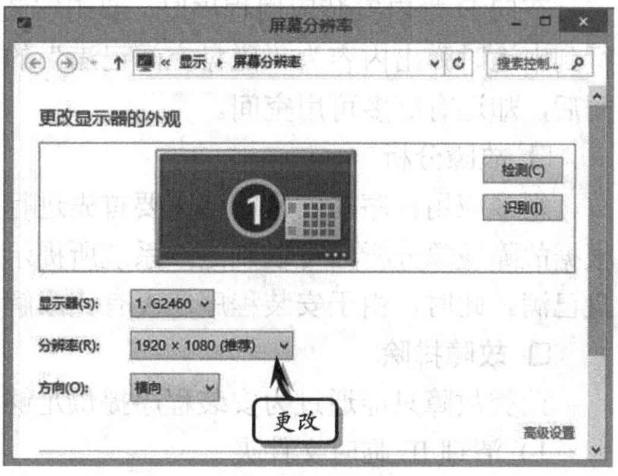

图 14-33 修改屏幕分辨率

6. 按 Caps Lock 键会导致系统关机

❑ **故障现象**

每次按下键盘上的 Caps Lock 键后，系统都会自动关机，重装系统后问题依旧。

❑ **故障分析**

如果重装系统后故障依旧，说明故障原因不在操作系统方面，而在键盘本身。在了解键盘工作原理后可以作出如下推断：键盘控制电路出现问题，导致信号识别错误，将 Caps Lock 键的信号识别为键盘上的关机按键信号。

❑ **故障排除**

打开【控制面板】后，选择【电源选项】图标。然后，在【电源选项】对话框左侧中单击【选择电源按钮的功能】选项，将【按电源按钮时】选项设置为“不采取任何操作”，如图 14-34 所示。

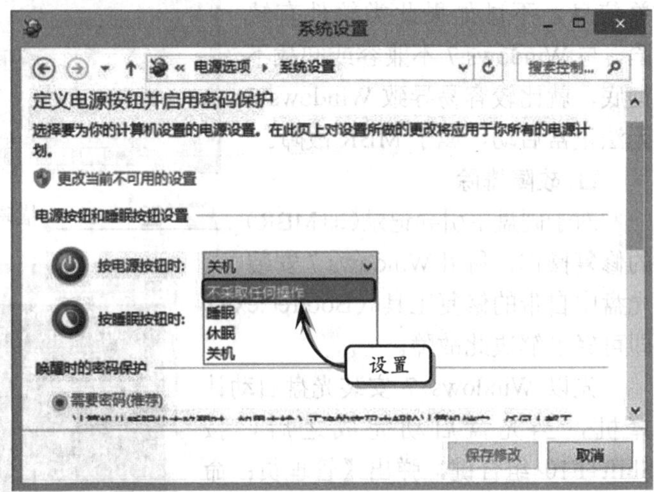

图 14-34 设置电源按钮功能

提 示

该问题虽然可以通过设置系统参数来解决，但从本质上来讲属于硬件损坏。因此，解决这一问题的最好方法是更换新的键盘。

7. 无法正常安装应用程序

❑ **故障现象**

在向 D 盘内安装应用程序时，双击安装程序图标后安装程序可正常运行，但会在运行到中途时弹出内容为“磁盘空间已满”的提示信息时自动退出安装。查看分区剩余空间后，却还有好多可用空间。

❑ **故障分析**

很多应用程序在安装时都需要首先进行解压缩，因此会临时占用一定的磁盘空间。根据故障现象分析后可以判定，系统所提示的“磁盘空间”应该是指临时文件夹所在磁盘已满。此时，由于安装程序还没有完成解压缩操作，所以被迫退出安装程序。

❑ **故障排除**

此类故障只能通过为安装程序提供足够的临时空间来解决，可参照以下进行操作。

1）清理 IE 临时文件夹

打开 IE 浏览器，执行【工具】|【Internet 选项】命令，在弹出的【Internet 属性】对话框中，单击【删除】按钮，如图 14-35 所示。

在接下来弹出的【删除浏览历史记录】对话框中，启用相应复选框，并单击【删除】

按钮，如图 14-36 所示。

2）清理安装 Office 后的临时文件

如果用户安装有 Microsoft Office 办公套件，则 C 盘根目录内往往会有一个名为 MSOCache 的隐藏文件夹。在删除该文件夹后，通常可以释放 300～600MB 不等的磁盘空间。

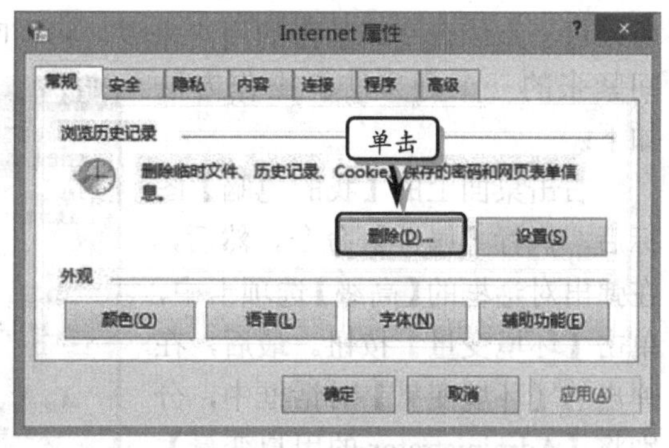

图 14-35 【Internet 属性】对话框

3）清理系统补丁备份文件

打开【运行】对话框后，输入 %SystemRoot%后单击【确定】按钮。然后，在弹出窗口内执行【工具】|【文件夹选项】命令，打开【文件夹选项】对话框。然后，在【文件夹选项】对话框内的【查看】选项卡中，选择【显示隐藏的文件、文件夹和驱动器】选项，如图 14-37 所示。

提 示

在 Windows 8 系统中，需要执行【查看】|【选项】命令，才可以打开【文件夹选项】对话框。

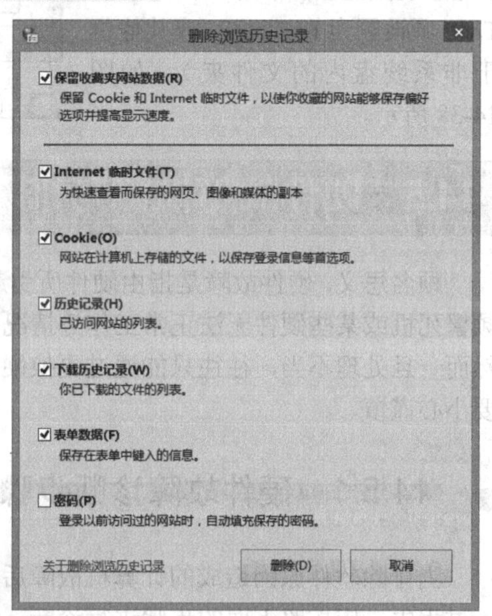

图 14-36 选择删除类型

最后，删除 Windows 文件夹内所有以“$”字符开头的隐藏文件夹，即可释放出一定的磁盘空间。

提 示

在 Windows 文件夹中，每一个以“$”字符开头的隐藏文件夹都是 Windows 补丁程序相关的备份文件，以便当用户卸载相应补丁时使用。因此，删除这些隐藏文件夹所能释放的磁盘空间，取决于当前计算机所安装补丁程序的多少，所安装的补丁程序越多，所能释放的磁盘空间也就越多。

4）清理系统临时文件夹

打开【运行】对话框后，输入 %SystemRoot%\temp 后，单击【确定】按钮。然后，清除弹出窗口中的内容。

提 示

如果在删除临时文件夹中的内容时，计算机运行有某些应用程序，则可能会出现部分临时文件无法删除的现象。此时，只需结束这些应用程序，即可彻底删除这些临时文件。

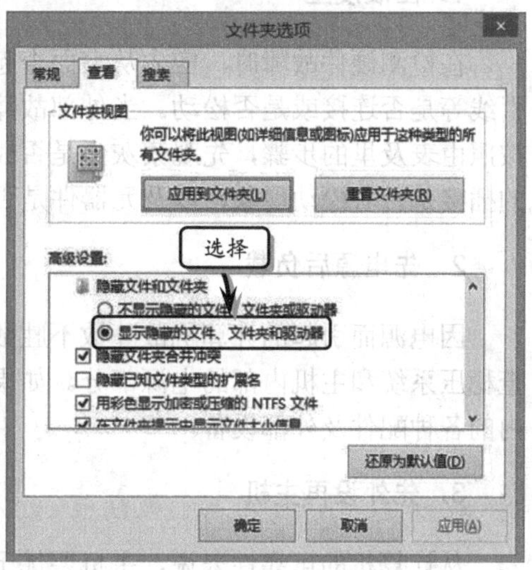

图 14-37 显示隐藏的文件

5）更改系统临时文件夹的路径

由于系统临时文件夹默认位于系统盘内，

所以对于系统盘空间紧张的用户来说，将临时文件夹移至其他分区内，是缓解系统盘空间紧张的一个好方法。操作方法如下：

右击桌面上的【我的电脑】图标后，执行【属性】命令。然后，在弹出对话框的【高级】选项卡中，单击【环境变量】按钮。最后，在弹出的【环境变量】对话框中，分别将【Administrator 的用户变量】和【系统变量】栏中的 TEMP 项和 TMP 项设置为 F:\TEMP（或其他位于非系统盘内的文件夹），如图 14-38 所示。

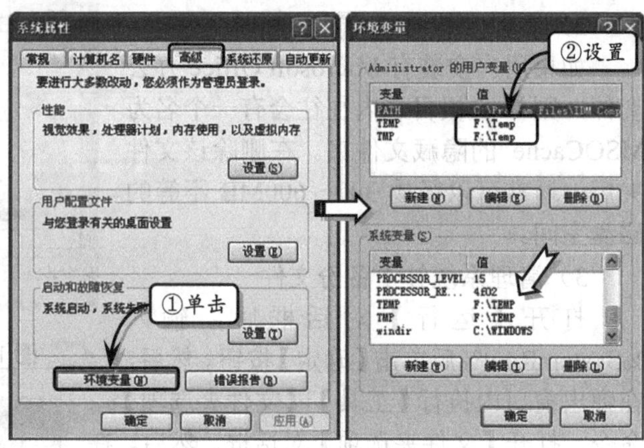

图 14-38 修改临时文件夹路径

14.5 硬件故障检测与排除

顾名思义，硬件故障是指由硬件所引起的计算机故障，主要表现为计算机无法启动、频繁死机或某些硬件无法正常工作等情况。虽然多数硬件故障并不会直接造成硬件损伤，然而一旦处理不当，往往只能通过更换硬件的方式来解决，因此在解决硬件故障时一定要小心谨慎。

14.5.1 硬件故障诊断步骤

当排除软件原因造成的计算机故障后，便要将故障排查重点转移至硬件部分。在这一过程中，应按照下面的步骤进行诊断。

1. 由表及里

在检测硬件故障时，应先从表面查起，如先检查计算机的电源开关、插头、插座、引线等是否连接或是否松动。当外部故障排除，需要检查机箱内部的各个硬件时，也应按照由表及里的步骤，先观察灰尘是否较多、有无烧焦气味等。然后，再检查各个板卡的插接是否有松动现象，以及元器件是否有烧坏的部分等。

2. 先电源后负载

因电源而引起的计算机故障数不胜数，在检查时应首先检查供电系统，然后依次检查稳压系统和主机内部的电源部分。如果电源没有问题，便可开始检查计算机硬件系统内的各种配件及外部设备。

3. 先外设再主机

从计算机的可靠性来说，主机要优于外部设备，而且检查外设要比检查主机更为简单。因此，在依次拆除所有外设后如果故障不再出现，则说明故障出在外设上；反之，则说明故障由主机引起。

4．先静态后动态

在确定主机问题后，便需要打开机箱进行检查。此时，首先应该在不加电（静态）的情况下观察或用电笔等工具检测硬件，然后再开启电源后检查计算机的工作状态。

5．先共性后局部

计算机内的某些部件在出现问题后，会直接影响其他部分的正常工作，而且涉及面往往较广。例如，当主板出现故障时往往会导致所有与其连接的板卡都无法正常工作。此时，便将首先检测主板是否出现故障，然后再逐渐检测其他配件。

14.5.2 硬件故障的排除

根据硬件故障损坏程度的不同，计算机也会在部分情况下给出一定的故障提示信息。不过，相对于软件故障的提示信息则要简单许多，因此在排除硬件故障时要求修护人员多作记录，除了便于分析故障原因外，还可在维修过程中逐渐积累经验。

1．开机后无反应

❑ **故障现象**

在为计算机清理灰尘后，CPU 风扇转动，但系统无反应，显示器提示无信号输入。

❑ **故障分析**

CPU 风扇转动说明主机电源没有问题，在排除各种接头未正常连接的情况后，可确定主机出现故障。这是由于主机根本未启动，所以显示器才会提示无信号输入。

❑ **故障排除**

首先使用最小系统法拆除硬盘、光驱等设备与主板的连接，仅保留 CPU、主板、内存和显卡所组成的最小系统，以排除上述配件故障所造成的主机故障。此时，如果故障仍然存在，则需要再次清理内存和显卡的插槽，并擦拭上述配件的金手指。

提 示

在经过上述步骤后如果仍旧无法解决问题，便应考虑是否在灰尘清理完毕后的安装过程中造成硬件损坏，或者因连接问题导致计算机在安装后的首次启动时发生漏电、短路等事件，造成配件烧毁。

2．正常关机后计算机自动重启

❑ **故障现象**

计算机可正常运行，操作系统在运行时也没有什么问题，但却无法正常关闭计算机。每次正常关闭计算机后，计算机都将重新启动，因此只能通过断电的方式强性关闭。

❑ **故障分析**

计算机之前一切正常，并且在出现故障后系统运行也没什么问题，这表明软、硬件本身都没有什么问题，那么故障原因多半属于硬件设置有误。由于该故障的提示信息较少，所以需要维修人员现场经历该故障，然后再对故障进行分析、排除。

❑ 故障排除

正常关闭计算机后，计算机自动重启，并在 POST 自检完成后暂停启动，屏幕提示要求按 F1 键继续。此时便可以断定，CMOS 供电不足造成 BIOS 设置参数丢失是导致上述提示信息出现的原因。

打开机箱后更换 CMOS 电池，在排除一切可能造成 CMOS 无法供电或 BIOS 无法保存信息的问题后，重新启动计算机并进入 BIOS 设置。然后，将 Power Management Setup 项内的 PME Event Wake up 设置为 Disable，保存退出后即可。

3. 正常启动 Windows 后不久即死机

❑ 故障现象

在清理计算机内的灰尘后，计算机可正常启动，但 CPU 使用率一直为 100%，无论是否开启其他应用程序，开机片刻后便会死机。

提 示

由于计算机是在清理灰尘后出现故障，所以可直接判断为硬件故障。

❑ 故障分析

对于计算机来说，软、硬件故障都可能导致死机，但由于上述故障发生在清理计算机内的灰尘之后，所以可排除软件造成的死机现象。

根据 CPU 使用率始终为 100%这一现象，基本可以确定故障由 CPU 所引起，因此可以通过检测 CPU 入手，以便在获取更多信息后解决该问题。

❑ 故障排除

重新启动计算机后进入 BIOS 设置程序内的 PC Health Status 选项，查看计算机的运行状况。从这里可以了解到计算机内部分配件的工作电压、风扇转速，以及 CPU 和机箱内的温度等信息。

通过观察后发现，CPUFAN Speed（CPU 风扇转速）始终保持在 3500RPM 左右，情况正常；但 CPU Temperature 却高达 75℃/167℉，从而判定诱发计算机死机的原因是 CPU 温度过高，如图 14-39 所示。

Phoenix - Award WorkstationBIOS CMOS Setup Utility
PC Health Status

Shutdown Temperature	Disabled	Item Help
CPU Warning Temperature	Disabled	
Current System Temp	28°C / 82癋	
Current CPU Temperature	40°C / 104癋	Menu Level ▸
Current SYSFAN Speed	2934RPM	
Current CPUFAN Speed	3335RPM	
Vcore	1.33V	
VDIMM	1.07V	
1.2VMCP	1.27V	
+5V	5.05V	
5VDUAL	5.05V	
+12V	11.91V	

↑↓→←: Move Enter : Select +/-/PU/PD : Value F10 : Save ESC : Exit
F1 : General Help F5 : Previous Values F6 : Optimized Defaults F7 : Standard Defaults

图 14-39 检测主机温度

重新打开机箱，并将 CPU 风扇卸下后发现，CPU 表面无硅脂，因此导致 CPU 与散热片之间的热传导不良。在重新涂抹硅脂并安装 CPU 风扇后，计算机不再无故死机，CPU 使用率也回复至正常水平。

提 示

CPU 长期运行在高温状态下运行，会加速其内部的电子迁移现象，减少使用寿命。因此，即使 CPU 没有因为高温而产生死机、蓝屏等故障，也应尽可能降低 CPU 工作时的温度。

4．硬件总是出现坏道

故障现象：

刚刚配置的计算机，在使用一个月左右后硬盘损坏，送修后被告知硬盘出现坏道。在更换新硬盘，一个月左右后硬盘再次损坏，如此反复后已经损坏了三、四块硬盘。

故障分析：

一般来说，如此多的硬盘都出现质量问题的可能性比较小，因此可将故障产生原因转移至用户的使用方法与计算机工作环境等方面上来。在了解到用户并未搬动过计算机外，可以基本认定为电源质量有问题或市电供应有问题。

提　示

电源如果出现质量问题，会造成很多硬件的电源供电不正常，从而损坏这些硬件设备。

故障排除：

在了解用户计算机的配置后，发现整体功率较高，而用户所配置的电源功率勉强能够维护计算机运行。因此，造成硬盘供电不足，并在突然掉电后导致磁头摩擦盘片，从而出现坏道。在为计算机更换更大功能的电源后，故障解决。

提　示

如果是由于市电供应不正常而造成的硬件损坏，则应在计算机与市电之间加装UPS装置，以便通过UPS净化电源供应环境，来保证计算机的正常运行。

5．计算机噪声过大

故障现象：

在刚刚启动计算机的 1～2 分钟内，主机会发出很大的噪声，而在运行一段时间后噪声则会逐渐消失。

故障分析：

一般来说，电子设备不会发出声音，即使有也是极其微弱的电流声。因此，主机所发出的噪声几乎全部来自于主机内的各种风扇。

故障排除：

由于不同风扇产生噪声的原因不同，故障排除方法也不一样，所以下面将分别对其进行介绍。

- **风扇只在冬天时发出噪声**　为了延长风扇的使用寿命，如今所有的风扇生产厂商都会在风扇的转轴处增添润滑油。不过，部分风扇所使用的润滑油会在冬天时凝为固体，由于刚刚启动计算机时起不到润滑作用，所以风扇才会发出很大的噪声。在运行一定时间后，润滑油开始融化，风扇噪声便会逐渐减弱甚至消失。
- **润滑油干涸**　随着风扇工作时间的增长，风扇转轴处的润滑油会逐渐减少，并最终干涸，导致风扇运行时出现噪声。解决该问题的最好方法是更换风扇，此外为风扇添加润滑油也可降低噪音，并延长风扇的使用寿命，但影响最终效果的因素较多。

提 示

自行为风扇添加润滑油时，影响最终效果的因素主要有润滑油的质量、完成添加后的密封，以及风扇损坏程度等等。

6．开机时出现警告提示

故障现象：

每次开机时，屏幕上都会出现“Primary is channel no 80 conductor cable installed?”字样的提示信息。

故障分析：

上述信息的含义是指 IDE 通道没有使用 80 芯数据线。客观地说，该问题不应称为硬件故障，而是硬件使用不当。

故障排除：

目前的 IDE 数据线分为 40 芯和 80 芯两种类型，如图 14-40 所示。80 芯的数据线支持 UDMA66（66MB/s，含 UDMA66）以上的传输速度，而 40 芯的数据线只能达到 33MB/s 的极限速度。

图 14-40 80 芯 IDE 数据线

在为相应设备更换 80 芯的数据线后，计算机在启动时便再也不会出现之前的提示信息了。

7．显示器画面出现波纹

故障现象：

显示器屏幕上总会有挥之不去的干扰杂波或线条，而且音箱中也有令人讨厌的杂音。

故障分析：

这种现象多半是电源的抗干扰性差所致。

故障排除：

对于普通用户来说，更换电源是解决此类问题的最好方法。而对于动手能力较强，且具备一定专业知识的用户来说，可通过更换电源内部的滤波电容来修复该问题。如果效果不太明显，可以将开关一并更换。

14.6 思考与练习

一、填空题

1．为保证计算机的正常运行，必须对______、______及其他与外部环境有关的各种情况进行控制，以免因运行环境欠佳而导致计算机无法正常运行或损坏。

2．______能够显示操作系统当前正在运行的程序、进程和服务，以及监视计算机的性能或关闭没有响应的程序。

3．______是 Windows 操作系统的核心数据库，因此在对操作系统进行维护和设置中，很多操作都会涉及到______。

4．定期为电源风扇转轴添加______，可增加风扇转动时的润滑性，从而延长风扇寿命。

5．注册表编辑器是用户修改和编辑注册表的工具，在【运行】对话框内输入______后，单击【确定】按钮，即可启动注册表编辑器。

6．注册表中的根键的特点是键名采用“__________”开头。

二、选择题

1．Windows 内的注册表共有_____个根键，每个根键所负责管理的系统参数各不相同。

A．3　　B．4

C．5　　D．6

2．在下列选项中，不属于计算机软件故障产生的原因是_____。

A．电压不稳定

B．感染病毒

C．系统文件丢失

D．注册表损坏

3．在下列选项中，不属于计算机安全操作注意事项内容的是_____。

A．电源　　B．硬盘

C．光驱　　D．摄像头

4．在使用浏览器访问网页时，下列____不会出现脚本故障。

A．浏览器版本过低

B．浏览器版本过高

C．网页代码有问题

D．浏览器设置不当

5．在下列故障原因中，不会引起计算机死机的是_____。

A．计算机病毒

B．CPU 过热

C．个人数据被删除

D．电源不稳定

6．启动计算机后，导致主机出现较大噪声的原因是_____。

A．电流杂音，属于正常现象

B．风扇润滑油有问题，应更换风扇或添加润滑油

C．硬盘工作时因盘片转动而产生的正常现象

D．主机与其他设备间的共振现象引起

三、问答题

1．简述计算机的安全操作事项。

2．如何优化计算机的开机速度？

3．如何清除注册表信息？

4．引起软件故障的原因有哪些？

四、上机练习

1．手动优化启动项

作为 Windows 的核心数据库，注册表内包含了众多影响 Windows 系统运行状态的重要参数，其中便包括 Windows 操作系统启动时的程序加载项。因此，通过删减注册表内的启动项即可达到优化 Windows 系统、加速 Windows 启动速度的目的。

启动注册表编辑器，依次展开“HKEY_CURRENT_USER\Software\Microsoft\Windows\CurrentVersion”分支，然后分别将 Run 和 RunOnce 目录内【(默认)】注册表项外的其他所有注册表项删除，如图 14-41 所示。

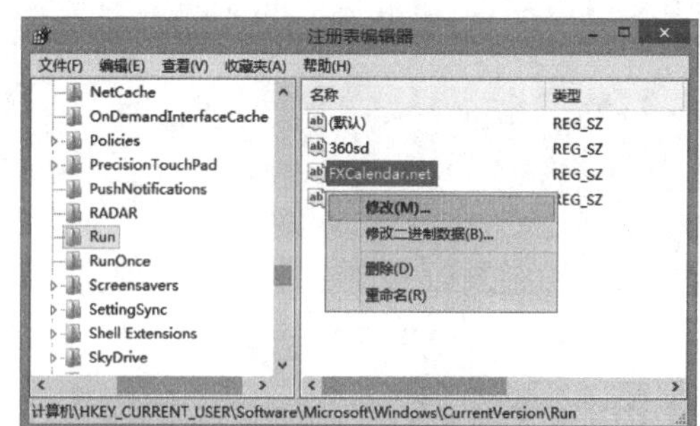

图 14-41　删除多余的启动项

2．清理插件

用户在安装一些软件时，经常会不小心将捆绑的一些插件一起安装了。此时，可使用“360 安全卫士”软件，来清理不小心安装的插件。首先，安装并启动 360 安全卫士，激活【电脑清理】选项卡，选择【清理插件】选项，并单击【开始扫描】按钮。此时，软件会自动扫描并提示用户清理必要的插件，如图 14-42 所示。

图 14-42　清理插件